리야드의 사령부에 집합한 미군 수뇌부. 앞줄 왼쪽부터 월포위츠 국방차관, 파월 통합참모본부의장, 체니 국방장관, 슈워츠코프 중부군 사령관, 월러 부사령관, 존스턴 참모장. 뒷줄 왼쪽부터 부머 해병대 사령관, 호너 공군 사령관, 요삭 육군 사령관, 아서 해군 사령관, 존슨 특수전 사령관.

1990년 8월 9일, 미 본토에서 페르시아만 파견을 준비 중인 제24보병사단 임시 배속 부대인 제64기갑연대 1대대. 사진은 전차용 실탄을 적재하는 HEMTT.

미국 조지아주 사반나항에 집결한 제24사단의 M1 전차(105㎜ 주포를 탑재한 IP 개량형)와 브래들리 보병전투차.

사반나항에 도착한 알골급 고속수송함 레굴루스(배수량 5.5만톤급)에 적재중인 제24사단의 M1 전차.

고속수송함 카펠라의 상갑판에 적재된 제24사단의 M163 자주발칸포. 이라크 공군의 폭격에 대비해 탄약이 장전되어 있다.

1990년 9월 7일, 사우디아라비아 담맘항에 하역된, 티렐리 준장이 지휘하는 제1기병사단(M1전차 240대 보유)의 1여단 8기병연대 2대대 소속 전차. M1A1에 비해 구경이 작은 105mm 강선포를 주포로 사용한다. 앞쪽의 병사가 내려놓고 있는 탄은 열화우라늄 관통자를 사용하는 대전차용 M735 APFSDS-T, 후방의 병사가 들고 있는 탄은 다양한 표적에 대응할 수 있는 M456(HEAT-T) 대전차고폭탄이다.

1990년 12월, 사우디아라비아에서 훈련중인 M1전차.

'사막의 방패 작전' 중에 실시된 미 제1해병원정군(총병력 7만 명, 전차 438대)의 사막 훈련. 사막을 도보로 전진하는 해병들의 후방 멀리 병사들이 타고 온 AAV7 상륙장갑차와 험비가 보인다.

담맘항에 설치된 전차 개수 공장에서 근대화 개수(열화우라늄장갑 추가 사막색 도장)를 완료한 M1A1(Mod M1) 전차.

사막에 전개된 제1기병사단에 근대화 개수를 받은 M1A1을 운반하는 민간 계약 수송 트럭. 차체 후방(우측면)의 상자는 추가로 탑재된 보조발전기다.

M60A3 전차를 장비한 사우디 육군 제20기계화보병여단의 사막 기동 사격 훈련('사막의 방패 작전' 영상)

개수된 M1A1 전차를 수령한 제1기병사단 1여단 32기갑지원연대 3대대는 사막의 사격장에서 포격 등의 적응 훈련을 실시했다.

제82공수사단 82항공연대 2대대의 UH-60 헬리콥터로 105mm 곡사포 M102를 케이블로 운반하는 헬리본 훈련('사막의 방패 작전' 영상).

제82사단 3여단 505공수보병연대 1대대의 이라크군 참호 공격 훈련('사막의 방패 작전' 영상).

지상전 개시에 맞춰 쿠웨이트 해안선 연안의 이라크군 수비대를 목표로 16인치 주포를 사격 중인 전함 위스콘신.

1991년 2월 24일, 지상전의 개시를 알리듯 이라크군 진지에 격렬한 포격을 가하는 제2해병사단의 155mm 곡사포 M198.

2월 24일, 쿠웨이트-사우디 국경을 넘어 이라크군이 구축한 사담라인으로 향하는 제2해병사단 소속의 돌파 부대. 폭발반응장갑(ERA)을 장착하고 차체 전방에 지뢰제거장치인 TWMP(Track Width Mine Plough)를 장비한 M60A1 전차가 선두에 서고, 그 뒤로 해병들이 탑승한 AAVP-7A1 상륙 장갑차들이 따르고 있다. 전차의 포탑 위에는 오폭방지용의 오렌지색 식별기가 보인다.

쿠웨이트 영내로 진격한 제2해병사단 2전차대대 M1A1(HA) 전차. 화력 강화를 위해 육군이 양도한 이 전차는 열화우라늄장갑을 장착했다.

쿠웨이트-사우디 국경선에 설치된 사담라인에는 철조망, 지뢰, 참호 등 다양한 장애물이 설치되었다. 사진은 제1해병사단 정면의 장애물.

지상전 첫날 오후, 이라크 영내를 향해 전진을 시작한 제7군단 예하 영국군 제1기갑사단의 지원 차량 집단(베드포드 및 랜드로버).

사담라인에 매설된 지뢰 대처를 위해 궤도 전방에 지뢰제거장치를 장비 하고 전진 중인 해병대의 M1A1(HA) 전차.

사담라인을 돌파해 전진하는 제2해병사단의 차량 행렬. 왼쪽에는 격파된 이라크군 중사단의 T-55 전차가 보인다.

개전 첫날 미 제1보병사단이 확보한 돌파구로 이라크 영내를 향해 진격하는 영국군 제1기갑사단. 사진은 제7기갑여단 근위용기병연대 챌린저 전차.

사상 최대이자 최후의 기갑전!

걸프전 대전차전
Part I

카와츠 유키히데 저

저자 카와츠 유키히데(河津幸英)

1958년 시즈오카현에서 출생한 군사 평론가. 리츠메이칸 대학 졸업. 현 일본 군사 전문지 월간『군사연구』편집장. 걸프전쟁 등 현대 전쟁사에서 미군과 자위대를 주제로 집필 활동을 하고 있다. 저서로「미국 해병대의 태평양 상륙작전」(전3권)「걸프전 데이터 파일」,「도해 이라크 전쟁과 미국 점령군」,「도해 미국 공군 차세대 항공우주무기」등이 있다.

역자 성동현

1976년 4월생. 충남대학교 농업기계과 졸업. 서브컬쳐, 군사 관련 번역가로 활동 중.「군화와 전선 – 마녀 바센카의 전쟁」, 아돌프 갈란트 회고록「처음과 마지막」,「걸프전 대전차전」등을 번역했다.

저 자	카와츠 유키히데	
사 진	DoD, DVIC, GDLS, U.S.Army, U.S.Marine Corps	
장 정	에스톨	
레 이 아 웃	무라카미 치즈코	
번 역	성동현	
감 수	주은식	
편 집	정성학, 정경찬, 김일철	
표 지	한종석, 강인경	
주 간	박관형	
라 이 츠	선정우	
마 케 팅	김정훈	
발 행 인	원종우	
발 행	이미지프레임	
	주소 [13814] 경기도 과천시 뒷골1로 6, 3층 (경기도 과천시 과천동 365-9)	
	전화 02-3667-2654 팩스 02-3667-2655	
	메일 edit01@imageframe.kr 웹 imageframe.kr	
책 값	18,000원	
I S B N	979-116085-108-3 03390	

머리말

2011년 1월 17일은 걸프전을 마무리 지은 '사막의 폭풍 작전(1991년 1월 17일)' 20주년이었다. 미군과 당사국은 성대한 기념식을 거행했다. 하지만 같은 해 2월 24일이 무슨 날인지 기억하는 사람은 극히 적을 것이다. 2월 24일은 이라크 국경선에 집결한 총병력 51만 명에 달하는 다국적군 지상부대의 지상전(Ground War) 개시일 G데이다.

어째서 사람들이 2월 24일을 기억하지 못하는지 묻는다면, 전쟁이 싱겁게 끝나버렸기 때문이라 답할 수 있겠다. 개전 직전까지 많은 이들은 지상전이 시작되면 지난날 미군이 패배한 베트남전처럼 진흙탕 싸움이 전개되지 않을까 우려했다. 그러나 막상 뚜껑을 열자 지상전은 겨우 4일, 100시간만에 다국적군의 압승으로 마무리되었고, 2월 28일에 정전이 성사되었다. 너무나 짧게 끝난 전쟁결과에 대한 안도감과 화려한 첨단 무기 폭격의 그늘에 가려 지상전에 대한 관심은 시들해지고 기억에서 사라지게 되었다.

종전 20주년을 맞이해 새롭게 걸프전(Gulf War), 미군 정식명칭 '사막의 폭풍 작전(Operation Desert Storm)'을 분석하고 당시에는 상식처럼 여겨지던 이 전쟁에 대한 대표적 이미지가 미디어에 의해 조작된 환상에 지나지 않음을 분명히 밝히려 한다.

먼저 걸프전이 결코 미디어의 선전처럼 폭격만으로 승리한 첨단 전쟁이 아니라는 점에 주목할 필요가 있다. 다국적군 항공부대는 한 달 이상 전역(이라크 남부와 쿠웨이트 전체)에 포진한 이라크 군부대를 집중 폭격했음에도 상대 지상 전력을 무력화하지 못했고, 결국 지상전에 돌입해야 했다. 화려한 항공 작전(예를 들어 F-117 스텔스 공격기가 투하한 레이저 유도폭탄이나 토마호크 순항미사일의 핀포인트 공격)과 비교되어 싱겁게 끝난 지상전이라는 잘못된 이미지 역시 근거도 검증도 없이 만들어졌다. 정전 후 TV 영상에 나온 막대한 수의 이라크군 포로들의 전의를 상실한 무기력한 모습은 이라크 지상군부대가 폭격으로 조직적 전투능력을 상실해 모래성이 무너지듯이 항복했다는 이미지를 조장하는 데 일조했다.

그러나 공화국 수비대를 핵심으로 하는 이라크군 전차군단의 주력은 폭격으로 무너지지 않았으며, 실제로는 전선 깊숙이 여러 겹의 방어선을 구축하고 미군이 주력인 다국적군 지상부대의 지상공세를 기다리고 있었다는 것이 진실이다.

이에 맞서 다국적군은 전력을 집중하여 정면에서 일제히 대공세를 펼쳐 힘으로 돌파하는 2차대전식(유럽 전선식) 전쟁을 택했고, 이 공세를 진행하는 과정에서 사상 최대 규모의, 그리고 사상 최후의 대전차전이 일어났다.

당시의 미디어는 걸프전을 제2차대전 같은 로우테크(물량) 전쟁과 비교해 하이테크(첨단 기술) 전쟁으로 묘사하며 연일 경쟁하듯 중계했다. 일본에서도 TV 화면으로 미군의 최신 무기가 컴퓨터게임처럼 목표로 한 이라크의 군사표적만을 정확히 선별해 파괴하는 생생한 영상을 볼 수가 있었다. 물론 미군이 제공한 영상이었다. 미군은 첨단 무기를 사용해 이라크 시민의 희생을 피하고 아군병사의 목숨도 위험에 처하게 하지 않는다는 미군의 이미지(정보조작작전)를 세계의 미디어를 통해 흘려보냈다.

하지만 페르시아만에 집결한 미군의 실제 모습은 21세기 군대가 목표로 하는 경량, 소규모, 고기동의 하이테크형 전쟁기계가 아니었다. 오히려 80년대의 냉전기에 완성하고자 했던 대소련군 전술에 부합하는, 제2차 세계대전 당시와 같은 덩치 큰 전쟁기계의 형태였다. 당시 걸프전 전역에 전개한 미군 지상부대 총 전력은 병력 41만 명, 전차 2,550대에 달했고, 여기에 다국적군의 지상 전력(병력 약 10만 명, 전차 약 1,000대)이 더해졌다. 다국적군을 상대하는 이라크 지상군의 총 전력은 병력 약 34만 명, 전차 3,475대였다. 그 중에서도 후세인 정권을 무력으로 떠받쳐 온 공화국 수비대는 이라크군의 중심 전력으로 우수한 무기와 사기가 왕성한 병사들을 보유했고, 자국 영토 깊숙이 단단한 방어선을 구축하고 있었다. 그렇게 양군 합산 85만 병력과 7,000대가 넘는 전차부대가 서로 대치하게 되자 국경이 좁아 보일 지경이었다.

다국적군 사령관 슈워츠코프 미국 육군 대장은 지상전 돌입 전에 폭격으로 이라크군 지상부대를 철저히 파괴하라고 명령했다. 실제로 23,430회나 폭격이 가해졌지만 파괴한 이라크군 전차는 전체의 4할에 지나지 않았다. 폭격만으로는 사막을 파서 만든 엄폐호에 숨은 이라크군 주력 전차군단을 굴복시킬 수 없었다. 결국, 최후의 수단으로 다국적군 지상부대의 주력인 미군 기갑군단이 후세인이 자랑하는 이라크군 전차군단을 섬멸하기 위해 이라크-쿠웨이트 영내로 진격해 사막지대에서 대전차전을 벌였다.

본서는 걸프전 대전차전을 세밀히 묘사하고자 상하 두 권으로 나누었다. 상권에서는 대전차전을 벌인 양군의 주력 전차부대와 무기들의 전투능력, 메커니즘의 특징, 전투 방법, 지상전 개시 직전까지 전 세계에서 걸프 전역으로 실시된 대륙간 해상수송작전과 사막전 훈련상황을 각각의 부대와 지휘관을 개별 설명하는 형태로 상세히 설명하고자 한다. 그중에서도 미군 측은 M1A1 전차를 쓰는 제7군단. 이라크군 측은 T-72 전차와 장거리 야포를 쓰는 공화국 수비대를 철저히 해부했다.

하권은 공화국 수비대 사령관 알라위 장군의 반사면 전술에 따라 이라크 남부 사막에 잠복한 이라크 정예 전차군단과 서쪽으로 우회해 측면포위공격을 실시한 제7군단 기갑부대의 격돌을 주 내용으로 했다. 특히 지상전의 마지막 2일간 벌어진 제2기갑기병연대의 '73이스팅 전투', 제3기갑사단의 '타와칼나 북부 주진지 공방전', 제1보병사단의 '노포크 전투', 그리고 제1기갑사단의 '메디나 능선 전투' 등 전쟁사에 이름을 남길만한 전차전임에도 잘 알려지지 않았던 전투들을 소개했다. 또한, 지상전의 종반에 전선사령관 프랭크스 장군과 리야드의 사령관 슈워츠코프 대장 사이에 발생한 심각한 불화 같은 다양한 인간군상의 모습들도 모아보았다.

본서에 담긴 여러 부대와 지휘관의 전투작전 서술은 미군 공식 발간 전사, 출판물, 사령관급의 인사들이 집필한 자서전, 참전군인이 쓴 저서나 논문 등을 주요 자료로 삼았다. 그리고 여기에 신빙성을 기준으로 선별한 저널리스트의 보도 자료로 살을 붙였다. 그들의 귀중한 체험과 집필 노력에 지면을 빌려 경의를 표한다.

마지막으로 전사를 집필하면서 유감이었던 점은 이라크군 측의 자료가 전혀 없었다는 점이다. 그래도 200점이 넘는 도해, 도판으로 보충한 본서는 세계 최고 수준의 걸프전 지상전에 관한 책이라 자부한다. 본서가 이후 전사연구의 초석이 되기를 기원한다.

2011년 5월
카와츠 유키히데

목차

머리말 · 011

병과 기호 일람 · 16

공화국 수비대의 쿠웨이트 정복 · · · · · · · · · · · · 17

무적전차 M1A1의 '극비'기술개발 · · · · · · · · · · 41

사상 최강의 전쟁기계, 제7기갑군단 · · · · · · · · · 61

슈워츠코프 장군의 비밀작전회의 · · · · · · · · · · · 83

'사막의 폭풍 작전' 발동 - 대폭격의 첫날- · · · · · · · · · 97

후세인의 사우디 침공작전과 '카프지 전투' · · · · · · · · · 111

제7군단의 서부 방면 대기동과 양동작전 · · · · · · · · · · · · · · · 141

'대공습' 이라크군 전차군단 섬멸 실패 · · · · · · · · · · · · · · · 157

지상전 돌입! 해병대의 사담라인 돌파 · · · · · · · · · · · · · · · 182

제7군단의 진격 "적을 참호에 묻어버리고 전진하라" · · · · · · 210

제18공수군단의 '서부의 벽 작전' · · · · · · · · · · · · · · · 233

2일차, '기상나팔 전투'와 사막의 쥐 · · · · · · · · · · · · · · · 255

병과 기호 일람

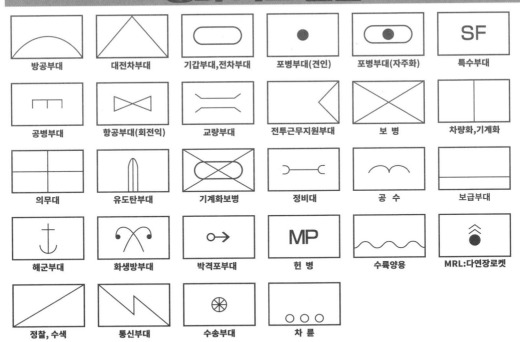

기호	명칭	인수	종속
XXXXXX	전역, 전구	-	2개 이상의 군집단
XXXXX	군집단, 집단군	-	2개 이상의 군단
XXXX	야전군, 군	50,000~60,000	2개 이상의 군단
XXX	군단	30,000 이상	2개 이상의 사단
XX	사단	1,000~20,000	2~4개의 여단 또는 연대
X	여단	2,000~5,000	2개 이상의 연대 또는 대대
III	연대	2,000~3,000	3~4개의 대대
II	대대	300~1,000	2~6개의 중대
I	중대	60~300	2개 이상의 소대

* 본편에 등장하는 편제표, 전황도에는 여기 있는 기호들을 조합하여 사용한 경우도 있다.

범례 1

야전공병대대

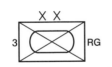

제3 타와칼나 기계화보병사단

범례 2

1/37기갑TF (제37기갑연대 1대대 태스크포스)

2/8기병대대 (제8기병연대 2대대)

제1장
공화국 수비대의 쿠웨이트 정복

독재자의 창과 방패 '공화국 수비대'

사담 후세인은 9년에 걸친 이란-이라크 전쟁(1980~88년)에서 아무것도 손에 넣지 못했다. 독재자 후세인의 손에는 전비로 사용한 800억 달러에 달하는 대외채무와 전쟁을 치르며 비대해진 이라크군이 남았을 뿐이다.

당시 미국 국방부의 추산에 의하면 이라크 군사력의 태반을 차지하는 육군의 총병력은 63개 사단, 약 110만 명으로, 규모면에서 중국, 소련, 인도 등에 버금가는 세계 순위권의 육군이었으며, 각 사단은 빚을 내어 구매한 막대한 무기들을 장비하고 있었다. 주요 장비는 전차 5,800대, 장갑차 11,200대, 구경 100㎜ 이상 야포 3,850문이었다.* 이라크 공군은 방공과 지상군 지원 임무용 작전기 724대(전투용 405대)를, 해군은 경비용의 소형함정 178척(미사일정 13척, 상륙함 6척이 주력)을 보유하고 있었다.[1]

---
* 참고로 일본 육상자위대는 병력 약 15만 명, 전차 900여대, 대한민국 육군은 병력 약 52만 명, 전차 2,300여대 규모다.

확실히 거대한 전력임은 분명하지만, 미국을 포함한 많은 나라는 후세인이 당분간 전쟁을 일으킬 여력이 없다고 보았다. 긴 전쟁으로 수십만의 병사를 잃었고 막대한 비용을 쓴 데다 숙적 이란의 국경선에 항상 대군을 배치해야 했기 때문이다. 하지만 야망을 품은 고독한 독재자 후세인은 가만히 있을 수 없었다. 전쟁을 하지 않는 비대한 군대는 돈을 먹는 귀신이나 다름없었다. 그래서 이란 대신 노린 사냥감이 남쪽의 석유 부국 쿠웨이트였다. 이 소국의 석유매장량은 세계매장량의 9%에 달했고, 이를 이라크의 석유매장량 11%와 합치면 20%가 된다. 세계제일의 산유국 사우디아라비아의 석유매장량 25%에 육박하는 셈이다. 그렇게 되면 이란-이라크 전쟁의 실패를 만회하는 것은 물론, 아랍 세계의 맹주 지위를 보장받고 세계의 석유전략을 뒤흔드는 것도 불가능하지 않다. 후세인이 이런 이득을 보고만 있을 이유가 없었다.

이라크 지상군은 규모가 큰 정규 육군사단과 규모는 작지만 육군보다 질적으로 우수한 최신무기

T-72 전차와 BMP 보병전투차로 구성된 이라크군 기갑부대 (사진: 신 이라크군)

를 갖춘 공화국 수비대(Republican Guard, 이하 RG로 병행 표기)라는 두 조직으로 구성되었다. 이 가운데 공화국 수비대는 수도 바그다드의 대통령궁을 경비하는 2개 여단 수천 명 규모의 부대에 지나지 않았지만, 이란–이라크 전쟁의 수렁 속에서 독재체제에 커다란 불안을 느낀 후세인은 국내외의 위협을 막기 위해 공화국 수비대의 강화·확대를 추진했고, 쿠웨이트 공격 무렵에는 총병력 15만 명, 8개 사단, 전차 1,100대, 보병전투차 700대, 야포 800문 등 육군의 몇 개 군단에 필적하는 거대한 전쟁기구가 되어 있었다. 이렇게 편성된 공화국 수비대는 자연스레 육군에 비해 우대를 받았다.

공화국 수비대의 구성원은 후세인에 대한 충성심을 확실히 하기 위해 후세인의 고향인 티크리트 출신자(이슬람 수니파)를 중심으로 우수한 육군 병사나 학생 중에서 선발했고, 공화국 수비대 대원은

공화국 수비대를 표시하는 적색 바탕에 황록색 테두리의 삼각형 견장과 함께 육군의 몇 배에 달하는 보수를 받았다.

공화국 수비대의 자세한 편제는 도표에서 다루고, 여기서는 개요만을 설명한다.

주력 기동 전투부대는 제1군단(3개 중사단과 1개 보병사단)과 제2군단(3개 보병사단)으로, 특히 제1군단에는 제1 함무라비 기갑사단, 제2 메디나 기갑사단, 제3 타와칼나 기계화보병사단 등 이라크 공화국 수비대 소속 최정예 사단이 집결하여 전력면에서 명백히 육군을 능가했다.[2]

예를 들어 RG 기갑사단은 강력한 125㎜ 포를 탑재한 T-72 전차 312대를 장비하는 반면, 육군 기갑사단은 구식 100㎜ 포를 탑재한 T-55 전차(중국제 69식) 252대를 사용했다. 그리고 RG 기갑사단은 포탑이 달린 보병전투차나 자주포를 우선 배치

한 반면, 육군사단에는 병력수송장갑차나 견인식 야포가 많았다. 그리고 RG의 8번째 사단으로 중요 목표를 은밀히 습격하기 위해 편성한 특수전 여단(코만도)과 해군 보병 여단이 소속된 제8특수전사단이 편성된 것도 특징이다.

그리고 기동전투부대의 작전을 지원하는 전투지원·후방지원부대도 충실히 편성되었다. 그중에서도 사거리 30㎞급 서방제 장거리 155㎜ 야포를 보유한 군단포병, 강력한 소련제 자주식 지대공미사일로 편성된 군단 방공포병, 하늘에서 발견이 어려운 스커드 지대지 미사일 차량을 장비한 전략부대인 로켓여단, 하인드 공격헬리콥터와 힙 강습·수송헬리콥터 비행대로 편성된 항공여단, 그리고 수백 대 규모의 대형 전차수송차량들을 운용하는 전차수송차 연대 등을 편성하여 전 세계의 육군 중에서도 최상위권 전력을 구성했다.

후세인이 쿠웨이트 침략을 결심한 근거는 정규 육군이 아닌 공화국 수비대의 실력에 대한 확실한 자신감에 있었다.

반년 전부터 전쟁 준비를 시작한 후세인

1990년 7월 17일은 22회 이라크 혁명기념일이었다. 연단에 올라선 군복 차림의 최고사령관 후세인 원수는 격렬한 어조로 페르시아만 산유국들을 비난했다. 산유국들이 OPEC(석유수출국기구)이 정한 할당량 이상의 원유를 증산해 석유 가격을 하락시켰다는 내용이었다. 그중에서도 쿠웨이트에 대해 이라크 루마일라 유전(이 유전은 국경을 넘어 쿠웨이트까지 이어져 있다)의 석유를 약탈하고 있다고 공격했다.

"쿠웨이트와 UAE는 욕심 많은 제국주의자들과 공모해 원유의 증산을 멈추지 않고 있다. 이는 이라크의 등에 독을 바른 단검을 찌르는 행위나 마찬가지다. 우리의 권리를 지키려면 행동으로 보여주는 수밖에 없다."

유가가 배럴당 1달러 내려가면 이라크는 연간 10억 달러의 손실을 보고 있었다. 물론 이라크는 이미 이란과의 전쟁 당시 페르시아만 산유국들로부터 300억 달러의 자금원조를 받았지만 후세인이 이런 푼돈에 은혜를 입었다고 생각할 리 없었다. 후세인은 오직 이라크만이 왕정을 부정하는 이란의 원리주의자들로부터 아랍 세계를 지키는 방패로 싸워 왔으니 당연히 주변국의 지원을 받아야 한다는 논리를 앞세웠다.

후세인에게 직접 협박을 받았던 쿠웨이트의 자베르 알 사바 국왕은 전후 이집트의 『알 아흐람』 신문과의 인터뷰에서 뜻밖의 사실을 언급했다. 1990년 5월, 바그다드에서 열린 아랍연맹회의에서 후세인이 150억 달러의 자금지원과 쿠웨이트 영토의 3분의 1 할양이라는 터무니없는 요구를 했다는 것이다. 자베르 국왕이 요구를 거절하자 후세인은 "초대도 외교 절차도 없지만 3개월 후에 가겠소. 때가 되면 알 거요."라며 애석하다는 듯이 말했다. 후세인이 독재자답게 처음부터 돈보다 영토, 대화보다 무력행동을 선택했음은 1990년 3월에 군 참모본부에 쿠웨이트 국경지대 집결계획 작성을 명령한 사실만 보더라도 알 수 있다.[3]

90년 7월 중순, 후세인은 바그다드 시내를 흐르는 티그리스강 강변의 대통령궁에 공화국 수비대 사령관 아야드 후타이 칼리파 알라위 중장(Ayad Futayyih Khailfa al-Rawi)을 소환해 쿠웨이트 침공작전을 준비하도록 명령했다. 수니파 중심의 후세인 정권에서 이단으로 구분되는 시아파 교도인 알라위 중장이 군 최고 지위 중 한자리를 차지할 정도로 출세할 수 있었던 비결은 후세인에 대한 열렬한 충성심이었다. 후세인에게 충성이란 모반을 생각지 않고 명령에 맹종하며 전쟁에서 승리하는 것이었다. 알라위 중장은 이란-이라크 전쟁 말기에 공화국 수비대를 지휘하며 여러 전투에서 승리하여 훌륭히 충성심을 입증했다. 또한 알라위 중장은 미국에서 군사교육을 받은 경험이 있어서, 미국에서도 이라크군 최고의 야전사령관이라는 명성이 퍼져 있었다.[4]

후세인 독재 정권을 떠받쳐온 공화국 수비대의 편제·전력

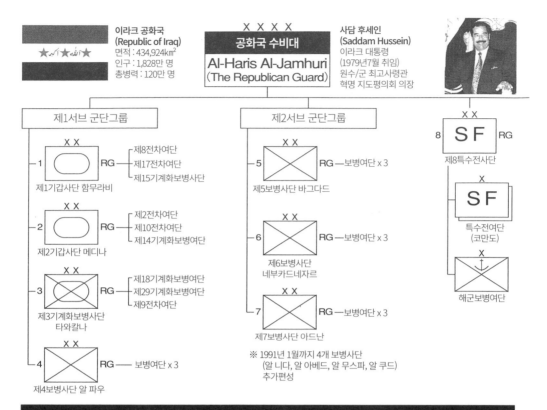

이라크 공화국 (Republic of Iraq)
면적 : 434,924km²
인구 : 1,828만 명
총병력 : 120만 명

공화국 수비대
Al-Haris Al-Jamhuri
(The Republican Guard)

사담 후세인 (Saddam Hussein)
이라크 대통령
(1979년7월 취임)
원수/군 최고사령관
혁명 지도평의회 의장

제1서브 군단그룹

- 1 RG 제1기갑사단 함무라비 ── 제8전차여단 / 제17전차여단 / 제15기계화보병사단
- 2 RG 제2기갑사단 메디나 ── 제2전차여단 / 제10전차여단 / 제14기계화보병여단
- 3 RG 제3기계화보병사단 타와칼나 ── 제18기계화보병여단 / 제29기계화보병여단 / 제9전차여단
- 4 RG 제4보병사단 알 파우 ── 보병여단 x 3

제2서브 군단그룹

- 5 RG 제5보병사단 바그다드 ── 보병여단 x 3
- 6 RG 제6보병사단 네부카드네자르 ── 보병여단 x 3
- 7 RG 제7보병사단 아드난 ── 보병여단 x 3

※ 1991년 1월까지 4개 보병사단
(알 니다, 알 아베드, 알 무스파, 알 쿠드)
추가편성

8 SF RG 제8특수전사단

SF 특수전여단 (코만도)

해군보병여단

전력비교: 육군에 비해 최신무기를 풍부하게 장비한 공화국 수비대

공화국 수비대 사단의 전력

무기 / 부대	전차 (T-72)	보병전투차 (BMP)	야포 (자주포)	병력
기갑사단	312	197	126	13,800
기계화보병사단	222	277	126	13,800
보병사단	44	0	※90	14,300

이라크육군 사단의 전력

무기 / 부대	전차 (T55/T62)	장갑차 (APC)	야포 (견인포)	병력
기갑사단	249	197	72※	12,100
기계화보병사단	177	277	72※	12,200
보병사단	35	0	54	14,100

※기갑사단은 122mm 자주포(2S1)를, 기계화보병사단은 122mm 견인포와 자주포를 장비했다

공화국 수비대의 전력

총병력	15만 명
전차	1,100대
보병전투차	약 700대
야포	약 800문

바그다드 시내에 위치한 공화국 친위대 사령부

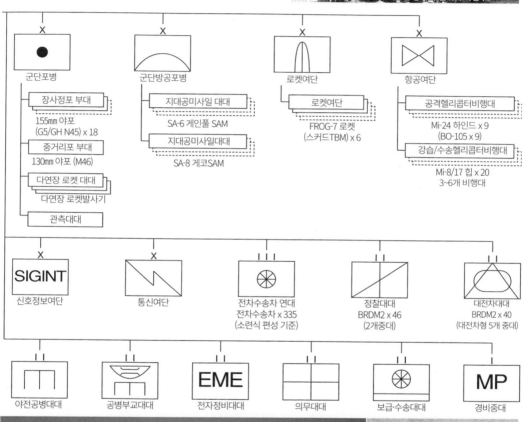

군단포병
- 장사정포 부대
  - 155mm 야포 (G5/GH N45) x 18
- 중거리포 부대
  - 130mm 야포 (M46)
- 다연장 로켓 대대
  - 다연장 로켓발사기
- 관측대대

군단방공포병
- 지대공미사일 대대
  - SA-6 게인풀 SAM
- 지대공미사일대대
  - SA-8 게코SAM

로켓여단
- 로켓여단
  - FROG-7 로켓 (스커드TBM) x 6

항공여단
- 공격헬리콥터비행대
  - Mi-24 하인드 x 9 (BO-105 x 9)
- 강습/수송헬리콥터비행대
  - Mi-8/17 힙 x 20 3~6개 비행대

SIGINT
신호정보여단

통신여단

전차수송차 연대
전차수송차 x 335
(소련식 편성 기준)

정찰대대
BRDM2 x 46
(2개중대)

대전차대대
BRDM2 x 40
(대전차형 5개 중대)

야전공병대대

공병부교대대

EME
전자정비대대

의무대대

보급·수송대대

MP
경비중대

항공여단의 주력공격헬리콥터인 Mi-24D 하인드

공화국수비대 로켓여단의 FROG-7 로켓.
전장 9.4m, 탄두중량 457kg, 사거리 70km

쿠웨이트 정복을 위한 공세작전을 일임받은 알라위 중장은 1988년 4~7월 사이에 실시했던 다섯 번의 대 이란 공세작전을 응용하기로 결심했다. 다섯 번의 작전 모두 군단 규모 이상의 대군을 투입해 속공으로 이란군에 승리한 작전이었지만, 이번에는 그 이상의 단기결전이 요구되었다. 점령에 긴 시간을 소요할 경우, 미국과 같은 열강들이 개입할 여지가 있었다.

알라위 중장이 이끄는 공화국 수비대가 가장 확실하게 승리했던 공세작전은 1988년 4월 17일에 이라크 남단 알 파우 반도에서 실시한 작전이었다. 1986년 이란이 점령한 알 파우 반도에는 약 15,000명의 이란 수비대가 진지를 구축해 주둔하고 있었다. 공세작전 '신성한 라마단(금식일)'은 돌파-탈취-제압의 3단계로 구성된 작전으로, 예상기간은 4~5일, 투입 병력은 공화국 수비대와 육군 제7군단 소속 병력 20만 명이었다. 이라크는 기갑사단을 중심으로 한 공화국 수비대를 결전부대로 삼아 이란이 눈치채지 못하게 바그다드 근교의 훈련지역에서 남쪽으로 600㎞ 떨어진 알 파우 반도까지 기동했다. 이 신속한 기동작전에는 서독에서 구입한 1,500대의 파운(Faun) HZ 전차수송차를 활용했다.

88년 4월 17일 이른 아침, 공세가 시작되었다. 북쪽에서 조공인 제7군단 보병사단이, 남쪽에서 주공인 공화국 수비대가 T-72 전차와 BMP 보병전투차를 장비한 기갑부대를 선두로 간선도로를 따라 이동해 이란군 진지에 정면으로 돌진했다. 노상 장애물이나 지뢰지대는 어둠을 틈타 침입한 코만도(특수부대)에 의해 미리 제거된 상태였다. 전진하는 지상부대에 하인드 공격헬리콥터가 근접항공지원을 제공하고 장거리포병도 적진을 포격했으며, 이라크 공군기도 이란군의 증원을 저지하기 위해 318회에 걸쳐 대지공격을 실시했다. 포격과 폭격에는 화학무기도 사용되었다. 다음으로 상륙정에 탑승한 해군보병부대가 이란군 진지 후방에 상륙했다. 강력하고 신속한 공지합동 공세에 전의를 상실

한 이란군은 무기를 버리고 수로를 통해 철수했다. 결국 작전은 이라크군의 승리로 약 35시간 만에 완료되었다. 작전이 완료된 시점에서 이라크군의 인명피해는 겨우 수백 명에 지나지 않았다.[5]

알라위 장군이 일련의 작전을 통해 확인한 승리의 제1원칙은 개미를 밟아 죽이듯이 압도적인 병력을 투입하는 것이었다. 실제로 공세작전 동안 이라크군과 이란군의 전력비는 평균 20대1이었다. 또 다른 전술적인 승리요인은 소수의 숙련된 지휘관이 각 참가부대가 훌륭히 연계되는 작전계획을 세운 데 있었다. 대규모 전력을 효과적으로 활용하기 위해서는 공군과 육군의 여러 부대를 동시에 통합 운용해야 한다. 물론 충분히 훈련된 부대들이 아니라면 이런 작전을 시도조차 할 수 없다. 따라서 공화국 수비대는 1년 전부터 쿠웨이트를 목표로 공세작전을 준비했다.

침공 준비 11일만에 쿠웨이트 국경에 집결한 공화국 수비대 8개 사단

1990년 7월 16일, 공화국 수비대는 바그다드 근처의 숙영지와 훈련지에서 쿠웨이트 방면으로 남하하기 시작했다. 최초로 이동이 확인된 부대는 함무라비 기갑사단 소속의 전차여단 하나였지만, 곧 모든 RG가 이동하기 시작했다. 3일 후인 7월 19일, RG가 자랑하는 3개 중사단(함무라비, 메디나, 타와칼나) 도합 35,000명의 병력이 쿠웨이트 국경에서 대략 16~48㎞ 거리의 사막지대에 집결했다. 밥 우드워드가 저술한 「더 커맨더스」를 보면 정찰위성이 찍은 사진으로 T-72 전차부대가 주포를 외곽으로 향한 고전적인 나선 진형을 구성하고 있음을 볼 수 있다. 나선 진형은 방어력이 가장 강하고, 전차의 급유나 차량의 통제가 쉽다는 장점이 있다. 일련의 행동만 보더라도 공화국 수비대가 단련된 프로 군사집단임을 알 수 있다.[6]

부대는 멈추는 일 없이 계속 남하했고, 7월 31일에는 이라크 남부의 바스라에서 쿠웨이트 국경 연

공화국 수비대 전 8개 사단, 11일 만에 쿠웨이트 국경 집결

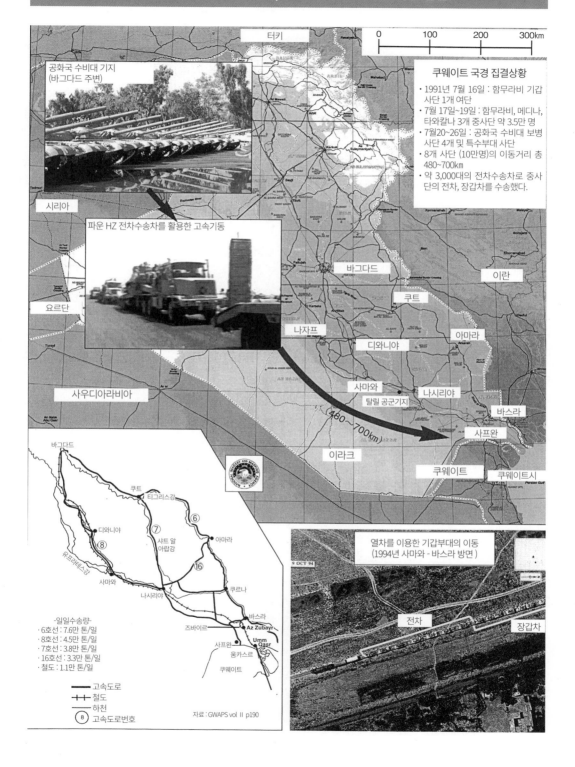

공화국 수비대 기지
(바그다드 주변)

파운 HZ 전차수송차를 활용한 고속기동

쿠웨이트 국경 집결상황

- 1991년 7월 16일 : 함무라비 기갑
  사단 1개 여단
- 7월 17일~19일 : 함무라비, 메디나,
  타와칼나 3개 중사단 약 3.5만 명
- 7월 20~26일 : 공화국 수비대 보병
  사단 4개 및 특수부대 사단
- 8개 사단 (10만명)의 이동거리 총
  480~700km
- 약 3,000대의 전차수송차로 중사
  단의 전차, 장갑차를 수송했다.

터키

시리아

요르단

사우디아라비아

바그다드

쿠트

나자프

디와니야

사마와
탈릴 공군기지

이라크

460~700km

이란

아마라

나시리야

바스라

사프완

쿠웨이트

쿠웨이트시

바그다드

쿠트   티그리스강

디와니야   ⑦

⑧   샤트 알
          아랍강   아마라

          ⑥

          ⑯

유프라테스강

사마와   쿠르나

나시리야

바스라

즈바이르   Az Zubayr
          Umm
사프완   Qasr

옴카스르

쿠웨이트

-일일수송량-
· 6호선 : 7.6만 톤/일
· 8호선 : 4.5만 톤/일
· 7호선 : 3.8만 톤/일
· 16호선 : 3.3만 톤/일
· 철도 : 1.1만 톤/일

━━━ 고속도로
┬┬┬ 철도
━━━ 하천
⑧ 고속도로번호

자료 : GWAPS vol II p190

열차를 이용한 기갑부대의 이동
(1994년 사마와 - 바스라 방면)

9 OCT 94

전차   장갑차

안의 사막지대로 공화국 수비대 전 사단이 이동했다. 국경에 집결한 공화국 수비대의 전력은 8개 사단 병력 14만 명으로, 전차 1,100대, 장갑차 610대, 야포 610문, 그리고 통신부대와 보급부대 등으로 구성되었다. 공화국 수비대는 불과 2주만에 주둔지에서 480~700㎞를 이동했는데, 이런 신속한 기동은 미군이 중장비수송차(HET: Heavy Equipment Transporter)로 구분하는 전차수송차 덕분이었다. 전차수송차를 사용한 가장 큰 이유는 이동시간의 단축이었지만, 그밖에도 장거리 이동 시 발생하는 전차의 고장, (좁은 공간, 소음, 진동, 높은 실내온도로 인한) 전차승무원의 피로, 도로의 파손 방지 등의 이점이 있다. 전차수송차는 전략적인 관점에서도 경비 절감이라는 이점을 보장했다. 미군의 통계를 보면 M1A1 전차의 도로주행 비용은 1마일당 589달러가 소요되는 반면, 전차수송차(HET)에 적재해 이동하면 36달러로 대폭 감소한다. 전차수송차 전력에서 이라크군은 질과 양 모두 미군을 능가했다. 이라크군 전차수송차 연대가 보유한 전차수송차는 3,000대에 달했지만, 미군이 보유한 전차수송차는 겨우 750대에 지나지 않았다.

이라크군의 대규모 전차수송차 구입에는 제3차 중동전쟁(1967년)의 교훈이 크게 작용했다. 당시 이라크군 전차여단이 시리아 방면의 사막지대를 통해 장거리 이동을 하던 중 전차들의 집단 고장으로 전력이 크게 약화되었던 것이다. 이후 이라크군이 극비리에 대량 구입한 서독제 파운 HZ 40·45/45 전차수송차는 미군의 M911 전차수송차(450hp)보다 강력한 525hp의 BF12 디젤엔진을 장착해 전차를 적재하고도 시속 60㎞대의 속력을 발휘했고, 운전병 외에 6명을 태울 좌석도 있었다. 따라서 파운 전차수송차를 활용하면 전차를 고속으로 안전하게 수송하면서 전차승무원도 넓은 차내의 편한 좌석에서 휴식을 취할 수 있었다.

이라크군 전차수송차 연대는 바그다드 주변의 기지에서 쿠웨이트 국경까지 이라크 동부를 횡단하는 6번 고속도로와 서부를 횡단하는 8번 고속도로, 두 개의 간선도로를 사용해 공화국 수비대의 전차 1,100대를 전개한 것으로 추측된다. 두 고속도로가 제공하는 일일운송량은 도합 12.1만 톤/일이었으며, 바그다드에서 바스라까지는 철도수송(1.1만 톤/일)도 병행했다. 즉, 이라크 기갑부대의 신속한 고속이동은 전차수송차를 사용한 이라크군의 독자적인 야전이동시스템 덕분이었다.

미군은 정찰위성과 통신감청 시스템을 활용하여 공화국 수비대 전차군단의 집결상황을 자세히 파악하고 있었지만, 같은 달 31일에 정보를 받은 통합참모본부 의장 콜린 L. 파월 대장은 이 행동을 후세인식 협박으로 판단했다. 판단의 근거는 대규모 침공작전의 징후로는 군사교신의 밀도가 낮고 공격에 필요한 탄약도 부족해 보인다는 점이었다. 무엇보다 대규모 전차군단의 작전행동을 지원하기에는 보급선이 허술해 보였다.

8월 1일, 이라크군 전차군단은 1,000대가 넘는 전차들로 구성된 나선형 대형을 풀고 남하하기 시작했다. 국경과의 거리는 5㎞도 채 되지 않았다. 페르시아만 전역을 담당하는 중부군 사령관 H. 노먼 슈워츠코프 대장은 이라크군의 움직임이 명백한 군사작전이며, 분명 공격 의사를 내포하고 있다고 해석했다. 다만 공세의 범주가 쿠웨이트 영내의 루마일라 유전이나 부비안 섬 점령 등으로 한정된, 제한적 군사행동으로 예측했다. 이 정도 정보가 모였음에도 미군은 이라크의 전면침공까지는 예상하지 못했다. 당시 미군 사령관들이 내린 판단은 미군 기준의 군사 상식에 지나치게 치우쳐 있어서, 준비가 불완전한 상황에서 실시하는 공격을 전혀 예상하지 못했다.

이라크군을 상대할 쿠웨이트군의 전력은 병력 약 2만 명에 전차 약 250대, 전투기 54대에 불과했고, 자베르 국왕은 후세인을 자극하지 않기 위해 군의 경계태세마저 해제한 상태였다.

한편 알라위 장군은 미군 정보기관에 포착되지

이라크군의 공지합동 쿠웨이트 침공작전 (1990년 8월 2일)

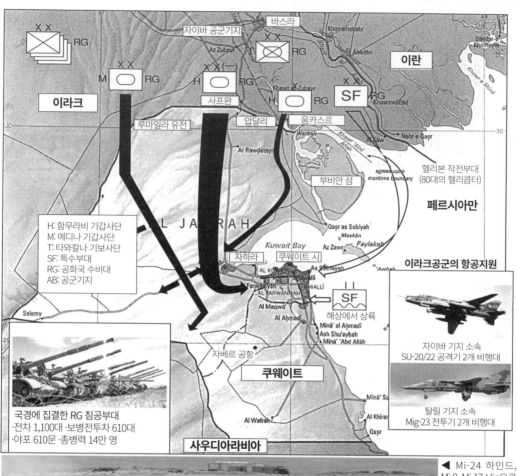

H: 함무라비 기갑사단
M: 메디나 기갑사단
T: 타와칼나 기보사단
SF: 특수부대
RG: 공화국 수비대
AB: 공군기지

자이바 공군기지
바스라
이란
사프완
압달리
움카스르
루마일라 유전
부비안 섬
헬리본 작전부대
(80대의 헬리콥터)
페르시아만
이라크공군의 항공지원
자하라
쿠웨이트 시
해상에서 상륙
자이바 기지 소속
SU-20/22 공격기 2개 비행대
탈릴 기지 소속
Mig-23 전투기 2개 비행대
자베르 공항
쿠웨이트
사우디아라비아

국경에 집결한 RG 침공부대
·전차 1,100대 ·보병전투차 610대
·야포 610문 ·총병력 14만 명

◀ Mi-24 하인드, Mi-8, Mi-17 Hip으로 구성된 80여 대의 헬리콥터 편대가 특수부대 대원들을 헬리본 작전으로 투입했다. 사진은 동형기를 사용하는 이집트군의 헬리본 훈련 장면.

쿠웨이트시의 위성사진

쉐라톤 호텔
쿠웨이트 타워
(급수탑)
다스만 궁전

◀ 1990년 8월2일 이라크군의 전면 침공으로 화재가 발생한 쿠웨이트 시의 시가지. (급수탑 부근)

않기 위해 다양한 위장공작을 벌였다. 특히 작전 개시 시점을 포착당하지 않도록 중요한 명령은 무선교신이 아닌 전령이나 유선전화를 사용했다. 그리고 군사작전의 준비에 필수적인 탄약의 준비를 비상식적인 수준까지 축소했다. 전후에 알려진 정보에 의하면 쿠웨이트 시에 돌입한 T-72 전차부대조차 40발의 포탄을 적재한 전차는 24대뿐이었고, 다른 전차들은 최소한의 탄약만을 분배했다. 나머지 군수물자는 후속 보급부대가 수송할 예정이었다. 쿠웨이트군 따위는 포탄을 두세 발만 쏴도 도망칠 것이라는 판단 하에 미군의 군사상식을 역이용한 알라위 장군의 기만전술에 파월도, 슈워츠코프도 멋지게 속아 넘어가고 말았다.[7]

지상침공부대는 3개 최정예 사단을 주력으로 8개 사단 전체를 동원한 공화국 수비대였다. 공화국수비대는 쿠웨이트 국경 근처의 사프완 공군기지에서 서쪽의 루마일라 유전지대 주변에 전개했다. 사프완 주변에 진출한 주공부대인 함무라비 기갑사단과 타와칼나 기계화보병사단은 사프완에서 쿠웨이트까지 뻗은 4~6차선의 6번 고속도로(쿠웨이트 영내의 압달리 도로에 연결)를 사용해 자하라로 남하해 단숨에 자베르 국왕과 정부·군 수뇌가 위치한 수도 쿠웨이트 시를 공격할 태세를 갖췄다. 이 간선도로는 교통의 요지로 보급의 관점에서도 작전의 출발지로서 이상적이었다.(주공은 함무라비 기갑사단과 네브카드네자르 보병사단이라는 정보도 있다) 루마일라 유전 인근에 전개한 메디나 기갑사단은 쿠웨이트 서부지역 제압 및 사우디아라비아 방면 차단 임무를 맡았다.(메디나 기갑사단과 타와칼나 기계화보병사단이 서쪽을 침공했다는 정보도 있다)[8]

이 3개 중사단 후방에는 공화국 수비대의 4개 차량화 보병사단(알파우, 바그다드, 네브카드네자르, 아드난)이 대기하고 있었다. 보병사단은 중사단이 침공을 시작하면 그 뒤를 쫓아 쿠웨이트 사막의 주요 유전 12개와 국제공항, 두 곳의 공군기지(사렘, 자베르), 주요 정부시설을 점령하는 임무를 맡았다. 특히 RG

제8특수전사단은 수도에 있는 궁전을 강습해 자베르 국왕과 정부요인을 체포하고, 공군기지를 초기에 탈취하는 가장 중요한 임무를 맡게 되었다. 강습작전은 특수전 여단(코만도)을 태운 육군 항공여단 헬리콥터편대의 헬리본 작전과 해상에서 상륙주정을 이용한 강습상륙작전을 준비했다.

한편 이라크 공군은 지상침공부대를 지원하기 위해 Su-20/22 피터 공격기 2개 비행대, SU-25 프로그풋 지상공격기 1개 비행대, 미라지 F1 전투기 1개 비행대, Mig-23B 플로거 전투기 2개 비행대를 이라크 남부의 공군기지(잘리바와 탈릴)에 전진 배치했다. 이라크 공군의 주요임무는 먼저 쿠웨이트 공군 전투기를 구축해 제공권을 확보하고, 다음으로 두 공군기지를 폭격해 적기의 반격을 막는 것이었다. 그 밖에 쿠웨이트군의 통신과 레이더 탐지를 방해하기 위해 보잉 B-727을 개조한 전자전기도 투입되었다.

알라위 장군이 입안한 쿠웨이트 침공작전은 2년 전에 이란군을 상대로 성공한 「신성한 라마단」 공세작전을 참고했음을 알 수 있다.

8월 1일 밤, 사담 후세인은 쿠웨이트 침공계획을 재차 검토한 후 최종명령을 내렸다. 작전명령은 분명 바스라의 전방 총사령부에 있는 알라위 장군에게도 전달되었을 것이다.

공지합동 침공작전으로 하루만에 제압된 쿠웨이트시와 자베르 국왕의 도주

1990년 8월 2일 오전 1시 00분, 달이 빛나고 유성이 떨어지는 서늘한 한여름 밤, 쿠웨이트 국경에 집결한 이라크군 공화국 수비대의 주력이 일제히 움직이기 시작했다. 공병부대는 이미 30분 전에 국경선의 장애물을 제거하기 위해 국경을 넘은 상태였다. T-72 전차와 커다란 상자형 포탑이 특징인 GCT 자주포(프랑스제 AUF1 GCT 155mm 자주포)의 차량 행렬은 30~45m 간격을 유지하며 수km나 이어졌다. 주공부대는 세계에서 가장 오래된 법전을 만든 바빌론 왕의 이름을 딴 함무라비(Hammurabi) 기갑사단으로, 압달리 세관을 지나 쿠웨이트시의 입구인 자하라시를 향해 압달리 고속도로로 남하했다. 이라크 국경과 자하라의 거리는 약 90㎞, 쿠웨이트시 중심부까지는 약 130㎞였다. 또한 함무라비 기갑사단의 1개 여단은 별동대로 동쪽의 움카스르에서 쿠웨이트로 진입하기 위해 해안 도로를 통해 자하라로 전진했다. 별동대의 임무는 주공부대의 좌익 측면(동쪽)의 경계와 쿠웨이트군의 저항 배제였다.

또 하나의 주공부대, 「신을 믿으라(Tawakalna Ala Allah)」는 뜻의 타와칼나 기계화보병사단은 함무라비 사단의 후속으로 쿠웨이트 영내에 침공했다. 다만 고속도로 하나로는 진군에 시간이 걸리고 차량 행렬의 측면이 공격받을 위험이 크다는 판단 하에 2개 중사단은 압달리 도로와 사프완 서쪽 30㎞ 거리에 있는 2차선의 포장도로를 함께 사용해 자하라 방면으로 남하했다. 출발지점과 목표지점 사이에는 사막뿐이었지만, 사막지대에서도 속도를 낼 수 있는 무한궤도를 사용하는 전차나 장갑차와 달리, 전차수송차나 지원차량 같은 일반 차량은 도로가 아닌 곳에서는 빨리 달릴 수 없어서 부대 전체가 사막을 직접 가로지르지는 않았다.

한편 주공부대의 우익(서쪽)에 전개한 세 번째 정예부대, 「빛나는 메디나(Al Medinah Al-Munawara)」라 불리는 메디나 기갑사단은 주공의 측면 경계와 사우디의 연결선을 차단하는 조공 임무를 맡아 쿠웨이트 영내로 진격했다. 부대의 태반은 진군 속도를 올리기 위해 이라크에서 국경을 넘어 자하라 방면의 도로를 사용해 침공을 진행했을 것이다.

오전 1시 30분, 이라크군 헬리콥터 편대가 부비안섬의 우측(동쪽)을 크게 우회해 페르시아만에서 쿠웨이트시 중심부로 강습했다. 주요 왕족의 궁전·정부시설과 공군기지 제압을 목표로 한 헬리본 작전이었다. 하지만 미군이 공식 간행한 전쟁사인 「걸프전의 실상」이 뉴욕타임스의 기사를 인용해

기재한 내용을 보면 자베르 국왕과 쿠웨이트 수뇌부는 적어도 오전 5시까지 다스만 궁전에 있었다. 따라서 오전 1시 30분에 출격한 이라크군의 헬리콥터는 강습부대가 아니었음이 분명하다. 만약 오전 1시 30분에 강습부대가 마스다 궁전에 도착했다면 자베르 국왕을 포함한 쿠웨이트의 왕족들은 전부 붙잡혔을 가능성이 높다. 아마도 오전 1시 30분에 출격한 이라크군 헬리콥터는 강습에 앞서 보낸 정찰 헬리콥터나 후속의 주력부대를 유도하기 위해 관제요원을 잠입시키기 위한 선발 헬리콥터 부대였을 것이다.[9]

이라크군 헬리콥터 강습부대 본대는 소련제 Mi-8/17 힙 강습수송헬리콥터 50여 대와 호위 임무를 맡은 Mi-24 하인드 공격헬리콥터 30대로 구성된 대규모 부대였다. 실제로 이라크군의 침공을 보도한 사우디아라비아TV는 아침 방송에 쿠웨이트시 상공을 뒤덮은 헬리콥터 부대의 영상을 방영했다. 헬리콥터 강습부대는 새벽녘(오전 5시 이후)에 이라크 공군 공격기들이 실시한 제1파 폭격 후, 시내 전역의 중요목표를 공격했다. 한편 헬리콥터의 착륙지점에서 헬리콥터 강습부대를 유도하는 수상한 인물의 존재가 확인되었는데, 그들은 바로 앞서 헬리콥터로 잠입한 관제요원들로 추측된다. 참고로 힙 수송헬리콥터는 대당 병력 24명을 태울 수 있으므로 50대라면 최대 1,200명의 코만도를 수송했음을 알 수 있다. 또한 해상으로도 상륙정과 보트를 타고 특수부대(해군보병부대)가 해안선의 궁전과 중요시설을 습격했다.

사우디로 통하는 연안도로는 이라크군에 의해 봉쇄되었고, 자베르 국왕 체포라는 밀명을 받은 코만도 부대는 페르시아 만에 면한 황금의 다스만 궁전에 잠입했다. 하지만 궁전은 이미 비어 있었다. 이라크군 침공 소식을 접한 자베르 국왕은 기지를 발휘해 궁전에 수비대를 배치한 후, 자신은 방탄 리무진을 타고 서둘러 사우디로 도주했다. 대신 궁전에 남은 국왕의 동생 세이크 파드는 이라크군에게

살해당하고 유해가 전차의 궤도에 짓밟히는 참극을 겪었다.

날이 밝기 직전인 오전 5시, 함무라비 기갑사단의 선봉 기갑부대는 아무런 저항 없이 자하라를 통과해 쿠웨이트시 근교에 도착했다. 아마도 압달리 도로에서 자하라의 입체교차로를 통해 페르시아만 연안의 80번 도로에 들어왔을 것이다. 오전 5시 30분, 함무라비 사단 선봉 전차부대는 T-72 전차가 BMP 보병전투차의 측면을 방어하는 진형으로 쿠웨이트시 중심부에 진입해, 앞서 헬리본 강습으로 도착한 특수부대와 합류했다. 다만 사단 주력은 자하라의 입체교차로 부근에서 쿠웨이트군 제35기갑여단의 매복에 걸려 일시적으로 발이 묶이는 바람에 예상보다 합류가 늦어졌다. 서쪽에서 침공한 메디나 기갑사단의 주력 3개 여단은 쿠웨이트 남서쪽을 향해 세 갈래로 분산 진격해 사우디 국경에서 쿠웨이트 영내로 이어지는 복수의 간선도로를 봉쇄했다. 다만 오전 중 선두의 전차여단이 자하라로 향하는 함무라비 기갑사단과 합류하던 중, 자하라의 입체교차로에 매복하고 있던 쿠웨이트군 기갑여단의 공격을 받아 약간의 피해가 발생했다. 이라크군은 최우선적으로 수도 쿠웨이트시를 점령하라는 명령을 받았기 때문에 진로 상의 쿠웨이트군 기지를 우회했고, 쿠웨이트군과의 교전도 가급적 피하며 진군했다.

이라크군의 쿠웨이트 침공상황은 마틴 스탠튼 미국 육군 소령이 저술한 「바그다드로 가는 길」에 잘 묘사되어 있다. 미군 군사고문인 스탠튼 소령은 침공 당일 쿠웨이트 시내 항구지역의 쉐라톤 호텔에 숙박하고 있었다. 이른 아침, 소령이 최초로 목격한 이라크 부대는 14.5㎜ KPV 중기관총과 106㎜ 무반동포로 무장한 도요타 사륜구동 픽업과 대형 스쿨버스에 탑승한 부대였다. 이들은 RG의 특수부대로, 차량은 상륙정으로 운반하거나 현지에서 사전에 준비했을 가능성이 높다. 정오 무렵에는 쉐라톤 호텔 앞 광장에 이라크군 포병중대(6문의 소련제 D30 122㎜ 곡사포)와 보병 1개 대대가 포진했다. 스탠튼 소령에 의하면 이라크군은 잘 훈련된 군인들로 보였지만 각 포에 준비된 포탄은 겨우 6발에 지나지 않았다. 이는 이라크군이 최소한의 탄약만을 가지고 진군했다는 증거였다. 정오에는 국제공항을 포함한 쿠웨이트시 전역이 이라크군의 수중에 떨어졌다.

함무라비 기갑사단 소속 40여대 규모의 T-72 전차대대가 호텔 주변에 나타난 시각은 오후 4시로, 전차에 에어컨이 없어서인지 전차의 해치를 전부 열고 있었고, 승무원들이 저격의 위험을 감수하고 포탑에 앉아있는 모습도 보였다. 포탑과 차체에는 과일이나 식료품이 잔뜩 실려 있었는데, 분명 시내의 상점에서 약탈한 상품이었을 것이다. 스탠튼 소령은 8대의 전차에서 내린 전차병들이 상점을 약탈하는 모습을 목격했다. 그리고 전차 세 대는 아무도 타지 않은 상태로 다른 전차에 의해 견인되고 있었다. 이는 장거리를 자력주행한 전차들 가운데 상당수가 고장을 일으켰음을 암시한다.[10] 스탠튼 소령의 목격담은 쿠웨이트군의 조직적 저항이 오후 늦게 제압되었으며, 이라크군은 식량을 포함한 휴대물자가 극히 적었음을 보여준다.

알라위 장군의 철저한 공지 합동전력 집중과 일점돌파 작전은 쿠웨이트군에게 전력을 정비해 반격할 여유를 주지 않았다. 결국, 이라크군은 계획대로 휴대한 탄약과 연료, 식량이 바닥나기 전에 승리할 수 있었다.

오전 7시, 이라크군은 쿠웨이트 시 대부분을 제압했고, 주공인 2개 사단은 쉬지 않고 해안선을 따라 남하해 사우디아라비아 국경에 포진한 후, 경계태세를 갖췄다. 이렇게 독립국가 쿠웨이트는 공화국 수비대 정예사단의 공지합동 기습작전에 의해 48시간이 지나기 전에 점령당했다. 살아남은 쿠웨이트군도 뒤따라온 공화국수비대 4개 보병사단에 의해 완전히 밀려나고, 중요거점도 점령당했다.

수도 쿠웨이트시에 돌입한 함무라비 기갑사단(전차여단)의 전력

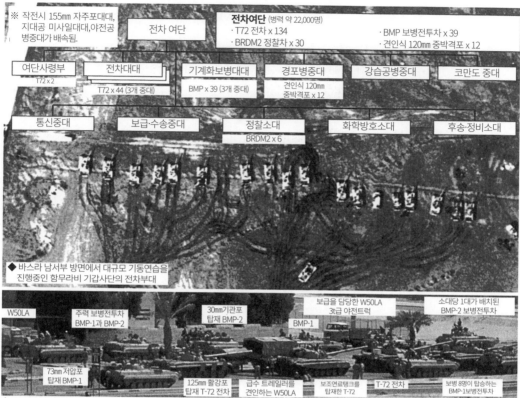

※ 작전시 155mm 자주포대대,
지대공 미사일대대,야전공
병중대가 배속됨.

전차 여단

전차여단 (병력 약 22,000명)
· T72 전차 x 134   · BMP 보병전투차 x 39
· BRDM2 정찰차 x 30   · 견인식 120mm 중박격포 x 12

여단사령부 T72 x 2	전차대대 T72 x 44 (3개 중대)	기계화보병대대 BMP x 39 (3개 중대)	경포병중대 견인식 120mm 중박격포 x 12	강습공병중대	코만도 중대

통신중대	보급·수송중대	정찰소대 BRDM2 x 6	화학방호소대	후송·정비소대

◆ 바스라 남서부 방면에서 대규모 기동연습을
진행중인 함무라비 기갑사단의 전차부대

W50LA
주력 보병전투차 BMP-1과 BMP-2
30mm기관포 탑재 BMP-2
보급을 담당한 W50LA 3t급 야전트럭
소대당 1대가 배치된 BMP-2 보병전투차
BMP-1
73mm 저압포 탑재 BMP-1
125mm 활강포 탑재 T-72 전차
급수 트레일러를 견인하는 W50LA
보조연료탱크를 탑재한 T-72
T-72 전차
보병 8명이 탑승하는 BMP-1보병전투차

◆ 1990년 8월 2일의 함무라비 기갑사단의 기갑부대(T-72 전차, BMP 보병전투차, BRDM2 정찰차, 야전 트럭등)가 선두로 쿠웨이트에 진군했다.

BMP-1 보병전투차
중량 13.5t, 전장 6.7m. 승무원 3명 및 하차
보병 8명 탑승, 73mm 저압포 및 AT-3 대전차
미사일 탑재

BMP-2 보병전투차
중량 14t, 전장 6.7m. 승무원 3명 및 하차
보병 7명 탑승, 30mm 기관포 및 AT-4/5
대전차 미사일 탑재

T72 전차
중량 41.5t, 전장 9.2m, 승무원 3명, 주무장
125mm 48구경장 활강포, 자동 장전 장치 및
분리식 탄약 적재

GAZ66 야전 트럭(4 x 4)
중량 5.8t, 전장 5.66m, 탑재량 2,130kg

IFA제 W50LA 야전 트럭
중량 9.4t, 전장 6.16m, 탑재량 3,000kg

UAZ469B 다목적차량(4 x 4)
중량 2.3t, 전장 4.0m, 탑재량 695kg

이라크군 침공에 용감히 맞선 쿠웨이트 육군, 공군부대의 전투

이라크군 침공 당일 쿠웨이트 육군의 유일한 조직적 저항은 사렘 마수드 대령이 지휘하는 제35 샤히드(Shaheed) 기갑여단이 자하라 부근에서 벌인 「브리지 전투」뿐이었다. 그들의 용감한 반격에 함무라비 기갑사단 주력의 쿠웨이트 시 방면 진군이 지연되었다. 여기서 잠시 쿠웨이트군의 반격 상황을 살펴보자.(11)

2일 오전 0시 30분, 기구를 사용한 조기경보 레이더에 이라크군의 이동이 탐지되고, 사렘 대령은 이라크군이 국경을 넘었다는 보고를 받았다. 대령은 즉시 쿠웨이트군 최정예 샤히드 여단에 출동 명령을 내렸지만, 평시태세를 유지하던 여단 내에는 즉시 이동 가능한 전력이 제한적이었고, 탄약, 연료, 식수도 충분치 않았다. 결국 여단은 오전 6시가 되어서야 태세를 정비하고 출격할 수 있었다.

샤히드 여단은 주둔지 근처의 살렘 도로를 따라 자하라로 동진했다. 샤히드 여단의 전력은 치프틴 전차 37대(1대 고장), 장갑차 8대, M109 155mm 자주포 7대, TOW 대전차미사일 등이었다. 사렘 대령은 이동 중에 자하라의 서쪽에 있는 쿠웨이트 공군의 사렘 공군기지가 이라크 공군의 폭격을 받는 장면을 목격했다. 자하라 부근에 도착한 사렘 대령은 살렘 도로와 합류하는 6번 입체교차로 좌우에 전차부대를 배치하고 제51포병대대를 후방에 포진해 지원포격 태세를 갖췄다. 오전 6시 45분, 정찰대가 6차선의 압달리 도로에서 6번 순환선을 통해 쿠웨이트시 방면으로 남하하는 함무라비 기갑사단의 주력을 확인했다.(전위는 자하라 동쪽 해안선의 80번 고속도로를 통해 쿠웨이트로 진출했다) 사렘 대령은 북쪽에 배치된 아마드 와잔 중령이 지휘하는 제7전차대대(치프틴 전차 26대)에 즉시 공격을 명령했다. 제7전차대대는 1,000~1,500m 거리에서 이라크군 전차 대열 측면에 120mm포를 발사해 다수의 차량을 파괴하여

이라크군 대열을 잠시 정지시켰다. 하지만 이라크군은 쿠웨이트군의 매복 공격을 무시하고 진군을 계속해 입체교차로의 북쪽과 남쪽에 있는 다리(고속도로를 가로지르는 고가도로)를 확보했다.

입체교차로의 남쪽에 배치된 알리 압달레 카렘 대위가 지휘하는 제8대대 3전차중대(치프틴 전차 7대)도 차례차례 나타나는 이라크군 차량을 공격했다. 이라크군의 반격은 처음에는 미미했지만, 알리 대위의 전차중대를 발견한 전차소대(전차 4대)가 곧 적극적으로 반격해 왔다. 이라크군은 고속도로를 나와 쿠웨이트군 전차중대의 측면을 우회 공격하려 했는데, 이 시도는 알리 대위의 전차중대에 격파당했다. 이때 이라크군의 힙 수송헬리콥터 편대 30대가 하인드 공격헬리콥터의 호위를 받으며 나타났지만, 쿠웨이트군 전차를 발견하지 못하고 자하라 방면으로 가버렸다. 알리 대위의 중대는 다시 이라크군을 포격해 야전 트럭과 2S1 122mm 자주포를 적재한 전차수송차를 파괴했다. 트럭에서 하차한 이라크군 보병부대의 반격은 후방에 전개한 제51포병대대의 155mm 자주포가 포격을 개시하자 곧 격퇴되었다.

이후 탄약보급을 위해 잠시 소강상태가 이어졌지만, 11시경 살렘 도로 서쪽 방향에서 새로운 부대가 나타났다는 정보가 들어왔다. 확인을 위해 나선 정찰대는 녹색 깃발을 보고 사우디군이라 판단해 가까이 접근했지만, 가까이 가서 확인한 부대의 정체는 이라크군 메디나 기갑사단이었다. 경악한 정찰대는 태연히 이라크군 병사와 대화를 나누며 T-72 전차가 후속으로 온다는 것을 확인하고 전속력으로 돌아와 사렘 대령에게 보고했다.

쿠웨이트군에게는 다행스럽게도 메디나 기갑사단과 함무라비 기갑사단은 상호 직접 무선교신을 하지 않았고, 메디나 기갑사단은 쿠웨이트군이 자하라의 입체교차로에 매복중이라는 사실을 전달받지 못했다. 정찰대의 보고대로 메디나 기갑사단의 선두대열이 자하라의 입체교차로로 들어오기 시작

이라크군 침공에 용감히 맞선 쿠웨이트군의 전투

브리지 전투
The Battle of the Bridges
(1990년 8월 2일)

쿠웨이트 육군 제35기갑여단은 수도인 쿠웨이트 시로 향하는 교통의 요충지(자하라 입체교차로)로 침공한 공화국 수비대 차량 행렬 측면을 치프틴 전차부대로 공격했다. 공화국 수비대의 침공을 저지하지는 못했지만 혼란을 조장하고 진격을 늦췄다.

◆ 쿠웨이트 육군의 주력전차 치프틴

■ 쿠웨이트 육군의 주력 :
제35기갑/제6/제15기계화보병/제80보병여단
(사진 : 쿠웨이트군의 BMP-2 보병전투차)

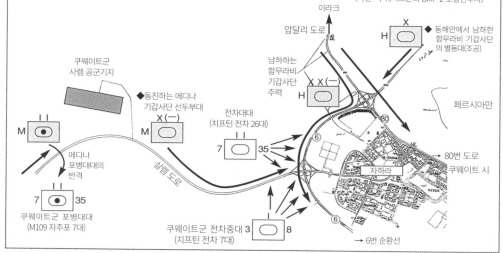

이라크
압달리 도로
쿠웨이트군 사렘 공군기지
◆ 동진하는 메디나 기갑사단 선두부대
남하하는 함무라비 기갑사단 주력
◆ 동해안에서 남하한 함무라비 기갑사단의 별동대(조공)
페르시아만
메디나 포병대대의 반격
살렘 도로
전차대대 (치프틴 전차 26대)
80번 도로
쿠웨이트 시
자하라
쿠웨이트군 포병대대 (M109 자주포 7대)
쿠웨이트군 전차중대 (치프틴 전차 7대)
→ 6번 순환선

침공하는 이라크군 공군 전력을 요격한 쿠웨이트공군 전투기와 SAM

쿠웨이트(State of Kuwait)
면적 : 17,818km²
인구 : 209만 명
총병력 : 2만 명 (육군 16,000 명)

◀ 쿠웨이트 공군의 A-4KU 스카이호크는 20mm 기관포로 이라크군 헬리콥터 3대를 격추했다.

✈ 쿠웨이트공군의 주력 공군기

기종	보유
A-4KU/TA-4KU 스카이호크 공격기	29
미라지 F1CK 전투기	25

쿠웨이트 공군의 전과		쿠웨이트공군의 피해	
기종	대수	기종	대수
이라크군 헬리콥터 격추	37	손실 A-4KU	4
이라크군 전투기 격추	2	손실 미라지	8

※ 쿠웨이트 공군은 대부분의 보유 기체를 사우디 등으로 피난시켰다.

▲ 쿠웨이트는 호크 지대공미사일로 이라크 공군기 23대를 격추했다.

기갑사단의 편제

무기	보유규모		
T72 전차	312	2S1 122mm 자주포	36
BMP 보병전투차	197	120mm 중박격포	36
GCT 155mm 자주포	54	ZSU-23-4 자주대공포	27
2S3 152mm 자주포	36	SA-13 자주대공미사일	27
		SA-7 휴대용 SAM	81

공화국 수비대 사단기장

RG

HQ
사단사령부

전차여단
- 전차대대
  - T-72 x 44
- 기계화보병대대
  - BMP x 39

기계화보병여단
- 기계화보병대대
  - BMP x 39
- 전차대대
  - T-72 x 44

사단포병
- 155mm 자주포대대
  - GCT(F3) x 18
- 152mm 자주포대대
  - 2S3 자주포 x 18
- 122mm 자주포대대
  - 2S1 x 18

※실제 배치된 자주포와 야포의 종류 및 수효는 사단에 따라 상이하다

사단방공포병
- 대공포대대 (AAA)
  - 57mm 대공포 S-60 x 18
  ※1~3개 대대 배속
- 지대공 미사일 (SAM) 대대
  - SA-13 고퍼 x 9
  - ZSU-23-4 쉴카 x 9
  ※1~3개 대대 배속

정찰대대
- 대대본부
- 정찰중대
  - BRDM2 x 18 (3개 중대)
- 전투지원중대
- 정비중대

야전공병대대
- 대대본부
- 야전공병중대
- 교량전차소대
  - MTU55 교량전차
- 전투지원중대

통신대대
- 대대본부
- 유선중대
- 무선중대
- EME 중대
(월면반사통신)

보급·수송대대
중형 트럭 x 158
급유 트럭 x 160
(소련식 편성의 경우)

의무대대

MP 헌병대대

화학방호중대
- 중대본부
- 화학정찰소대
  - BRDM2-RkH 화학정찰장갑차
- 차량제독소대
- 무기·장비 제독소대
- 전투지원·보급소대

1. 2S3 152mm 자주포
중량 27.5t, 전장 8.4m, 사정거리 18.5km

2. 2S1 122mm 자주포
중량 15.7t, 전장 7.2m, 사정거리 15.3km

3. SA-13 고퍼 자주대공미사일
중량: 13.5t, 탑재 미사일: 4발, 사정거리: 8km

4. ZUS-23-4 쉴카 자주대공포
중량: 23.5t, 4연장 23mm 기관포, 사정거리: 2.5km

미군이 두려워한 이라크군의 장사정 자주포 GCT

전투중량	42t
전장	10.25m
차체길이	6.7m
전폭	3.15m
전고	3.25m
엔진	히스파노·수이자 HS110 수냉 디젤엔진 (720hp)
최대속도	60km/h (노상)
항속거리	450km (노상)
주포	40구경장 155mm 곡사포
최대발사속도	분당 8발
적재탄수	42발
승무원	4명

프랑스제 GCT 155mm 자주포 (사진은 사우디군이 보유한 동형 장비)

공화국 수비대 중사단이 장비한 155㎜ 자주포의 장거리 포격능력

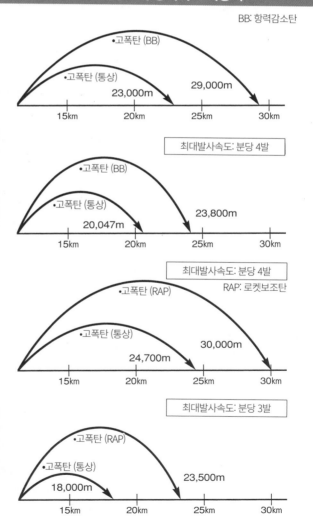

BB: 항력감소탄

•고폭탄 (BB)

•고폭탄 (통상)   29,000m

23,000m

15km   20km   25km   30km

프랑스제 GCT 자주포 (85대)

최대발사속도: 분당 4발

•고폭탄 (BB)

•고폭탄 (통상)   23,800m

20,047m

15km   20km   25km   30km

프랑스제 마크 F3 자주포 (수량 불명)

최대발사속도: 분당 4발

RAP: 로켓보조탄

•고폭탄 (RAP)

•고폭탄 (통상)   30,000m

24,700m

15km   20km   25km   30km

이탈리아제 팔마리아 자주포 (3대)

최대발사속도: 분당 3발

•고폭탄 (RAP)

•고폭탄 (통상)   23,500m

18,000m

15km   20km   25km   30km

미국제 M109A2 자주포 (수량 불명)

하자 사렘 대령은 앞서 함무라비 기갑사단을 상대할때와 같이 전차와 포병으로 선두대열을 격파했다. 그리고 사렘 공군기지의 쿠웨이트 공군에게 폭격을 요청해 A-4 스카이호크 공격기로 메디나와 함무라비 기갑사단의 차량대열에 500파운드 폭탄 5발을 투하했다. 폭격 도중 마제트 아마드 중령의 스카이호크가 이라크군 지대공 미사일에 피격되어 자베르 공군기지에 긴급착륙했다.

쿠웨이트 육군의 정예여단은 과감한 매복공격으로 이라크의 대군을 상대로도 성공적인 반격을 실시했다. 하지만 샤히드 여단은 메디나 기갑사단이 태세를 정비한 후 포병과 전차부대로 본격적인 반격에 나서자 수적 열세를 극복하지 못하고 포위당하기 전에 남쪽으로 후퇴할 수밖에 없었다. 이들은 이후 사우디로 망명했다. 한편, 쿠웨이트 공군 전투기도 새벽 5시부터 두 곳의 공군기지에서 출격해 이라크군을 상대로 상당한 전과를 올렸다. 쿠웨이트 측의 정보에 의하면 특히 이라크군 헬리본 부대가 37대의 헬리콥터를 잃는 심각한 피해를 입었다. 13대는 미라지 F1 전투기의 공대공미사일 공격으로, 3대는 스카이호크 공격기의 기관포 공격으로 격추했다. 또 미국제 개량형 호크 지대공 미사일로 이라크 공군기 23대를 격추했는데, 그중 2대는 제트 전투기(Su-22와 Mig-23BN)였다.[12]

이라크의 쿠웨이트 침공작전은 완승이었지만, 후세인은 커다란 전략적 실수을 하고 말았다. 자베르 국왕과 사드 수상(왕세자)을 놓친 것이다. 그들을 놓쳤다는 것은 사우디에 쿠웨이트 망명정부가 수립되고 미국이 쿠웨이트 정통정권의 회복을 위해 이라크군을 제압할 구실을 주게 되었다는 의미였다. 다만 이 기습침공의 성공을 통해 알라위 장군이 지휘하는 공화국 수비대가 경험이 풍부하고 현대적인 거대 전차군단임이 증명되었다. 공화국 수비대는 광대한 전역에서 작전입안, 지휘, 공군과 포병의 사전조율, 다양한 군종의 부대 이동과 공격, 보급 조정, 보급품·장비·부대의 정시이동 등을 훌륭히 완수했다. 또한 미군을 기만할 만큼 고도의 정보전과 기만전술도 구사했다.

이 시점을 기준으로 보면 이라크군은 쿠웨이트를 정복한 후 곧바로 이웃한 대국인 사우디아라비아까지 침공할 수 있는 수준의 전쟁준비는 하지 않았음이 분명하다. 후세인은 1990년 8월 8일, 쿠웨이트를 이라크의 17번째 주로 선포함과 동시에 지상군을 증강했지만 결국 반년 동안 움직이지 않았다. 이를 고려한다면 당시 이라크에게는 사우디아라비아까지 침공할 여력이 없었음을 알 수 있다.

최정예 RG 기갑사단의 편제·무기

공화국 수비대는 자베르 국왕을 놓치는 실수를 저질렀지만, 하루 만에 쿠웨이트를 점령해냈다. 이제 사담 후세인의 창과 방패이자 걸프전의 형세를 좌우하는 가장 중요한 전력이라 할 수 있는 공화국 수비대 소속 최정예 기갑사단(함무라비, 메디나)과 그 주력장비에 대해 알아보자.[13]

공화국 수비대의 기갑사단은 독립된 공세·방어 작전을 수행하기 위해 2개 전차여단과 1개 기계화보병여단, 사단포병, 사단방공포병, 정찰대대, 지원부대 등으로 편성된 1만 명 이상의 병력으로 구성되며, T-72 전차 312대, BMP 보병전투차 197대, 자주포 126대를 장비했다.(타와칼나 기계화보병사단은 2개 기계화보병여단과 1개 전차여단으로 편성되었다) 그 가운데 아랍어로 라와에(Lawae)라 불리는 3개 기동여단이 적 부대를 타격하는 역할을 담당한다. 함무라비 기갑사단의 경우 제8전차여단, 제17전차여단, 제15기계화보병여단. 도합 3개 여단이 기동여단이다.

함무라비 기갑사단의 전차여단은 수도 쿠웨이트시에 돌입한 쿠웨이트 침공작전의 선봉부대로 추정된다. 전차여단은 3개 전차대대, 1개 기계화보병대대, 1개 경포병중대(견인식 120㎜ 중박격포 12문), 지원부대로 편성되었고, 병력은 약 2,200명이며 주요 장비는 T-72 전차 134대, BMP 보병전투차 39대, BRDM2 정찰장갑차(수륙양용) 30대 등이다. 물론 전차와 장갑차만으로 여단 단위 작전을 지속할 수는 없으므로 전선부대에 4륜구동 전술트럭을 배치해 필요한 탄약·물자·부품·병력을 수송한다. 이라크군은 수송용으로 험지 주행성능이 우수한 동독제 IFA W50LA 야전트럭(탑재량 3t)을, 병력수송이나 무기·기자재 운반에는 소련제 GAZ66 야전 트럭(탑재량 2t)을 주로 활용했다.

작전시 전차여단은 사단에서 155㎜ 자주포대대(18대), 지대공 미사일대대(18대), 야전 공병중대를 지원받아 전차, 기계화보병, 포병, 공병을 혼성한 제병연합편제를 구성한다. 이런 혼성 편제는 야전에서 발생하는 다양한 상황에 맞춰 효과적이고 유연한 대처가 가능하게 해 준다. 요컨대 기동여단이란 기동력과 원·근거리 공격력을 겸비한 여단이라 할 수 있다.

기계화보병여단은 3개 기계화보병대대, 1개 전차대대, 경보병대대, 지원부대로 편성된다. 전력은 병력 2,300명, BMP 보병전투차 119대, T-72 전차 44대, BRDM2 정찰장갑차 30대로, 기계화보병여단의 주력은 각 대대당 39대가 배치되는 소련제 BMP-1 보병전투차다.

BMP-1 보병전투차(IFV: Infantry Fighting Vehicle)는 1967년부터 일선에 배치된 세계 최초의 보병전투차였다. 보병전투차는 현대 지상전에서 전차와 함께 주력무기로 구분된다. BMP는 러시아어로 보병전투차를 의미하는 단어의 머리글자이다. 여기서 잠시 BMP를 예시로 APC(병력수송장갑차)와 IFV(보병전투차)의 차이에 대해 알아보자.

BMP는 냉전 시대의 핵전쟁 상황을 가정해 핵폭발 이후 보병이 방사능 오염지역에서 하차하지 않은 채 전투를 지속하고 전차부대를 엄호할 수 있도록 제작된 보병부대용 장갑전투차였다. 따라서 BMP는 보병분대의 차내 사격을 보장하고 가능하면 전차를 엄호할 충분한 (적의 대전차포나 미사일 거점, 참호의 제압)화력을 갖춰야 했다. 그런 요구 조건에 따라 개발된 BMP-1은 전투중량 13.5t(300hp 디젤 엔진 탑재)으로, APC(미군의 M113은 12.3t)보다는 약간 무겁지만 탑승인원은 11명(하차보병분대 8명)으로 큰 차이가 없다. 그리고 차체 양 측면과 후방 도어에 7개의 총안구를 설치해 차내에서도 보병의 소총 사격이 가능했다. 포탑에는 유효사거리 800m, 발사속도 분당 4발의 73㎜ 저압포와 최대사거리 3㎞의 수동유선유도방식 AT-3 새거 대전차미사일을 장비했다.

BMP는 기관총만 장비한 종래의 APC와 확연히 구분되는 중무장을 갖추고 있다. 그러나 이런 무장은 아군 전차나 하차보병분대의 화력지원에 적합할 뿐, 적 전차와 정면대결이 가능한 화력은 아니다. BMP는 장갑의 두께가 19㎜(차체)~23㎜(포탑)에 지나지 않아 방탄성능은 12.7㎜ 중기관총을 겨우 막아내는 수준이므로, 포탑이 있어 외관상 전차와 비슷해 보인다고 전차처럼 운용할 수는 없다. 실제로 제4차 중동전쟁(1973년)에서 BMP-1을 전차처럼 운용했던 시리아군은 무책임하게도 BMP-1으로 정면 돌격을 감행해 보병전투차를 이스라엘군 기갑여단의 사격표적으로 만들었고, 결국 골란 고원 눈물의 계곡에서 괴멸당했다. 이처럼 보병전투차란 어디까지나 방패가 되는 전차와 조합해 운용하는 무기다.

이라크군은 BMP를 1,650대 보유하고 있었지만 대부분은 구형 BMP-1이었고, 무장을 2A-42 30㎜ 기관포(발사속도 분당 200~550발, 유효사거리 1㎞)와 반자동시선유도방식(SACLOS)을 사용하는 AT-5 스팬드럴 대전차미사일(사거리 4㎞)로 강화한 신형 BMP-2는 많지 않았다. 때문에 각 기계화보병소대는 BMP-1 3대와 BMP-2 1대로 편성되었다.

미군에게도 위협적인 장사정 자주포 GCT

7개 포병대대에 126대의 자주포를 보유한 RG 기갑사단의 사단포병은 세계 수위권의 전력으로 평가받았다.(다만 각 사단이 보유한 장비의 종류와 수는 달랐다) 7개 포병대대의 구성은 155㎜ 자주포 3개 대대,

152㎜ 자주포 2개 대대(2S3 자주포, 사거리 27.5km의 M46 130㎜ 견인포인 경우도 있다), 122㎜ 자주포 2개 대대(2S1 자주포, D30 견인포인 경우도 있다)로 대대당 18대가 배치되었다. 그 가운데 사거리가 길고 화학탄 발사도 가능한 155㎜ 자주포대대는 작전시 기동여단에 배치되었다. 이라크 포병부대는 이란-이라크 전쟁에서 화학탄을 사용한 전례가 있어서 155㎜ 자주포는 미군과 다국적군에 심각한 위협으로 간주되었다.[*] 예를 들어 함무라비 기갑사단이 장비한 Giat제 GCT 자주포는 프랑스에서 85대를 수입한 최신 장사정 자주포로, 전차에 필적하는 42t급 중량에 장포신 40구경장 155㎜ 곡사포를 탑재했다. 360도 선회 가능한 장갑포탑은 차체가 작아 보일 정도로 커서, 유압식 자동장전장치를 내장하고도 43발의 포탄을 적재하고 3명의 승무원이 탑승했다. 주포의 사거리는 보통탄(HE) 23km, 항력감소탄(BB)[**] 29km, 로켓보조탄(RAP)[***] 32km였다. 반면, 미군 사단포병의 M109A2/A3 155㎜ 자주포는 사거리가 보통탄 18km, 로켓보조탄 23.5km로, GCT 자주포를 상대하면 최대사거리 밖에서 공격을 받게 된다. 게다가 GCT 자주포는 분당 최대 8발의 속사가 가능해 M109보다 발사속도가 2.7배 빨랐다. 그리고 이라크군 포병은 M109 자주포보다 사거리가 긴 155㎜ 자주포 2종, 즉 프랑스 Giat제 Mk.F3 자주포와 이탈리아 오토멜라라제 팔마리아 자주포를 보유하고 있었다. 팔마리아 자주포는 수효가 얼마 되지 않았지만 사거리는 GCT 자주포에 필적했다.

공화국 수비대 사단방공포병(6개 대대)은 소련제 고퍼(9K35 Strela-10, NATO 코드 SA-13) 자주대공미사일(사거리 8km, 적외선유도미사일 4연장 발사기를 MT-LB 다목적장갑차에 탑재) 27대와 ZSU-23-4 쉴카 자주대공포 27대의 조합으로 저고도와 중고도를 커버하는 치밀한

중첩방공망을 구성하여 아군 기갑부대를 보호했다. 쉴카 자주대공포는 레이더 조준 4연장 23㎜ 대공기관포를 장비하여 항공기의 저고도 공격에 효과적으로 대처할 수 있었다.

공화국 수비대 중사단 방공부대의 대공포와 미사일을 혼성 편성한 방공망은 후일 다국적군의 폭격을 효과적으로 방해했고, 함무라비 기갑사단은 맹렬한 폭격을 당하면서도 인적 피해는 100여 명 정도에 그쳤다.

이라크제 T-72 전차 '아사드 바빌'

이번에는 RG 기갑사단의 간판 무기인 T-72 주력전차에 대해 자세히 알아보자. 이라크군은 대량의 전차를 보유했지만, 수적 주력은 100㎜ 주포로 무장한 3,000여 대의 T-55 전차(혹은 중국제 59/69식 전차)였다. 하지만 T-55는 기술적으로 낡은 전차여서, 이라크는 중국제 개량형과 독자적으로 장갑을 강화한 개량형을 도입하고, 115㎜ 주포를 탑재한 T-62 전차 700대를 배치해 전력을 보완했다.

125㎜포를 탑재한 T-72 전차는 80년대에 소련, 체코, 폴란드에서 수입했다. 이후 이라크가 독자적으로 개량한 자국산 T-72 전차 아사드 바빌(Asad Babil: 바빌론의 사자)을 바그다드 북부 '다지'의 전차공장에서 제조해 총 1,350대를 전력화했다. 대부분의 T-72 전차는 공화국 수비대 기갑사단에 배치되었다. T-72 전차는 최신형 전차라고는 하나 1972년부터 소련의 제183 전차공장에서 양산이 시작된 전차였다. T-72를 생산한 제183 전차공장은 제2차 세계대전의 걸작 전차 T-34를 생산했던 유서 깊은 곳이다. T-34 전차는 미하일 코시킨의 설계로 1940년에 제작되었는데, 시대가 바뀐 뒤에도 T-34의 기계적 특성은 후예라 할 수 있는 T-72 전차에 그대로 이어졌다.

T-34 전차의 최대의 특징은 강력한 화력, 우수한 방어력, 고기동성을 모두 갖춘, 전차설계의 이상을 실현했다는데 있다. 강력한 42구경장 76.2㎜ 포

---

[*] AMX-30 주력전차의 차체를 활용했다. 단, AMX-30은 동세대 주력전차들에 비해 소형이다.
[**] Basebleed : 후미에 연소재를 장착해 탄저의 공기저항을 줄여 사거리를 연장하는 곡사포탄.
[***] Rocket-assisted projectile, 로켓 추진형 곡사포탄.

이라크군의 주력전차 T-72 아사드 바빌

바그다드 방어를 위해 출동하는 공화국 수비대 메디나 기갑사단의 T-72 (사진: 2003년)

🚂 T-72 아사드 바빌	
전투중량	41.5t
전장	9.53m
차체길이	6.9m
전폭	3.6m
전고	2.2m
엔진	V46 수냉 디젤 (780hp)
출력대 중량	18.8hp/t
최대속도	68km/h (도로)
항속거리	450km (도로)
주포	125mm 활강포 2A46M(자동장전)
탄약	총 40발 APFSDS : 12 HEAT : 6 HE-FRAG : 22

T-72가 사용하는 3종의 포탄

3BM15 고속철갑탄
중량 3.9kg, 포구초속 1,780m/s
2,000m 기준 장갑관통력 310mm

3BK14M 대전차고폭탄
중량 19kg, 장갑관통력 450mm,
포구초속 905m/s

30F26 파편탄(HE-FRAG-FS)
중량 33kg, 작약 3.14kg,
포구초속: 850m/s

T-72 전차의 125mm 활강포의 위력&장갑방어력

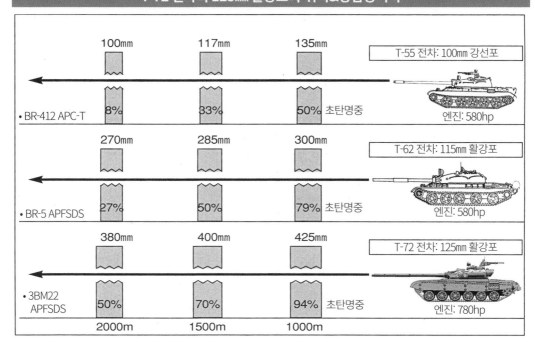

는 대부분의 전차를 격파할 수 있었고, 차체를 낮게 만들어 적에게 발견되기 어려웠다. 그리고 경사 장갑을 채용해 피탄율도 낮췄다. 포탑의 장갑도 독일 전차에 비해 두 배 이상 두꺼웠다. 독일군 4호전차의 단포신 24구경장 75mm 주포로는 근거리에서도 T-34의 장갑을 관통하기 어려웠다.

중량 28t급의 차체에는 V형 12기통 디젤 엔진 V2(500hp)를 탑재했다. 당시로서는 파격적인 고출력 엔진으로, 4호전차의 가솔린 엔진(300hp)보다 1.7배 강했다. 그리고 연비가 우수한 V2 디젤엔진을 탑재한 T-34는 항속거리가 450km 이상이지만, 4호 전차는 그 절반 수준인 200km가량이었다. 다만 차체 내부가 좁아 활동성이 좋지 않고, 승무원의 편의성을 고려하지 않아 운행 중 피로도와 사고율이 높다는 점이 T-34의 결점으로 지적되었다.

이제 T-34의 후예라 할 수 있는 T-72 우랄(Ural) 전차에 대해 이야기해보자. T-72 전차는 레오니드 카르체프 설계국에서 설계되었는데, 현대판 T-34라 해도 좋을 정도로 특징이 유사했다. 주포는 동시대의 전차포 가운데 가장 구경이 큰 2A46 52구경장 125mm 활강포 라피라(장검)였다. 하지만 제2차 세계대전 당시와는 달리 현대적인 포의 위력은 단순히 포의 구경이나 포신의 길이만으로 판단할 수 없다. 사용하는 포탄의 질과 사격통제장치(FCS)의 성능이 포의 위력을 크게 좌우하기 때문이다.

이라크군이 주로 사용한 철갑탄(APFSDS: 날개 안정분리철갑탄)은 구식 3BM9(강철 관통자)과 신형 3BM22(강철과 텅스텐 합금 관통자) 두 종류로 추정된다. 3BM9은 1,000m에서 두께 300mm의 수직강판을, BM22는 2,000m에서 380mm의 수직강판을 관통할 수 있다. 3BK14M 대전차고폭탄(HEAT)은 거리에 관계없이 450mm의 관통력을 보장했다. 도표로 보면 T-72의 2A46 주포는 관통력이 T-55의 100mm 포 대비 3.8배, T-62의 115mm 포 대비 1.4배임을 알 수 있다. T-72의 125mm 활강포는 등장 당시 거의 모든 주력전차를 격파할 수 있었다.[14]

다만 실전에서 T-72 주포의 유효사거리는 1,800m 전후로 짧았다. 아날로그식 탄도계산기를 사용하는 사격통제장치의 성능(측풍보정, 포신 안정화 등)부족으로 장거리 명중률이 떨어졌기 때문이다. 하지만 TPD-K1 레이저 거리측정기를 장비할 경우, 초탄명중이 1,500m에서 70%가량으로 T-55의 33%나 T-62의 50%에 비해 크게 향상되었다. 또한 야간전투시에는 TPN1-49-23 적외선야시조준장치(시야 6도, 배율 5.5배)를 사용해 목표를 탐색, 조준할 수 있었다. 하지만 포탑 우측에 장착되는 L2 적외선 서치라이트의 도움을 받아도 야시거리가 포의 유효사거리보다 짧은 800m에 그쳤고, 적외선 서치라이트가 없다면 야시능력이 더욱 떨어졌다.

T-72 전차에서 가장 혁신적인 구성요소는 포탑 아래(포탑 바스켓)에 설치된 케로젤형 자동장전장치다. 이 자동장전장치는 매초 70도의 속도로 회전하는 원형 탄창에 20~30kg의 무거운 포탄과 장약을 탑재해 두고, 스위치 조작만으로 지정 탄종을 신속하게 장전한다. 차체에 적재되는 포탄은 철갑탄(APFSDS) 12발, 고폭파편탄(HE-FRAG) 22발, 대전차고폭탄(HEAT) 6발 등 총 40발이다. 이 가운데 카세트에는 22발의 포탄과 장약이 장전되며, 컴퓨터로 탄종과 잔탄의 수량을 관리한다. 자동장전장치의 장전 속도는 분당 8발로 수동의 2배에 가깝지만, 이 속도는 제원상의 수치일 뿐이며, 실제로는 사격 정보 등을 컴퓨터에 수동입력해야 하므로 발사속도는 수동장전과 큰 차이가 없는 분당 4발 내외다. 자동장전장치 채택으로 탄약수가 사라지면서 승무원은 일반 전차에 비해 1명이 줄어든 3명이 되었다.

그리고 T-72는 T-34 전차처럼 차체가 작고 차고도 상당히 낮다. 실루엣이 작아 발견하기 어려웠던 T-34의 장점을 이어받은 셈이다. 특히 얇은 사발을 엎어 놓은 형태의 주조 포탑은 피탄율이 낮은 우수한 디자인으로 높은 평가를 받았다. T-72는 전투중량이 41.5t임에도 가장 피탄율이 높은 포탑 전면의 장갑 두께가 280mm(T-55는 203mm)에 달했다.

두 번째로 피탄율이 높은 차체 전면의 경사장갑은 방탄강판을 5중으로 겹친 장갑으로, 두께가 200mm(T-55의 장갑 두께는 97mm)에 달했으며, 정면에서 피탄될 경우 압연강판(RAH) 기준 철갑탄에 대해 410mm, 대전차고폭탄에 대해 450mm의 방어력을 제공한다.

엔진은 소련의 전통적인 전차엔진 구성인 V형 12기통의 V46 디젤엔진이었다. T-34 전차의 V2 디젤 엔진과 동일한 V12 구성이지만 보다 발전된 엔진으로, 터보차저(과급기)를 사용해 790hp의 출력을 발휘한다. 소형 차체에 적합한 밸런스가 좋은 엔진이며 신뢰성도 우수하다. 노상 최대속도는 시속 68km. 1,200리터의 차내 연료만으로 약 450km의 항속거리를 보장한다. 후방지원이 열악한 환경에서 운용하기에 적합한 특성이다.

T-72 전차의 결점은 작은 차체와 커다란 포, 두꺼운 장갑에 집중한 결과, 서방 전차에 비해 내부공간이 좁아졌다는 점이다.

이라크가 수입한 T-72 전차는 수출용인 M형 또는 M1형이다. T-72M은 TPD-K1 레이저거리측정기를 장비한 개량형, T-72M1형은 포탑의 장갑이 강화된 개량형이다. 이라크가 국내생산한 T-72 아사드 바빌(바빌론의 사자)은 M1형 차체를 바탕으로 독자개량한 주력전차로, 체코의 기술 지원을 받아 '다지'에 건설한 '알 아멘' 전차조립공장에서 라이센스 방식으로 생산되었다.[15]

아사드 바빌 전차는 주로 소련에서 구입한 부품을 사용했지만, 적어도 125mm 활강포와 전자장비의 일부는 이라크 국내에서 라이센스로 생산했다. 특히 아사드 바빌은 포탑 정면장갑이 강화되어 두께 280mm의 증가장갑 위에 30mm급 증가장갑을 일정 간격 이격시킨 형태로 용접했다. 그밖에 성능이 좋은 프랑스제 자동소화장치, 포탑 위에 장착되는 적외선 교란장치(Dazzler, 대전차 미사일의 유도를 방해하는 장비), 벨기에제 열영상탐지장치(소수만 장비되었다)가 탑재되었다. 이런저런 추가장비를 보면 이라크군도 다양한 전장 상황에 대비했음을 알 수 있다.

이와 같이 공화국 수비대에는 이라크군이 가진 최고의 장비가 우선 지급되었다. 또한 지급된 장비를 효과적으로 운용하기 위해 지휘관과 병사들의 사기와 훈련도를 높이도록 노력했다. 이런 공화국 수비대의 실력은 실전에서 증명되었다.

참고문헌

(1) Anthony H.Cordesman and Abraham R.Wagner, The Lessons of Modern War, Vol. IV: The Gulf War(Boulder,Colo.: Westview Press, 1996.)pp 113-35.

(2) Frank N.Schubert and T. L.Kraus, The Whirlwind War(Washington,D.C.: GPO, 1995, p135.

(3) 피에르 셀린저와 에릭 로랑, 아키야마 타미오 외 번역 「걸프전 숨겨진 진실」 (共同通信社, 1991년), 21~48p, 자베르 국왕의 인터뷰 기사는 아사히 신문 1991년 8월 14일자.

(4) RoBert H.Scales, Certain Victory: The U.S.Army in the Gulf War(NewYork, Macmillan, 1994,) pp44-45.

(5) Aaron Danis, "A Military Analysis of Iraqi Army Operations", Armor(Nov-Dec 1990,)pp13-18.

(6) Bob Woodward, The Commanders (NewYork, Simon & Schuster, 1991,)pp184-200.

(7) 존 블럭과 하비 모리스, 스즈키 치카라 번역 「사담의 전쟁」 (草思社, 1991년), 156~58p.

(8) Tom Cooper, with Brig. Gen. Ahmad Sadik, "Irari Invasion of Kuwait; 1990", acig. Org.

(9) Department of Defence(Dod), Conduct of the Persian Gulf War(Washington,Dc.: GPO, 1992,)pp1-20.

(10) Martin Stanton, Road to Baghdad (NewYork, Presidio Press, 2003), pp47-57.

(11) Robert A.Nelson, "The Battle of the Bridges", Armor (Sep-Oct 1995), pp26-32.

(12) Cooper, acig. Org.

(13) Iraqi Organisations 1990-1991 Gulf War, members. Tripod.com.

(14) 데이비드.C.이스비. 하야시 켄조 번역, 「소련 지상군」 (原書房, 1981년), 106~117p.

(15) Anthony H.Cordesman, Iran & Iraq (Boulder, Westview Press, 1994), pp183-84.

제2장
무적전차 M1A1의 '극비' 기술개발

『사막의 방패 작전』 발동
공수부대와 알루미늄제 경전차 긴급 공수

1990년 8월 6일, 미국 대통령 조지 H.W. 부시는 민주주의(쿠웨이트 해방)와 석유자원(후세인이 사우디아라비아마저 점령하면 세계 석유매장량의 45%를 차지하게 된다)을 지킨다는 명분으로 미군의 사우디아라비아 파병을 결정했고, 다음날 7일 '사막의 방패 작전(Operation Desert Shield)'을 발동했다. 8일에 선발로 공군 제1전술전투항공단의 F-15 전투기 24대가 12,000㎞를 날아 페르시아만 연안에 위치한 사우디아라비아의 다란 공군기지에 도착했고, 9일에는 미 육군 제18 공수군단 소속 제82공수사단의 신속기동군(제2여단) 이 미국 본토 동해안(포프 공군기지)에서 C-141 대형 수송기를 타고 다란 기지로 건너왔다.

작전 개시 일주일 후에는 육군 공수부대의 병력이 4,575명까지 늘어났지만, 기갑부대의 M1전차와 중장비를 실은 수송선이 도착하려면 여전히 시간이 필요했다. 당시 지상군 주력은 수송기로 급파된 보병부대였고, 기갑전력은 C-5 전략수송기로 공수한 18t급의 알루미늄제 M551 쉐리던 공수전차 18대뿐이었다.

쉐리던 전차는 주무장인 152㎜ 건런처로 매복 공격한다면 이라크군의 T-72 전차도 격파할 수 있었지만, 배치 규모가 제한적인 데다 성능도 이라크군 전차군단을 저지하기에는 충분치 않았다. 가용전력 가운데 이라크의 기갑부대를 상대할 만한 장비는 TOW 대전차미사일 발사차량 56대와 AH-64 아파치 공격헬리콥터 15대뿐이었다.[1]

당시 쿠웨이트에 집결한 이라크군은 공화국 수비대를 중심으로 병력 20만 명, 전차 2,000대까지 늘어났고, 후세인의 명령만 떨어지면 언제든 침공할 태세였다. 국경에 주둔한 공수부대는 적 전차군단의 공격이 시작된다면 후퇴할 수밖에 없었다.

8월 16일, 사우디의 수도 리야드에 중동 방면 군사작전을 지휘할 미 중부군 전방사령부가 개설되어 파견군를 맞이할 준비를 마쳤다. 전방사령부에 가장 절실한, 이라크 전차군단에 대항할 기갑부대

복합장갑, 120mm 활강포, 1,500hp 가스터빈엔진을 장비한 미 육군 주력전차 M1A1

는 아직 수송선 안에 있었다. 육군의 긴급파견 전력은 제18공수군단 예하 24보병사단(기계화보병) 2여단 '뱅가드'였다.

M1 전차 같은 중장비는 포트 스튜어트 기지에서 화물열차로 동해안의 사반나 항(조지아주)에 운반해 선적했다. M1 전차를 적재한 수송선은 8월 10일에 입항한 해군 해상수송사령부(MSC) 소속 알골급 고속해상수송함 카펠라였다. 제1185수송부대가 48시간 만에 장비와 물자 적재를 완료한 후, 카펠라는 8월 13일 사우디를 향해 출항했다. 수송함은 대서양과 수에즈 운하를 통과해 아라비아 반도를 돌아 페르시아만으로 진입했다. 수송 중 이라크 공군의 폭격에 대비해 갑판에 M163 발칸 자주대공포 3문을 설치했다. 카펠라는 본토에서 16,000km의 긴 여정을 거쳐 출항 2주만인 8월 27일에 목적지에 도착했다. 구축함보다 빠른 33노트(약 60km/h)의 속력을 발휘하는 고속수송함이었으므로 이런 신속한 수송이 가능했다. 카펠라가 싣고 온 M1 에이브럼스 전차 88대 덕분에 현지 병사들은 겨우 안

심할 수 있었다. 이들은 M1 전차가 굉음을 울리며 지나갈 때마다 도착한 전차의 수를 세며 박수로 환영했다.

제24보병사단 소속 기계화부대의 장비는 무겁고 부피가 커서 수송 자체가 난관이었다. 담맘항에 도착한 수송함 카펠라는 도착 5일 후인 8월 31일에 선적한 화물을 전부 내릴 수 있었다.

제24보병사단은 3개 기동여단을 주력으로 하는 병력 18,000명으로 구성된 제1급 기계화부대로, 주요장비는 105mm 강선포로 무장한 M1 전차(개량형 IPM1) 235대와 M2/M3 보병전투차 약 220대를 포함한 장갑차량 1,793대, 차륜차량 3,500대, 헬리콥터 90대였다. 장비의 총중량은 80,000t을 상회했다. 병력은 공군 수송기와 민간 여객기를 통해 신속히 이동했지만, 중장비는 수송선으로 운반할 수밖에 없었다. 제24보병사단을 페르시아만으로 수송하는 데 고속수송함 7척과 차량수송선 3척이 투입되었으며, 8월 13일(카펠라의 사반나 항 출항)부터 9월 25일(하역 완료)까지 총 44일이 소요되었다.[2]

'사막의 방패 작전' 첫 주에 공수된 미 육군 공수부대와 공수전차

🚙 M551 쉐리던 공수전차	
전투중량	15.83t
전장	6.3m
전폭	2.8m
전고	2.3m
엔진	6V-53T 수냉 터보 디젤 엔진 (300hp)
최대속도	70km/h
항속거리	600km
주포	152mm 건런처 M81
부무장	12.7mm M2 기관총 7.62mm M73/M219 공축기관총
적재탄	주포 30발 기관총 각 1,000 / 3,000발
승무원	4명

일주일 후 사우디아라비아에 공수된 18대의 M551 쉐리던

작전 발동 후 일주일 후 사우디아라비아에 공수된 미 육군 공수부대의 주요전력

제82공수사단 (4,575명)

AH-64A 아파치 공격헬리콥터 (15대)

OH-58 카이오와 무장정찰헬리콥터 (8대)

MLRS 다연장 로켓 시스템 (2문)

TOW 대전차미사일 발사차량 (56대)

105mm 곡사포 M102 (12문)

미국 본토 발 사우디아라비아 방면의 전력 전개

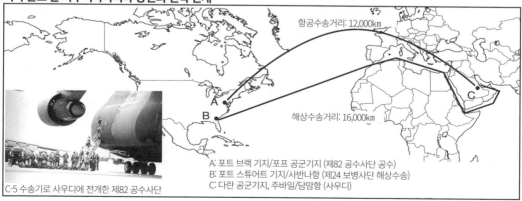

항공수송거리: 12,000km

해상수송거리: 16,000km

A: 포트 브랙 기지/포프 공군기지 (제82 공수사단 공수)
B: 포트 스튜어트 기지/사반나항 (제24 보병사단 해상수송)
C: 다란 공군기지, 주바일/담맘항 (사우디)

C-5 수송기로 사우디에 전개한 제82 공수사단

AH-1S 코브라 공격헬리콥터 (카펠라, 6대)

제24 사단의 주요장비

● 제24 보병사단의 전력

병력	18,000명
M1 주력전차	235대
장갑(궤도)차량	1,793대
차량	3,500대
헬리콥터	90대

1990년 8월 17일 제24사단의 장비를 싣고 사반나 항에서 출항한 수송선 '알골'

M163 발칸 자주대공포 (카펠라, 3문)

M1 에이브럼스 전차 (카펠라, 88대)

M2브래들리 보병전투차 (카펠라, 38대)

MLRS 다연장 로켓 (카펠라, 9문)

다행히 후세인은 이라크군이 압도적으로 우세하던 8월 중에 공격을 시도하지 않았고, 양군의 대치는 그렇게 반년이나 계속되었다. '페르시아만 위기'라 불린 이 기간 동안 양군은 계속해서 병력을 증강시켰는데, 특히 다국적군의 주력인 미군은 이라크 전차군단을 제압하기 위해 독일에서 제7군단을 소환했다.

M1 에이브럼스 전차를 장비한 제7군단은 걸프전 지상전이 시작되자 다국적군 지상부대의 중핵이 되어 압도적인 파괴력으로 이라크군을 격파하며 쿠웨이트로 진군했다.

하비에서 시작된 세기의 발명 혁명적인 복합장갑 초범 장갑

걸프전 지상전은 대략 전면전 100시간 만에 다국적군의 승리로 끝났다. 지상전의 주역은 당시 세계 최강의 주력전차로 불린 M1 전차였다.

이제 제7군단의 주력전차로 걸프전 지상전의 전장인 사막에서 활약한 M1 전차를 개발 단계부터 살펴보자.

M1은 대표적 3세대 전차로, 1980년대 전반에 등장한 3세대 전차의 기술적 특징인 복합장갑, 1000hp 이상의 엔진, 120㎜ 활강포, 장거리, 기동간, 야간 사격이 가능한 고성능 사격통제장치를 모두 갖추고 있다. 그중 3세대 전차를 구분짓는 가장 큰 특징은 복합장갑이다. 복합장갑은 2세대 전차(T-62의 115㎜, 레오파드1의 105㎜)의 포격은 물론 전차 최대의 위협인 대전차 미사일로도 관통이 어렵다.

복합장갑(Composite Armor)은 영국군 차량기술연구소(MVEE)에서 10년에 걸쳐 개발한 기술이다. 영국

정부는 이 신형 장갑을 채용한 전차(개량형 치프틴)를 도입하기 위해 이례적으로 일급 기밀인 복합장갑 발명을 대대적으로 발표하며 여론 형성에 힘썼다.

1976년 6월 17일, 영국 국방장관 로이 메이슨이 '2차대전 이래 전차설계와 방어력 강화 분야 최대의 위업'이라 극찬하며 초범 장갑(Chobham Armor)을 발표했다. 공식적으로 확인되지 않은 정보지만 초범 장갑은 종전의 장갑보다 3배 이상 강력해서 대부분의 대전차화기를 충분히 막아냈다. 그리고 전차의 장갑으로 가공하기 쉽고, 비용도 종래의 장갑에 비해 10%밖에 늘지 않았다. 발표가 사실이라면 무적의 장갑이라 불러도 손색이 없었다.

영국은 발표와 함께 초범 장갑을 장비한 실험전차 FV4211도 공개했는데, 치프틴 전차를 개수한 이 60t급 중전차의 도시락통을 닮은 거대한 포탑에 사용된 초범 장갑의 두께는 기존의 전차장갑보다 두 배는 두꺼운 2피트(610mm)에 달했다. 이후 초범 장갑은 복합장갑의 대명사가 되었고, FV4211 실험전차의 복합장갑은 3세대와 2세대 전차를 구분 짓는 기준으로 자리잡았다.

초범 장갑의 정확한 구조는 불명이지만, 복합장갑의 두터운 두께를 감안하면 두 장의 방탄강판 사이에 단단하고 내열성이 있는 복합소재(세라믹 등)를 삽입한 구조로 추측되고 있다.

잘 알려지지 않았으나, 오르 켈리가 저술한 '킹 오브 더 킬링존(King of the Killing Zone)'에 의하면 초범 장갑을 발명한 인물은 영국의 길버트 하비(Gilbert Harvey)박사다.[3]

하비 박사는 국가의 극비 군사 프로젝트에 생애를 바친 과학자로, 복합장갑의 원리를 발명한 후 얼마 지나지 않아 사망했다. 따라서 발명자인 하비 박사의 이름은 전문가 사이에서도 잘 알려지지 않았다. 다만 복합장갑 개발 당시 내부에서는 하비 박사의 이름을 따 하비즈 아머(초범은 복합장갑을 개발한 왕립연구시설 소재지의 지명으로, 보통 버링턴이라는 코드네임을 사용했다)라 불렸다.

하비 박사가 주목한 기술은 군함의 공간장갑(Spaced armor)이었다. 공간장갑은 주장갑 외측에 공간을 두고 얇은 장갑을 한층 더 붙인 장갑으로, 외측의 장갑이 포탄을 폭발시켜 주장갑의 관통을 저지하고 피해를 국소화하는 원리로 작동한다. 대형 군함의 경우 장갑 사이에 발화점이 높은 중유를 채워 방호재를 겸하게 한다.

당시 전차 장갑에 요구된 가장 중요한 능력은 대전차 미사일(HEAT) 방어였다. 제4차 중동전쟁(1973년)에서 이집트군이 쏘긴 대전차 미사일로 이스라엘 기갑여단을 격파하면서 전차무용론의 목소리가 커졌기 때문이다.

대전차미사일에 쓰이는 대전차고폭탄두(HEAT)는 금속 라이너(Liner) 후방에 고성능 화약이 폭발(화학에너지)할 때 생성되는 8,000도, 초속 10,000m에 달하는 고온-고압의 메탈 제트(Metal jet: 금속 라이너가 변형된 금속입자)를 활용해 장갑을 관통하는(먼로-노이만 효과) 무기로, 이론상 탄두 직경보다 5.5배 두꺼운 장갑을 관통할 수 있다. 탄속과 거리에 관계없이 일단 명중하면 일정한 관통력이 보장되는 대전차고폭탄의 특징으로 인해 기존의 장갑으로는 거리에 관계없이 전차를 보호할 수 없었다.

하비 박사는 공간장갑을 이용해 탄두를 미리 폭발시켜 메탈 제트를 감쇄하려 했지만, 감쇄효과를 얻을 수 있는 공간장갑은 전차에 사용하기에는 너무 부피가 컸다. 군함에서 장갑 간 공간에 중유를 채우듯이 메탈 제트를 확산·감쇄시킬 소재를 찾아 공간을 채워야 했다. 하비 박사는 세라믹 소재가 강철에 비해 내열성은 10배 이상, 압축강도는 2배 이상인 점에 주목해, 세라믹을 주체로 한 방호층 개발에 착수했다. 그리고 방호층만 아니라 공간 내부의 설계(이용방법)도 함께 고려했다.

하비 박사는 실험으로 메탈 제트가 경사진 방호층에 부딪치면 진행방향이 바뀌며 에너지를 잃는 현상을 발견하고, 방호층을 수직으로 나열하는 대신 각 방호층에 경사를 주었다. 이런 방호층은 대

혁명적인 초범 장갑과 M1 전차의 복합장갑

105mm 포를 탑재한 제식화 이전의 XM1 전차

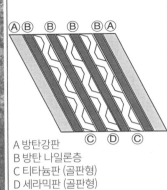

A 방탄강판
B 방탄 나일론층
C 티타늄판 (골판형)
D 세라믹판 (골판형)

초범 장갑의 단면 구조도 (추측)

M1 전차의 고속철갑탄 피탄실험.
포탑 정면의 방어력은 압연강판 기준 350mm 이상이다.

M1 전차의 대전차고폭탄 피탄실험.
복합장갑은 대전차고폭탄에 극단적으로 강하다.

전차고폭탄의 메탈 제트를 완벽히 저지하기 위해 경사각을 여러 형태로 조합한 복수의 방호층으로 구성되었다. 복합장갑이 과거의 장갑보다 극단적으로 두꺼워진 이유는 이런 구조와 연관이 있다.

또한 하비 박사는 허니컴 구조(벌집 모양)의 연료탱크가 피탄에 강하다는 점에도 주목했다. 초범 장갑의 내부구조는 여전히 기밀이지만, 추정에 의하면 방탄강판(균질압연강판)재 박스 프레임 안에 세라믹판, 강철판, 티타늄판을 방탄 나일론층으로 고정한 구조일 가능성이 높다.[4] 방호층의 세라믹판과 티타늄판은 메탈 제트의 운동 에너지를 감쇄하기 위해 골판지 형태로 제작하는 편이 효과적이다. 박스 구조 덕분에 장갑 박스를 열고 방호층을 교환하면 방호력이 회복되므로, 파손된 장갑의 교환이나 방어력 강화 개량 작업도 쉬워졌다.

영국군은 초범 장갑의 방어력를 확인하기 위해 구경 120mm 고속철갑탄(운동에너지탄)을 포함한 각종 포탄이나 대전차미사일 수천 발을 사용해 실탄 방어능력을 시험했다. 개발 당시의 초범 장갑은 대전차고폭탄에 대한 방어 능력을 더 중요시했는데, 실험 결과 극히 우수한 대전차고폭탄 방호능력이 입증되었다. 이렇게 1964년에 세기의 발명인 초범 장갑의 기본구조가 완성되었다.

절대 관통되지 않는 열화우라늄 장갑의 실용화

미국이 본격적인 복합장갑 개발에 착수한 시기는 1972년에 M1 전차개발팀 책임자 윌리엄 데소브리 소장이 영국을 방문해 초범 장갑의 존재와 구조를 알게 된 이후였다.[5]

M1 전차의 복합장갑에 대해 영국은 자신들의 초범 장갑을 도용했다고 주장했고, 미국은 미 육군 탄도연구소(BRL)에서 직접 개발했다고 반박하며 논쟁이 벌어졌다. 하지만 M1 전차의 복합장갑의 기본구조와 제조법이 영국제 초범 장갑에서 영향을 받은 것은 분명하다. 이런 경우는 항공모함 개발 과정에서도 볼 수 있는데, 현대 항공모함의 기초기술인 증기 캐터펄트, 경사 갑판(앵글드 덱), 거울식 착함유도장치, 폐쇄식 격납고 등을 처음 개발한 국가는 영국이었지만, 이를 종합해 니미츠급 원자력 항공모함을 만든 국가는 미국이다. 이 사례는 미국과 영국 간 무기체계 개발의 전형적 모습이라 할 만하다. 게다가 미국 육군이 영국의 초청으로 1965년에 대표단을 초범 연구소에 파견해 영국군 담당 과학자로부터 초범 장갑의 세부 구조와 기능을 설명받은 사례가 있어, 미국제 복합장갑의 독창성은 논쟁의 여지가 있다. 핵전쟁에 대비해 쾌속 전차의 개발에 집중하던 당시의 미국 육군은 실용화가 어렵고 장갑 두께가 2피트에 달하는 중(重)전차에는 전혀 관심이 없었지만, 14년이 지난 1979년에는 복합장갑을 장착한 M1 전차를 생산하게 되었다.

M1 전차의 차체와 포탑은 전부 방탄강판을 용접해 조립했는데, 전체 용접부 길이가 2.4km에 달했다. 이렇게 용접을 대량으로 사용한 이유도 복합장갑 채택과 연관이 있다. 다만 두껍고 무거운 복합장갑을 모든 방향에 적용할 수는 없어서 과거 전차의 피탄 통계를 근거로 피탄율이 높은 포탑 정면과 차체 정면에 한해 복합장갑을 적용했다. 미 육군 탄도연구소가 제2차 세계대전에서 피탄된 전차 544대의 피탄 부위를 조사한 결과 명중탄의 40%가 포탑 정면, 37%가 차체 정면에 집중되었다.[6]

M1 전차에서 가장 장갑이 두꺼운 부위는 포탑 정면으로, 복합장갑은 두께 2피트(610mm)의 경사각이 있는 장방형 압연강철제 박스 프레임 내부를 방탄재로 채운 구조였다. 박스 프레임 장갑 중 가장 두꺼운 부분은 125mm가량으로, 생산라인에서 차체

와 포탑에 용접되었다. 방탄재 관련 작업은 리마 전차공장의 장갑제조시설에서 실시했다. 여기서 특별보안자격을 지닌 작업원이 이미 용접된 장갑 박스 프레임을 열고 방탄재를 조립해 넣은 다음 다시 용접해 닫았다. 전차 최종조립은 리마와 디트로이트의 육군 전차공장에서 진행되었다.[7]

M1 전차의 목표는 800m에서 T-62의 115mm 포가 발사한 철갑탄을 방어하고, 거리에 관계없이 TOW 등 127mm급 대전차 미사일이나 대전차고폭탄을 방어하는 것이었다. M1 전차의 복합장갑은 압연강판 기준으로 철갑탄에 대해 350mm 이상, 대전차고폭탄에 대해 700mm 이상의 방어력을 실현해 이 요구조건을 충족했다. 그러나 70년대 중반 이후 소련이 125mm 활강포를 탑재한 신형 주력전차(T-72/T-64B/T-80)를 내놓으면서 상황이 달라졌다. 125mm 활강포로 발사한 고속철갑탄(운동 에너지탄)은 1,000m 거리에서 425mm의 장갑을 관통한다고 추측되었다. M1 전차의 복합장갑에 적용된 방탄재(주로 세라믹 재질)는 대전차고폭탄의 메탈 제트를 막아내는 능력은 우수했지만 고속철갑탄(초속 1,500m 이상)에는 상대적으로 취약했다. 이렇게 복합장갑의 우위가 크게 감소하자, 미군은 1984년부터 포탑을 대형화하고 장갑을 강화한 IP(개량형: Improved Performance)M1 전차를 배치하고 1985년부터는 모든 구성요소를 전면적으로 개량해 생존성과 공격력(120mm 활강포 탑재)을 대폭 향상시킨 M1A1 전차를 완성했다. 장갑이 강화된 M1A1 전차의 전투중량은 M1 전차보다 4.6t 무거워진 59t이었다. 특히 포탑에 개량된 장갑구조재를 설치하기 위해 전면장갑에 넓은 용적을 할당한 결과, 전면장갑의 두께가 2.5피트(760mm)까지 늘어났다.

장갑 박스 프레임의 방탄강판도 대철갑탄용 이중경도강판(DHS: Dual-Hardess Steel)을 적층한 클래드강(Clad Steel) 강판으로 교체했다. 이중경도적층강판은 외측에 얇고 경도가 높은 강판을, 내측에 인성이 높은 강판을 가열, 압착해 제작하는 방탄강판이다.

이 강판은 종래의 표면경화강판과는 달리 피탄 충격에 의한 장갑층 박리가 일어나지 않아 철갑탄 방어력이 일반 방탄강판에 비해 1.3배가량 강하다.

이후에도 M1 전차의 방어력 향상은 꾸준히 계속되었다. 1987년에는 열화우라늄을 사용한 신형 장갑 블럭 개발에 성공했다. 열화우라늄 장갑 개발은 극비 기밀로 구분되었으며, 기밀 유지를 위해 스텔스 기술처럼 개발에 비공식 예산을 사용했다.

열화우라늄 장갑의 가장 큰 장점은 고속철갑탄 방어력으로, 당시 소련군이 개발한 열화우라늄 관통자를 사용하는 BM32 철갑탄에 대처하기 위해 개발되었다. 열화우라늄(DU: Depleted Uranium)은 우라늄 연료 농축 과정에서나 핵연료를 사용한 후 재처리 과정에서 나온 방사능이 약한 우라늄이다. 열화우라늄은 중성자를 막아낼 정도로 밀도(강철의 2.5배)가 높아서 장갑재가 고속철갑탄에 피탄되더라도 피탄시 압력과 열에 잘 변형되지 않는다.

열화우라늄 장갑의 구조는 극비지만, 열화우라늄 장갑층을 스테인레스강으로 둘러싼 구조라는 추측이 우세하다. 장갑층 내부의 열화우라늄은 두께 25~50㎜의 와이어 매쉬(그물망) 형태로 짜여져 있다.[8]* 이 열화우라늄 장갑은 고속철갑탄을 튕겨내는 방식이 아니라 그물망으로 붙잡아 운동에너지를 흡수해 막아내는 방식으로 작동할 가능성이 높다. 열화우라늄의 잔류 방사능은 1t 이하의 사용량에서는 위험하지 않은 수준이라고 하지만, M1 승무원 매뉴얼에는 열화우라늄 장갑이 파손될 경우 12시간 이내에 수리하도록 명시되어 있다. 비밀 유지가 아닌 방사선 유출에 의한 피폭을 우려한 지시로 추측된다. 1988년 10월부터 생산된 M1A1 중장갑형(HA: heavy Armor)은 열화우라늄 장갑을 장착하면서 전투중량이 2t 늘어나 61t이 되었다. 방어력

은 초기형 M1 전차에 비해 두 배 가량 강해져, 압연강판 기준 철갑탄에 대해 680㎜, 대전차고폭탄에 대해 1,320㎜의 방어력을 보장한다. 적어도 포탑 전면에 한정한다면 기존의 전차포나 대전차 미사일로는 도저히 공략할 수 없는 무적의 방어력이다. 실제로 M1A1(HA) 전차는 전쟁 기간 동안 아군의 오인 사격으로 아파치 공격헬리콥터의 헬파이어 대전차 미사일(장갑 관통력 1,050㎜)과 120㎜ 포탄에 피격되었지만, 포탑 정면 장갑이 관통당하는 경우는 없었다.

이런 절대적인 방어력을 단순히 열화우라늄 장갑재만으로 얻을 수는 없다. M1은 두께 2.5피트의 장갑 박스 프레임 안에 여러 소재로 구성된 방탄재(세라믹, 플라스틱, 티타늄, 열화우라늄 등)층을 조합하여 복합적인 방어 효과를 얻었다. 물론 장갑 박스 프레임의 구조는 극비지만, 주변 정보를 통해 추측해 보면 열화우라늄 장갑은 여러 장의 허니컴 방탄장갑과 열화우라늄 장갑을 적층해 만들었을 가능성이 높다. 허니컴 방탄장갑은 허니컴 형상의 방탄 알루미늄(알루미늄 합금) 틀에 육각형의 세라믹 타일 또는 플라스틱 타일을 티타늄판이나 강철판에 고압, 압착해 만든 장갑으로 추정된다.[9]

허니컴(Honey Comb)은 속이 빈 육각형이 반복되는 벌집 형태의 구조로, 가볍고 단단한 구조물 제작에 사용된다. 허니컴 구조의 장갑은 철갑탄이나 대전차고폭탄에 세라믹 타일이 파괴되더라도 허니컴 구조가 타일을 고정하면서 타일이 완전히 파괴되지 않도록 막아주고, 동시에 충격의 확산도 막는다. 또한 허니컴 장갑은 충격을 받으면 압궤, 변형되어 운동 에너지를 흡수하는 충격완충특성이 있다. 이는 자동차 범퍼가 찌그러지면서 충격을 흡수하는 것과 유사한 원리다.

이처럼 M1A1(HA) 전차의 복합 장갑은 영국의 초범 장갑의 기본구조를 참고하고 미국의 방탄구조재 기술을 집대성하여 탄생했다.

....
* 이 부분의 설명은 오해의 여지가 있다. 티타늄합금 처리한 열화우라늄 소재를 매쉬 형태로 제작하기는 매우 어렵다. 세라믹 장갑과 열화우라늄 장갑판을 스테인레스 허니컴 구조에 고정하는데, 접착제로는 철갑탄의 충격에너지에 박리되는 현상을 막지 못하므로 강철 와이어 매쉬로 고정한다. (역자 주)

절대 관통되지 않는 열화우라늄장갑의 구조

M1에 비해 포탑부분이 두터워진 M1A1

M1 전차의 추가장갑인 LAST아머. 육각형 세라믹 타일을 차체에 장착하여 방어력을 강화한다.

M1A1 (HA) 전차의 열화우라늄 장갑 단면구조도 (추측)

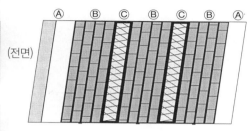

(전면)

A. 방탄강판장갑: 이중경도적층강판(DHS)
B. 허니컴 방탄장갑: 방탄 알루미늄제 허니컴 타입 프레임에 육각형의 세라믹 타일, 또는 플라스틱 타일을 넣고 티타늄 패널, 혹은 강철판으로 압착한 장갑판을 적층한 장갑.
C. 열화우라늄 장갑: 두께 25~50㎜ 의 열화우라늄 층 (그물망 형상)을 스테인레스제 외피로 감싼 장갑.

초유의 가스터빈 고속전차
GM제 XM1 vs 크라이슬러제 XM1

1976년 11월 12일, 마틴 호프만 육군장관은 크라이슬러와 제네럴 모터스(GM)가 경합한 XM1 전차 개발경쟁('X'는 시험제작차를 뜻한다)에서 크라이슬러가 승리했다고 발표했다. 장관은 크라이슬러가 선택된 이유에 대해 '기술적으로 우수하다.'고 간결히 답했다.(크라이슬러의 제시가격이 20% 저렴했다는 이유도 있었다) 세계 최초로 가스터빈 엔진 전차의 채용이 결정된 순간이었다.[*]

육군 에버딘 시험장의 기동력 테스트에서 크라이슬러의 가스터빈 엔진 탑재 XM1 전차는 GM의 디젤 엔진 탑재 XM1 전차를 압도했다. 특히 엔진을 혹사시키는 험지 주행에서의 격차가 역력했다.

엔진이 과열된 GM의 전차는 디젤 엔진 특유의 소음이 한층 더 커졌고, 불완전연소로 생성되는 시커먼 매연이 차체를 뒤덮을 지경이었다. 크라이슬러의 기술진은 검은 연기를 뿜어내는 GM의 디젤 전차에 '올드 스모키'[**]라는 별명을 붙였다. 대조적으로 크라이슬러의 전차는 매연도 없고 가까이 가지 않으면 엔진음이 들리지 않을 정도로 조용했다. 시속 30㎞ 전후의 저속에서 가스 터빈의 주행 소음은 당시 주력전차인 M60에 탑재되는 750hp급 디젤 엔진 소음의 4분의 1 이하였다.

에버딘 시험장을 방문한 군 수뇌부 인사도 가스터빈 전차를 시승해 보고 그 가속성과 민첩성에 만족했다. 당시 전차를 운전한 사람은 국방부 부장관인 윌리엄 P. 클레멘츠(William P.Clements, Jr.)였고 호프만 육군장관이 포탑 우측의 전차장석에 앉았다.

---

[*] 본문 설명과 달리 최초로 실전배치된 가스터빈 엔진 탑재 전차는 1976년 배치된 소련의 T-80으로, 시기적으로 M1에 비해 약간 앞서 있다.(편집부)

[**] 미국의 산불예방 캠페인 마스코트인 스모키 베어에서 유래한 별칭이다.(역자 주)

GM XM1 시제차 vs 크라이슬러 XM1 시제차

◀ GM XM1 시제차
전투중량 53t, 차체 길이 7.77m 차체 폭 3.64m

▲ GM XM1 에 탑재된 AVCR-1360 공랭 디젤엔진

VS

▼ 크라이슬러 XM1의 AGT-1500 가스터빈 엔진

▶ 크라이슬러 XM1 시제차
전투중량 52.6t, 차체 길이 7.72m 차체 폭 3.56m

차체가 낮은 XM1의 조종수석은 거의 누운 자세로 앉아야 했다. 클레멘츠 부장관은 양 발을 뻗어 브레이크 페달에 두고 오토바이 핸들과 같은 조종간을 잡고 시동 버튼을 눌러 1,500hp 가스터빈 엔진에 시동을 걸었다. 브레이크를 밟은 채 조종간의 변속스위치*를 N(중립)에서 D(드라이브)로 넣고 엑셀 그립을 당겼다. 전진 4단, 후진 2단 기어가 있지만, 평상 운전이라면 D에 두고 오토매틱 자동차를 운전하듯 간단히 조종이 가능했다.

시험장은 비에 젖어 있었지만, 전차는 스포츠카처럼 가속했다. 덕분에 해치를 열고 조종하던 클레멘츠 부장관은 진흙탕 샤워를 하고 말았다. 한쪽에 7개씩 설치되어 궤도를 지지하는 토션바식 현가장치는 거친 지형에서도 부드러운 승차감을 제공했다. 시험장에 나타난 사슴을 쫓아갈 정도로 고속 조향 반응성도 좋았고 시속 70km 이상의 고속주

....
* 오른손 엄지 위치에 슬라이드 스위치가 있다.(역자 주)

행도 가능했다. 클레멘츠 부장관은 GM의 디젤 전차도 시승했지만, 가스터빈 전차의 가속성과 고속기동에 강렬한 인상을 받았다. 클레멘츠 부장관은 도널드 럼스펠드 국방장관에게 신형전차 선정 전권을 위임받았으므로 클레멘츠 부장관의 결정으로 가스터빈 전차가 채용되었다고 할 수 있다. 다만 럼스펠드 국방장관이 독일의 레오파드2 전차에 미국제 가스터빈 엔진을 채용시키기 위해서 크라이슬러제 XM1을 무리해서 선정했다는 설도 있다.[10]

크라이슬러의 연구팀 300명과 필립 W. 레트(Philip W.Lett, Jr) 박사가 가스터빈 전차를 개발했다. 조용한 성격의 레트 박사는 전차에 가스터빈 엔진을 탑재한다는 대담한 발상을 내놓았다. 가스터빈 엔진 탑재 시도는 23년간 전차 개발을 해오던 레트 박사에게도 도박이었다. 초유의 시도인데다, 아직 전차용 고출력 가스터빈 엔진이 완성되지 않았기 때문이다. 하지만 경쟁 상대인 GM이 만든 디젤 전차를 누르고 사업에서 승리하기 위해 크라이슬러

는 과감한 선택을 하지 않을 수 없었다.

크라이슬러사가 선택한 가스 터빈 엔진은 아브코 라이코밍의 GT-1500였다. 이 엔진은 헬리콥터용 PLT-27 터보 샤프트 엔진(중량 145kg, 이륙 출력 1,950hp)을 베이스로 개발된 세계 최초의 전차 주동력원용 가스터빈 엔진이었다.

원형인 PLT-27이 항공기용인 데서 알 수 있듯 이 가스터빈 엔진의 장점은 소형·경량·고출력·높은 신뢰성 등이다. 이런 장점에도 불구하고 가스터빈 전차가 등장하지 못한 이유는 디젤에 비해 연비가 매우 나쁜데다, 지상에서 운용할 경우 흙먼지가 유입되면 고장이 나기 쉽다는 데 있었다.

미국 육군이 전차용 가스터빈 엔진 개발에 착수한 시기는 1960년대 초반으로, 당시 육군에서는 1958년 등장한 UH-1A헬리콥터로 가스터빈 실용화에 성공한 이후 차량용 가스터빈을 개발하자는 견해가 강해지고 있었다.

1965년 육군은 아브코 라이코밍사와 전차용 가스터빈 엔진 개발 계약을 체결했다. 그 결과물이 차기 주력전차*용으로 설계된 1,500hp급의 가스터빈 엔진 AGT-1500이었다. 당시 미군은 1만대 이상의 가스터빈 엔진 헬리콥터를 운용하고 있어서 차량용 가스터빈 엔진의 연비에 대한 불만에 비해 실용화에 대한 기대감이 훨씬 큰 상태였다.

헬리콥터 왕국 미국이 낳은 '기름 먹는 하마' 가스터빈 엔진

세계 최초로 주력전차에 탑재된 가스터빈 엔진은 보잉 Model 553 엔진이었다. 이 엔진은 스웨덴이 1966년에 개발한 무포탑 전차 Strv103에 탑재된 엔진으로, 회피기동 시 급가속을 보조하는데 사용했다. 출력은 주동력인 디젤 엔진의 두 배인 490hp이며, 기동 시 두 엔진을 병용하는 경우가 많았다.

가스터빈 엔진은 압축공기와 연료를 연소실에서

연소시켜 고온·고압의 연소가스를 생성하고, 이 가스로 터빈을 돌리는 단순한 방식으로 작동한다. 통상적인 4행정 디젤 엔진에 비해 연비는 나쁘지만 높은 가속성을 얻을 수 있고, 불완전연소가 일어날 경우 발생하는 매연도 없었다.

XM1에 탑재된 AGT-1500C형 가스터빈 엔진의 출력은 Type 553의 3배에 달하지만, 코어의 구조는 Type 553형과 다르지 않다. 다만 AGT에는 열교환기가 장착되었다. 열교환기는 터빈을 통과한 연소가스의 열을 회수해 연소실로 유입되는 압축공기를 가열하는 장비다. 터빈 입구에서 1,000도가 넘는 연소가스는 열교환기를 통과하면서 400도 정도까지 온도가 내려간다. 냉각되었다고 하지만 400도의 고온으로 연소실에 들어가는 압축공기를 가열하면 연소효율이 오르고 연료도 절약된다.

AGT 가스터빈 엔진은 디젤 엔진에 비해 소형, 경량이어서 여유 중량을 장갑 강화에 활용할 수 있다고 주장했지만 이는 과대광고에 가까웠다. 엔진 자체의 중량은 동급의 디젤 엔진보다 경량이라 해도, 에어클리너와 냉각장치, 변속기를 포함한 파워팩과 연료탱크를 포함한 구동계 전체의 중량과 체적은 그다지 차이가 없었다. 특히 다량의 공기와 연료를 소모하는 가스터빈 엔진은 디젤 엔진에 비해 거대한 에어클리너와 연료탱크가 필요했다.

AGT 가스터빈 엔진의 기술적인 이점은 고속동력성능과 높은 RAM-D(뒤에 설명)에 집약되어 있다. 가스터빈 엔진과 디젤 엔진의 최대출력(Gross power : 엔진 본체만의 출력)이 1,500hp으로 동일해도 무한궤도를 회전시키는 기동륜에 전달하는 실출력(Net power: 엔진에 모든 장치를 설치한 출력)은 동일하지 않다. 즉, 변속기나 엔진 냉각팬을 작동하는 동력을 제외한 실출력이 실제 전차 기동을 위한 동력인 셈이다.

디젤 엔진은 가스터빈 엔진의 두 배에 달하는 고온에서 연료를 연소하므로 보다 강력한 냉각팬을 사용해야 하며, 따라서 가스터빈 엔진보다 10%가량 실출력이 낮다. 실제로 AGT 가스터빈 엔진의

---

* 서독과 공동개발하던 MBT-70을 뜻한다. 1970년 개발이 중단되었다.

실출력은 1,232hp, GM 전차에 탑재된 콘티넨탈 V 12 공랭 디젤 엔진(AVCR-1360)은 1,100hp이다.[11]

이런 실출력의 차이는 가속력의 차이로 나타나게 된다. 정지 상태에서 시속 32㎞까지 가속하는데 걸리는 시간은 GM 전차가 8.2초, 크라이슬러 전차가 6.2초였다. 덧붙여서 MB873 수냉 디젤 엔진을 탑재한 서독군 레오파드2 전차는 7초, 미군 M60 전차는 15초 이상이다. 게다가 가스터빈 엔진은 출력 터빈이 정지한 상태에서도 공기압축용 터빈은 계속 회전하므로 출발 후 최대출력을 얻는데 걸리는 시간이 디젤 엔진보다 두 배 이상 빠르다. 이런 가속 성능은 실전에서도 큰 이점으로 작용한다. 근거리 전차전 상황에서는 적보다 민첩하게 움직여 유리한 장소와 거리를 확보하는 과정에서 가속력이 중시되기 때문이다. 속도는 양산형 기준 노상 최대속도 시속 72㎞, 야지 최대속도 역시 M60 전차의 두 배 이상인 시속 48㎞에 달한다.[12]

AGT 가스터빈 엔진의 또 하나의 장점은 디젤 엔진에 비해 신뢰성, 가동성, 정비성, 내구성(RAM-D: Reliability, Availability, Maintainability-Durability)이 우수하다는 점이다. 가스 터빈 엔진은 구조가 단순해서 부품수가 디젤 엔진보다 30% 이상 적고, 그만큼 정비성이 우수하며, 진동이 거의 없는 회전운동으로 동력을 얻으므로 고장율도 낮았다. 평균 고장 발생주기는 AVCR 디젤 엔진이 650시간, AGT 가스터빈 엔진은 1,000시간이고 엔진의 내구성을 표시하는 오버홀(완전분해 정비)주기는 1,800시간으로 AVCR 디젤 엔진보다 세 배나 길었다.

가스터빈 엔진의 단점은 앞서 서술한 바와 같이 '기름 먹는 하마' 라는 점이다. 연비가 나쁜 가스터빈 전차가 요구된 전술행동거리 442㎞(275마일, 40 ㎞/h 주행 시)를 확보하려면 1,892리터의 연료가 필요했다. 반면 GM의 디젤 전차는 20% 적은 1,567 리터였다. 연비는 GM이 282m/L, 크라이슬러가 233m/L였다. 이 연비는 양산형 M1 전차(탑재연료 1,912리터)에서 231m/L로 더 나빠졌다. 레오파드2

전차는 연료탑재량 1,200리터, 항속거리 550㎞로, 연비는 M1 전차보다 두 배에 달하는 458m/L다.

AGT 가스터빈 엔진은 특히 공회전과 저속주행 시 연비가 나빠서, 정차 시 공회전으로도 시간당 약 33리터의 연료를 소모한다. 또한 주행조건에 따른 연료소모율 악화가 심각해서, 야지주행 상황(시속 40 ㎞)의 연료소모율은 시간당 약 250리터에 달했고, 작전행동을 수행하면 7시간마다 연료가 바닥났다.

전차의 표준적 임무에 따른 출력 별 운전시간은 대체로 공회전 35%. 저속주행 25%, 고속주행 40% 가량이다. 때문에 공회전·저속주행 시 연비가 나쁜 가스터빈 엔진의 M1 전차는 연료보급에 세심한 주의가 필요했다. 연료를 대량으로 소모하는 M1 전차 부대는 항상 연료문제로 작전행동에 제약을 받았고, 걸프전에서도 연료소모율이 발목을 잡곤 했다.

M1 전차는 레오파드2 전차보다 60% 많은 연료를 탑재하기 위해 성형이 자유로운 강화 폴리에틸렌제(마렉스라는 상품명으로 불림) 연료탱크 6개를 차체 전체에 분산해 설치했다. 차체 후부 연료탱크(941 리터) 외에 피탄확률이 높은 차체 정면의 조종실 양 측면에도 970L의 연료탱크가 있다.

AGT 가스터빈 엔진의 또다른 문제점은 분진을 제거한 깨끗한 공기를 디젤엔진에 비해 세 배나 많이 필요로 한다는 점이다. 사막과 같은 먼지가 많은 전장에서는 더러워진 에어필터를 자주 교환해야 했고, 모래먼지가 유입되어 터빈 블레이드가 쉽게 마모되면서 고장의 원인이 되곤 했다.

독일제 활강포 탑재를 꺼린 미 육군

1980년, 약 2만개의 부품으로 조립된 신형전차 M1이 공개되자 걱정하는 사람이 많았다. 가스터빈 엔진은 참신했지만 신형전차의 특징으로 보기에는 부족했고, 복합장갑의 성능은 눈에 보이지 않았다. 역시 전차의 이미지는 커다란 주포의 위압감에 좌우되는 법이다. 하지만 거액의 개발비와 시간을 투자했음에도 M1 전차의 주포는 M60 전차와 동일한 M68 105㎜ 강선포로, 다른 주요국의 3세대 주력전차와 비교하면 1세대 이전의 장비였다.

영국군은 1965년부터 치프틴 전차에 120㎜ 강선포를 탑재했고, 서독군은 79년부터 라인메탈제 120㎜ 활강포를 탑재한 레오파드2 전차를 배치했다. 하지만 무엇보다 큰 문제는 소련군의 신형 주력전차(T-64, T-72 전차)가 125㎜ 활강포를 채택했다는 점이었다.

어째서 미 육군은 위력이 향상된 120㎜ 포를 채용하지 않고 105㎜ 포를 고집했을까? 가장 큰 이유는 XM1 개발 계획의 기본 개념이 방어력 중시에 있었기 때문이다. 제2차세계대전 당시 M4 셔먼 전차는 독일의 판터나 티거 전차의 공격에 쉽게 격파당해 많은 전차병을 잃었다. 따라서 인명 피해에 민감한 미국은 방어력을 중시한 전차를 만들었다. 하지만 120㎜ 포를 채용하지 않은 선택은 후일 걸프전에서 심각한 악재로 작용했다.

현 시점에서는 이해하기 어려운 주포 선정이었지만, 70년대 중반 미 육군은 M1 전차의 주포로 M68A1 105㎜ 강선포가 적당하다고 생각했다. 대신 105㎜ 포를 탑재하되, 나중에 주포를 강화할 여유를 두고 포탑을 설계했다. 여기에는 네 가지 이유가 있었다.

첫째, 120㎜ 포를 도입해 두 종류(M1용과 M60용)의 포탄을 사용하면 보급체계의 혼란을 초래하고 추가 비용이 소모된다. 반면 105㎜ 포는 NATO 회원국의 막대한 포탄 재고로 보급면에서 유리했다.

둘째, 라인메탈제 120㎜ 활강포 탑재를 시도하다 M1 전차의 생산이 늦어지면, 생산 단가가 상승하고, 최악의 경우 의회에서 생산 중지를 명령할 수도 있다고 판단했다.

셋째, 육군은 신형 포탄을 사용하면 105㎜ 포로도 소련군 전차에 우위를 점할 수 있다고 믿었다.

넷째, 근본적으로 외국제 주포를 자국산 전차에 채용하는데 거부감이 있었다. 물론 M68 105㎜ 포도 영국제 51구경장 L7 105㎜ 포를 개수한 후 면허 생산한 장비로 순수 자국산은 아니었다. 영국제라면 '준국산' 취급을 할 수 있어도, 독일제는 미국의 자존심이 용납하지 못했던 것 같다.

물론 미 육군도 105㎜ 포에 만족하지는 않았다. 육군은 1976년에 세 종류의 전차포를 후보로 선정해 비교 테스트를 했는데, 그 대상은 미국제 M68 105㎜ 강선포, 영국제 L13 120㎜ 강선포, 서독 라인메탈제 120㎜ 활강포였다. 1978년, 클리포드 알렉산더 육군장관은 자국산 포 선정을 바라던 기업과 군 상층부의 기대와 달리 서독제 120㎜ 활강포를 선정했다. 서독제 주포는 미국 사양으로 개수한 후 뉴욕 주의 워터브리트 육군조병창에서 생산하여 M1 후기 생산형부터 탑재하기로 했다. 알렉산더 육군장관은 서독제 120㎜ 활강포 선정 사유로 다른 후보들에 비해 우수한 관통력과 진보적인 기술력을 들었다. 구체적인 관통력 자료를 보면, NATO 표준 3중 방탄장갑판에 대한 포격 비교 시험에서 120㎜ 활강포는 2,200m 거리에서 표적을 관통한 반면, 105㎜ 강선포는 400m나 가까운 1,800m에서 관통했다.

그렇다면 어째서 이 우수한 전차포를 처음부터 M1 전차에 탑재하지 않았을까? 알렉산더 육군장관의 발언에서 답을 찾을 수 있다.

"XM1의 105㎜ 포는 현재 소련군 전차를 상대하기 충분하다. 다만 이후로 장갑의 발달을 고려해 120㎜ 포도 장비할 수 있게 해야 한다."

하지만 당시 육군 내부와 의회에는 105㎜ 포와 신형포탄(텅스텐 관통자의 XM735, 열화우라늄 관통자의 XM774)으로도 충분하다며 정부의 결정에 반대하는 목소리도 만만치 않았다. 워싱턴 AP통신의 경우 미국의 기술로 만든 미국제 105㎜ 포로 격파하지 못하는 전차를 서독제 120㎜ 포가 격파할 가능성은 없다고 주장했다.

수입 반대파를 자극한 다른 요인은 정부가 신형 전차를 외교적 교섭 수단으로 이용하고 있다는

M1A1 전차에 탑재된 120㎜ 활강포와 열화우라늄 고속철갑탄

M1A1 전차의 주포인 120㎜ 활강포의 포격

M829A1 고속철갑탄(APFSDS)은 2,000m 거리에서 방탄강판 600㎜를 관통한다.

M829A1의 관통자. 재질은 열화우라늄-티타늄 합금이다.

라인메탈제 포를 기술도입 후 국산화한 44구경장 120㎜ 활강포 M256

소문이었다. 서독이 미제 E-3 조기경보기를 구입하는 보상으로 미국이 서독제 120㎜포를 M1 전차에 채용한다는 소문이 돌았던 것이다. 이 소문은 미국이 NATO군의 장비 표준화를 강조하며 유럽의 NATO 가맹국들에게 일방적으로 무기 구입을 강요한 반면, 유럽제 무기는 채택하지 않으면서 NATO 내부에 누적된 불만을 감안하면 충분히 설득력이 있었다. 수입 반대파들은 1977년 취임한 지미 카터 대통령이 정치적 타협을 위해 서독제 주포를 도입하도록 의회를 설득했다고 여겼다.

상기 사례를 보면 1980년에 120㎜ 활강포 M1 전차가 탄생하지 못한 이유를 어느 정도 이해할 수 있다. 서독제 120㎜포 채용은 정치적 결정이었으며, 정부와 국방부는 국산 M68 105㎜ 포를 고집하는 육군과 국내 기업의 반대를 누르면서까지 서독

제 전차포를 채용할 의향은 없었던 셈이다.

M1 전차에 120㎜ 포 탑재가 늦어진 또 다른 이유는 기술적인 문제였다. 라인메탈의 120㎜ 활강포가 1979년부터 서독군의 레오파드2 전차에 탑재되었음을 고려하면, 1980년에 양산된 M1 전차도 시기상 120㎜ 포를 탑재할 수 있었다. 그러나 미국 육군은 외국 무기를 그대로, 혹은 필요 최소한의 변경만을 거쳐 사용하는 방안을 거부했으며, 도입이 불가피하다면 철저히 미군 사양으로 개수한 후 라이센스 생산하는 방안을 선호했다. 이는 외국에 주요 장비 공급권을 주지 않는 미국의 정책과도 연관이 있었다. M1 개발 과정에서 105㎜ 강선포를 미국 사양으로 개수한 120㎜ 활강포로 변경했다면 M1 전차의 양산은 수년 후로 미뤄졌을 가능성이 높다. 실제로 미군 사양의 M256 120㎜ 활강포

가 완성된 시점은 포 도입이 확정된 78년으로부터 5년이 지난 1983년이었다.

도량형 문제도 있었다. 독일과 달리 미국은 여전히 인치 단위를 사용했고, 도면, 공작기계, 품질규격 등의 통일부터가 대규모 작업이었다. 여기에 독일제를 그대로 사용하지 않고 미국식으로 수정하겠다는 고집도 문제가 되었다. 경량화에 집착하던 미국은 포 체계, 특히 포탄을 장전하는 포미부 개수로 경량화 목표를 달성하려 했다. 하지만 포미부 개수 시도는 실패했고, 결국 개발사인 독일의 라인메탈이 개수를 맡아 192개의 부품을 145개로 줄여 원형 대비 20% 경량화에 성공했다.

결국 당시 미국 육군은 105㎜와 120㎜를 저울질하는 데 매달리는 대신, M1 개발계획을 빨리, 계획대로 진행하는데 집중했다고 볼수 있다. 이미 차기 주력전차 개발계획(MBT70이나 XM803 계획 등)이 수차례 실패한 미국 육군의 입장에서는 개수에 긴 시간을 필요로 하거나, M1의 가격을 끌어올린 끝에 의회의 개발 중지 결정의 원인이 될 수도 있는 120㎜ 활강포를 선택하기 어려웠다. 개발 중지는 미국 육군의 입장에서 최악의 시나리오였다.

의회의 개발 중지 결정을 막으려면 M1 전차를 순조롭게, 기한 내에 개발해야 했다. 따라서 공격력이 다소 부족해도 105㎜ 포를 탑재한 M1 전차 개발을 계속할 수밖에 없었다. 같은 시기 서독의 레오파드2 개발이 순조롭게 진행되고 있다는 점 역시 부담으로 작용했다.

미군 사양의 120㎜ 활강포를 탑재한 M1A1 전차는 개수를 거쳐 1984년 8월부터 생산에 돌입했다. 4년가량 늦기는 했지만 M1A1의 등장으로 미국 육군도 서독의 레오파드2, 영국의 챌린저, 소련의 T-80 전차와 정면 승부가 가능한 신세대 주력전차를 완성한 것이다.

이제 이야기의 중심이 된 라인메탈제 44구경장 120㎜ 활강포에 대해 알아보자. 활강포(Smoothbore gun)란 포탄을 회전 없이 발사하기 위해 포신 내부에 강선을 파지 않고 크롬 도금을 해 매끈하게 만든 포다. M68 105㎜ 포는 포신 내에 28조의 강선이 새겨져 있지만 120㎜ 활강포에는 강선이 없다. 강선은 포탄에 회전을 걸어 탄도를 안정시켜 목표를 향해 바로 날아가게 해준다. 반면 활강포는 포탄의 안정날개(핀)로 탄도를 안정시킨다. 그러면 강선포에 비해 활강포의 이점은 무엇인가?

첫째, 강선포에 비해 탄속이 빨라져 관통력이 높은 탄을 쏠 수 있다. 강선포는 발사화약(장약)이 생성한 연소 에너지의 일부가 강선과 탄의 마찰로 소모되며 탄을 회전시키므로 포구 초속이 하락한다.

반면 활강포와 조합되는 포탄인 날개안정분리철갑탄(APFSDS: Armor-Piercing Fin-Stabilized Discarding Sabot)은 안정핀이 달린 중금속제 화살(관통자)을 고속으로 발사해 운동에너지로 장갑을 관통하는 포탄이다. 관통자는 활강포 포구 직경(120㎜)보다 가늘어서 장탄통(Sabot)에 끼워진 상태로 발사된다. 관통자의 직경은 20~30㎜ 내외, 길이는 직경의 8~30배 내외다. 관통자가 가늘고 길수록(세장비가 클수록) 정면적 대비 중량이 늘어나 단면적당 운동에너지가 증가한다. 따라서 신형일수록 가늘고 길어지는 경향이 있으며, 개발국 별 기술 편차도 크다. 이론상 관통자 직경을 무게를 유지한 채 절반으로 줄이면 관통력은 두 배 이상이 된다. 강선포는 세장비가 5 이상이면 관통자가 포탄의 회전에 구부러지거나 부러지므로 별도의 조치를 취해야 한다.

120㎜ 활강포의 APFSDS탄은 105㎜ 강선포의 철갑탄과는 비교할 수 없는 위력을 발휘한다. 그중에서 미군이 주력탄으로 M1A1 전차에 배치한 M829A1, 소위 열화우라늄탄은 최강의 파괴력을 자랑한다. 이 탄의 관통자는 녹색 소금처럼 보이는 열화우라늄을 티타늄과 섞어 합금하는 방식으로 제작된다. 관통자의 규격은 중량 4.6kg, 전장 640㎜, 직경 22㎜다.[13] 열화우라늄은 비중이 크고 경도가 높아서 무겁고 단단한 관통자 제작이 가능하고, 고급 관통자 소재인 텅스텐보다 유연해 잘 부

러지지 않고 가격도 저렴하다. 장갑을 관통하는 과정에서 발생한 분말이 고온으로 연소되면서 차내의 장약이나 연료에 불을 붙이는 소이효과도 있다.

관통자는 포구초속이 1,650m 이상이며, 2,000m에서 두께 600㎜의 방탄강판을 관통할 수 있다. 이라크군의 T-72 아사드 바빌 전차는 가장 피탄률이 높고 두터운 포탑 전면의 장갑이 310㎜가량으로, 열화우라늄탄이 쉽게 관통할 수 있다. 반면 M1 전차의 105㎜ 강선포로 사격한 M735 철갑탄은 텅스텐 관통자(세장비 8:1)의 포구초속이 초속 1,501m, 관통력은 2,000m 거리에서 350㎜에 불과하다.

라인메탈 120㎜ 활강포와 열화우라늄탄의 조합은 세계 최강이라 할 수 있다. 다만 열화우라늄은 저준위라고는 하나 방사선 물질이므로 환경문제에 민감한 독일 사격장에서는 평시 사격이 금지되었으며, 미국에서도 환경보호청이 허가한 사격장으로 사용이 제한되었다. 이 문제는 걸프전에서 열화우라늄탄을 대량으로 사용하는 과정에서 열화우라늄탄의 분진을 마신 참전 병사들이 각종 질병에 시달리는 원인으로 주목을 받았다.

활강포는 포신의 수명도 길다. 제조사 발표에 따르면 탄을 발사할 때마다 강선이 마모되는 105㎜ 강선포의 포신수명은 200발, 반면 120㎜ 활강포는 1,000발에 달한다. 활강포는 평시에도 경제적인 무기인 셈이다. 하지만 어디든 부조리는 있는 법이고, M1 전차의 주포는 성능이 떨어지는 105㎜ 강선포로 정해졌다.

레오파드2도 채용한 미국제 FCS와 철저한 생존대책

서독제 120㎜ 활강포의 채용에 반발한 미군과 달리, 서독군은 레오파드2 전차의 사격통제장치(FCS: Fire Control System)로 M1 전차와 동계열인 미국 휴즈 에어크래프트사의 시스템을 채용했다.

서독은 미국제 FCS를 선택한 이유를 '기술적으로는 독일제 FCS와 큰 차이가 없지만 미국제가 저

렴했다'고 설명했다. 전차 도입단가의 30~50%를 차지하는 FCS는 주포보다 비싼 장비다. 하지만 전차의 중추에 미국제를 채용한 실질적인 이유는 독일의 텔레푼켄제 FCS에 비해 저렴한 가격보다는 M1A1에 독일제 주포를 채용한 보답에 가깝다.

FCS는 소프트웨어 교체만으로 간단히 업데이트할 수 있는 콘트럴 데이터사의 디지털 탄도계산기를 중심으로, 주간 전투용 조준잠망경, 야간·약천후 전투용 적외선(열영상) 야시장비, 적 전차와의 거리를 측정하는 레이저 거리 측정기, 이동 간 사격을 위한 포구안정장치, 각종 센서(풍속, 기온, 기압, 차체의 경사각, 포신의 왜곡, 포탄이나 탑재기기의 상황 체크) 등으로 구성된다. 전차병이 인간의 오감을 동원해 수행하던 작업을 이제 컴퓨터가 통합 제어하는 전자기기가 대신하게 되었다. 당연하지만 FCS는 상당한 고가의 장비이며, 그렇지 않다면 레오파드2의 장래를 외국제품에 맡기지 않았을 것이다.

M1 전차의 FCS도 휴즈의 장비를 중심으로 구성했다. M1 전차의 포탑 우측 상부에는 사각형 장갑 박스가 설치되어 있는데, 여기에 주포를 쏠 때 사용되는 포수용 조준경(GPS: gunner's Primary Sight)이 장착된다. 포수용 조준경에는 단안식 조준잠망경, 열영상 조준장치(TIS: Thermal Imaging Sight), 레이저 거리측정기가 들어있다. 조준 잠망경의 주간용 직접 조준기는 주변 탐색용의 저배율(3배율, 시야각 22도)과 원거리 표적 식별-조준에 적합한 고배율(10배율, 시야각 6도)로 필요에 따라 바꿀 수 있다.

특히 육군의 야시·전자광학연구소를 중심으로 개발한 열영상 조준기는 물체의 열(적외선)을 화상으로 보여주는 전천후 야시장비로, 걸프전에서 절대적인 효과가 증명된 장비 중 하나다. 열영상 야시장비 도입은 레이더의 실용화에 필적할 만한 성과로, 야간에 최대 4,000m 거리의 표적을 탐지하고, 3,500m부터 정확히 조준이 가능하다. 기상조건이 나쁜 상황에서도 1,200m 이상의 거리를 관측할 수 있다. 열영상 야시장비 덕분에 야간에도 120㎜ 활

서방 주요 전차의 노상 항속거리와 가속력 비교

1리터당 주행거리 (노상 항속거리/연료)	전차의 종류 (전투중량)	가속력 (0~32km/h)
공랭디젤 750hp 338m 480km/1,420리터	M60A3 전차 (중량 52.6t)	15초 → 10
공랭디젤 1,500hp 282m 442km/1,567리터	GM XM1 전차 (중량 53t)	8.2초 → 18
가스터빈 1,500hp 233m 442km/1,893 리터	크라이슬러 XM1 전차(중량 52.6t)	6.2초 → 24
가스터빈 1,500hp 231m 442km/1,912리터	M1 전차 (중량 54t)	7초 → 21
가스터빈 1,500hp 243m 465km/1,923리터	M1A1 전차 (중량 59t)	6.8초 → 22
수냉 디젤 1,500hp 458m 550km/1,200리터	레오파드2 전차 (중량 54t)	7초 → 21

※ 가속력은 정지상태에서 32km/h (시속 20마일)까지 가속하는데 소요되는 시간이다.
   그래프는 M60 전차의 0-32km/h 가속력(15초)를 기준으로 한 각 전차의 가속력을 뜻한다.

강포를 거의 최대사거리에서 쏠 수 있다. 단, 이 거리는 목표의 포착 거리로, 피아 식별까지 가능한 거리는 아니다.

열영상 조준장치에 연동된 포수조준경에는 주행 시 목표를 정확히 조준하기 위한 포구안정장치가 탑재되어 있다. 포구안정장치는 조준잠망경 십자선의 움직임에 맞춰 주포가 목표를 향하도록 자동 제어해준다. M1 전차는 이런 FCS 덕분에 야간은 물론 시속 25km 이상의 주행 상황에서도 적 전차를 격파할 수 있다.

그밖에도 M1에는 승무원의 생존성을 높이기 위해 포탑의 블로우 오프 패널, 할론 자동소화 시스템, 화생방 방호 시스템 등 몇 가지 참신한 장치가 설치되었다.

피탄된 전차에 가장 두려운 상황은 차내 포탄의 유폭이다. M1A1 전차는 포탑 후부 탄약고에 34발의 포탄을, 차체에 6발을 탑재한다. 포탑은 가장 피격 빈도가 높은 곳이며, 신형 120㎜ 포탄이 탄저부만 남기고 전부 연소되는 소진탄피임을 감안하면 포탑 탄약고의 안전대책이 필요했다. 방탄구조로 제작된 탄약고에는 자동개폐식 장갑 도어가 설치되어 포탄을 장전할 때만 열고 닫는다. 그리고 탄약고에 포탄이 명중하더라도 탄약고 상부에 있는 두 장의 블로우 오프 패널이 먼저 날아가 폭발 시 폭압과 화염을 밖으로 배출하므로 포탑의 승무원에게 피해가 가지 않는 구조다.

M1A1 전차가 걸프전 당시 탑재한 포탄은 대전차용 M829A1 고속철갑탄 약 10발(15발이 표준 적재량이지만 재고 부족으로 충분히 보급하지 못했다), 진지 제압 등에 사용한 M830 다목적 대전차고폭탄(HEAT-MP: High Explosive Anti Tank-Multi Purpose) 30발(기본은 25발)로 합계 40발이다. 2차대전 당시 전차들이 1회 교전 당 평균 탄약 소모량이 35발이었음을 고려해 정한 적재량이다.[14] M830 대전차고폭탄은 중량 24㎏, 유효사거리 2,500m, 관통력 600㎜가량에, 반경 10m 내의 인명을 살상하는 위력을 발휘하므로 진지의 돌파, 제압 임무에 적합한 포탄이다.

그밖에 M1 전차는 M240 7.62㎜ 공축기관총, 포탑 상부에 차장용 12.7㎜ 중기관총, 탄약수용 M240 7.62㎜ 기관총을 탑재하고 있다. 탄약수용 기관총은 XM1 개발계획의 책임자였던 윌리엄 데소브리 장군이 전차의 자위·생존 대책으로 탑재해야 한다고 강하게 주장한 결과 채택되었다. 데소브리 장군은 제2차 세계대전의 경험을 바탕으로 기동 중 전차장이 큐폴라에 서서 중기관총으로 전면과 우측면을 경계하고, 좌측 해치에 선 탄약수가 기관총(선회반경 265도)으로 좌측면과 후방을 경계하면 사방을 커버할 수 있다고 주장했다.[15]

할론 자동소화 시스템은 화재의 열에 순간적으로 반응해(0.5초) 소화제를 분사하는 소화 장치다. 사소한 부분에도 승무원의 안전을 생각하는 미군의 전통이라 할 수 있다. 과거 M4 셔먼 전차도 습식 탄약고를 채택한 사례가 있다. 탄약고 둘레에 물을 채워 피탄시 포탄이 물에 잠겨 유폭을 방지하는 아이디어*였다.

다만 M1 전차에 장비한 NBC(방사능, 생물, 화학 무기)방호 시스템은 현대전에서 중요한 장비 중 하나임에도 타국의 주력전차들과 달리 상식적으로 이해하기 어려운 이상한 방식을 채용했다. 레오파드2를 포함한 일반적인 동 세대 전차들은 여압장치로 차내의 압력을 올려 오염된 공기의 침입을 방지하고 여과장치와 냉각장치로 신선한 공기를 차내에 공급하는 방식을 사용한다. 하지만 M1은 새로운 방식을 도입한다며 개인 화생방 방호복을 채용했다. 차내 여압장치 대신 도입된 이 방호구조는 좁은 전차 안에서 4명의 승무원이 방호복을 입고 여과된 공기를 방독면으로 호흡하는, 고문과도 같은 구조로 작동한다.**

....
* 물과 글리세린 혼합액(동파방지용)을 채웠는데, 효과가 크지 않았고 포탄적재량이 줄어드는데다, 장전도 불편해서 전차병들의 평가는 좋지 않았다.(역자 주)
** 미군 교범에는 화생방 상황에서는 여압장치가 있는 전차라도 방독면과 방호복을 착용하도록 하고 있다.(역자 주)

120mm 주포를 장착한 M1A1전차

🛡 M1A1

전투중량	59t
전장	9.83m
차체장	7.92m
전폭	3.67m
전고	2.89m
엔진	AGT-1500 가스터빈 (1500hp)
출력대 중량비	25.4 hp/t
최대속도	67km/h
항속거리	440km
주포	M256 120mm활강포
탄약	40발
정원	4명

◀ M1A1전차의 포탑전투실 내부.
사진 오른쪽에는 차장용 조준기가
왼쪽에는 포수용 조준기가 보인다.

▶ M1전차(주포 105mm)
M1전차의 포탑전투실 내부.
포수가 보고 있는 것은 직사조준경이다.

🛡 M1

전투중량	54.4t
전장	9.77m
차체장	7.92m
전폭	3.67m
전고	2.89m
엔진	AGT-1500 가스터빈 (1,500hp)
출력대 중량비	27.57hp/t
최대속도	72km/h
항속거리	440km
주포	M68A1 105mm 강선포
탄약	55발
정원	4명

이런 어이없는 결정은 병사들의 목숨을 가벼이 여긴 결과가 아니라, 비용 절감을 중시한 결과에 가깝다. 미군이 무기 개발 중 가끔 보여주는 부조리한 일면이다. 이 문제는 지속적인 비판의 대상이 되었고, 결국 M1 전차를 개량한 M1A1 전차는 NBC 방호 시스템을 개수해 여압장치와 공기 냉각·여과 정화환기 장치, 오염 감지 센서 등을 포함한 통합 화생방 방호 시스템을 탑재했다.

지금까지 서술했듯 우수한 방어·기동·공격 시스템을 갖춘 M1 전차는 에이브럼스라는 이름으로 리마와 디트로이트의 전차 공장에서 1979년부터 1986년까지 생산(82년에 크라이슬러사는 전차 부문을 제너럴 다이나믹 랜드 시스템에 매각했다)되었다. 에이브럼스라는 이름은 '벌지 전투'의 영웅으로 M1 전차 개발을 주도하던 도중에 사망한 육군참모총장 클레이튼 에이브럼스(Creighton W.Abrams) 대장에서 따왔다.

초기형 M1 전차는 주포와 화생방 방호장치라는 큰 약점 가진 채 3,268대(894대는 장갑을 강화한 IPM1)가 생산되었고, 강화된 장갑과 120㎜ 활강포, 통합 화생방 방호장치를 갖춘 M1A1의 양산은 1985년으로 늦춰졌다. 이후 M1A1 역시 순조롭게 생산되어 1993년까지 4,974대를 생산하고 양산을 마쳤다.[16]

M1 전차를 일선 배치한 최초의 부대는 미국 본토의 제1기병사단으로, 이후 1982년에는 서독 주둔 제3보병사단(기계화보병)이 대대를 재편성했으며, 1989년에는 거의 모든 전차부대가 M60에서 M1으로 교체를 마쳤다. 다만 소련의 서유럽 침공에 대비해 최신형 M1을 유럽에 주둔한 일선 부대에 우선적으로 배치한 결과, 미국 본토의 전차부대(제2사단이나 제1 기병사단 등) 배치는 뒤로 미뤄졌다.

참고문헌

(1) Frank N.Schubert and T.L.Kraus, The Whirlwind War(Washington, D.C.: GPO, 1995), p55.

(2) Ibid, pp80-81. And 카와츠 유키히데 「군사해설 걸프전과 이라크 전쟁」 (三修社, 2003년), 164~165 페이지.

(3) Orr Kelly, King of the Killing Zone: The story of the M-1, America's super tank (New York: W.W.Norton, 1989), pp111-117.

(4) George F.Hofmann and Donn A.Starry, Camp Colt to Desert Storm: The History of U.S.Armored Forces) Lexington, Kentucky.: The University press of Kentucky, 1999), p437.

(5) Richard P.Hunnicutt, Abrams: A History of the American MBT, vol.2) Novato, Calif.: Presidio Press, 1990), p161.

(6) Kelly, Killing Zone, pp131-132.

(7) Ibid, p129.

(8) Tom Clancy, Armoured Warface (London, Harper Collins Publishers, 1996), p61.

(9) Thomas Houlahan, Gulf War (New London, New Hampshire: Schrenker Military Publishing, 1999), p121

(10) Kelly, Killing Zone, pp141-142. and Richard Mendel, "The First Chrysler bailout: the M-1 tank", Washinton Monthly) 1 February 1987)

(11) Hunnicutt, Abrams, p301-302.

(12) 江畑謙介 「XM-1 에이브럼스 주력전차」 전차매거진 1981년 2월호, 26~34 페이지.

(13)defence-update.com/products/digits/120ke.htm.

(14) Houlahan, Gulf War, p117, 사격탄수에 관해 江畑謙介 「M1A1 시승기」 군사연구 1987년 1월호, 53페이지.

(15) Kelly, Killing Zone, pp103-105.

(16) Hofman, Camp Colt, p449.

제3장
사상 최강의 전쟁기계, 제7기갑군단

부시 대통령 제2차 병력 증강발표
소련의 침공에 대비하던 기갑사단 투입

"저는 오늘 '사막의 방패 작전'에 투입되는 미군 병력을 증강하도록 국방장관에 명령했습니다. 이것은 다국적군이 군사적으로 공세를 취하도록 하기 위한 조치입니다."

1990년 11월 8일 4시, 부시 대통령은 백악관에서 기자들에게 쿠웨이트에서 이라크군을 몰아내기 위한 파견군의 제2차 병력 증강을 선언했다. 병력 증강은 사우디 방어전략을 공세전략으로 전환하겠다는 결정의 산물이었다.

발표의 핵심은 쿠웨이트 일대에 주둔중인 이라크군을 제압할 대규모 지상군 증파였다. 8월부터 10월까지 사우디에 파견된 육군 제18공수군단(제82공수, 제101공수, 제24보병, 제1기병, 4개 사단과 제3기갑연대)과 제1해병사단에 더해, 독일의 제7군단을 주력으로 재편성한 기갑군단(제1 기갑, 제3기갑, 제1보병의 3개 중사단과 제2기갑기병연대)과 제2해병사단이 증파되었다.

특히 제7군단은 바르샤바 조약기구의 유럽 침공을 저지하기 위해 편성된 냉전 시대의 정예 기갑군단 중 하나로, 120㎜ 포를 장착한 M1A1 전차를 대량 장비하고 있었다. 증파 결정에 따라 파견 완료 시점을 기준으로 페르시아만에 배치될 미군 전차 전력은 세 배로 늘어났다.

부시 대통령의 발표로부터 4일 후인 11월 12일, 제2기갑기병연대를 지휘하는 레오나르도 D. 헬더 대령은 군단 선봉으로 페르시아 만에 진출하기 위해 연대 제2기병대대에 주둔지인 뉘른베르크에서 항구로 신속히 이동할 것을 명령했다. 4,300명 규모의 연대는 기갑사단의 1/4 규모였지만, M1A1 전차 129대, M3 브래들리 기병전투차(정찰용) 116대, 헬리콥터 74대라는 강력한 기갑전력을 보유하고 있었다. 기병연대는 중사단에 비해 즉응성, 기동성, 긴급 전개능력이 우수한, 군단의 '눈과 귀' 역할을 수행하는 귀중한 사냥개와 같은 부대였다.

군단의 이동은 수송에 시간이 걸리는 전차, 장갑차, 자주포, 탄약 같은 무거운 화물을 화물열차나

사우디의 담맘항에 집결한 미군 기갑사단의 M1A1 전차, 브래들리 보병전투차, 기타 장갑전투차량들 (사단 규모)

트럭을 사용해 항구에 운반하는 작업으로 시작되었다. 목적지는 북해에 면한 독일의 브레머하펜, 쿡스하펜, 벨기에의 엔트워프, 네덜란드의 로테르담이었다. 가장 중장비의 비중이 높았던 제1기갑사단은 11월 29일부터 항구로 이동했지만, 독일 특유의 겨울 폭풍 속에서 아우토반(고속도로)으로 600㎞에 달하는 장거리를 이동하는 과정에서 많은 어려움을 겪었다. 약 8,200대의 차량과 966개의 컨테이너가 항구에 전부 도착한 시기는 12월 6일이었다. 부대 진지 설치를 위해 공병대를 포함한 선두부대가 이미 이틀 전에 항공기로 사우디아라비아에 전개를 마친 시점이었다.

중장비를 항구로 수송하기 위해 군단 전체에 화차 465량, 선박 312척, 수송트럭 119대가 할당되었다. 병력은 버스 1,772대에 분승해 람슈타인 공군기지나 라인마인, 뉘른베르크, 슈투트가르트의 국제공항으로 이동했다. 항구에 집결한 48,600대의 차량과 화물은 152척의 수송선으로, 122,397명(본토에서 파견된 49,008명 포함)의 병력은 927대의 수송기로 11월부터 97일에 걸쳐 사우디로 이동했다.

제1기갑사단의 경우 화물 수송에만 44척의 수송선이 투입했으나, 수송선 부족과 고장으로 인해 1991년 1월 27일에야 현지 전개를 마쳤다. 결국 부대는 1월 17일부터 시작된 '사막의 폭풍 작전(Operation Desert Storm)' 이전에 도착하지 못했다.[1]

개인 장비를 수송선으로 보낸 병사들은 사막으로 출발하는 직행편 비행기에 탑승하는 마지막 수속을 남기고 있었다. 병사들은 출발 전에 가족, 지인들과 작별 인사를 나누고, 유언장, 임명장, 보험 계약, 예방접종, 월급 차액 수령 등을 처리한 후에 새 인식표를 만들었다. 두 장으로 구성되는 인식표 가운데 한 장은 병사가 전사했을 때 사체 식별용으로 발가락에 걸게 된다.

군단의 선봉이 된 제2기병대대의 이글 중대 중대장 허버트 R. 맥마스터 대위(28세)는 웨스트포인트 사관학교 출신의 군인으로, 아내 케티나 아이들과 이별할 때도 따로 이야기하지 않고 평소대로 행동하는 편이 최선이라 생각해 두 명의 딸들에게 그저 일을 하러 다녀온다고 말했다. 하지만 버스에 탈 때 다른 가족들이 작별 인사를 하는 모습을 보자 아내와 아이들이 울음을 터뜨렸고, 모두들 작은 성조기를 흔드는 모습을 본 맥마스터 대위는 딸들을 다시는 보지 못할 수도 있다는 생각에 불안해졌다.

제1기갑사단 37연대 1대대 D전차중대 중대장 대너 피터드 대위는 가장 우수한 중대장에게 수여되는 맥아더 상을 수상한 부대의 에이스였지만, 아내에게 작별인사를 하는 것은 힘든 일이었다. 일본계 아내인 루이즈는 어머니를 히로시마 원폭으로 잃은 경험이 있어 남편을 전쟁터로 보낸다는 사실을 슬퍼했다. 아내의 작별 인사말은 '제발 남편을 내가 있는 곳으로 돌려보내 주세요.'였다. 이렇게 제7군단의 병사들은 독일에서 사막을 향해 출발했고, 파병군인 가족들은 집과 가로수에 무사 귀환을 기원하는 황색 리본을 달았다.[2]

105㎜ 강선포를 장착한 M1 전차의 개수
사우디에 설치된 전차 개수공장

12월 4일, 제2기병대대는 민간항공사의 점보 제트기를 타고 다란의 아지즈 공군기지에 도착했다. 맥마스터 대위는 도착한 순간 타는 듯한 더위에 놀랐다. 뉘른베르크에서는 눈이 섞인 비가 내렸지만, 비행기에서 내리자마자 30도가 넘는 한여름의 날씨가 기다리고 있었다. 집결한 기병대대의 병사들은 수송선으로 독일에서 운반한 차량과 장비를 수령하기 위해 주바일항 근처의 1차 숙영지에 집합했다. 이곳에서 우드랜드(녹색) 패턴의 전차를 사막색으로 재도장하고 전차수송차에 적재해 사막지대에 건설된 기병연대의 전술집결지(TAA: Tactical Assembly Area)로 이동했다.

기병연대가 장비한 전차는 최신형인 중장갑형 M1A1(HA)였지만, 먼저 본토에서 사우디로 전개한 제18공수군단의 제24보병사단과 제1기병사단의 전차는 전부 M1 전차였다. 주포는 105㎜ 강선포였고, 차체에는 열화우라늄 장갑도 설치되지 않았다. 105㎜ 강선포를 장비한 M1 전차로는 125㎜ 활강포를 탑재한 이라크군의 T-72 전차와 정면에서 승

부하기 어려웠다. 그 이상의 위험요소는 M1 전차의 개인 화생방 방호장치였다. 수뇌부는 이라크군이 화학무기를 사용할 가능성이 높다고 판단했다. 만약 M1 전차부대가 화학무기 공격을 받을 경우, 승무원은 방호복을 입어 무사하더라도 차내는 전부 오염되고 만다. 차체 표면의 오염은 세정액으로 비교적 간단히 씻을 수 있지만, 전자기기로 가득 찬 차내의 세정은 매우 어려워서 단시간 내에 전장 복귀가 불가능하다.

최선의 대책은 M1A1 전차 배치였다. 당시 육군 참모총장인 칼 부오노 대장은 처음부터 중동에 전개된 M1 전차를 M1A1 전차로 교체할 계획을 세우고 있었다. 하지만 현장의 슈워츠코프 중부군 사령관은 이 제안을 완고히 거부했다. 이 시기에 장비를 교체하는 방안은 위험부담이 크다는 이유였다. 전차병들이 교체된 전차의 취급법을 처음부터 익혀야 하는데다, 만일의 경우 전차병들이 적응을 하기도 전에 전투에 돌입하게 될 위험성도 있었다.

하지만 기갑부대의 훈련과 장비개발을 담당하던 부오노 참모총장은 가장 좋은 전차를 병사들에게 지급하려 했다. 그는 슈워츠코프 사령관이 지적한 위험요소들을 감수하더라도 M1 전차를 신형 M1A1으로 교체하는 편이 전략적 관점에서도 효과적이라고 판단했다.

부오노 참모총장은 육군 최고위 장성이었지만, 중부군 지휘권은 없었다. 다만 훈련과 장비 마련 등 전쟁에서 이기기 위한 준비에 관한 권한은 가지고 있었다. 부오노 참모총장은 스스로 '육군에서 가장 다루기 힘들고 완고한 장군'이라 평했던 보병 출신의 슈워츠코프 사령관을 설득해 M1을 생존성이 우수한 M1A1 전차로 교체했다. 육군 참모본부는 M1A1으로 교체할 경우, 기갑부대의 종합전투력이 적어도 두 배는 상승한다고 판단했다.[3]

M1A1으로 교체할 부대와 부대별 M1 전차 보유규모는 제1기병사단(기갑) 360대, 제24보병사단(기계화보병) 235대(IPM1 전차), 제1보병사단(기계화보병)

중부군 사령관 슈워츠코프 대장은 당초 M1 전차의 개수·교체 계획에 반대했다. (우측은 제18공수군단장 개리 럭 중장)

M1 증강계획을 추진한 칼 부오노 육군참모총장

담맘의 전차 개수공장에서 근대화 개수를 받은 Mod M1 전차는 민간 수송업자의 트레일러를 통해 운반되었다. (사진은 제1 기병여단 소속 전차)

부 대	부대와 함께 전개한 M1 전차의 종류와 규모				지상전 이전에 수령한 M1 전차의 종류와 규모				합계
	M1	IPM1	M1A1	M1A1 (HA)	M1	M1A1	Mod M1	M1A1 (HA)	
제18공수군단 (1990년 10월 시점의 편성)									
제1기병사단	240						240		240
타이거 여단	120						120		120
제24보병사단(기계화보병)		175					180		249
독립 제197보병여단		60					69		
제3기갑기병연대			129					129	129
제7군단 (1990년 11월 시점의 편성)							2		2
제1보병사단(기계화보병)	240				120		134		374
제2기갑사단(전방전개여단)				120				120	
제1기갑사단			300	60	180	120		60	360
제3기갑사단			180	180	180			180	360
제2기갑기병연대				129				129	129
합 계	600	235	609	489	120	360	865	618	1963

※ IPM1: 개량형 M1
  M1A1(HA): 중장갑형
  M1A1, Mod M1: 사우디아라비아에서 개수된 근대화형 M1 (M1 Modernization in Saudi Arabia)

사우디아라비아 담맘항에 개설된 전차 개수공장

◄◄ 근대화 개수(열화우라늄 장갑 블럭 도장 사막색 재도장 등)를 완료한 M1A1(Mod M1)

◄ M1A1 전차 조립용 로봇 용접기

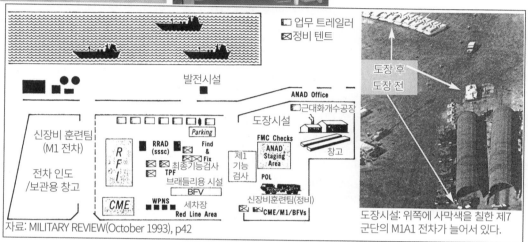

자료: MILITARY REVIEW(October 1993), p42

도장시설: 위쪽에 사막색을 칠한 제7군단의 M1A1 전차가 늘어서 있다.

240대로 총 835대였다. 전부 M1A1의 배치가 지연된 본토 주둔 부대들이었다. 실전이 목전에 다가온 시점에서 뒤늦게 개수를 서두르게 된 가장 큰 원인은 앞서 서술했듯이 성능 부족이 명백한 M1 전차를 7년이나 생산하며 M1A1 전차의 생산을 지연시킨 데 있었다.

부오노 참모총장은 페르시아만에 파견된 M1 전차 강화계획에 착수했다. 초기에는 사우디의 담맘항의 부두에 임시 전차개수공장을 건설하고, 각지의 물자저장시설에서 배송된 M1A1을 개량해 전차병들에게 넘겨줄 예정이었다. 다소 돌아가는 길이라도 최선을 선택한다는 미국적 사고방식의 발로였다. 이렇게 사우디에서 근대화 개수(Modernization)를 받은 M1A1 전차들은 근대화 M1(Mod M1)이라 불렸다. 가장 큰 변경점은 최신형 M1A1(HA)과 동등한 방어력을 확보하기 위한 열화우라늄 장갑 적용이었다. 문제는 800대 이상의 M1A1를 조달할 방법이었다. 이 문제를 해결하

기 위해 바르샤바 조약기구군의 유럽 침공에 대비해 독일 등에 대량보관하고 있던 사전집적부대장비(POMCUS: Pre-positioning of Materiel Configuerd to Unit Sets) M1A1 전차를 차출하기로 결정했다. 이렇게 확보한 전차는 총 865대였고, 덕분에 미국 본토에서 파견된 제24보병사단, 제1기병사단, 제1보병사단이 장비한 M1 전차를 근대화 M1 전차로 교체할 수 있었다.

이 대대적인 개수계획은 M1A1 롤오버 프로그램(Rollover program)이라 불렸으며 육군의 전차·자동차 사령부(TACOM)가 계획을 수립하고, 육군 군수사령부(AMC)의 협력 하에 사우디에 파견할 현지 군수팀(MFT)을 임시로 조직했다. 미국 육군에서 장갑전투차량의 근대화를 담당했던 데이비드 버드 대령을 포함해 총 622명의 전문가가 집결했는데, 그 가운데 300명은 6개소의 보급처에서 소집한 민간인 계약기술자들이었다. M1 전차를 생산했던 GDLS(제너럴 다이나믹 랜드 시스템)에서도 십여명의 전

차기술팀이 파견되었다. 담맘항의 광대한 부지에 건설된 전차 개수공장은 근대화 개수공장, 기능점검구역, 도장시설, 도장 건조 구역, 세차·연료시설, 전환 훈련장(M1A1을 위한 적응 훈련), 정비 훈련장, 재고 차량의 창고 등으로 구성되었다.(공장에는 브래들리 보병 전투차의 개수시설도 있었다)[4]

다음으로 개수 과정에 대해 간략히 알아보자. 항구에 도착한 M1A1 전차를 차폐 구역으로 운반하면 군수팀의 담당요원이 모든 전차의 제조년식을 확인하고 차량별로 근대화나 보수가 필요한 내역을 파악한 후 유사차량별로 구분했다. 유럽에서 온 전차들의 제조기간은 6년가량의 편차가 있어서 각각 규격이 달랐다. 그리고 비축된 전차들은 항상 창고에 포장 상태로 보관된 장비가 아니라, 바르샤바 조약기구군의 침공 상황에 대비해 독일에서 리포저(Reforger)훈련이 실시될 때마다 집적소에서 차출해 가혹한 훈련에 투입했던 장비들로, 상당수의 차량들이 크고 작은 고장을 안고 있었다.

공장 내에서 진행되는 근대화 작업은 다섯 단계의 개수작업으로 구성되었다. 개수의 핵심은 포탑 전면장갑에 열화우라늄 장갑 블록을 설치하는 작업이었다. 일견 어려운 작업으로 보이지만, M1A1 전차의 주포 양측에 위치한 박스형 복합장갑은 내용물 교환에 효율적인 구조여서 개량 작업이 상당히 용이했다.

먼저 컴퓨터 제어 절단기로 장갑 박스의 상판을 열고, 기존 장갑 블록을 열화우라늄 장갑 블록으로 교체한 후, 다시 상판을 용접한다. 전용 기재를 사용하는 숙련공의 경우, 교체 소요시간은 15분에 지나지 않았다. 이 작업을 위해 미국은 애니스톤 육군 조병창에서 중량만 84t에 달하는 전용 공작-용접 기재를 이송했다.

전차 개수공장은 11월 6일부터 가동을 시작했지만 작업이 처음부터 원활하게 진행되지는 않았다. 초기에는 용접 작업 공간을 확보하기 위해 포탑에서 포신을 분해한 후 작업하며 많은 시간을 소모했

지만, 작업이 숙달되자 포신을 분해하지 않고도 개수작업이 가능해지면서 작업 속도가 올라갔다.

또 다른 주요 개수대상은 고온 기후에 대응하기 위해 터빈 엔진에 내열 실드를 부착하는 작업으로, 이 작업을 진행하기 위해서는 엔진을 들어내야 했다. 그리고 할론 자동소화 시스템의 밸브를 체크하고 화생방 방호장비의 화학제 정화장치도 깨끗이 세정했다.

그리고 M1A1 초기형에 장착된 포수 및 차장용 조준기를 전부 제거해 유럽이나 미국으로 돌려보내고 최후기형으로 일괄 교체했다. 신형 조준기는 레이저 방호대책을 적용한 장비로, 이라크군이 이란-이라크 전쟁 도중에 사용했던 전차 승무원의 시력을 앗아가는 레이저 조사기에 대응할 수 있었다. 마지막으로 차체 색상을 유럽 사양의 우드랜드 패턴에서 사막색으로 재도장했다. 모두 실전 투입 이전에 반드시 거쳐야 할 과정이었다.

도장이 끝난 전차는 정비사가 언제든 전투에 투입할 수 있는 상태로 정비한 후, 마지막으로 TACOM의 검사관이 담당하는 주행 시험을 포함한 최종 품질검사를 거쳤다. 이 검사에서 합격한 전차의 키를 전차병에게 넘겨주면 개수 작업이 완료된다. 개수 작업 속도는 하루 평균 20대였고, 전쟁이 끝날 때까지 개수된 근대화 M1 전차의 숫자는 1,032대에 달했다.(같은 시기에 브래들리 보병전투차의 개수도 함께 진행되었다)[5]

미국 육군 참모본부는 신형 전차 수배와 함께 전환훈련(M1에서 M1A1으로)을 진행할 신장비훈련(NET: New Equipment Training)팀을 미국에서 편성해 사우디로 파견했다. NET팀은 전차학교 교관출신을 포함해 80여 명으로 구성되었으며, 전차병들을 대상으로 120mm 활강포의 장전법, 구조, 정비유지와 열화우라늄 장갑의 취급법 등을 8~16시간에 걸쳐 집중적으로 교육했다. 1개 대대(전차의 승무원 232명)의 훈련에 필요한 시간은 약 4일로, 제24보병사단과 제1기병사단 휘하의 모든 기갑(전차)대대는 연내에

M1A1 전환훈련을 끝낼 수 있었다. 하지만 제1보병사단은 사우디 도착이 늦어지는 바람에 2개 기갑대대가 M1 전차로 지상전에 참가했다. M1A1 전차의 수효가 부족하지는 않았지만, 전환훈련을 할 시간이 없었다.

최종적으로 미군이 페르시아만에 배치한 M1 에이브럼스 전차는 M1A1 전차 2,376대(M1A1 650대, 근대화 M1 1,032대, HA형 694대), M1 전차 835대로 총 3,211대(해병대용 HA 76대 포함)였다.

일선 부대에 배치된 전차는 육군의 5개 중사단과 2개 독립기갑기병연대에 배치된 1,963대로, 그 가운데 열화우라늄 장갑으로 방어력을 강화한 근대화 M1이 865대, M1A1(HA)이 618대, M1A1이 360대, M1은 120대였다. 보유 전차의 3분의 1에 달하는 1,172대(근대화형 M1 167대, M1A1 290대, M1 71대)는 전쟁의 장기화에 대비해 예비 차량으로 집결지나 담맘항에 정박한 수송선에 보관했다. 그리고 해병대의 M60A1 패튼 전차 277대와 공수사단의 M551 쉐리던 공수전차 56대까지, 페르시아만에서 미군이 확보한 전차의 총수는 3,544대에 달했다.

전쟁 수행을 위해서는 주요 장비의 예비를 충분히 갖춰야 한다. 영국군 역시 편제 정수 이상의 전차를 전개했는데, 사단에 143대가 배치되는 챌린저 전차는 221대, 135대가 배치되는 워리어 보병전투차는 324대를 준비했다.

사우디에 전개한 5만 대의 기갑군단

1991년 1월 15일까지 쿠웨이트에서 무조건 철수하지 않을 경우 무력제재를 가하겠다는 국제연합 안전보장이사회 결의안 678호에 대해, 후세인은 쿠웨이트 전역에 벙커와 장애물을 설치하고 막대한 전차군단과 보병을 배치한 '사담 라인'이라는 참호지대를 구성해 다국적군의 공격에 대비하는 행동으로 답했다.

시간적으로 광대한 사막의 참호지대에 엄폐한 이라크군의 전차나 보병을 폭격만으로 파괴하기는

어려웠고, 이라크 육군을 목표로 실시된 단기간의 항공작전이 거둔 성과는 보급로와 지휘계통을 단절해 종합적인 전력을 저하시키고 병사들의 사기를 떨어뜨리는 선에 그쳤다. 전쟁의 최종 목적인 쿠웨이트 해방과 후세인의 공화국 수비대 섬멸은 지상군 부대만이 해낼 수 있었다. 그리고 그 주역으로 부상한 부대가 미국 육군 최정예 전력인 제7군단이었다.

독일에 주둔하던 제7군단의 통상 편제는 2개 중사단(제1기갑, 제3보병사단) 중심의 편제였지만, 페르시아 만에 파견된 후 영국군 제1기갑사단을 포함한 여러 부대가 임시 배속되면서 도표와 같이 5개의 중사단으로 구성된 '기갑의 주먹(Armoerd Fist)'을 주타격부대로 하는 사상 최대·최강의 기갑군단으로 재편성되었다. 제3기갑사단은 유럽 주둔 제5군단에서, 제1기병사단과 제1보병사단은 미국 본토의 제3군단에서, 그리고 영국군 제1기갑사단은 독일 주둔 영국 육군 라인 군단에서 편입되었다. 원 제7군단 직속사단은 제1기갑사단뿐이었다.

제7군단 제이호크(Jayhawk)*는 제7군단사령부를 두뇌로 전군의 정예부대가 결집된, 강철의 프랑켄슈타인 같은 '전쟁기계'가 되었다. 군단의 총 전력은 병력 146,321명, 주력전차 1,639대, 보병전투차 1,267대, 자주포 522대, MLRS 129대, 헬리콥터 약 800대, 고정익기 20대, 기타 차량 5만 대(8,508대의 장갑차량 포함)로, 전체 전력의 60%가 증편부대였다.[6]

제7군단의 지휘를 맡은 사령관은 프레드릭 M. 프랭크스 중장(54세)이었다. 마른 체격에 흰 수염을 기른 중장의 외모는 군인보다는 대학교수에 가까워 보였지만, 베트남 전쟁에 종군하며 은성훈장을 받고 적의 수류탄 공격으로 왼쪽 무릎 아래를 잃어 전상자에게 주어지는 퍼플 하트 훈장도 중복 수상한 역전의 용사였다.

....
* 남북전쟁 전 캔사스주의 노예제도 반대파들이 결성한 민병대. 노예제도 지지자들의 흑인 납치와 테러에 맞섰다. 남북전쟁 때 많은 제이호커들이 북군에 입대했다.(역자 주)

유럽에서 사우디로 전개한 사상 최강의 기갑군단 제7군단(VII Corps)의 편제와 전력

제7군단장 프레드릭 프랭크스와 사단장들.
왼쪽부터 폴 펀크 소장(제3 기갑사단), 프랭크스 중장, 로널드
그리피스 소장(제1 기갑사단), 토머스 레임 소장(제1 보병사단)

제7군단
VII Corps "Jayhawk"

군단사령부 제이호크	제1기갑사단 올드 아이언사이드 (17,448명)	제3기갑사단 스피어 헤드 (17,658명)

제1기병사단 퍼스트 팀 (13,550명)

제1보병사단 빅 레드 원 (17,496명)

영국군 제1기갑사단 (23,000명)

제2기갑기병연대 (5,242명)

제7군단의 각종 사단·연대가 보유한 주요장비의 종류와 수량

병기 \ 부대	제1 기갑사단	제3 기갑사단	제1 기병사단	제1 보병사단	제2기갑 기병연대	영국 제1기갑사단	총계
M1A1, 챌린저 전차	360대	360대	240대	360대 ※120대는 M1전차	129대	176대 ※챌린저 전차	1,639대
M2 / M3 브래들리 · 워리어 보병전투차	316대	316대	160대	224대	116대	135대 ※워리어 보병전투차	1,267대
MLRS 다연장 로켓	9문	9문	9문	9문	0문	12문	48문
M109 (155mm) M110 (203mm) 자주포	72문	72문	48문	72문	24문	72문 ※M110 12문포함	360문
AH-64A 아파치 공격헬리콥터	36대 ※AH-1 코브라 8대	42대	36대	24대	0대 ※AH-1 코브라 26대	0대 ※링스 24대	138대

지프의 후계 차량인 험비 고기동다목적 차량(HMMWV)은
약 2만 대가 생산되었으며 사막에서 높은 성능을 발휘했다.

🔴 제7군단의 전력

총병력	146,321명 (1991년 3월 1일 기준)
총차량	약 5만대
장갑차량	8,508대
헬리콥터	약 800대
고정익기	20대
M1/챌린저 전차	1,639대
M2/M3 브래들리/워리어	1,267대
M109/M110 자주포	522대
MLRS 다연장 로켓	129대
ATACMS 발사기	9대
AH-64 공격헬리콥터	174대

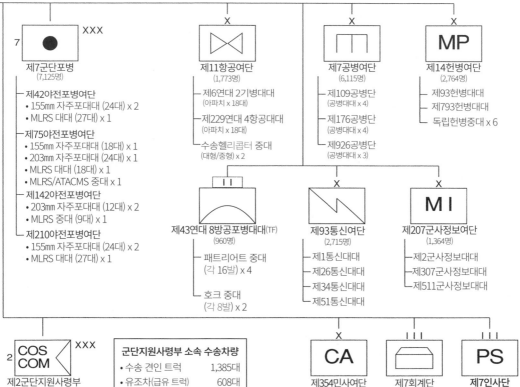

7 ● ×××
제7군단포병
(7,125명)

- 제42야전포병여단
  - 155mm 자주포대대 (24대) x 2
  - MLRS 대대 (27대) x 1
- 제75야전포병여단
  - 155mm 자주포대대 (18대) x 1
  - 203mm 자주포대대 (24대) x 1
  - MLRS 대대 (18대) x 1
  - MLRS/ATACMS 중대 x 1
- 제142야전포병여단
  - 203mm 자주포대대 (12대) x 2
  - MLRS 중대 (9대) x 1
- 제210야전포병여단
  - 155mm 자주포대대 (24대) x 2
  - MLRS 대대 (27대) x 1

×
제11항공여단
(1,773명)

- 제6연대 2기병대대
  (아파치 x 18대)
- 제229연대 4항공대대
  (아파치 x 18대)
- 수송헬리콥터 중대
  (대형/중형) x 2

×
제7공병여단
(6,115명)

- 제109공병단
  (공병대대 x 4)
- 제176공병단
  (공병대대 x 4)
- 제926공병단
  (공병대대 x 3)

×
MP
제14헌병여단
(2,764명)

- 제93헌병대대
- 제793헌병대대
- 독립헌병중대 x 6

‖‖
제43연대 8방공포병대대(TF)
(960명)

- 패트리어트 중대
  (각 16발) x 4
- 호크 중대
  (각 8발) x 2

×
제93통신여단
(2,715명)

- 제1통신대대
- 제26통신대대
- 제34통신대대
- 제51통신대대

×
M I
제207군사정보여단
(1,364명)

- 제2군사정보대대
- 제307군사정보대대
- 제511군사정보대대

2 COS COM ×××
제2군단지원사령부
(26,327명)

- 제7군단지원단
- 제16군단지원단
- 제30군단지원단
- 제43군단지원단
- 제159군단지원단
- 제332의무여단

군단지원사령부 소속 수송차량

• 수송 견인 트럭	1,385대
• 유조차(급유 트럭)	608대
• 세미 트레일러	1,604대
• 5t 화물트럭	377대

×
CA
제354민사여단

‖‖‖
제7회계단

‖‖‖
PS
제7인사단

※ 병력은 1991년 3월 1일 시점을 기준으로 표기.
  기타 병력(군단사령부, 민사여단)은 1,449명.

제7군단의 대규모 통신을 중계하는 제93통신여단의 위성안테나

프랭크스 중장은 훗날 군단의 진격 속도 문제로 대립하게 되는 거구에 다혈질인 슈워츠코프와는 대조적인 신중한 지장 성향의 장군으로, 지나치게 신중하다고 평하는 사람도 있었지만 톰 클랜시는 의족의 장군 프랭크스를 '과묵한 사자(The Quiet Lion)'라 평했다.[7]

이 거대한 기갑군단의 중핵은 5개의 중사단(제1기갑, 제3기갑, 제1기병, 영국군 제1기갑, 제1보병사단)과 기동타격부대로 선두에 설 제2기갑기병연대였다. 선봉의 역할은 군단 주력 부대의 진격로 개방과 주력 부대의 작전행동시 측면 보호 제공이었다. 그리고 공세작전을 진행하며 선봉 부대에 화력을 지원하기 위해 제7군단포병(자주포 162대/ MLRS 90대), 제11항공여단(아파치 공격헬리콥터 36대 포함 헬리콥터 147대), 방공포병대대(TF)(야전보급기지와 사령부를 지키는 패트리어트 지대공미사일) 등의 대규모 전문 부대도 군단 직속으로 배속되었다.

제7군단은 최신 무기를 완비한 세계 최대의 기갑군단이지만, 전투부대만으로는 전쟁을 치를 수 없다. 기동타격부대가 임무를 수행하려면 부대의 규모에 맞는 전투지원부대와 독자적인 업무지원부대의 지속적인 지원이 반드시 필요했다. 군단은 각 계통의 부대가 협력해야 정상적으로 가동되며, 이렇게 전투부대와 전투지원부대를 단일 부대로 편성하는 것을 제병연합(Combined Arms)이라 부른다.

제7군단의 전투지원부대는 제7공병여단, 제93통신여단, 제14헌병여단, 제207군사정보여단으로, 대부분 주방위군과 예비역에서 소집되었다.

그중에서도 공병대는 임무 성격상 전투부대보다 희생자가 나올 확률이 높았다. 전투부대의 전진을 막는 최전선의 장애물과 지뢰지대 제거, 전투부대를 위한 야영용 집결지와 진지, 혹은 전장으로 향하는 보급로 건설 등이 공병대의 임무였다. 제7공병여단은 지뢰 등의 장애물 처리 임무를 수행하는 전투공병용 M113 장갑차 260대, 불도저 등의 토목중장비를 세미 트레일러로 수송할 M916 대형수송

견인 트럭 200대, 수백 대의 토목 중장비를 운용해 전쟁 중 각 사단의 집결지 주위에 총연장 400㎞의 모래벽을 건설하고, 총연장 1,934㎞의 이동용 간이도로와 '사담 라인'의 모래 제방 50개소에 군단이 이라크 영내로 진군하기 위한 통로를 개척하는 성과를 올렸다.

통신과 군사정보여단은 연락과 정보수집이 곤란한 넓은 전장에서 일선 부대의 원활한 작전 운용을 지원했다. 지역통신센터 13개, 지휘통신센터 4개, 중계기지 46개, 다채널 무전기 105대, 야전전화 1,500대를 운용하는 통신여단은 군단의 통신 임무를 맡았다. 군사정보여단은 적의 통신 감청·방해, 파이오니어 무인정찰기를 사용한 전장관측, 포로의 심문 등을 통해 적 정보를 다각도로 수집, 분석했다. 헌병 여단은 전투 후 대량으로 발생한 22,000명의 이라크군 포로를 수용, 관리해 작전의 원활한 진행을 도왔다.[8] 업무지원 부대는 인사와 회계단, 민사여단, 그리고 각 사단의 보급·수송지원을 맡은 제2군단지원사령부에 소속되었다.

전략가인 파월 장군이 아니라도 알 수 있는 제7군단의 약점은 5만대의 차량이 소비하는 막대한 양의 연료와 탄약의 보급이었다.[9]

제7군단의 전투시 연료 및 탄약 소비량은 일평균 연료 240만 갤런(1갤런=3.785리터. 5,000갤런 유조차 480대분), 탄약 9,000t(22t 세미 트레일러 409대분)에 달했다. 이 엄청난 양의 물자를 보급하기 위해 제2군단지원사령부는 병력 26,327명, 5,000갤런 유조차 576대, 22t 세미 트레일러 견인트럭 1,180대를 준비했다. 계산상으로는 제7군단에 충분한 물자를 보급할 수 있는 수송능력이지만, 기계화된 군단의 진격 속도가 빨라진다면 야지에서 속도를 내지 못하는 트럭 부대가 적시에 보급을 제공하기 어렵다.

그리고 5개 사단 이상의 거대한 기갑군단이 효율적으로 작전을 수행하도록 진형을 갖추고 진군하려면 광대한 공간이 필요했다. 전장이 유럽이라면 까다로운 조건이지만, 걸프전의 전장은 이라크

적군 제2제대를 종심타격하는 공지전투 이론

공지전투 이론에 따른 각 부대 단위의 종심타격·탐지 지역 구분

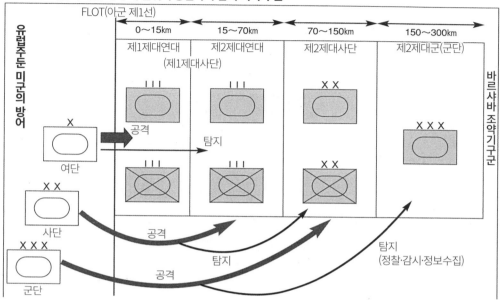

각 부대 단위의 영향력 행사지역과 관심지역

부대규모	영향력 행사지역(공격)	관심지역(탐지)
여단	15km	70km
사단	70km	150km
군단	150km	300km

적 제2제대 탐지에 쓰인 미 공군의 E-8 JSTARS 지상정찰기.
250km 이상 떨어진 적 지상부대를 레이더 화상으로
촬영해 그 규모와 이동을 이동지상국(MGS)에 중계한다.

이라크군 전차를 사냥하는데 투입된 미 공군의 A-10 썬더볼트 II 지상공격기.
걸프전에서는 144대가 동원되어 기수 하방의 30㎜ 기관포와 매버릭 공대지 미사일로 이라크군 전차를 격파했다.

사우디아라비아에 구축된 미군 집결지·보급기지·보급 간선로

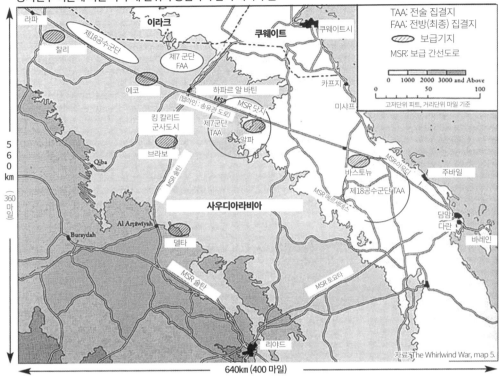

공지전투 이론에 따른 각 부대 단위의 종심타격·탐지 지역 구분

TAA: 전술 집결지
FAA: 전방(최종) 집결지
◎ 보급기지
MSR: 보급 간선도로

0 1000 2000 3000 and Above
0   50   100
고저단위 피트, 거리단위 마일 기준

라파, 찰리, 제18공수군단, 에코, 제7 군단 FAA, 이라크, 쿠웨이트, 쿠웨이트시, 하파르 알 바틴, (탑라인: 송유관 도로), MSR, MSR 닷지, 킹 칼리드 군사도시, 제7군단 TAA, 알파, 브라보, 카프지, 미사프, Qiba, MSR 세미, 사우디아라비아, 바스토뉴, MSR 아우디, 주바일, 제18공수군단 TAA, MSR 메르세데스, 담맘·다란, 바레인, Burzydah, Al Arṭāwiyah, 델타, MSR 술타, MSR 토요타, 리야드

자료: The Whirlwind War, map 5.

560 km (360 마일)

640km (400 마일)

- 보급기지 알파(제7 군단용)의 집적물자: 연료 420만갤런(약 1,600만 리터), 탄약 23,000t
- 전방 보급기지 에코 (제7 군단용)의 집적물자 : 연료1,080만 갤런(약 4,100만 리터), 탄약 67,000t, M1A1 예비 54대
- 담맘항~라파 (서단): 거리 800km
- 담맘~하파르 알 바틴~리야드~담맘: 거리 4,400km

◀ MSR 근처에 건설된 연료집적·급유시설.
  앞쪽이 군용 5,000갤런 유조차(M932 견인 트럭)이고
  위쪽이 민간 유조차들이다.

▲ 보급기지로 향하는 탄약·물자 수송임무의 주력인
  M915/A1 LHT 대형수송 견인 트럭.

▼ M915/A1 LHT는 2,337대가 군수지원단과 군단에
  주로 배치되었다. M872 시리즈 세미 트레일러(34t)을
  장착해 장거리 수송 임무에 주로 활용했다.

남부의 광활한 사막지대였으므로, 군단은 폭 150㎞, 종심 175㎞에 걸쳐 전개했다. 그리고 선두의 기동타격부대인 중사단, 배후의 전투지원부대, 그리고 업무지원부대의 막대한 연료, 탄약, 물자를 가득 실은 트럭 집단이 지평선까지 구름처럼 펼쳐져 진군했다.

에어랜드 배틀(공지전투) 이론

제7군단은 베트남 전쟁 패배 이후 미국 육군이 추진한 군 개혁의 성과를 집결해 편성한 군단이었다. 개혁의 성과는 새로운 작전술(Operational Art)인 에어랜드 배틀(공지전투: Airland Battle) 이론과 베트남 전쟁 세대의 구식 무기와 비교해 빅 파이브라 불린, 80년대에 등장한 5종의 신세대 육군 무기(M1 전차, 브래들리 보병전투차, 아파치 공격헬리콥터, 블랙호크 다목적 헬리콥터, 패트리어트 방공 미사일)들이었다.

공지전투 이론의 출발점은 양적으로 우세한 바르샤바 조약기구군의 기습 침공을 질적인 우위로 저지해 격파하는 데 있었다. 하지만 주력인 소련 전차군단의 공세를 종심 깊은 지점에 위치한 방어선에서 막아낸다면 전장이 된 서독이나 유럽의 국토는 황폐화가 불가피하다. 따라서 발상을 전환해 방어종심(전장)을 자국 영토가 아닌 적국 영토로 넓힌 결과물이 공지전투였다. 공지전투 이론이 가정한 시나리오는 일단 적 제1파(제1제대)의 공세를 군단의 기갑부대가 우군부대진출선(FLOT: Forward line of Own Troops)에서 근접전투로 막아내고, 동시에 후방에서 전진하는 적의 후속 제2파(제2제대)에 공군 폭격기, 공격 헬리콥터, 지대지 미사일 등으로 종심타격(deep attack)을 가해 전선에 고립시키면서 제1파와 함께 섬멸하는 방식이었다.

공지전투 이론의 최대 핵심은 적 세력권에서 실시되는 적의 제2제대에 대한 후속부대 공격(FOFA: Follow-On Forces Attack)으로, 이를 실행하기 위해서는 기갑군단의 작전공간을 종래보다 확장할 필요가 있었다. 군단이 적 후속부대(제2제대)를 탐지해야 하는 관심지역(Area of Interest)은 아군 제1선에서 300㎞, 공격(근접전투와 종심타격)을 실시하는 영향지역(Area of Influence)은 150㎞에 달한다. 사단이 담당하는 공간은 군단의 절반, 여단은 사단의 절반 이하였다.

종심타격을 실시하는 공격 헬리콥터를 포함한 항공부대(Air)는 최전선에서 150㎞이상 떨어진 적 종심지역에 도달하기까지 지상부대(Land)와 합동으로 통합작전을 수행한다. 이것이 공지전투(AirLand Battle)의 기본 개념이다.

공지통합 운용에는 주도권(initiative), 민첩성(agility), 종심성(depth), 동시성(synchronization)의 네 가지 원칙이 있다. 특히 실전에서 중요한 요소는 동시성(synchronization)으로, 모든 부대가 상호 통합 하에 작전을 수행해야 한다. 통합되지 않으면 작전은 실패하고 아군이 큰 피해를 입는다. 예를 들어 전차부대의 전진에 맞춰 포병지원사격을 하지 않으면 전차부대의 진격속도가 어긋나게 되고, 전체적인 공격력이 약해질 뿐만 아니라 아군간 오인사격을 할 수도 있다. 또한 지상 부대의 진격이 항공부대의 폭격작전과 통합되지 못하면 공군이 아군을 오폭하게 된다.

제7군단은 서유럽에 대한 소련 전차군단의 침공에 대비해 80년대 초반부터 걸프전 당시까지 공지전투 이론에 기초해 부대 편성, 훈련, 신무기의 배치를 점증적으로 실행해 왔다. 하지만 아이러니하게도 공지전투 이론에 따라 작전을 펼칠 수 있는 기갑군단이 완성된 1989년부터 냉전체제가 붕괴되기 시작했다. 그리고 냉전군단(Cold war corps)이라 불리던 제7군단은 유럽의 평원에서 페르시아만의 사막으로 무대를 바꿔 그 실력을 시험 받게 되었다.

기갑군단의 전선보급을 유지하는 보급조직(Logistics)

미국 육군은 걸프전 중에 2개 군단을 주력으로 하는 35만 명의 병력으로 구성된 부대(궤도차량

미 육군 7개 사단의 전선보급을 유지하는 각 군단 군수지원부대와 유조차

이라크로 진격하는 제1선 사단의 군단 보급지원 구성도

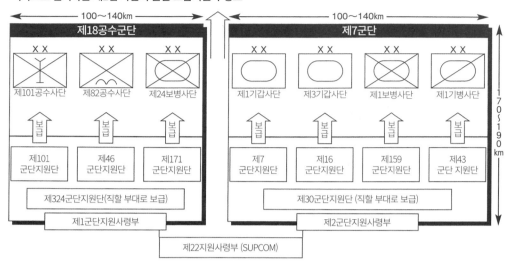

제18공수군단 (100~140km)

제101공수사단	제82공수사단	제24보병사단
↑보급	↑보급	↑보급
제101 군단지원단	제46 군단지원단	제171 군단지원단

제324군단지원단(직할 부대로 보급)

제1군단지원사령부

제7군단 (100~140km)

제1기갑사단	제3기갑사단	제1보병사단	제1기병사단
↑보급	↑보급	↑보급	↑보급
제7 군단지원단	제16 군단지원단	제159 군단지원단	제43 군단 지원단

제30군단지원단 (직할 부대로 보급)

제2군단지원사령부

(170~190km)

제22지원사령부 (SUPCOM)

각 군단의 유조차(5,000 갤런급) 수요 (1일)

제7군단	240만 갤런 유조차 x 480대
제18 공수군단	210만 갤런 유조차 x 480대
합계	450만 갤런 x 960대

※ 제18공수 군단은 제7군단보다 집결지까지 이동거리가 길어 더 많은 유조차가 필요했다.

군단별 탄약수송 트럭(22t 트레일러) 수요 (1일)

제7군단	탄약 9,000t 중형 트럭 x 450대
제18 공수군단	탄약 5,000t 중형 트럭 x 400대
합계	탄약 14,000t 중형 트럭 x 850대

▲ 5,000갤런급 유조차 M818/M932(240hp 터보디젤엔진)는 보급기지와 군단에 공급하는 연료의 수송에 주로 사용되었다. 제2군단 지원단에는 576대(288만 갤런 상당)의 M818/M932 가 배치되었다. 하지만 크고 무겁고 출력이 떨어지는 대형 차량은 기동하기 어려워서 일선 부대에 대한 급유 임무는 기동력이 우수한 M978 유조차가 맡았다.

▲ 2,500갤런 M978 유조차(445hp 터보디젤엔진)는 고속으로 기동하는 일선 전차부대에 급유하기 위해 제7군단 소속의 사단·연대에 550대 이상이 배치되었다.

▶ 지상전 중 제1기갑사단 123전방지원대대의 M932 5,000갤런 유조차에서 연료를 옮겨 싣고 있는 M978 유조차

12,400대, 차량 114,000대, 헬리콥터 1,800대, 탄약 35만t, 식량 9,400만 인분)를 전개했으며, 윌리엄 G. 파고니스 중장과 휘하의 제22군수지원단(병력 7만 명 가운데 예비역이 7할에 달했다)이 이 대군의 보급지원을 담당했다. 파고니스 중장은 지상전 개시 직전까지 2개 군단이 사용할 비축물자로 연료 5.2일분(3,600만 갤런), 탄약 45일분(115,000t), 식량 29일분(2,960만 인분)을 준비했지만, 여전히 광활한 사막의 집결지에 분산 배치된 각 부대에 물자를 보급하는 과제가 남아 있었다. 이 문제는 담맘항과 주바일항에서 이어지는 총연장 4,400km의 보급 간선도로(MSR: Main Supply Route)에 거대한 보급기지 4개소(알파, 브라보, 바스토뉴, 델타)를 설치하고, 그곳을 기점으로 각 부대에 물자를 배포하는 방법으로 해결했다. 그리고 지상전이 시작되기 전에 이라크 국경 근처에도 전선보급기지 2개소(찰리, 에코)를 설치해 개전에 대비했다. 가장 중대한 과제인 연료의 수송 문제를 극복하기 위해 미군은 항구에서 410km 떨어진 보급기지 알파까지 탭라인(TAPline: Trans-Arabian Pipeline)의 보수도로를 따라 파이프라인을 증설했다. 이 파이프라인은 2개 군단이 이라크 영내로 진출하는데 일조했다.[10]

제7군단의 보급품은 군수지원단의 트럭부대가 전방 보급기지 에코로 수송했고, 전방 부대에 대한 수송은 제2군단 예하의 5개 군수지원단이 담당하여 4개 사단과 군단 직할부대(포병, 공병, 통신여단 등)에 직접 물자를 운반했다.

여기서 잠시 기갑부대가 가장 우려했던 연료 수송에 대해 다뤄보자. 각 군단 군수지원단은 보급기지 에코에서 군수품과 연료 30만 갤런(113.4만 리터)을 연료대대 소속 5,000갤런 유조차 60대를 동원해 사단, 여단의 보급지점에 운반했다. 30만 갤런의 연료는 기갑사단의 하루 사용량이지만, 지상전 중 끊임없이 진격을 계속한 제1기갑사단의 경우 하루에 최대 75만 갤런(283.5만 리터)의 연료를 사용했고, 그 결과 일선 전차부대는 심각한 연료 부족 사태를 겪어야 했다.

사단의 보급지점에서 여단 이하 일선 부대로 향하는 연료 수송은 사단 군수지원단의 보급중대가 담당했다. 보급중대는 5,000갤런 유조차 또는 전차급의 기동력을 보유한 2,500갤런급 M978 유조차와 5t 유조차를 사용했다. 그리고 기갑대대나 보병, 포병대대는 대대 내의 연료보급반이 보유한 10대 이상의 M978 유조차로 사단의 보급지점에 직접 가서 사단 군수지원단의 5,000갤런 유조차로부터 연료를 공급받아 예하의 각 중대에 공급했다.

제7군단이 실제 소비한 연료와 탄약의 양은 연료 870만 갤런(하루 220만 갤런=831.6만 리터), 탄약 9,000t(하루 2,250t)이었다. 전쟁이 4일만에 종결되면서 탄약 소비량은 예상보다 줄어들었다. 「걸프전의 실증 부속자료」에 의하면, 육군과 해병대가 보급, 수송 용도로 페르시아만에 가져온 트럭은 총 37,800대로, 대형 수송 견인 트럭(M911, M915/M916, M920) 3454대, 중형 기동트럭(M977 HEMTT 계열, Mk.48 LVS계열) 5,025대, 5t 전술트럭(M39, M809, M939 계열 15,321대), 그리고 2.5t 전술트럭(M44계열) 14,000여대였다.

육군 최정예 제1기갑사단의 구성 쐐기 대형과 5단계의 공지화력전

로널드 그리피스 소장이 지휘하는 최정예 제1기갑사단 '올드 아이언사이드'를 기준으로 기갑사단(Armored Division)에 대해 알아보자.

제1기갑사단은 M1A1 에이브럼스 전차의 파괴력에 대한 전폭적인 신뢰를 바탕으로 야전에서 전술을 고안하고 매일같이 단련해온 부대였다. 기갑사단은 단일 기능에 특화된 군단 포병이나 군단 공병 또는 군단 지원단과 달리, 자대 내에 전투, 전투지원, 업무지원 부대를 혼합한 제병연합 조직이다. 말하자면 축소된 기갑군단 형태의, 단독작전이 가능한 자기완성형 전투기계라 할 수 있다.

기갑사단의 편제는 사단사령부의 직할부대(공병, 방공, 통신, 군사정보, 헌병, 화생방 부대)와 3개 기동여단, 항

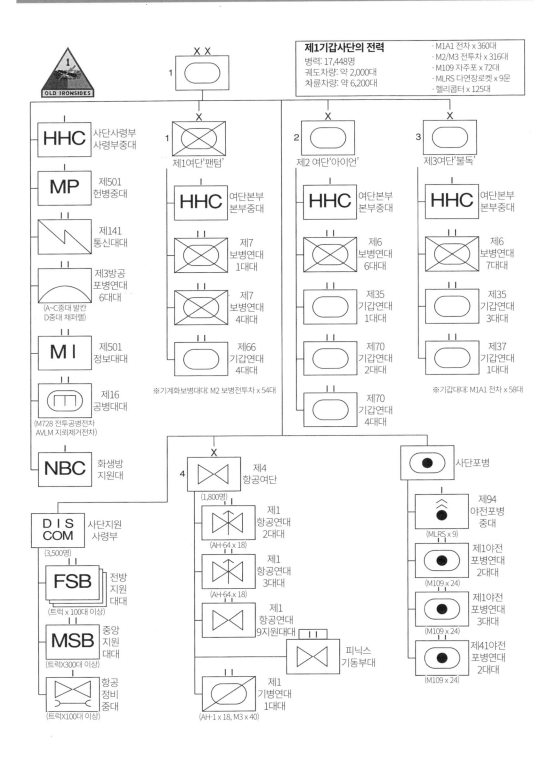

육군 최정예 제1기갑사단 '올드 아이언사이드'의 편제와 전력

제1기갑사단의 전력
병력: 17,448명
궤도차량: 약 2,000대
차륜차량: 약 6,200대

· M1A1 전차 x 360대
· M2/M3 전투차 x 316대
· M109 자주포 x 72대
· MLRS 다연장로켓 x 9문
· 헬리콥터 x 125대

HHC 사단사령부 사령부중대

MP 제501 헌병중대

제141 통신대대

제3방공 포병연대 6대대
(A~C중대 발칸 D중대 채퍼럴)

M I 제501 정보대대

제16 공병대대
(M728 전투공병전차 AVLM 지뢰제거전차)

NBC 화생방 지원대

1 제1여단'팬텀'

HHC 여단본부 본부중대

제7 보병연대 1대대

제7 보병연대 4대대

제66 기갑연대 4대대

※기계화보병대대: M2 보병전투차 x 54대

2 제2 여단'아이언'

HHC 여단본부 본부중대

제6 보병연대 6대대

제35 기갑연대 1대대

제70 기갑연대 2대대

제70 기갑연대 4대대

3 제3여단'불독'

HHC 여단본부 본부중대

제6 보병연대 7대대

제35 기갑연대 3대대

제37 기갑연대 1대대

※기갑대대: M1A1 전차 x 58대

4 제4 항공여단
(1,800명)

제1 항공연대 2대대
(AH-64 x 18)

제1 항공연대 3대대
(AH-64 x 18)

제1 항공연대 9지원대대

피닉스 기동부대

제1 기병연대 1대대
(AH-1 x 18, M3 x 40)

DIS COM 사단지원 사령부
(3,500명)

FSB 전방 지원 대대
(트럭 x 100대 이상)

MSB 중앙 지원 대대
(트럭X300대 이상)

항공 정비 중대
(트럭X100대 이상)

사단포병

제94 야전포병 중대
(MLRS x 9)

제1야전 포병연대 2대대
(M109 x 24)

제1야전 포병연대 3대대
(M109 x 24)

제41야전 포병연대 2대대
(M109 x 24)

제1 기갑사단의 데저트 웨지(사막 쐐기대형) 개요도

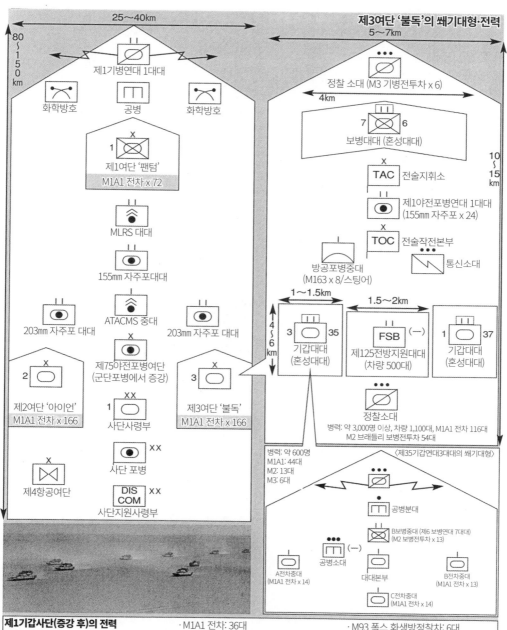

25〜40km

80〜150km

제1기병연대 1대대

화학방호   공병   화학방호

1 제1여단 '팬텀'
M1A1 전차 x 72

MLRS 대대

155mm 자주포대대

ATACMS 중대

203mm 자주포 대대   203mm 자주포 대대

제75야전포병여단
(군단포병에서 증강)

2 제2여단 '아이언'
M1A1 전차 x 166

1 사단사령부

3 제3여단 '불독'
M1A1 전차 x 166

제4항공여단

사단 포병

DIS COM 사단지원사령부

제3여단 '불독'의 쐐기대형·전력

5〜7km

정찰 소대 (M3 기병전투차 x 6)

4km

7 6 보병대대 (혼성대대)

TAC 전술지휘소

제1야전포병연대 1대대
(155mm 자주포 x 24)

TOC 전술작전본부

방공포병중대
(M163 x 8/스팅어)

통신소대

10〜15km

1〜1.5km

1.5〜2km

4〜6km

3 35 기갑대대
(혼성대대)

FSB (一) 제125전방지원대대
(차량 500대)

1 37 기갑대대
(혼성대대)

정찰소대

병력: 약 3,000명 이상, 차량 1,100대, M1A1 전차 116대
M2 브래들리 보병전투차 54대

병력: 약 600명
M1A1: 44대
M2: 13대
M3: 6대

〈제35기갑연대3대대의 쐐기대형〉

공병분대

B보병중대 (제6 보병연대 7대대)
(M2 보병전투차 13)

공병소대 (一)

대대본부

A전차중대
(M1A1 전차 x 14)

C전차중대
(M1A1 전차 x 14)

B전차중대
(M1A1 전차 x 13)

제1기갑사단(증강 후)의 전력

병력: 22,234명
차량: 9,175대 (궤도 1,941/차륜 7,234)
헬리콥터: 129대

· M1A1 전차: 36대
· M2/M3 보병전투차: 316대
· M109 자주포: 90대
· M110 자주포: 24대
· MLRS 다연장로켓: 36대

· M93 폭스 화생방정찰차: 6대
· M728 전투공병전차(CEV): 8대
· AVLM 지뢰제거전차: 16대
· M9 장갑전투도저(ACE): 25대

미 기갑사단/군단이 실시하는 5단계 공지화력 전력도

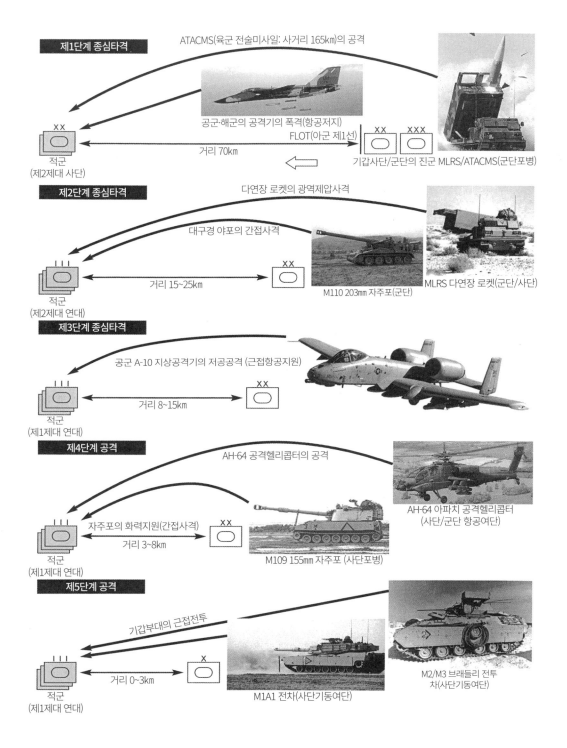

제1단계 종심타격

ATACMS(육군 전술미사일: 사거리 165km)의 공격

공군·해군의 공격기의 폭격(항공저지)

FLOT(아군 제1선)

거리 70km

적군
(제2제대 사단)

기갑사단/군단의 진군 MLRS/ATACMS(군단포병)

제2단계 종심타격

다연장 로켓의 광역제압사격

대구경 야포의 간접사격

거리 15~25km

적군
(제2제대 연대)

M110 203mm 자주포(군단)

MLRS 다연장 로켓(군단/사단)

제3단계 종심타격

공군 A-10 지상공격기의 저공공격 (근접항공지원)

거리 8~15km

적군
(제1제대 연대)

제4단계 공격

AH-64 공격헬리콥터의 공격

AH-64 아파치 공격헬리콥터
(사단/군단 항공여단)

자주포의 화력지원(간접사격)

거리 3~8km

적군
(제1제대 연대)

M109 155mm 자주포 (사단포병)

제5단계 공격

기갑부대의 근접전투

M2/M3 브래들리 전투
차(사단기동여단)

거리 0~3km

적군
(제1제대 연대)

M1A1 전차(사단기동여단)

공여단, 사단포병, 사단지원단 등 6개의 여단급 기간부대로 구성된다.

사단의 중심은 기동여단이다. 각 기동여단은 M1A1 전차 58대를 장비한 기갑대대(Armored Battalion)와 M2 브래들리 보병전투차 54대를 장비한 보병대대(기계화보병)로 편성된다. 기갑사단의 경우 아머 헤비(전차위주편제)로 6개 기갑대대와 4개 보병대대, 합계 10개 대대를 보유하며, 여단별 대대구성비율은 각각 다르다. 단, 제1보병사단은 5개 기갑대대와 5개 보병대대로 균등비율 편성이다.

제1여단 팬텀은 인펜트리 헤비(보병위주편제)로, 1개 기갑대대와 2개 보병대대 구성이다. 이런 편제는 보병이 많아 적의 참호 지대나 진지의 돌파, 제압, 점령에 효과적이다. 아무리 전차 부대가 강력해도 전차 단독으로 적진지에 돌격하면 참호에 매복한 대전차 미사일과 포병의 십자포화에 격파당하고 만다. 때문에 전차와 보병은 함께 싸워야 한다. 제4차 중동전쟁에서 이스라엘군 전차여단이 단독으로 이집트군 진지에 돌격해 대전차 미사일 공격에 괴멸된 유명한 전례가 있다. 걸프전에서 제1여단 팬텀은 다른 두 개의 여단에 비해 가벼운 편성이었으므로 정찰부대와 같이 선두로 나서 정찰임무를 수행했다. 제1여단이 정찰임무를 맡게 된 또 다른 이유는 최신형 브래들리 보병전투차에 있었다. 제1기갑사단의 장비가 구식 M113 장갑차여서, 제1여단 팬텀이 제3보병사단에서 제1기갑사단으로 배속전환되었다.

대조적으로 제2여단 '아이언'은 3개 기갑대대와 1개 보병대대의 전차위주편제였다. 제2여단은 M1A1 전차 166대를 장비하여, 중소국가의 기갑사단 정도는 일격에 격파할 전력을 갖췄다. 제2여단은 2차대전 당시 독일군 기갑사단처럼 판저카일(쐐기 대형)로 적 주력 전차부대를 상대로 싸우는 기동타격부대 역할을 담당했다.

제3여단 '불독'은 2개 기갑대대와 1개 보병대대로 균형 잡힌 편제를 갖췄으며, 적 주력과의 결전에

서 제2여단의 측면을 엄호하는 역할을 맡았다.

제4항공여단 아이언 이글은 사단의 귀중한 종심 공격·정찰(스카우트) 전력으로, 공격헬리콥터 2개 대대, 혼성 지원대대, 항공지원대대, 기병대대로 구성된 헬리콥터부대(125대 보유)다.

기병대대는 사단 전체의 정찰 역할을 위해 헬리콥터로 편성된 2개 기병중대(항공)외에 M3 브래들리 기병전투차*를 장비한 2개 기병중대가 혼성 편제된 공지전투대대다. 제4항공여단은 대다수의 국가들은 가지고 싶어도 가질 수 없는 AH-64 아파치 36대와 AH-1 코브라 8대 등 44대의 공격헬리콥터를 보유했다. 공격헬리콥터는 전차와 달리 비행이 가능하다는 장점이 있어, 공지전투의 종심타격을 담당한다.

사단포병은 M109 155㎜ 자주포 24대를 장비한 3개 포병대대와 MLRS(다연장 로켓) 9대를 장비한 MLRS 중대로 편성된다. 3개 포병대대의 임무는 3개 기동여단에 분산배속되어 화력지원을 실시하는 것이다. MLRS 중대는 사단 전체를 엄호한다. 포병대대가 보유한 M109 자주포는 이라크군의 장사정포에 비해 사거리가 10㎞나 짧아, 미군 기갑사단의 약점으로 여겨졌다. 이 결점을 보완하는 요소가 MLRS였다. MLRS는 12연장 로켓 발사기를 브래들리 기반의 궤도식 차체에 탑재해, 사거리가 길고 (32㎞) 기동성도 우수하다는 장점이 있었다.

마지막으로 사단지원사령부는 기갑사단의 보급을 담당하는 기간부대로, 보급·수송·정비·의료 등의 지원 업무를 수행하며, 구성원은 3,500명 가량이다. 편제는 사단포병과 비슷하다. 부대는 각 기동여단을 전선에서 직접 지원하는 3개 전방지원대대와 기타 사단소속부대를 지원하는 주지원대대, 그리고 125대의 헬리콥터를 지원하는 항공정비중대로 구성된다.

특히 대량의 M1 전차를 보유한 기갑사단은 사

....
* M2와 기본적으로 동일하지만, 보병 탑승 공간에 정찰대원 2명과 여분의 TOW미사일을 탑재한 강행정찰용 장갑차다. (역자 주)

베트남 전쟁 이후 개발된 80년대 주력 지상군 무기

베트남 전쟁 세대의 주력 무기

걸프전 세대의 신형 주력 무기

M60 패튼 전차

- 배치시기: 1960년
- 전투중량: 52.6t(A3)
- 주포: 105mm 강선포
- 엔진: 750hp

M1 에이브럼스 전차

- 배치시기: 1980년
- 전투중량: 61t(HA)
- 주포: 120mm 활강포(A1)
- 엔진: 1,500hp

M113 APC 장갑차

- 배치시기: 1960년
- 전투중량: 11.0t(A1)
- 무장: 12.7mm 중기관총
- 엔진: 212hp(A1)
- 탑승인원: 11명

M2/M3 브래들리 전투차

- 배치시기: 1981년
- 전투중량: 27.2t
- 무장: 25mm 기관포
  TOW 대전차미사일
- 엔진: 600hp
- 탑승인원: 3+6명

AH-1 코브라 공격헬리콥터

- 배치시기: 1967년
- 최대이륙중량: 4.5t
- 무장: 20mm 개틀링
  TOW 대전차미사일
- 엔진: 1,800hp(F)

AH-64 아파치 공격헬리콥터

- 배치시기: 1983년
- 최대이륙중량: 9.5t
- 무장: 30mm 기관포
  헬파이어 대전차미사일
- 엔진: 1,690hp x 2

UH-1 이로쿼이 다용도 헬리콥터

- 배치시기: 1957년
- 최대이륙중량: 4.3t
- 탑재량: 1.8t
- 탑승인원: 14명
- 엔진출력: 1,400hp

UH-60A 블랙호크 다목적 헬리콥터

- 배치시기: 1979년
- 최대이륙중량: 11.1t
- 탑재량: 3.6t
- 탑승인원: 14명
- 엔진: 1,560hp x 2

MIM-23 호크 방공 미사일

- 배치시기: 1962년
- 유효사거리: 25km
- 속도: 마하 2.4
- 미사일 중량: 584kg

MIM-104 패트리어트 방공미사일

- 배치시기: 1982년
- 사거리: 160km (PAC2)
- 속도: 마하 5.0
- 미사일 중량: 900kg

막 깊숙이 진출할 경우 연료가 약점이 된다. 따라서 제1기갑사단의 급유부대는 2,500갤런(약 9.5t)급의 오시코시 M978 유조차를 200대(M1 전차 1,000대 분의 연료)가량 배치했다. M978은 M977 10t HEMTT(고기동 대형 전술 트럭)의 연료수송형으로 445hp 엔진과 8륜 구동계를 채택해 사막 지형에서도 기갑부대의 진군속도에 맞춰 주행할 수 있다.

제1기갑사단은 페르시아 만에 도착한 후, 사막전에 대비해 군단포병과 지원부대를 증강했다. 군단포병에서 제1기갑사단으로 배속된 제75야전포병여단은 기존 사단포병에는 배속되지 않았던 최대사거리 30km의 M110A2 203mm 자주포를 장비한 포병대대(24대)와 ATACMS(전술지대지 미사일)의 발사가 가능한 MLRS 중대(9대)를 보유하고 있었다. ATACMS는 육군 지상부대가 가진 유일한 종심타격 무기로, 최대사거리가 165km에 달했으며, 950개의 자탄을 목표 상공에 살포하여 500 x 500m의 범위를 초토화한다. 이런 포병전력의 증강은 이라크군의 장사정포에 대응하기 위한 선택이었다.

증편 결과, 제1기갑사단은 총원이 17,448명에서 22,234명으로 늘어났고, 차량 9,175대, M1A1 전차 360대, 브래들리 보병전투차 316대, M109 자주포 90문, M110 자주포 24문, MLRS 36문, 헬리콥터 129대를 보유한 공지전투사단이 되었다.

제1기갑사단은 이렇게 확충된 전력을 바탕으로 지상전 시작 이후 광활한 사막 전장에 적합한 데저트 웨지(사막 쐐기 대형)로 진군했다.

사막 쐐기 대형은 규모가 폭 25~300km, 종심 80~150km에 달하는, 넓은 사막 전장에서 사용되는 대형이다. 쐐기 대형의 선두에는 제1여단 팬텀이, 좌측 후방에는 제2여단 아이언이, 우측 후방에는 제3여단 불독이 위치했다. 제1여단 직후방에는 제75야전포병여단이 위치하며 필요에 따라 3개 기동여단에 대한 화력지원을 실시했다. 포병의 후방에는 사단의 전투를 지휘하는 사단사령부의 트럭들과 각종 지원차량과 호송대가 뒤따랐다.

이 사막 쐐기 대형은 사단 단위는 물론 3개 기동여단에서도 개별적으로 사용되었다. 제3여단 불독도 정찰소대가 선두에 서고, 후방에 쐐기 대형을 구성한 본대가 뒤따르는 대형을 구성했다. 쐐기의 선두에 위치한 혼성 보병대대는 Λ자 대형으로 전개하고, 좌우 후방에 2개 기갑대대가 위치했으며, 보병대대 직후방에는 포병대대(사단포병에서 배속된 M109 자주포)가 뒤따랐다. 그리고 여단의 통신 및 정보를 지원하는 통신소대와 적기의 기습공격에 대응할 방공포병중대(M163 발칸 자주대공포 8문과 스팅어 휴대용 지대공 미사일)를 배치했다. 쐐기의 최후미에는 사단지원사령부에서 배속된 제125 전방지원대대 소속의 보급차량집단 500대가량이 뒤따랐다. 즉 기동여단은 전장 상황에 맞춰 부대를 증강한 제병연합의 소형 기갑사단이라 할 수 있다.

제3여단이 구성한 쐐기 대형의 규모는 폭 5km, 종심 10km이상이었다. 여단이 보유한 전력은 병력 3,000명 이상, M1A1 전차 116대를 포함한 차량 1,100대가량이었다. 그리고 여단의 주력인 3개의 기갑, 보병대대는 유연한 전투임무가 가능한 실전적인 특수임무부대(TF: Task Force)로 임시편성되었다. 보병대대는 4개 보병중대(M2 브래들리 13대)지만, 기갑대대의 중대를 배속해 2개 전차중대와 2개 보병중대로 균형편성 보병TF로 개편하고, 기갑대대도 보병중대를 배속해 3개 전차중대와 1개 보병중대의 전차위주 편제의 기갑TF로 개편했다.

TF 개편은 M2 보병전투차로만 구성된 부대가 이라크군 전차부대와 조우할 경우 상당히 불리하다는 판단에 따라 진행되었다. 그리고 사단 직속 스팅어 휴대용 지대공 미사일 팀, 공병소대, 지상감시레이더반도 임시 배속되었다. 이런 TF는 제병연합 미니 기동여단으로 기능할 수 있었다.[11]

쐐기대형으로 진군하는 기갑여단이 적을 발견하면 공지전투 이론에 따라 5단계의 공지화력전(종심타격)을 단계적으로, 혹은 동시에 실시한다. 먼저 적군의 제2제대, 또는 70km 거리 전후의 적에 대해 제

1단계 종심타격을 개시한다. 이 단계에서는 공군·해군의 공격기(F-111F 등)나 폭격기의 폭격(항공저지), 또는 MLRS 중대의 ATACMS로 적 후속 전차부대를 정밀타격하게 된다.

2단계 공격으로 적군의 제2제대 연대 또는 15~25km거리에 위치한 적군에 대해 M110 자주포나 MLRS로 집중포격한다.

3단계 공격은 적군의 제1제대 연대나 8~15km 범위에 전개중인 적 부대를 대상으로 공군의 A-10 공격기나 F-16 전투기(근접항공지원)을 동원해 실시하는 항공공격이다.

제4단계 공격은 적군 제1제대연대 또는 3~8km(전차포의 사거리 밖)까지 접근한 적 부대나 참호선에 대해 실시하는 공격으로, 포병대대의 M109 자주포로 간접조준포격을 가하고, 적 전차는 아파치 공격헬리콥터로 공격한다.

제5단계 공격은 기갑부대(기동여단 또는 기갑/보병대대)가 담당한다. 0~3km 내에 있는 목표의 종류나 거리에 따라 M1A1 전차의 120㎜ 활강포, 브래들리 보병전투차의 TOW 미사일, 25㎜ 기관포로 공격한다. 공격이 끝난 후 기갑사단이 지나간 전장에는 적의 불타는 잔해와 매캐한 연기, 그리고 사막에 새겨진 무수한 궤도 자국만이 남을 것이다.[12]

이와 같은 전투체계를 갖춘 제1기갑사단은 무적의 전투기계로 사막의 전장에서 절대적인 파괴력을 발휘했다.

참고문헌

(1) Headquarters VII Corps, The Desert Jayhawk(Stuttgart: public Affairs Office, 1991), p4.

(2) Tom Clancy, Armored Cav(New York: Pocket Books, 1994), p245.and Tom Carhart, Iron soldiers(New York: Pocket Books, 1994)

(3) Bob Woodward, The Commanders(New York: Simon&Schuster, 1991), pp358-359

(4) Steve E.Dietrich, 'in-theater Armored Force Modernization', Military Review(Oct 1993), pp34-45.

(5) Robert H.Scales, 1994), pp79-80.

(6) Stephen A.Bourque, JAYHAWK! The VII Corps in the Persian Gulf War (Washington, D.C: Department of the Army, 2002), p471.

(7) Tom Clancy and Fred Franks jr.(Ret.), Into the Storm: A Study in Command (New York:G.P.Putnam's Sons, 1997), p IX.

(8) VII Corps, The Deserts JAYHAWK, pp33-46.

(9) H.Norman Schwarzkopf Jr.and Petre, It Doesn't Take a hero (New York: Bantam Books, 1992), P366.

(10) William G.Pagonis and Harold E.Raugh Jr. 'Good Logistics is Combat Power' military review (Sep 1991), pp28-39.

(11) Boutque, JAYHAWK!, p208. And Infantry (May-jun 19992), p15.

(12) Infantry (Nov-Dec 1992), p2

제4장
슈워츠코프 장군의 비밀작전회의

"내가 제군에게 바라는 것은
공화국 수비대의 섬멸뿐이다"

미국 중부군은 현지 시찰과 실무 회의를 겸해 주요 지휘관들을 작전회의에 소집했다.

1990년 11월 11일, 제7군단의 프랭크스 중장은 공군의 6인승 C21 리어젯 VIP 수송기로 측근들과 함께 사우디로 날아왔다. 동행한 측근들은 군단의 보급과 통신 지휘관, 작전참모, 부참모장(개전당시), 부관 등이었다. 수송기는 도중에 카이로에서 급유를 받고 2일째 해가 저물 무렵 리야드에 도착했다.

회의는 11월 14일 다란에서 개최되었다. 회의의 주역은 4성 장군인 중부군 사령관 H. 노먼 슈워츠코프 대장(56세)이었다. 통합참모 본부의장 콜린 파월 대장과 함께 걸프전의 영웅으로 널리 알려진 지휘관이다. TV 화면에 등장한 슈워츠코프는 193cm, 110kg의 위풍당당한 체구와 군인다운 언행으로 사람들에게 38개국의 다국적군을 결속시킬 만한 위엄 있는 인물처럼 비쳐졌다.

리야드의 사령부에 매일 얼굴을 마주한 페르시아만 일대 영국군 사령관 피터 드 라 빌리어리 경은 "슈워츠코프 장군은 한번 화가 나면 말릴 수가 없어서 사령부 사람들을 쩔쩔매게 만들었지만, 우수한 전략가이자 아랍세계에 정통한 전문가로서 각국의 군대를 훌륭히 통솔할 기량을 가지고 있다."고 높이 평했다. 제24보병사단의 맥카프리 소장도 슈워츠코프 장군은 다혈질이지만 최근의 야전 지휘관들에게서는 볼 수 없는 위엄과 기운이 넘친다고 평했다. 능력은 있지만 다혈질로 악명이 높은 슈워츠코프 장군은 별명부터 '폭풍의 노먼'이었다.

슈워츠코프 장군이 외출할 때는 테러의 위협에 대비해 육군 특수작전부대 델타포스 대원 4명이 경호하고 외곽은 붉은 베레모의 사우디군 보안부대 병사들이 지켰다. 슈워츠코프 장군은 참모진을 대동하고 움직이는 편을 선호했으므로 백색 벤츠 방탄 승용차에 탄 사령관 일행의 차량 행렬은 종종 30대가 넘어 사우디 국왕의 순행보다 규모가 커지곤 했다. 이런 화려한 차량 행렬은 슈워츠코프 장

델타포스의 경호를 받으며 부대를 시찰하는 슈워츠코프 대장

군의 요구로, 사관학교 동기인 하디 예비역 준장은 슈워츠코프 장군이 맥아더 원수 시대의 장군처럼 보였다고 평했다.

　작전회의는 사우디 국방부의 요새 같은 빌딩이 아닌 허름한 건물에서 개최되었는데, 이는 도청을 방지하기 위한 위장이었다. 미국 육군이 낡은 빌딩의 식당을 개수해 '데저트 인(사막 여관)'이라 이름 붙인 회의실은 이전까지 사우디군이 장교 클럽으로 사용하던 장소였다. 경계가 삼엄한 회의장에 입장이 허가된 사람은 유럽과 미 본토에서 온 22명의 장성들 뿐이었다.

　중부군 육군사령관 존 요삭 중장, 해군사령관 헨리 마우즈 제독, 공군사령관 찰스 호너 중장, 해병대사령관 월터 부머 중장, 군수사령관 윌리엄 파고니스 중장(당시 소장), 제18공수군단장 게리 럭 중장, 그리고 제7군단장 프레드릭 프랭크스 중장 등이었다. 3성 장군(중장)만 7명이었고, 2성 장군(소장)인 사단장들도 많았다. 장군들은 군종은 제각각이었지만 펜타곤(미 국방부) 근무나 군의 대학을 통해서 서로 아는 경우가 많았고 모두 베트남 전쟁 경험자들이었다. 그중에서 제24보병사단의 베리 맥카프리(Barry McCaffrey) 소장은 400명에 달하는 육군의 장군들 가운데 가장 용맹하고 불같은 성격으로 유명했다. 진회색 머리에 큰 체구는 아니지만 몸에 딱 맞는 초코칩 패턴 사막색 전투복을 입은 장군의 모습은 날이 서 있었다. 맥카프리 소장의 집안은 3대째 내려온 군인 가문으로, 소장 자신이 베트남에 참전했을 때, 그의 아버지도 육군 중장으로 복무 중이었다. 여담이지만 맥카프리 소장은 1967년 베트남전에서 기관총 공격을 받아 온몸에 무수한 흉터가 있었다.

　11월 14일, 맥카프리 장군은 다란에서 수백km 떨어진 사막의 전선기지에서 회의에 참석하기 위해 UH-60 지휘관용 헬리콥터를 타고 끝없는 모래만이 보이는 사막 위를 날아가고 있었다. 내려다본 창밖에는 저공으로 비행 중인 헬리콥터의 검은 그림자가 사막을 달리고 있었고, 호위기가 일으킨 모래 먼지가 꼬리처럼 길게 이어졌다. 맥카프리 장군은 헬리콥터의 터빈엔진 소음을 들으며 자신의 아들을 걱정했다. 맥카프리 장군의 아들인 션 맥카프리(Sean McCaffrey)는 제82공수사단 소속의 중위로 창문 아래로 보이는 열사의 사막 어딘가에 있었다. 1년 전, 파나마 침공작전에 참가하지 못한 것을 아쉬워하던 공수부대 출신의 션 맥카프리 중위는 이 전쟁에 제2여단 팔콘의 일원으로 참전했다. 아들이 자신과 같은 전장에 있고 집에 남아 있는 아내 질이 남편과 아들을 함께 전장에 보내며 마음고생을 하고 있을 것을 생각하면 맥카프리 소장의 심경도 복잡해졌다. 맥카프리 소장 외에도 군수사령관 파고니스 중장의 아들(육군 대위)이나 중부군 참모장 로버트 존스턴 소장의 아들(해병대) 등 많은 장성의 자식들이 참전하고 있었다.

슈워츠코프 장군이 자서전인 '영웅은 필요 없다.(It Dosen't Take a Hero)'에서 이야기했듯이 '데저트인'의 주요지휘관 회의는 걸프전 기간 중 가장 중요한 회의였다. 지상공세 작전의 개요가 처음으로 정해진 회의이자, 동시에 사령관이 각 군 지휘관을 소집해 작전개요를 설명한 유일한 회의였기 때문이다. 다만 자서전에 묘사된 회의의 모습은 회의보다는 협박이 첨부된 궐기대회에 가까웠다.

슈워츠코프 장군은 먼저 작전의 기밀유지에 대해 장군들에게 엄포를 놓았다.

"제군들은 언론의 질문 공세에 시달리겠지만, 결코 우리 군의 군사작전이나 전력에 대해 말해서는 안 된다. 절대 말해서는 안돼. 결코 방심해서 언론에 입을 열지 말도록. 제군들에게 미리 말해두는데 기밀정보를 흘렸다고 의심되는 자는 무조건 엄벌에 처하겠다."

좋게 해석하자면 정보유출을 방지하기 위한 그 나름의 배려(혹은 협박)였다.

이어서 슈워츠코프 사령관은 준비한 스크린보드의 덮개를 치우라고 부하에게 명령했다. 다국적군과 이라크군의 전력과 작전계획을 설명하기 위한 도표였다. 스크린보드에는 폭이 4.5m나 되는 쿠웨이트와 이라크의 커다란 지도가 설치되고, 지도를 덮은 투명 아세테이트지에 공세작전의 개략적인 내용이 유성펜으로 그려져 있었다.

극비작전이 공개되자 지휘관들의 시선은 눈앞의 지도에 못 박혔다. 그리고 각자 작전지도에 그려진 자기 부대의 위치를 찾아보았다. 맥카프리 장군은 모두들 장대한 작전규모에 압도되어 회의장 전체가 귀가 먹었는지 의심스러울 정도로 정적에 휩싸였다고 회상했다.

슈워츠코프 장군은 피아의 전력분석을 슬라이드를 사용해 간략히 설명한 후, 전장의 전투목표에 대해 설명했다. 첫째, 이라크 정권 중추와 지휘·통제계통에 대한 공격. 둘째, 제공권의 확보와 유지. 셋째, 적 보급로의 전면봉쇄. 넷째, 화학, 생물, 핵무기 운용능력의 파괴였다.

그리고 마지막으로 "전차부대의 전 지휘관이 가슴에 새겨 둘 점은 공격도 아니고, 피해를 입히는 것도 아니고, 포위하는 것도 아니다. 오직 섬멸(Destroy)뿐이다. 내가 제군에게 바라는 것은 공화국 수비대의 섬멸이다. 전쟁이 끝났을 때 공화국 수비대에 전투부대로서의 역량이 남아있어서는 안 된다. 아니 군사조직으로서 남아있지 못하게 해야 한다. 우리들이 놈들을 섬멸하면 남은 이라크 육군은 붕괴된 것이나 마찬가지다." 또한 슈워츠코프 장군은 제약이 많았던 베트남 전쟁과는 상황이 다르다는 점을 강조하며 적이 국경을 넘어 도망치더라도 추격해 "무조건 공화국 수비대를 섬멸하라!"고 말했다. 회의에는 구체적인 공세작전의 설명을 위해 중부군 사령부에서 파견된 고급참모인 준장이나 대령이 있었지만, 슈워츠코프 장군은 참모들이 발언할 기회를 주지 않았고, 회의의 주도권은 장군 혼자 잡고 있었다.

흥미로운 점은 이날 2시간에 걸친 회의 중 쿠웨이트의 탈환이나 자베르 정통 정권의 복귀 같은 정치적인 내용은 한마디도 없었다는 점이다. 슈워츠코프는 '이라크군을 쿠웨이트에서 몰아내면 된다.'

▲ 슈워츠코프에게 탁상공론가라는 악평을 받으며 심각하게 대립했던 프랭크스 중장
▶ 사우디아라비아의 파드 국왕 (중앙)과 함께한 리야드의 제왕 슈워츠코프 장군

와 같은 느슨한 목표를 제시하며 공세작전의 기세를 죽이는 우를 범하지 않았다.

슈워츠코프 장군은 순수하게 군사적으로 가장 중요한 공격목표만을 지시했고, 작전방침도 모호하게 '공격하라'가 아닌 '섬멸하라' 라고 집요할 정도로 반복해서 말했다.

2개 군단의 사막 우회 공격 '레프트 훅'[2]

이어서 공세작전인 '사막의 폭풍(Operation Desert Strom)'에 대한 설명이 진행되었다.

공세작전은 4단계로 나뉘었는데, 제1단계는 이라크군의 지휘·통제계통을 노린 전략폭격(6일간), 제2단계는 쿠웨이트 전역의 제공권 확보, 제3단계는 지상전 준비공격(12일간 적 포병, 참호, 집결지에 대한 폭격), 마지막인 제4단계는 지상전력을 동원한 대규모 포위작전이었다.

슈워츠코프의 포위작전은 이라크군을 포위섬멸하기 위해 적의 눈을 피해 좌측(서쪽)으로 수백㎞를 이동해 측면을 공격하는 우회작전으로, 후일 '레프트 훅(left hook)' 또는 미식축구 용어인 '헤일 메리(Hail Mary)'라 불렸다. '헤일 메리'는 슈워츠코프 장군이 공개 브리핑에서 '헤일 메리'라는 표현을 사용하면서 널리 알려졌지만, 장군 자신은 자서전을 통해 포위작전을 헤일 메리라 부르는 것은 적절치 못

하다고 평했다. 헤일 메리는 시합종료 직전 결승점을 노리기 위한 모험적인 롱패스 플레이인데, 당시 기동작전은 시간을 두고 주도면밀하게 준비된 기갑부대의 우회·포위 공격이므로 '레프트 훅'이라는 이름이 더 어울린다는 주장이다.

이라크군 포위의 최대 과제는 이라크군의 도주 저지였다. 쿠웨이트에 포진한 이라크군의 동쪽에는 페르시아 만이 있었고, 남쪽에는 다국적군이, 서쪽으로는 사방 수백㎞의 사막이 펼쳐져 있으니 퇴로는 오직 북쪽뿐이었다. 다행히 북쪽에는 유프라테스강이 흐르고 있어, 강에 놓인 다리와 간선도로를 공군으로 폭격하면 이라크군의 철수경로를 봉쇄할 수 있었다. 지상군의 공세작전은 이라크군을 포위한 이후에 시작될 예정이었고, 그때까지 공화국 수비대의 전력을 폭격으로 줄여나가는 계획도 준비했다.

11월 즈음에는 지상작전의 대략적인 틀만 정해져 있었다. 다만 지상부대는 적을 포위하기 위해 동서로 넓게 전개할 필요가 있었고, 그렇게 전개한 작전구역만 일본 총면적의 3분의 1에 육박했다. 지상전에 투입되는 다국적군은 5개의 군단으로 편성되어 다섯 갈래로 공격을 진행할 예정이었지만, 사실상 작전부대를 주공과 조공으로 나누어 생각하면 작전구역은 동부, 중부, 서부의 세 방면으로 집약할

수 있다. 다만 이 구분은 어디까지나 필자가 설명을 위해 적용한 편의적 구분이며, 실제로 중부군이 사용하던 구분은 아니다.

사우디-쿠웨이트 국경의 동부방면에는 페르시아만에서 내륙 방향으로 동부합동군(사우디와 페르시아만 지역 국가군), 미 해병대(제1해병원정군), 북부합동군(이집트, 사우디, 시리아군)의 3개 군단이 배치되었다. 이 다국적 지상군 집단은 쿠웨이트로 공격해 들어가 쿠웨이트시를 해방하고 공항, 간선도로를 점령하는 임무를 맡았다. 이라크군은 동부방면에 쿠웨이트 점령부대의 대부분을 배치해 두터운 진지를 구축하고 있었다. 동부방면(우익)의 다국적군은 쿠웨이트 탈환이라는 전략적 임무를 수행하게 되었지만 슈워츠코프 장군의 지상전 계획에서 동부방면군의 역할은 어디까지나 조공이었다.

슈워츠코프 장군은 제18공수군단장 럭 중장을 향해 커다란 지도의 한 부분을 손가락으로 짚으며 "제18공수군단을 매우 깊이 전개할 예정이네."라고 말했다. 슈워츠코프 장군이 가리킨 곳은 내륙의 사우디-이라크 국경 사막지대로 600km이상 들어간 전선의 좌익 끝부분, 서부방면에 해당하는 위치였다. 럭 군단장의 임무는 이라크 영내의 유프라테스강을 목표로 북쪽을 향해 진격해 공화국 수비대의 최후의 도주로인 8번 고속도로를 절단·봉쇄하는 것이었다. 이 구역을 제압한 뒤에는 동쪽으로 이동해 이라크군 주력을 공격하는데 가세하기로 했다. 제18공수군단에는 프랑스군 제6경장갑사단도 배속되어 있었지만 해당 부대의 역할은 조공이었다.

여기서 슈워츠코프 장군은 중부방면에 배치되어 주공을 담당할 제7군단장 프랭크스 장군에게 "자네의 임무는 설명할 것도 없지만—"이라 운을 떼며 지도 쪽으로 돌아서서 쿠웨이트 서쪽에 펼쳐진 사막 회랑을 가리켰다.

"여기서부터 공화국 수비대를 공격해 페르시아만으로 밀어붙여 바스라 남쪽의 이곳에서 놈들을 전멸시킨다. 놈들을 전멸시킨 후 바그다드까지 진

격할 기세로 가 주게. 그때는 막아서는 적 따위는 남아있지 않을 테니까."

확실히 리야드의 제왕 슈워츠코프 장군다운 호언장담이었다. 그의 자서전에서는 반대로 전쟁은 일찍 끝날 테니 바그다드까지 공격할 필요는 없다고 했지만 말이다.

하지만 '바그다드 진격'이라는 단어는 이라크 정권을 뒤집는 중대한 문제였고 대통령만이 허가할 수 있는 최고 의사결정 사항으로, 현지 사령관이 입에 담을 문제는 아니었다.

콜린 파월 합동참모본부 의장의 자서전 「마이 아메리칸 저니」를 보면 딕 체니 국방장관이 "도박 같은 짓인 걸 알지 않나. 대통령 자리도 위태로울 지경이네. 자네가 슈워츠코프를 신뢰하는 건 알고 있지만 정말 리야드의 책임자로 적절한 인물인가?"라고 몇 번이나 상담했다. 체니 국방장관의 우려는 슈워츠코프 장군의 인격에 대한 개인적 평가와 연관되어 있었다. 장관은 8월 6일 슈워츠코프 장군과 사우디로 가던 중, 그가 중령에게 기내 화장실 줄을 대신 서게 하고 대령에게 다리미질을 시키는 모습을 목격했으며[3] 나쁜 소식을 가져온 전령에게 화를 내거나 부하들을 거칠게 다루는 장군이라는 소문을 접했다. 자제심이 부족한 슈워츠코프의 거친 언동이 매스컴에 알려졌다면 체니 국방장관은 진심으로 사령관의 경질을 파월 장군에게 지시했을지도 모른다.

실제로 2개월 전, 체니 국방장관은 공군 참모총장 마이클 듀건 대장을 월권행위를 이유로 독단 해임한 전적이 있었다. 당시 듀건 대장은 워싱턴 포스트와의 인터뷰에서 사담 후세인을 목표로 대규모 폭격 작전을 준비 중임을 언급했고, 이에 딕 체니 국방장관은 4성 장군을 펜타곤의 장관실로 호출해 아홉 가지 문제를 지적하고 "자네는 공군의 총지휘관에 어울리지 않네."라며 해임을 통고했다.*

....
* 당시 부시 대통령은 미군의 임무가 '온전히 방어'라고 발표했으므로 듀건 대장의 발언은 상당히 문제가 많았다. (역자 주)

미 육군 2개 군단을 주력으로 한 다국적군의 지상공세 작전계획

90년 10월에 중부군이 입안한 1개 군단의 지상공세작전 계획도

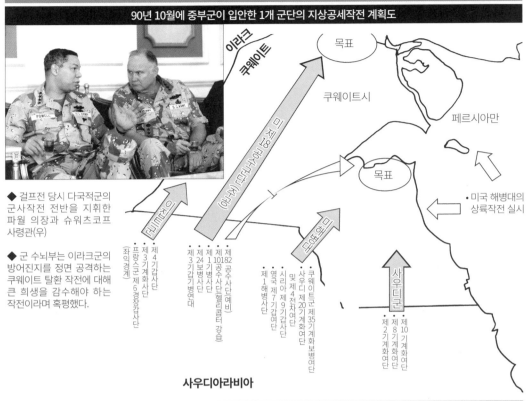

◆ 걸프전 당시 다국적군의 군사작전 전반을 지휘한 파월 의장과 슈워츠코프 사령관(우)

◆ 군 수뇌부는 이라크군의 방어진지를 정면 공격하는 쿠웨이트 탈환 작전에 대해 큰 희생을 감수해야 하는 작전이라며 혹평했다.

이라크
쿠웨이트
목표
쿠웨이트시
페르시아만
목표
미국 해병대의 상륙작전 실시

미 제18공수군단(주공)
이집트군
미 제7군단
사우디군

제3기갑기병연대 (좌익경계)
프랑스군 제6경장갑사단
제4기갑사단
제3기계화사단
제3기갑기병연대
제24보병사단
제82공수사단
제101공수사단(헬리콥터 강습)
제1해병사단
영국 제7기갑사단
시리아 제9기갑사단
사우디 제4전차여단 및 제20기계화여단
쿠웨이트 제35기계화보병여단
제10기계화여단
제8기계화여단
제2기계화여단

사우디아라비아

슈워츠코프 장군이 90년 11월 14일에 원안을 공개한 지상공세작전 계획도

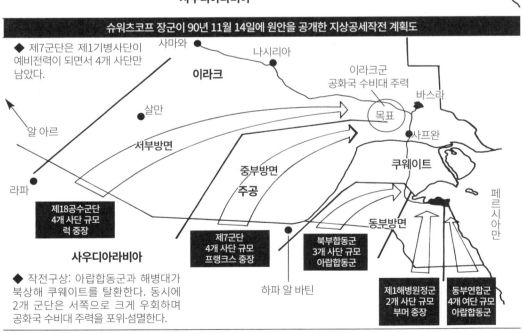

◆ 제7군단은 제1기병사단이 예비전력이 되면서 4개 사단만 남았다.

사마와
나시리아
이라크
이라크군 공화국 수비대 주력
바스라
살만
목표
사프완
알 아르
서부방면
쿠웨이트
중부방면
주공
라파
페르시아만
동부방면

제18공수군단
4개 사단 규모
럭 중장

제7군단
4개 사단 규모
프랑크스 중장

북부합동군
3개 사단 규모
아랍합동군

사우디아라비아

하파 알 바틴

제1해병원정군
2개 사단 규모
부머 중장

동부연합군
4개 여단 규모
아랍합동군

◆ 작전구상: 아랍합동군과 해병대가 북상해 쿠웨이트를 탈환한다. 동시에 2개 군단은 서쪽으로 크게 우회하며 공화국 수비대 주력을 포위·섬멸한다.

다행히 바그다드 진격 발언은 매스컴에 보도되지 않았고, 파월 의장도 체니 국방장관에게 인선에 문제가 없다고 보고하면서 별 문제 없이 넘어갔다. 파월 의장의 자서전에 따르면 유사시 슈워츠코프 장군의 후임으로는 유럽주둔 육군 사령관 크로스비 세인트 대장이 추천될 예정이었다. 세인트 대장은 천재적 작전능력과 터프함을 겸비했지만 슈워츠코프 장군처럼 거만하지 않았고, 제1기갑사단장으로 복무한 기갑병과 출신이기도 했다. 만약 세인트 장군이 보병병과인 슈워츠코프 장군 대신 중부군 사령관으로 취임했다면, 전쟁의 양상에는 변화가 없더라도 제7군단의 프랭크스 장군은 임무수행이 한결 용이해졌을 가능성이 높다.

대립의 시작, 기갑부대 사령관 프랭크스와 사령관 슈워츠코프

회의가 잠시 중단되고 참가자들은 커피를 마시며 휴식을 취했다. 제24보병사단의 맥카프리 소장은 회의에서 작전도를 처음 봤을 때 모두들 놀랐지만, 나중에는 안도하는 얼굴로 바뀌었다고 회고했다. 슈워츠코프 사령관의 청중을 휘어잡는 열띤 연설에 고무된 장군들은 각자 자신이 지휘하는 사단의 배치와 작전임무를 확인하기 위해 지도 주위에 모여들었다. 제101 공수사단 사단장 빈포드 페이 소장은 "베리, 이거 해볼 만하잖아!" 라고 말했고, 베리 맥카프리 소장도 "사령관. 우리들은 이전의 시시한 계획(ho-hum plan)처럼 정면으로 진군할 거라 생각했습니다만, 이 작전은 환상적이군요(this is fantastic!)!"라 말하며 기뻐했다.

맥카프리 소장이 언급한 '시시한 계획'이란 한 달 전에 중부군이 워싱턴의 정부 수뇌부에 설명했던 1개 군단을 동원해 쿠웨이트를 탈환하는 지상 공격계획으로, 제18공수군단이 주공을 담당하고 제1해병사단은 아랍합동군과 함께 이라크군이 만반의 준비를 갖추고 대기중인 사우디-쿠웨이트 국경(동부방면) 요새지대를 정면돌파하는 계획이었다.

이렇게 좁은 전장에 부대를 밀어 넣는 작전을 환영할 지휘관은 없었다. 컴퓨터 시뮬레이션조차 작전 중 만 명 이상의 사상자 발생을 예상했다.

군사전문가가 아닌 워싱턴의 수뇌부가 보기에도 비웃음이 나오는 계획이었다. 조지 베이커 국무장관은 자서전에서 워싱턴의 인사들이 이 작전계획에 '워싱턴 모뉴먼트(워싱턴 기념비) 작전'이라는 별칭을 붙였다고 회고했다. 미국 초대 대통령 조지 워싱턴을 기념해 세워진 높이 169m의 거대한 비석(오벨리스크)의 이름을 딴 별칭은 막대한 사상자가 발생할 무책임한 계획을 비꼬는 의도를 품고 있었다.[5]* 다만 이 터무니없는 작전계획 덕분에 희생을 억제하고 지상전에서 승리하기 위해서는 병력을 대대적으로 증강해야 한다는 사실을 수뇌부에게 인식시킬 수 있었고, 결국 부시 대통령도 추가 파병에 동의했다.

작전회의는 열기를 띠며 고조되었다. 이런 자리에서 부정적인 의견을 말해 분위기를 망치기는 어려운 법이다. 그런데 이의(슈워츠코프 장군은 자서전에-dissonant note: 불협화음-이라 표현했다)를 제기한 사람이 있었다. 바로 제7군단장 프랭크스 장군이다.

슈워츠코프 장군의 자서전에 의하면 프랭크스는 "좋은 계획이기는 합니다만, 제가 맡은 임무를 수행하기에 휘하의 병력이 부족합니다."라고 대답했다. 이는 공화국 수비대를 제압하기 위해 중부군이 전략 예비대로 돌린 제1기갑사단을 제7군단에 배치해달라는 요구나 다름없었고, 슈워츠코프는 시기에 따라 고려하겠다고 답했다. 반면 프랭크스 장군은 자서전 'Into the Storm'에서 슈워츠코프 장군이 착각했다고 반론한다. 자서전에 따르면 제1기병사단의 제7군단 배속을 요청한 회의는 12월에 개최된 작전회의로, 11월의 회의가 아니었다.

11월 당시 지도를 보던 프랭크스 장군에게 슈워

_____

* 슈워츠코프도 무모한 작전임을 잘 알고 있었지만 그대로 보고했다. 추가적인 증원 없이 작전을 실시하기 어렵다는 의도를 담은, 본국 행정부에 대한 일종의 시위였다. (역자 주)

츠코프 사령관이 다가와 말을 걸었다. "이봐, 프레드. (작전에 대해) 어떻게 생각하나?"

프랭크스 장군은 내심 기갑군단이 도전해 볼만한 훌륭한 작전계획이라 감탄했지만, 평소와 같은 표정으로 "이건 할 만하군요. 해낼 수 있습니다."라고 담담히 대답했다.

그러자 슈워츠코프 장군은 불만스런 표정으로 일변했다. 학자풍인 프랭크스 장군다운 대답이었지만, 지휘관 전원의 열렬한 지지를 기대한 슈워츠코프 장군은 프랭크스만 이 계획에 열의를 보이지 않는다고 받아들였다. 프랭크스 중장만 반론이 용납되지 않는 분위기가 팽배한 작전회의에서 불만을 품었다는 점에는 의심의 여지가 없다. 하지만 프랭크스 장군은 반론을 주도하기보다는 임무를 완수하기 위한 정보교환과 구체적인 작전 내용을 의논하는 데 집중하려 했다.

사건의 진위와는 별개로 첫 만남부터 시작된 슈워츠코프와 프랭크스의 불협화음은 후일 큰 화근으로 자라났다.

상급자에게 '직언을 할 용기'는 지휘관에게 필요한 요소 중 하나다. 병력과 물자가 부족해 임무수행이 불가능할 경우에는 비난을 받더라도 '현재 병력으로는 임무 수행이 불가능합니다.' 라고 상관에게 단호히 말할 수 있는 '용기'가 있어야 한다. 불가능한 임무를 맡고 부대에 돌아와 부하들에게 불평을 터트리는 행동은 아무 의미도 없다. 그리고 지휘관의 허세나 경솔한 판단으로 무리한 임무를 맡을 경우 참혹한 비극이 벌어진다. 작전이 실패하면 지휘관은 '재수가 없었다'며 넘어갈 수 있어도, 휘하의 말단 병사들은 부상을 당하거나 영현백에 담겨 고국으로 돌아가야 한다.

슈워츠코프 장군의 작전회의는 자신이 이번 전쟁을 끝낸다는 오만함이 풀풀 풍겼지만, 전투를 앞둔 지휘관들의 불안과 흥분이라는 특수한 심리상황을 감안하면 슈워츠코프 장군의 방식도 나름 장점이 있었다. 프랭크스 중장의 옆자리에 앉아있던

제1기갑사단의 그리피스 소장은 슈워츠코프가 정열적으로 회의를 주도하는 모습이 지휘관들의 사기를 올리는 데 도움이 되었다고 증언했다. 그리피스 소장은 슈워츠코프 사령관을 잘 알았고, 3년 전 슈워츠코프 장군이 국방부 작전부장으로 취임했을 때 작전차장으로 2년간 근무한 경험이 있어서 그를 존경하는 장군들 중 한 명이었다.

슈워츠코프의 작전은 확실히 대담하고 스케일이 큰 공세계획으로, 작전의 성공 여부가 보급과 수송 문제에 달려있다는 점은 누가 보더라도 명백했다. 먼저 독일에 주둔중인 제7군단을 사우디로 수송하고 사막 적응 훈련을 마친 후, 전선 근처의 전방집결지(FAA)까지 수백km를 이동시켜야 했다. 이동은 이라크 측이 작전계획을 사전에 파악하지 못하도록 항공작전 개시 전까지 마칠 필요가 있었다. 주어진 시간은 공습 개시부터 지상공격을 개시할 2월 중순까지, 1개월에 불과했다.

슈워츠코프와 작전을 검토한 파월 역시 "보급이 아킬레스건이군."이라고 지적했다. 무엇보다 전차부대의 연료보급이 문제였다. 미군의 5,000갤런(18,900리터) 유조차는 기동성이 떨어져 전차와 함께 부드러운 모래밭을 달릴 수 없었다. 이 문제를 해결하지 않으면 사상 최대의 우회작전도 실현 불가능한 공상에 불과했다.

슈워츠코프는 공세작전의 설명을 마친 후, 보급 책임자 파고니스 소장을 불러 보급·수송에 관해 상세하게 설명을 하도록 지시했다. 사단장들이 품은 가장 큰 우려는 전선의 보급로가 사우디의 항구에서 이라크 국경까지 이어진 간이 포장도로(탭라인 도로) 하나뿐이라는 점이었고, 이는 다국적군 최대의 약점이었다. 제1기갑사단의 그리피스 소장은 이 상황을 짧게 평했다. "후세인이 이 도로를 공격하지 않기를 기도할 수밖에 없군."

결국 파고니스 소장은 슈워츠코프 사령관의 연설과는 달리 브리핑을 하면서도 사단장들의 잔소리에 시달려야 했다. 사단장들도 신경이 곤두선 탓

미군의 신구 기동방공시스템 : 채퍼럴과 어벤저

🚀 M48 채퍼럴

전투중량	13.3t
전장	6.09m
전폭	2.69m
전고	2.89m
엔진	GM 6Y53T 디젤 (275hp)
연료	420리터
최대속도	60km/h
항속거리	410km
무장	MIM-72 적외선유도 미사일 및 4연장 발사기 (중량 86kg, 유효사거리 6,000m, 유효고도 3km,최대속도 M1.5)
승무원	5명

▲◀ 적외선 유도 단거리 공대공 미사일인 사이드와인더를 지대공 미사일로 개조한 구형 채퍼럴(사진은 M730A2)은 걸프전 당시 제1기갑사단과 제3기갑사단에 2개 방공중대 규모로 배치되었다.

◀ 채퍼럴을 대체하는 신형 방공체계인 M1097 어벤저 단거리 자주방공체계 48대는 페르시아만으로 긴급 전개한 후, 제1기병사단과 제3기갑기병연대의 방공중대에 분산 배치되었다.

초당 66발의 기관포탄을 발사하는 이라크군의 쉴카 자주대공포

이라크군은 150대의 쉴카 자주대공포를 운용했다. 자주대공포는 아군 기갑부대와 함께 움직이며 다국적군의 공습으로부터 부대를 지키는 임무를 맡았다. 쉴카는 포탑 위의 건디쉬 대공레이더나 광학조준기를 사용해 표적을 조준하고 적기를 요격하며, 저고도를 비행하는 항공기에게는 매우 위협적인 존재다.

🚀 ZSU-23-4 쉴카

전투중량	20.5t
전장	6.54m
전폭	3.125m
전고	3.57m
엔진	V-6R 디젤 (280hp)
최대속도	50km/h
항속거리	450km
무장	2A7 23mm 기관포4문
탄약	2,000발
발사속도	분당 3,960발
유효사거리	2,500m
유효고도	1,500m
승무원	4명

도 있었고, 같은 계급인 소장(곧 중장으로 진급)이라는 점도 한몫 했다.

작전회의는 슈워츠코프의 열변에 가려지기는 했지만 베트남전의 전철은 밟지 않겠다는 분위기로 가득 차 있었다. 슈워츠코프는 지휘관들을 대변해 "병사들에게 의미 없는 희생을 강요하는 작전을 하지 않기 위해 전력을 다하겠다."고 선언했다. 슈워츠코프는 작전회의의 마무리는 역시 위협적으로 끝냈다.

"공격을 성공시키기 위해 필요한 지휘관은 킬러 본능을 가진 지휘관, 반드시 돌파하겠다는 신념을 가지고 선두에 서는 지휘관이다. 일단 적진을 돌파하면 멈춰서는 안 된다. 공격, 공격, 공격해서 공화국 수비대를 박살 내라. 원군은 없다. 우리만으로 해내야 한다. 조국을 위해 실패는 용납되지 않는다. 여기 있는 사람들 중에 이해가 안 되는 지휘관은 해임하고 그렇게 할 수 있는 자로 대신할 것이다."

제7군단의 지상전계획 '데저트 세이버(사막의 기병도) 작전' 제1기병사단을 원한 프랭크스 중장

슈워츠코프가 11월 14일의 작전회의에서 자신만만하게 발표한 공세계획은 아직 확정된 작전이 아니었다. 당시 제안된 작전에 의하면 제18공수군단은 제7군단과 한참 떨어진, 하프르 알 바틴 서북쪽 550km 지점에 전개할 계획이었다. 하지만 원활한 보급과 서쪽 방면에서 실시될 공세작전의 기세를 살리기 위해 적절한 거리를 다시 검토했다.

1991년 1월 8일, 슈워츠코프 장군은 제18공수군단을 계획보다 170km가량 가까운 라파에 배치해 제7군단과 나란히 세운다는 결정을 내렸다. 슈워츠코프 장군은 전후 "솔직히 워싱턴의 압력 때문에 우리들이 생각했던 것보다 훨씬 서쪽으로 정할 수밖에 없었다."고 설명했다.[6]

다음 관심사는 양 군단의 공격계획이었다. 그중에서 제7군단의 작전에 관심이 집중되었다. 군단

참모들의 말에 따르면 프랭크스 장군은 매일같이 축척이 다른 세 장의 이라크 남동부 지도를 몇 시간씩 보면서 때때로 음악을 지휘하듯이 손을 흔들곤 했다. 아마도 프랭크스 장군은 '사담의 진혼가'라는 곡을 멋지게 연주(작전)하기 위해 고심하고 있었을 것이다.

1991년 1월 13일, 프랭크스 장군은 작전명 OPLAN 1990-2 '사막의 기병도 작전(Operation Desert Saber)'을 수립했다.[7]

작전의 핵심은 공화국 수비대를 섬멸하기 위해 기갑부대를 분산시키지 않고 집단으로 운용하는 것으로, 여기에 모든 노력이 집중되었다. 전격전을 창조한 독일의 하인츠 구데리안 장군과 같은 방식이었다. 프랭크스 장군은 휘하의 지휘관들에게 공화국 수비대를 공격할 때에는 "다섯 손가락(기갑부대)을 펼쳐서 공격할 생각은 없다. 나는 손가락을 단단히 거머쥔 주먹으로 공격할 것이다."라고 강조했다.[8]

프랭크스 장군이 언급한 기갑의 주먹(Armored Fist)에 필요한 전력은 이라크군 최전선의 방어진지 돌파에 1개 사단, 쿠웨이트 영내에서 반격을 시도할 이라크 육군의 기갑부대 저지에 1개 사단, 그리고 공화국 수비대 격파에 3개 사단, 도합 5개 사단이었다.

하지만 프랭크스 장군의 전력은 4개 사단(제1기갑, 제3기갑, 제1보병, 영국군 제1기갑사단)으로, 1개 사단이 부족했다. 프랭크스 장군이 구상한 '기갑의 주먹'을 실행하기 위해서는 제1기병사단이 필요했다. 하지만 슈워츠코츠 사령관은 중부군에 전략 예비대가 필요하다며 프랭크스 장군의 요청을 거절했다. 슈워츠코프 사령관이 제1기병사단을 예비로 돌린 가장 큰 이유는 해병대의 좌익에서 쿠웨이트로 돌입하는 이집트군에 대한 불신이었다. 만약 이집트군이 같은 아랍권인 이라크군을 적극적으로 공격하지 않을 경우, 혹은 공세에 실패해 발이 묶일 경우 해병대의 측면이 노출될 위험이 있었다.

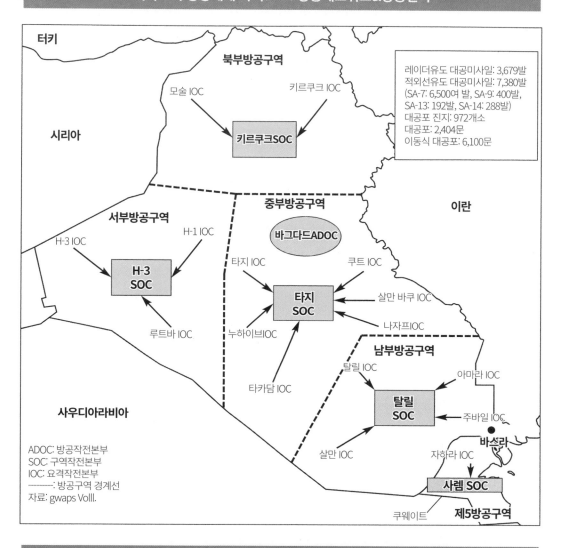

이라크의 방공체제 카리(KARI) 방공네트워크&방공진지

터키

북부방공구역

모술 IOC   키르쿠크 IOC

시리아

키르쿠크SOC

레이더유도 대공미사일: 3,679발
적외선유도 대공미사일: 7,380발
(SA-7: 6,500여 발, SA-9: 400발,
SA-13: 192발, SA-14: 288발)
대공포 진지: 972개소
대공포: 2,404문
이동식 대공포: 6,100문

중부방공구역

이란

서부방공구역

바그다드ADOC

H-3 IOC   H-1 IOC

H-3
SOC

타지 IOC   쿠트 IOC

타지
SOC   살만 바쿠 IOC

루트바 IOC

누하이브IOC

나자프IOC

남부방공구역

탈릴 IOC   아마라 IOC

타카담 IOC

탈릴
SOC   주바일 IOC

사우디아라비아

바스라

ADOC: 방공작전본부
SOC: 구역작전본부
IOC: 요격작전본부
———: 방공구역 경계선
자료: gwaps VolII.

살만 IOC   자하라 IOC

사렘 SOC

쿠웨이트   제5방공구역

5개의 방공구역에 배치된 이라크군의 레이더유도 대공미사일/대공포 진지

북부방공구역
(모술/키르쿠크 지구)

대공미사일 진지: 122개소	
대공포 진지: 39개소	
대공포: 110문	

제5방공구역
(쿠웨이트 지구)

대공포 진지: 100개소	
대공포: 124문	

남부방공구역
(탈릴/잘리바 지구)

대공미사일 진지: 10개소	
대공포 진지: 73개소	
대공포: 180문	

서부방공구역
(H-2/H-3 공군기지 지구)

대공미사일 진지: 90개소	
대공포 진지: 138 개소	
대공포: 281문	

중부방공구역
(바그다드 지구)

대공미사일 진지: 552개소	
대공포 진지: 380개소	
대공포: 1,267문	

남부방공구역
(바스라 지구)

대공미사일 진지: 118개소	
대공포 진지: 167개소	
대공포: 442문	

하지만 프랭크스 장군은 이런 설명에 납득하지 못했다. 그는 중부군의 예비전력으로는 제18공수군단의 101공수사단이 적합하다고 여겼다. 아파치 공격 헬리콥터를 주력으로 하는 제101공수사단이라면 제1기병사단의 전차보다 훨씬 넓은 전장을 날아다니며 적의 공세를 저지할 수 있었다.

제18공수군단의 럭 중장도 가만히 있지 않고 중부군에 프랭크스 중장 휘하의 제1기갑사단이 필요하다고 요청했다. 럭 중장은 유프라테스강에 도착해 제18공수군단이 바스라를 향해 동진할 경우, 공화국 수비대의 보병사단이나 함무라비 기갑사단과 조우할 가능성이 높다고 주장했다. 제18공수군단 소속의 중사단은 맥카프리 소장의 제24보병사단뿐이었고 이 전력만으로 함무라비 사단 격파를 확신하기 어려웠다. 이렇게 양 측의 의견이 충돌하면서 군단 간 불화만 심화되었다.(9)

2월 9일, 슈워츠코프 사령관이 손에 쥐고 놓아주지 않던 제1기병사단을 얻을 천재일우의 기회가 프랭크스 중장에게 찾아왔다. 지상전 준비의 최종 확인을 위해 체니 국방장관과 파월 합동참모본부의장이 리야드를 방문하면서 각 군 지휘관이 보고하는 자리에서 자신의 작전계획을 설명할 기회를 부여했고, 프랭크스 장군은 자신이 세운 작전으로 공화국 수비대를 격파하기 위해서는 제1기병사단이 필요하다고 역설했다. 프랭크스 장군에게 주어진 발언 시간은 20분이었지만 설명은 1시간이 넘게 이어졌고 체니 국방장관 옆에 앉아있던 슈워츠코프의 얼굴에도 초조함과 분노가 떠오르기 시작했다. 슈워츠코프가 제7군단에 제1기병사단을 줄 수 없다고 분명히 말했음에도 프랭크스는 수뇌부 앞에서 이 문제를 다시 꺼내들었다.(10)

이 일로 원한을 품지는 않았지만, 슈워츠코프는 일단 부대이동과 양동작전을 위해 1월 13일부터 제7군단에 배속된 제1기병사단을 지상전 개시 전날인 2월 23일 제7군단에서 회수하여 중부군 예비대로 두고, 지상전 개시 3일 차인 2월 26일에 제7군단으로 재배속시켰다. 그리고 프랭크스에게 분노한 슈워츠코프는 자서전에 당일 회의에서 프랭크스를 제외한 모든 지휘관들이 훌륭한 보고를 했다고 기록했다.

슈워츠코프는 프랭크스의 작전이 최종적으로 목적을 달성할 수는 있으나, 전진-정지-재편성을 반복하는, 지나치게 신중하고 진격 속도가 느린 작전이라고 생각했다. 따라서 육군부대 사령관인 요삭 중장에게 프랭크스를 설득하도록 집요할 정도로 압력을 행사했다.

"제7군단의 상대는 유럽에서 상대하던 최신 장비로 무장하고 숙련도도 높은 소련군이 아니야. 하마처럼 둔해서는 안되네. 중간목표마다 멈춰 무기, 연료, 탄약을 보급하고 적을 찔끔찔끔 해치우는 방식은 부적합하네. 제7군단은 무슨 일이 있어도 멈춰서는 일 없이 공화국 수비대를 쉴 새 없이 공격해야 하네."(11)

이 문제는 공세작전의 성패가 걸린 중요한 문제인 만큼 슈워츠코프의 신경질적인 반응도 과하다고 보기 어려웠다. 하지만 프랭크스 중장에게 과감한 공격과 빠른 진격을 선택하도록 설득하는 일은 슈워츠코프 사령관이 직접 해야 했다. 사람 좋은 요삭 육군사령관이 프랭크스 중장의 고집을 꺾지 못할 것을 예상하면서도 의견 충돌이 심한 프랭크스 중장과의 대화를 피한 것은 사령관으로서 적절치 못한 행동이었다.

결과적으로 프랭크스 중장은 '사막의 기병도 작전'이라 명명된 공세작전을 8일 만에 완료했다. 처음 이틀은 앞을 가로막는 이라크 육군의 기갑부대를 돌파하고, 150~200㎞를 진군해 공화국 수비대와 조우했다. 그리고 공화국 수비대를 격파하는 데 4일이 소요되었으며, 나머지 이틀 동안 상황을 정리했다. 한편 중부군은 공세작전에 2주, 정리에 4주를 상정하고 있었다.(12)

다음으로 수뇌부 앞에 나온 사람은 제1기갑사단의 그리피스 소장이었다. 그는 13장의 슬라이드로 작전계획을 간결히 설명하고 사단에 부족한 보급품을 요청하며 보고를 끝냈다. 그리피스 사단장이 특별히 강조한 보급품은 T-72 전차를 상대하는데 필수적인 M1A1 전차용 열화우라늄 철갑탄과 병사 1인당 두 벌의 화학방호복이었다. 이 요청에 슈워츠코프는 기다렸다는 듯이 바로 대답했다. "모든 병사들에게 두 벌의 화학방호복이 지급되기 전까지는 공격을 개시할 생각은 없네. 지금 한국에서 충분한 수량의 화학방호복이 오는 중이니 며칠 내로 수령할 수 있을 걸세."[13]

마지막으로 육군 최연소 사단장인 맥카프리 소장이 보고했다. 그는 시작부터 이라크군의 실력이 과대평가되었다고 역설하며, 자신이 속한 제18공수군단 단독으로도 일주일 내에 공화국 수비대를 격파할 수 있다고 장담했다. 슈워츠코프는 이런 대담한 발언을 "저 사람은 쇼맨쉽이 강해."라며 기분 좋게 받아들였다. 맥카프리 소장은 실전에서도 수뇌부의 기대대로 빠르고 과감한 공격계획을 보여주었지만, 전쟁에서 자만은 금물인 법이다.

맥카프리 소장은 공화국 수비대를 격파할 수 있다고 호언장담했지만, 지상전을 실시할 경우 제24보병사단 기준 1~4주간 500~2,000명의 인명피해를 예상하고 있었다. 이는 사단을 구성하는 40개 중대가 각각 두 번의 전투를 치르고 평균 25명의 사상자를 내는 상황을 가정한 계산으로, 맥카프리 자신이 베트남전에서 중대장으로 참전한 경험에

바탕해 도출한 추정치였다. 보고가 끝나자 체니 국방장관이 질문했다.

"보고는 잘 들었습니다. 장군. 현재 가장 큰 걱정거리가 무엇인지 말씀해 주시겠습니까?"

맥카프리 소장은 차분히 대답했다. "제82공수사단의 제 아들이 가장 걱정됩니다. 이번 전투에 아들의 인생이 걸려 있으니까요. 하지만 걱정하지 않을 겁니다. 우리 군은 최신 무기로 무장했고, 보급은 충분하고, 작전계획도 만전을 기했으며, 사기도 높습니다."[14]

프랭크스와 맥카프리는 같은 육군 장군이었지만 전쟁에 임하는 자세는 극히 달랐다. 이때부터 슈워츠코프는 프랭크스를 '탁상공론만 하는 학자(Pedant)'라며 부오노 육군참모총장에게도 4성 장군이 될 인재는 아니라고 말했다.(프랭크스는 반년 후 대장으로 승진해 4성 장군이 되었다) 체니 국방장관도 프랭크스의 지나치게 신중한 공격계획과 전력부족을 걱정하는 태도에 대해 우려를 표했고, 이후 '군단 지휘에 부적합(the wrong man commanding the corps)' 하다고 군의 공식 보고서에 기재했다.

하지만 이는 프랭크스 장군을 경질시킬 만한 이유가 되지는 않았고, 수뇌부도 공세를 앞둔 시점에서 경질을 논의할 의사는 없었다.[15]

이날 회의에서 결정된 가장 중대한 사항은 지상전 개시일(G-데이, 2월 21-24일)이었다.

참고문헌

(1) H.Norman Schwarzkopf Jr. and peter Petre, It Dosen't Take a Hero (New York: Bantam Books, 1992), pp380-382. And Tom Clancy and Fred Franks Jr.(Ret.), Into the Storm: A Study in Command (New York: G.P.Putnam's Sons, 1997), pp190-194.

(2) Ibid, pp382-383. And, pp192-194/p453.

(3) Colin Powell and Joseph E.Persico, My American Journey (New York: Random House, 1995), pp492-293.

(4) Schwarzkopf, Hero, pp383-384. And Clancy and Franks, Storm, pp194-196.

(5) 제임스 A. 베카 III '셔틀외교, 격동의 4년 (하)' 신조문고, 142p

(6) M. R.Gordon and B. E.Trainor, The General's War: The Inside Story of the Conflict in the Gulf (Little Brown, 1995), p158.

(7) Peter S.Kindsvatter, 'VII Corps in the Gulf War: Deployment and Preparation for Desert Storm', MR (Jan 1992), p12.

(8) Rick Atkinson, The Crusade: The Untold Story of the Persian Gulf War (Boston: HoughtonMifflin, 1993), p258.

(9) Gordon and Trainor, General's War, pp342-343.

(10) Ibid, pp 305-306.

(11) Schwarzkopf, Hero, pp433-434.

(12) Clancy and Franks, Storm, p9.

(13) Tom Clancy, Iron soldiers (New York: Pocket Books, 1994,) p140.

(14) Atkinson, Crusade, p269. And James Kitfield, Prodigal Soldiers: How the Generation of Officers Born of Vietnam Revolutionized the American Style of War (New York: Simon & Schuster Inc, 1995,) p395.

(15) Gordon And Trainor, General's War, pp306-307. And Athinson, Crusade, p268

제5장
'사막의 폭풍 작전' 발동
- 대폭격의 첫날-

『사막의 폭풍 작전』 발동
"어째서 B-52 폭격기로 공화국
수비대를 폭격하지 않았나?"

1991년 1월 15일은 국제연합이 이라크의 사담 후세인에게 제시한 철수 기한의 마지막 날이었지만, 쿠웨이트에 주둔한 이라크군에는 어떤 징후도 보이지 않았다.

이날 슈워츠코프 사령관은 전쟁 직전 최종회의를 위해 사우디 공군사령부의 '블랙홀'을 방문했다. 블랙홀은 다국적군의 항공폭격작전을 입안하는 특별작전지휘소로, 슈워츠코프 사령관은 델타포스의 경호를 받으며 블랙홀에 들어섰다. 실내에는 다국적군 공군사령관 호너 중장, 특별작전그룹(전략폭격계획) 지휘관 버스터 글로슨 준장과 각 군의 폭격작전 담당자들을 포함해 30명가량의 장교들이 있었다.

벽에 걸린 대형지도에는 폭격 개시부터 6시간 이내의 공격목표가 종류별로 각기 다른 색의 핀으로 표시되고, 출격하는 다국적군 비행대의 방향과 기

종도 적혀 있었다. 첫날의 표적은 바그다드 주변의 지휘통제·통신시설, 방공작전기지, 조기경보 레이더, 지대공미사일 진지, 공군기지, 화생방무기 시설 등의 전략목표들이었다. 하지만 어디에도 슈워츠코프 사령관이 명령한 공화국 수비대에 대한 폭격 표시는 없었다.

"어째서 B-52 폭격기로 공화국 수비대를 폭격하지 않았나?"지도를 보며 슈워츠코프는 언성을 높였다. "내게 거짓말을 한 건가!"[1]

슈워츠코프는 폭격이 개시된 시점부터 공화국 수비대를 B-52 폭격기로 폭격하라는 명령을 내렸지만 공군 지휘관들이 명령을 어겼다며 화를 냈다. 폭격목표 선정책임자인 글로슨 준장은 공화국 수비대의 지대공미사일 방공망을 제거하기 전에는 B-52로 폭격할 수 없다고 했다. 다만 폭격작전 개시 후 24시간 정도면 적 방공망이 무력화될 것으로 예상하고 있으며, 이후 B-52를 출격시킬 수 있다고 설명했다.

하지만 슈워츠코프 사령관은 얼굴을 붉히며 명

이라크군의 장갑 전투차량과 방공무기의 종류별 분포도

주력전차(MBT) 총 전력: 5,800대. 사진은 이라크군 T-72 전차 (전후)

전차

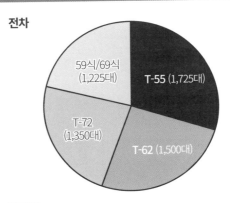

59식/69식 (1,225대)

T-55 (1,725대)

T-72 (1,350대)

T-62 (1,500대)

장갑차(IFV/APC/RV) 총 전력: 11,200대. 사진은 이라크군 소속의 BMP-1 보병전투차

장갑차

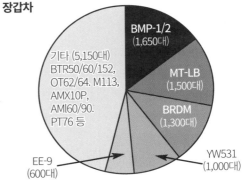

BMP-1/2 (1,650대)

기타 (5,150대) BTR50/60/152, OT62/64. M113, AMX10P, AMl60/90. PT76 등

MT-LB (1,500대)

BRDM (1,300대)

EE-9 (600대)

YW531 (1,000대)

대공포(AAA) 총 전력: 8,504문. 사진은 이라크군 S60 57mm 대공포

대공포

※ 중대공포: 83mm 이상의 대공포

고정식 중대공포 (2,404문)

견인식 대공포 (5,600문)

기동식 대공포 (350문)

쉴카 자주대공포 (150문)

SAM

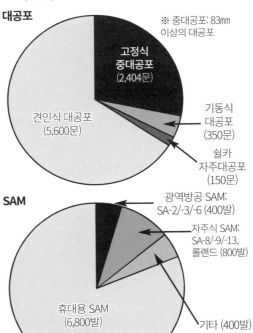

광역방공 SAM: SA-2/-3/-6 (400발)

자주식 SAM: SA-8/-9/-13, 롤랜드 (800발)

휴대용 SAM (6,800발)

기타 (400발)

지대공미사일(SAM) 총 전력: 8,400발. 사진은 이라크군 SA-3 고아 지대공미사일

령을 실행하라고 소리쳤다. 백발에 둥글둥글한 인상의 글로슨도 흥분해 "사령관의 결정에 얼마나 많은 조종사들이 죽을지 아십니까!"라고 반박했다. 총사령부는 최악의 경우 공습 첫날 공군이 75대를 잃을 수 있다고 우려했다. 슈워츠코프가 화를 내자 호너 공군사령관은 공화국 수비대의 3개 중사단에 대한 폭격은 B-52 대신 F-16 전투기와 A-10 공격기로 실시한다고 해명했다. 하지만 호너 공군사령관의 해명은 슈워츠코프의 화만 돋우고 말았다.

슈워츠코프는 "누가 A-10을 쓰라고 했나? 지긋지긋하군! 내 명령을 안 듣겠다면 다른 사람을 시키면 돼!"라고 외치며 블랙홀을 나가버렸고, 그 자리에 있던 사람들은 아연실색할 수밖에 없었다.[2]

당시 총사령부의 집안싸움은 전쟁 직전의 긴장과 부담에 짓눌린 지휘관들의 스트레스가 폭발한 결과였다. 냉정을 되찾은 슈워츠코프는 호너 공군사령관의 사무실을 찾아가 "자네는 모르네. 내가 얼마나 큰 중압감에 시달리는지." 라고 토로했다.

후일 슈워츠코프는 워싱턴포스트와의 인터뷰에서 수많은 병사들의 목숨에 대한 부담감에 매일 밤마다 잠을 설치며 "많은 장병들을 죽음으로 내모는 결정을 내리지는 않았는지 악몽에 시달렸다."고 심경을 고백했다.[3]

슈워츠코프가 호너 공군사령관이나 글로슨 중장에게 해임을 거론하며 위협하면서까지 B-52를 동원한 공화국 수비대 폭격에 집착한 이유는 지상전을 시작하기 전에 공화국 수비대가 이라크 본토로 도주하지 못하도록 개전과 동시에 융단폭격으로 발을 묶는 계획과 연관되어 있었다. F-15E나 F-111 전폭기와 같이 정밀폭격이 가능한 기체들도 전개중이었지만, 페르시아만에 전개중인 F-15E는 48대뿐이어서 대규모 폭격 임무를 수행하기는 어려운데다 베트남전 참전자인 슈워츠코프는 경험적으로 F-15보다 B-52를 신뢰하는 경향이 강했다.

B-52 폭격기에 대한 육군과 공군의 인식은 크게 달랐다. 베트남전 참전 경험이 있는 육군 장성들은 B-52 폭격기의 융단폭격을 정밀도가 낮지만 극히 두려운 공격으로 기억했다.[*] 반면 공군 장성들의 관점에서 B-52 폭격기는 그리 효율적인 무기가 아니었다. 폭탄은 F-16 전투기의 10배에 가까운 31t을 탑재할 수 있지만, 둔중한 대형폭격기는 지대공미사일에게 절호의 표적이 될 것이 분명했다. 그리고 지대공미사일의 사거리보다 높은 1만m의 고고도 폭격으로 사막의 엄폐호에 흩어져 숨어있는 전차를 파괴할 확률은 없는 것이나 다름없었다.

호너 장군은 베트남전 당시 F-105 조종사로 방공진지 파괴 임무를 70회 이상 수행한 경험이 있었다. B-52의 투입은 그에게 1972년 '라인베커Ⅱ 작전'의 악몽을 떠올리게 했다. 12월 20일에 출격한 99대의 B-52 폭격기 편대는 여러 대책에도 불구하고 미그 전투기가 아닌 북베트남 방공진지에서 발사된 220발의 소련제 SA-2 지대공미사일에 6대가 격추당했다.[**] SA-2를 포함해 사거리가 긴 레이더 유도방식 지대공미사일 발사기를 400대 이상 배치하고 있던 이라크군은 충분히 위협적인 상대였다.

슈워츠코프 사령관의 개입으로 호너와 글로슨은 새로운 과제를 맡게 되었고 블랙홀에서는 B-52 폭격기의 피해를 줄이기 위한 방법을 수없이 검토했다. 하지만 개전과 동시에 B-52로 공화국 수비대를 공격하는 계획은 너무 무모했다. 그렇다고 슈워츠코프 사령관의 명령을 무시할 수도 없어서, 결국 폭격 개시 이후 18시간 내에 B-52로 야간폭격을 진행한다는 절충안을 내놓았다.

1월 16일 아침, 리야드의 슈워츠코프 사령관 앞으로 파월 합동참모본부의장의 극비 팩스가 도착했다. 파월 의장이 직접 작성한 이 '사막의 폭풍 작전' 집행명령서에는 체니 국방장관의 서명도 포함되어 있었다. 23개소의 다국적군 공군기지에 12개국 2,430대의 작전기가 집결했고, 6개국 소속 약

....
[*]   슈워츠코프는 B-52에 오폭을 당한 경험이 있다.(역자 주)
[**]   규모면에서 큰 피해는 아니었지만, 공군의 사기가 떨어져 작전에 지장을 초래했다.(역자 주)

레이더망을 회피하는 F-117 스텔스 공격기의 바그다드 공습

F-117 편대는 홍해 연안의 카미스 무샤이트 공군기지에서 1월 16일 오전 0시 바그다드를 향해 출격했다.

바그다드 폭격을 위해 사우디 영공에서 KC-135 공중급유기로 급유 중인 F-117 스텔스공격기

1월 17일 D-1: H-21 (오전 2시 39분) ~H+20 (오전 3시 20분)

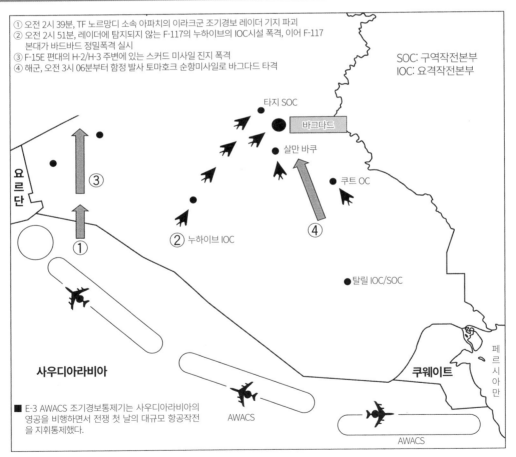

① 오전 2시 39분, TF 노르망디 소속 아파치의 이라크군 조기경보 레이더 기지 파괴
② 오전 2시 51분, 레이더에 탐지되지 않는 F-117의 누하이브의 IOC시설 폭격, 이어 F-117 본대가 바드바드 정밀폭격 실시
③ F-15E 편대의 H-2/H-3 주변에 있는 스커드 미사일 진지 폭격
④ 해군, 오전 3시 06분부터 함정 발사 토마호크 순항미사일로 바그다드 타격

SOC: 구역작전본부
IOC: 요격작전본부

타지 SOC
바그다드
살만 바쿠
쿠트 OC
요르단
③
①
② 누하이브 IOC
④
탈릴 IOC/SOC
사우디아라비아
쿠웨이트
페르시아만
AWACS
AWACS

■ E-3 AWACS 조기경보통제기는 사우디아라비아의 영공을 비행하면서 전쟁 첫 날의 대규모 항공작전을 지휘통제했다.

자료: GWAPS Vol II , p122.

1,700대가 폭격임무 준비에 돌입했다.

1월 17일 자정, 슈워츠코프는 사랑하는 아내 브렌다와 아이들에게 편지를 쓰고 지휘소에 들어가 전 장병들에게 작전개시를 선언했다. "오늘 새벽 0300시, 우리 군은 '사막의 폭풍 작전'을 개시한다. 세계가 우리를 지지하며 대의명분도 우리에게 있다! 이제 우리는 사막 폭풍의 천둥과 번개가 되어야 한다. 제군들과 사랑하는 가족과 조국에 신의 가호가 있기를."[4]

이라크군의 치밀한 방공망으로 향하는 하늘의 무적함대

폭격에 앞서 160대의 KC-135/KC-10 대형 공중급유기가 이라크 국경 남쪽으로 200km 이상 떨어진 사우디 영공을 따라 비행하며 수백대 이상의 다국적군 제1파 폭격부대를 기다리고 있었다. 이들은 이라크군 조기경보망을 회피하기 위해 국경에서 멀리 떨어진 위치에 대기했다. 공중급유기들의 전방에는 미 공군 E-3 조기경보통제기 3대와 해군의 E-2C 조기경보기 2대가 이라크 영내를 구석구석 살폈고, 그들의 레이더 화면은 아르마다(무적함대)와 같은 사상 최대 규모의 폭격 편대를 비추고 있었다.

'사막의 폭풍 작전'의 첫 일격은 공군과 육군 합동 부대인 태스크포스 노르망디(이하 TF 노르망디)가 실시했다. TF 노르망디는 사막의 와디*를 통해 야간 저공침투로 이라크 국경 남서쪽에 배치된 두 곳의 조기경보 레이더를 격파하는 임무를 수행하여 이라크로 진입하는 폭격 편대의 안전을 보장했다.

이 임무를 위해 야간정밀 비행 시스템(GPS와 지형추적 레이더)를 장비한 공군의 MH-53J 페이브로우 특수작전 헬리콥터 3대가 동원되어 딕 코디 중령이 지휘하는 제101공수사단의 AH-64 아파치 공격헬리콥터 9대를 목표지점까지 선도했다.[5]

....
* 비가 내릴 때 일시적으로 하천이 형성되는 사막지형. 건곡이라 불리기도 한다.(역자 주)

오전 2시 00분, TF 노르망디가 국경을 넘을 때 이라크군 수비병의 사격에 노출되었지만, 당황한 이라크 병사들의 대공사격은 기체를 스치지도 않았다. TF 노르망디는 화이트팀과 레드팀으로 나뉘어 두 곳의 레이더기지로 향했다. 레이더기지가 가까워지자 아파치 편대는 횡대로 전개한 후 고도 15m, 시속 37km의 저속으로 전진했다. 기수 아래 장착된 적외선야시장비는 목표를 선명히 보여주었고 사수들은 조준기의 십자선을 목표에 맞게 고정했다. 레이저거리측정기에 목표와의 거리인 5,026m가 표시되자 '파티 인 텐'의 콜사인(10초 후 일제사격)이 무선 침묵을 깨고 인터콤에 울려퍼졌다.

오전 2시 39분, 총공격개시 시각(H 아워) 21분전, 데이브 존즈 3등준위는 "이건 네놈 몫이다. 사담!"이라 외치며 미사일을 발사했다. 아파치 공격헬리콥터 편대에서 발사된 32발의 헬파이어 대전차 미사일이 두 곳의 레이더 기지를 날려버렸다. 아파치들은 4km부터 로켓, 2km부터 30mm 기관포로 공격하며 800m까지 접근하여 적병을 분쇄했다. 공격이 끝난 후 적외선야시장비에 보이는 것은 넝마조각처럼 흩어져 있는 피투성이 사체와 기지를 불태우는 화염뿐이었다. 공격소요시간은 4분에 지나지 않았고 이 기습공격에 살아남은 적병은 기지에 주둔한 150명 중 10~20명에 불과했다.[6]

TF 노르망디는 귀환 도중 남쪽에서 접근중인 빛무리를 발견했다. 빛무리는 점점 밝아지다 굉음을 울리며 아파치 편대 위를 지나갔다. 빛의 정체는 레이더기지 파괴와 동시에 이라크로 돌입하는 미 공군의 F-15E 스트라이크 이글 전폭기 편대였다.[7]

한편 레이더에 잘 잡히지 않는 F-117A 나이트 호크 스텔스 공격기는 국경의 조기경보레이더가 파괴되기도 전에 이미 이라크 영공 깊숙이 들어가 있었다. 폭격에 참가한 제37전술전투항공단의 F-117 30대는 홍해 인근에 위치한 사우디의 하미스 무샤이트 공군기지에서 16일 오전 0시 22분에 이륙했다. 바그다드와의 거리는 1,400km에 달했고,

조기경보 레이더와 SAM으로 구성된 이라크군 광역방공체제

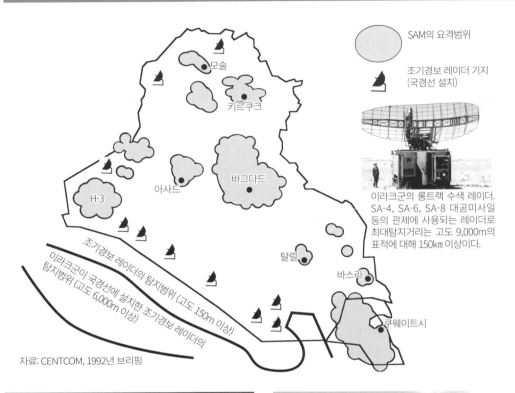

SAM의 요격범위

조기경보 레이더 기지
(국경선 설치)

모술

키르쿠크

바그다드

아사드

H-3

탈릴

바스라

쿠웨이트시

이라크군의 롱트랙 수색 레이더.
SA-4, SA-6, SA-8 대공미사일
등의 관제에 사용되는 레이더로
최대탐지거리는 고도 9,000m의
표적에 대해 150km 이상이다.

조기경보 레이더의 탐지범위 (고도 150m 이상)

이라크군이 국경선에 설치한 조기경보 레이더의
탐지범위 (고도 6,000m 이상)

자료: CENTCOM, 1992년 브리핑

강화 쉘터 내에 있었지만 레이저 유도폭탄의 직격을 맞아 완전히
파괴된 이라크군의 MiG-25

팬송 화력통제 레이더. SA-2의 유도관제에 사용하며 탐지거리는
약 60km 가량이다.

다국적군 항공부대의 정밀 폭격에 많은 쉘터가 파괴되었다.
(살만 공군기지)

이라크군 방공 미사일의 주력인 레이더 유도식 SA-2 가이드라인
(사진은 이집트군의 동형 미사일 수송차와 발사대)

F-117들은 도중에 2회의 공중급유를 받아야 했다. 무선 침묵을 유지하기 위해 항공등의 점등 신호만으로 야간 급유 유도를 진행했는데, 이는 글자 그대로 혹독한 훈련의 성과였다.

오전 2시 51분, 그레고리 피스트 소령의 F-117이 이라크 남부 누하이브(Nukhayb)의 요격작전본부에 걸프전 최초의 레이저 유도폭탄을 투하했다. 피스트 소령은 2년 전 파나마 침공 당시 최초로 F-117을 조종한 베테랑이었다. 낙하한 폭탄은 이라크 서부의 방공을 지휘하는 작전본부에 명중했다. 폭격 작전의 성공 여부는 이라크 방공망의 마비 여부에 달려 있었으므로, 공격은 이라크군 방공시설에 집중되어야 했다. 따라서 첫날 F-117에 부여된 공격 목표(35개소)는 대부분 방공시설이었다.

이라크의 방공체제는 프랑스제 KARI(이라크의 프랑스어 표기 IRAK를 거꾸로 쓴 이름) 방공관제 시스템이 지상방공부대와 공군의 요격기를 통제하는 구조로 구성되어 있었다. 이라크 전체와 점령지 쿠웨이트를 5개 방공구역으로 나누고, 각 방공구역은 무선과 광케이블로 연결해 네트워크를 구성했다. 방공의 중추는 바그다드에 위치한 방공작전본부(ADOC)였다. 5개 방공구역에 각각 구역작전본부(SOC)를 설치하고 각 SOC는 최대 6개소의 요격작전본부(IOC)와 연결하며, 각 IOC는 다수의 조기경보 레이더와 관측소를 운용했다. 이라크 전체에 배치된 16개의 요격작전본부는 요격할 적 항공기를 지정해 지대공미사일 기지에 할당하는 임무를 맡았다.

17,000명 규모의 지상방공부대는 972개소의 대공진지에 고정식 중대공포 2,404문, 각종 대공포, 소련제 레이더유도 대공미사일 발사기를 400대 이상(SA-2 160대, SA-3 125대 SA-6 125대) 운용했다. 이라크군은 대공포와 미사일을 조합한 대공화기체계로 지표에서 고도 1만m 영역에 소련식 방공망을 구성했지만, 대부분의 레이더가 낡고 전파방해에 취약해서 고정시설과 진지들은 고공 정밀폭격의 표적이 되고 말았다. 반면 이라크군 야전부대에 배치된

대량의 이동식 대공무기들은 다국적군 항공기들을 크게 위협했다. 그 수효는 이동식 대공포 6,100문, 휴대용 대공미사일은 8,000세트 이상이었다. 이동식 대공포(구경 14.5㎜ 이상)는 대부분 견인식이었지만, 장갑차량에 기관포를 탑재한 자주대공포도 500대가량 있었다. 주력 장비는 23㎜ 4연장 대공기관포를 탑재한 소련제 ZSU-23-4 쉴카 자주대공포로, 보유 규모는 약 150대로 추정되었다. 쉴카 자주대공포는 레이더 조준 방식을 사용하며, 유효사거리는 2,500m, 분당 최대 발사속도는 4,000발이다. 이 자주대공포는 중동전쟁에서 지대공 미사일 공격을 피해 저공으로 내려온 이스라엘 공군 전투기를 다수 격추한 전적이 있었다. 그리고 지대공미사일 가운데 6,800세트 이상은 소련제 휴대용 적외선유도 미사일 SA-7/14였다. 차량 탑재식 대공미사일은 소련제 SA-8/9/13, 프랑스제 롤랜드 등으로, 도합 800대 내외였다. 그밖에 장갑차량에 탑재된 12.7㎜ 중기관총도 1만 정 이상이나 배치되어 저고도 방공망을 보충했다.

이처럼 당시 이라크군 지상부대는 상당한 규모의 대공화기를 보유했고, 다국적군은 압도적으로 우월한 항공전력을 보유하고 있으면서도 이라크군 지상부대를 폭격하는데 신중할 수밖에 없었다. 실제로 다국적군 항공기는 적 지상부대를 공격할 때, 튼튼한 A-10 지상공격기나 F-15E 전폭기의 야간 저공폭격을 제외하면 이라크군 대공화기의 사거리 밖인 3,000~4,000m의 중고도에서만 폭격을 진행했다. 당연히 전차와 같은 작은 표적을 정확히 공격하기 어려웠고, 폭격 규모에 비해 성과도 제한적일 수밖에 없었다.

F-117 스텔스 공격기의 수도 바그다드 정밀 폭격

오전 3시 00분, F-117 스텔스 공격기가 바그다드에 최초로 침입해 레이저 유도폭탄을 투하했다.[8] 첫 목표는 국제전화 통신센터로 사용 중인 바

롤랜드 SAM

전장	2.40m
직경	0.16m
중량	66.5kg
탄두중량	6.5kg
최대속도	마하 1.6
유효사거리	6,300m
유효사정고도	5,500m
유도방식	CLOS

이라크군은 독일-프랑스가 공동 개발한 롤랜드 SAM(MAN 야전 트럭에 발사대 탑재)을 약 66대 도입했으며, 미군은 이 방공무기를 가장 경계했다. 롤랜드의 선회포탑에는 연장발사기, 탐색/유도 레이더, 전자광학 장치가 장비되어 전천후 요격능력을 제공한다.

◀ 롤랜드의 화기관제 모니터

① 적외선/TV/레이더의 목표추적 모니터
② 적외선/레이더의 감시, 피아식별 모니터
③ 적외선/TV 감시, 목표추적 모니터

SA-8 게코

전투중량	17.5t
전장	9.14m
전폭	2.8m
전고	4.2m
엔진	D20B-200 디젤
최대속도	80km/h
수상속도	8km/h
항속거리	500km
무장	3연장 발사기 x 2 SA-8 레이더유도 지대공 미사일 -중량 126kg -최대사거리 10km -최대고도 5,000m, -최고속도 마하 2.4
승무원	5명

SA-8 게코는 6륜구동의 상륙차체에 3연장 SAM 발사대 2세트와 대공·유도 레이더를 탑재한 자주식 SAM 시스템이다. 동시에 2발의 미사일을 발사하는 방식을 채택해 명중률을 높였다. 이라크군은 약 40대의 SA-8을 운용했다.

그다드 중심가의 AT&T 14층 빌딩으로, 옥상에 특징적인 통신안테나가 다수 설치되어 있어서 F-117의 기수에 설치된 FLIR의 적외선 영상으로 쉽게 식별이 가능해서 기준 목표로 지정되었다.

F-117은 조종사가 자동조준장치의 십자선에 목표를 맞추면 자동으로 유도용 레이저가 목표를 조준하고 수km 밖에서 GBU-27 레이저 유도폭탄을 투하한다. 중량 983kg의 GBU-27은 두께 2m의 강화 콘크리트 벽을 관통할 수 있는 강철제 탄체로 제작된 특수폭탄이었다. 투하된 폭탄은 빨려들듯이 빌딩을 뚫고 들어가며 옥상에 큰 구멍을 냈고, 뒤따라온 다른 F-117이 GBU-10 레이저 유도폭탄을 투하해 빌딩 내의 통신장비를 확실히 파괴했다.

본대의 F-117 공격기가 바그다드 상공에 도착했을 때는 보이지 않는 목표를 향해 미친 듯이 난사하는 이라크군의 대공포화와 예광탄의 오렌지빛 불꽃이 바그다드의 칠흑 같은 밤하늘을 수놓고 있었다. TV 화면에 비친 영상은 영화처럼 아름답고 몽환적이었다. 작전에 참가한 어느 F-117 조종사는 기록 영화로 본 드레스덴 폭격을 닮은 장면이었다고 증언했다. 폭격편대는 이라크군의 대공포화를 무시하고 바그다드로 돌입해 이라크군 사령부, 방공작전본부(ADOC), 대통령궁, 알 타지의 전역작전본부, 살만 팍 요격작전본부를 폭격했다.

첫날 폭격에 참가한 30대의 F-117은 바그다드 야간폭격 임무를 완수했다. TV에서는 스텔스 공격기의 정밀폭격이 완벽하게 성공했다고 보도했고 일반인들도 그렇게 인식했지만, 모든 F-117이 완벽하게 임무를 수행하지는 않았다. 제1파의 10대는 폭탄 20발을 적재하고 날아가 17발을 투하, 그중 13발이 목표에 명중해 76%의 명중률을 기록했다. 제2파의 12대는 폭탄 24발 중 16발을 투하하고 10발을 명중시켜 전체 명중률은 63%였고, 제3파의 8대는 폭탄 16발 중 16발 투하, 5발 명중으로 명중률은 31%였다. 제3파의 경우 악천후로 명중률이 크게 하락했다. 스텔스 공격기 편대의 평균 명중률

은 57%였다. 우수한 명중률로 보기는 어렵지만, 방공망이 두터운 이라크의 수도 바그다드를 야간폭격하는 임무의 난이도를 생각하면 매우 훌륭한 결과였다.[9]

이후 다국적군은 42일에 걸쳐 바그다드 중심부 폭격을 지속했지만, 아군기의 피해를 최소화하기 위해 F-117 스텔스 공격기 45대와 조종사 60명만을 투입했고, 작전의 범주도 육안으로 항공기를 볼 수 없는 야간작전으로 한정했다. 수도인 바그다드 지구가 6개의 요격작전본부와 380개의 대공진지, 1,267문의 대공화기, 552개의 레이더유도 대공미사일 진지가 밀집된 고밀도 방공망으로 보호되는 이상 공습임무의 제약은 불가피했다. 하지만 이라크군 방공부대는 끝까지 보이지 않는 스텔스 공격기를 격추시키지 못했다.

F-117 공격기의 본대가 이탈한 후, 오전 2시 6분부터 11분까지 미국 해군 함정에서 발사된 52발의 토마호크 순항미사일이 바그다드에 떨어졌다. 공격 목표별로 할당된 토마호크 미사일은 전력시설 12발, 바트당 본부 6발, 대통령궁 8발, 알 타지의 화학무기 관련시설 20발이었다. 최초의 토마호크는 오전 1시 30분 경, 홍해에 전개한 이지스 순양함 샌 자신토(San Jacinto)에서 발사되었고, 잠시 후 페르시아만의 이지스 순양함 벙커힐도 공격에 동참했다.

토마호크 순항미사일은 전장 6.4m, 중량 1.2t에 반경 1,300km 내에서 목표로 삼은 빌딩의 창문을 골라서 명중시킬 수 있는, 문자 그대로 하이테크 정밀무기다. 적의 대공화기에 격추되더라도 아군의 인명피해가 없는 무인체계인 토마호크 미사일은 바그다드 시가지를 주간에 공격할 수 있는 유일한 무기였다. 1발당 60만 달러에 달하는 비싼 가격도 성능과 장점을 감안하면 납득할 만한 수준이었다. 1월 17일에 발사된 122발의 토마호크 미사일 가운데 116발이 바그다드 인근의 엄중한 대공방어망 내에 위치한 목표 16개소를 공격해 지휘통제기능과 전력시설에 피해를 입혔다.

바그다드를 정밀폭격한 F-117 (1월 17일 오전 3시 00분)

▶ F-117에 폭탄을 장착중인 모습. 장착한 폭탄은 강화표적용 GBU-27 레이저유도폭탄(벙커버스터)이다.

▶▶ F-117이 폭격조준시스템으로 이라크군 공군사령부를 조준하는 장면. 바그다드 방공망은 F-117에게 위협이 되지 못했다.

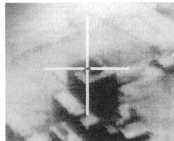

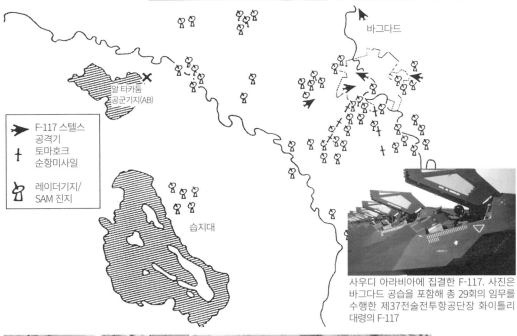

바그다드

알 타카둠
공군기지(AB)

➤ F-117 스텔스
 공격기

† 토마호크
 순항미사일

☗ 레이더기지/
 SAM 진지

습지대

사우디 아라비아에 집결한 F-117. 사진은 바그다드 공습을 포함해 총 29회의 임무를 수행한 제37전술전투항공단장 화이틀리 대령의 F-117

벙커버스터에 직격당하며 파괴된 항공기용 강화 쉘터 (자베르 공군기지)

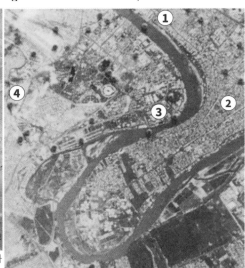

티그리스강이 흐르는 바그다드의 중심부는 후세인 정권의 중추 시설들이 모여 있어, F-117의 집중 공격을 받았다.

① 국제전화빌딩
② 국가방공작전본부
③ 대통령궁
④ 공군사령부

토마호크 미사일이 바그다드에 떨어진 3시 5분, 아파치 공격헬리콥터가 조기경보 레이더를 파괴하면서 개방된 공역으로 각각 12발의 500파운드 폭탄을 탑재한 F-15E 편대가 진입하여 공격을 개시했다. 목표는 5개소의 스커드 미사일 진지가 설치된 H2/H3 공군기지였다. 해당 기지들은 전략무기 기지인 만큼, 138개 대공진지의 대공포 281문과 지대공 미사일 진지 90개소로 구성된 엄중한 방공망으로 보호받고 있었다. 이에 맞서 미국은 EF-111 레이븐 전자전기 2대가 선두에서 이라크군의 지대공미사일 사격통제레이더를 교란시키는 동안 F-15E 전폭기 22대가 목표를 폭격했다.

다만 H2 기지에는 중-저고도에서 우수한 성능을 발휘하는 유럽제 롤랜드 자주 지대공미사일 5대가 배치되어 있어, 정밀도 하락을 감수하고 6,000m의 고공에서 폭탄을 투하해야 했다.[(10)]

이날 밤, 이라크-쿠웨이트 전역에 날아든 전투기, 공격기, 전자전기 등 다국적군 작전기의 숫자는 700대 이상이었다. 단독으로 폭격한 F-117부터 F-16 전투기를 중심으로 하는 60대의 대편대까지 수십 개의 편대가 임무에 따라 기종과 규모를 유연하게 조합해 편성되었다. 그중에서도 지대공미사일이나 레이더 파괴가 주 임무인 적 방공망 제압(SEAD: Suppression of Enemy Air Defenses) 혼성편대 덕분에 최소한의 피해로 작전을 성공시킬 수 있었다.

공군과 해군항공대 혼성편대의 SEAD 공격에 무력화된 이라크 지대공미사일[(11)]

오전 3시 20분, 바그다드의 이라크군 전역작전사령부는 여전히 가동되고 있었다. 살아남은 각지의 요격작전본부와 조기경보 레이더들 역시 미군 전자전기의 강력한 방해전파에도 불구하고 수도로 날아드는 다국적군 항공기 편대를 탐지하고 있었다. 탐지된 편대는 바그다드 서쪽과 남쪽에서 날아오고 있는 2개 SEAD 편대였다.

서쪽의 편대는 오전 1시 20분에 이라크에서 1,200㎞ 떨어진 홍해 상의 항공모함 사라토가와 J.F. 케네디에서 출격한 29대의 해군 SEAD 편대였다. 이 편대는 EA-6 전자전기 3대, F-14 톰캣 전투기 3대, HARM(High speed Anti Radiation Missile)을 탑재한 F/A-18 전투기 10대, A-6E 공격기 2대, A-7 공격기 8대, KA-6 공중급유기 3대의 혼성편제로 구성되었다. 남쪽 편대는 미 공군의 적 방공망 제압 전문기인 F-4G 와일드위즐 공격기 12대로, 각자 4발의 HARM 대레이더미사일을 탑재하고 있었다. 와일드위즐 편대는 사우디 상공에서 공중급유를 받은 후, 이라크 영공에서는 대공화기를 피하기 위해 7,000m 이상의 고공으로 비행했다.

다만 바그다드에서는 홍해 상의 항공모함 아메리카에서 출격한 A-6E 공격기 4대에서 투하된 ADM-141 TALD(Tactical Air Launched Decoy) 25발을 본편대보다 먼저 포착했다. TALD는 전장 2.3m의 비행기만체로 적의 레이더를 기만하기 위한 전파반사장치와 전파발신기가 장착되어 있었다. 그리고 사우디에서 지상 발사된 BQM-74 무인표적기 38발도 바그다드로 향했다. 이라크군 조기경보 레이더에는 기만체들이 거대한 적기 집단으로 보였고, 구역작전본부는 지대공 미사일 부대에 요격 명령을 내렸다. 명령을 받은 미사일 포대에서는 조준용 레이더를 작동시켰고, 잠시 후 대량의 지대공 미사일이 발사되었다. 그리고 미군 SEAD 편대는 이 순간을 기다리고 있었다. 편대가 보유한 HARM 대레이더미사일은 적의 레이더 전파를 추적해 공격하는 무기였다. 서쪽의 해군 편대는 45발, 남쪽의 공군 편대는 22발의 HARM 미사일을 발사했다. 발사된 HARM 미사일은 이라크군의 지대공미사일들이 기만체를 격추시키는 동안 지대공 미사일 진지를 차례차례 파괴했다. 이날 밤, 해군과 공군은 쿠웨이트와 이라크 서부의 H2/3 기지를 공격하며 200발 이상의 HARM 미사일을 발사했다.

다음날 이라크 국영방송은 다국적군 항공기 60대를 격추했다고 발표했다.[(12)] 다국적군의 실제 피

SEAD에 무력화된 이라크군 대공미사일 기지

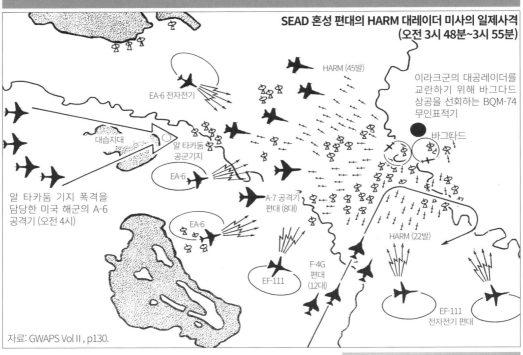

SEAD 혼성 편대의 HARM 대레이더 미사의 일제사격
(오전 3시 48분~3시 55분)

HARM (45발)

EA-6 전자전기

대습지대

알 타카둠
공군기지

EA-6

알 타카둠 기지 폭격을
담당한 미국 해군의 A-6
공격기 (오전 4시)

EA-6

A-7 공격기
편대 (8대)

F-4G
편대
(12대)

EF-111

이라크군의 대공레이더를
교란하기 위해 바그다드
상공을 선회하는 BQM-74
무인표적기

바그다드

HARM (22발)

EF-111
전자전기 편대

자료: GWAPS Vol II, p130.

SA-6 게인풀 지대공 미사일
사거리 24km, 최대속도 마하 2.8,
발사 중량 599kg

SA-2 가이드라인 지대공 미사일
사거리 30km, 최대속도 마하 3.5, 발사중량 2.3t

미군의 폭격을 받아 파괴된 이라크군 지대공
미사일 진지의 SA-2 발사대

전자전기와 대레이더 미사일의 연동 공격

사우디에 전개된 미국 공군의 EF-111 전자전기.
F-111 공격기를 기반으로 개발되었으며, 다수의
재밍 포드를 탑재해 적의 레이더나 통신수단을
강력한 방해전파로 무력화하는 임무를 수행한다.
승무원이 2명 증가해 2+2 명이 탑승하고, 해군의
EA-6 전자전기와는 ALQ-99 재밍 포드 등을
공유한다.

◀ 미해군의 전자전기 EA-6B 프라울러. A-6 함상
공격기를 기반으로 개발된 전자전기로, 기본적인
임무는 EF-111과 동일하다.

◀◀ AGM-88 HARM 고속 대레이더 미사일을
탑재한 F-4G 와일드위즐

해는 6대뿐이었지만 당시 이라크의 발표를 거짓으로 치부하기는 어렵다. 이라크는 항공기가 아닌, 기만체와 무인표적기들을 열심히 격추했을 뿐이다. 그동안 이라크군 방공부대는 대레이더 공격에 살아남기 위해 대공레이더의 작동을 멈춰야 했고, 이라크군 방공망에 대한 다국적군의 공격이 계속되자 중고도-고고도 대응이 가능한 이라크군의 지대공 미사일은 항공작전이 시작된 지 사흘 만에 무력화되었다. 이후 다국적군 항공기들은 3,000m 이상의 고도에서 자유롭게 날아다닐 수 있었다.

그렇다면 거금을 들여 구입한 이라크군의 방공전투기들은 무엇을 하고 있었을까? 당시 사우디 상공을 돌던 다국적군의 E-3 조기경보통제기나 공중급유기들이 공격을 받았다면 항공작전이 크게 어긋날 수도 있었다. 그러나 전쟁 중 이라크 공군은 별다른 작전이나 요격 행동을 하지 않았다. 1월 17일에 출격한 이라크군 전투기는 120대에 달했지만, 다국적군 항공기 편대와 교전을 시도한 경우는 2회 뿐이었고 전쟁 기간 중 이라크 공군의 저항은 그 2회가 전부였다. 이런 경향에 대해서는 이라크 공군이 승산이 없는 공중전을 포기하고 전력 온존에 집중했다는 해석이 중론이다.

SEAD 편대에 대한 이라크 공군의 첫 요격 시도는 처음부터 E-2C에게 탐지당했고, 사라토가에서 출격한 F/A-18 호넷이 Mig-21 전투기 2대를 요격했다. 두 번째 요격시도는 서쪽에서 바그다드로 침입하던 해군항공대 SEAD 편대를 목표로 실시되었다. 이라크 공군의 Mig-25 요격기가 애프터 버너로 급가속하며 AA-6 공대공 미사일을 발사했고, 미사일은 F/A-18 전투기에 명중해 사라토가 소속의 마이클 S. 스파이처 소령이 전사했다. 소령은 다국적군 최초의 전사자로서 대령으로 추서되었으며, 그의 유체는 오랫동안 발견되지 않다 18년 후인 2009년 이라크 사막에서 발견되었다.

날이 밝자 폭격 편대 제2파의 맹렬한 주간폭격이 시작되었다. 이라크군에게 설 틈을 주지 않기 위해 모든 전역에 걸쳐 동시다발적으로 폭격이 이루어졌다. 항공작전에는 미군 외에도 영국군과 사우디군의 토네이도 공격기, 프랑스군의 재규어 공격기, 쿠웨이트군의 A-4 공격기가 참가했는데, 출격한 공격기와 폭격기의 73%에 달하는 154대의 공격 목표가 이라크군의 방공체계였다.

알 타카둠 공군기지로 향한 미국 공군의 폭격 편대는 '스트라이크 패키지'라 불리는 60대 규모의 혼성편대였다. 그중에 폭탄을 탑재한 기체는 32대의 F-16 전투기였고, 나머지 28대(F-15 16대, EF-111 4대, F-4G 8대)는 F-16의 호위기였다. 폭격 편대는 규모가 비대해서, 호위가 불필요한 F-117 스텔스 공격기에 비해 비경제적이고 요격당할 확률도 높았다. 페르시아만에 다시 어둠이 찾아들 무렵, 다국적군의 제3파가 폭격을 개시했다. 24시간 내내 이라크군를 폭격해 회복할 시간을 주지 않기 위한 작전이었다. 야간공격은 F-111과 같은 정밀폭격 능력을 보유한 전폭기가 주역이었지만, 슈워츠코프의 요청에 따라 7대의 B-52 폭격기도 타와칼나 기계화보병사단을 폭격했다. 첫날의 폭격작전동안 지대공 미사일에 3대, 대공포에 2대, 적 전투기에 1대, 총 6대의 다국적군기가 격추당했다. 다국적군의 규모와 첨단 무기의 질이 이라크군 방공망의 대처능력을 완전히 압도했으므로, 작전기의 피해는 작전규모에 비해 극히 경미했다. 첫날부터 적 방공망 제압에 전력을 다한 결과이기도 했다.

이렇게 폭격의 첫날이 막을 내렸다. 첫날에 총 2,759대의 다국적군기가 출격했고, 240개소의 목표에 2,500t의 미사일과 폭탄을 투하했다. 이라크군 방공망의 중추인 5개소의 방공구역작전본부는 막대한 피해를 입었지만, 기능이 완전히 정지되지는 않았다. 다만 각 방공구역이 바그다드를 중심으로 하는 방공네트워크와 차례차례 단절되면서 이라크군 방공망은 빠른 속도로 그 기능을 잃어갔다.

적 방공조직의 위협이 사라지자 다국적군 항공부대는 거리낌 없이 이라크 영공을 날아다니며 전략목표는 물론 이라크군의 공군력과 해군력도 격파했다. 슈워츠코프의 의도에 따라 다음 단계로 이라크 지상군 폭격을 진행해야 했지만, 이 계획은 실행되지 못했다. 작전이 계획대로 진행되지 못한 이유로는 이라크 지상군의 거대한 규모와 기상악화, 야간 공격기 부족, 이라크군 야전부대가 보유한 막대한 규모의 대공화기 등이 있었지만, 가장 큰 이유는 이라크군이 이스라엘과 사우디아라비아를 향해 발사하는 이동식 스커드 미사일(이동식 발사차량 TEL에 탑재)이라는 의외의 변수의 등장이었다.

이스라엘을 공격하는 스커드 미사일의 저지는 정치적으로 중요한 사안이었다. 이스라엘이 이라크에 보복하면, 다국적군의 아랍 국가들이 전선에서 이탈할 수도 있었다. 워싱턴 행정부는 중부군에

스커드 미사일 격멸을 지시했다. 중부군은 도시방위를 위해 패트리어트 지대공 미사일을 긴급배치하고, 항공부대로 본격적인 스커드 미사일 사냥에 들어갔다.

하지만 광활한 사막지대에서 이동식 발사대를 발견하기란 쉽지 않았다. 정찰기나 잠입한 특수부대가 운 좋게 스커드 미사일을 발견해도 공격기가 도착하기 전에 이동하는 경우가 많았다. 중부군이 항공 전력의 절반 가량을 스커드 사냥에 투입했지만 별 소득이 없었다.

스커드 사냥이라는 예상외의 사태에 이라크 지상군을 폭격해야 할 귀중한 항공전력(폭격할 전투기와 목표관측용 정찰기)을 허비하면서 이라크 지상군 폭격 작전에 차질이 빚어졌다.

참고문헌

(1) Arkinson, Crusade, pp105-106.
(2) Gordon and Trainor, General's War, p200…And Atkinson, Crusade, p106.
(3) 1991년 2월 6일자 요미우리 신문 기사.
(4) Schwarzkopf, Hero, p413.
(5) Buster Glosson, War witch Iraq: Critical Lessons (Charlotte, NC: Glosson Family Foundation, 2003), p121.
(6) Atkinson, Crusade, pp19-33.
(7) Robert H.Scales, Certain Victory: The U.S.Army in the Gulg War (NewYork: Macmillan, 1994), pp157-160.
(8) Eliot A. Cohen, U.S.AirForce Gulf War Air Power Survey (GWAPS) , Vol Ⅱ (Washington, D.C: USAF, 1993) pp115-126.
(9) Nighthawks Over Iraq: A Chronology of the F-117A in ODS&ODS (Tactcal Air Command, 1992), pp8-9.
(10) William L.Smallwood, Strike Eagle: flying the F-15E in the Gulf War (Washington: Brassey's Inc, 1994), pp65-77.
(11) Cohen, GWAPS, Vol Ⅱ pp126-146.
(12) 1991년 1월 19일 아사히 신문 석간 기사.

제6장
후세인의 사우디 침공작전과 '카프지 전투'

공화국 수비대에 집중하다
동부의 방어를 간과한 슈워츠코프

1991년 1월 17일, 다국적군이 이라크-쿠웨이트 전역을 공습하며 걸프전이 시작되었다. 미국 육군의 2개 군단(제7, 제18)은 공습에 맞춰 지상공세를 실시하기 위해 사우디 서쪽 방면으로 대이동을 시작했다. 한편, 월터 E. 부머 중장의 미 해병대(제1해병원정군)도 사우디 동부 해안선 집결지에서 쿠웨이트 국경을 향해 북상했다. 다만 빠르게 이동한 육군부대와 대조적으로 해병대는 천천히 이동했다.

부머 중장이 해병대의 국경 이동을 서두르지 않은 데는 두 가지 이유가 있었다. 먼저 해병대의 전력은 이라크군에 비해 열세였다. 해병대 정면에 포진한 이라크군 제3군단은 12개 사단 규모인 반면 해병대는 제1, 제2해병사단뿐이었다. 그리고 가장 신뢰할 수 있는 제2해병사단의 집결도 늦어졌다. 제2해병사단은 해병대 소속의 모든 M1A1 전차(76대)를 보유했는데, 정작 이 부대가 제 시간에 도착하

지 못했다. 제2해병사단의 모든 전차가 주바일항에 도착한 시기는 1월 17일이었다.

하지만 부머 장군이 쿠웨이트 국경으로 해병대의 이동을 명령하지 못한 가장 큰 이유는 보급선 상실에 대한 우려에 있었다. 해병대 2개 사단의 전선집결지와 보급기지가 위치한 주바일 간의 거리는 256~305㎞에 달했다. 미군의 규범은 보급기지 간의 거리를 90마일(144㎞) 이내로 규정하는데, 이는 트럭으로 구성된 수송대가 24시간 내에 왕복 가능한 거리로, 막대한 물자를 수송하기 위한 기본 원칙이었다.

해병대는 주바일에서 해안도로를 따라 170㎞ 북쪽에 위치한 라스 알 미샵 항에 중간보급기지를, 중간보급기지 서쪽 50㎞ 지점의 키브리트에 일선의 사단으로 직접 보급을 제공하는 전방보급기지를 설치할 예정이었다. 따라서 해병대 2개 사단의 이동은 전방보급기지가 완성되는 시점까지 보류되었다. 2개 사단으로 구성된 주력은 1월 말부터 천천히 북상하다 쿠웨이트 국경을 100㎞가량 앞둔

미 해병대의 경장갑 정찰대대는 이라크군 전차부대의 사우디 침공을 쿠웨이트 국경선에서 저지했다.

제2경장갑대대의 LAV-25와 승무원들

키브리트 남쪽 50㎞ 지점에서 정지해 보급기지가 완성되는 시점까지 기다릴 예정이었다.[1]

그리고 사담 후세인이 전쟁 중 유일하게 반격을 시도한 1월 29일이 되었다. 당시 사우디 동부방면 배치 상황을 보면 다국적군이 이라크군의 공세를 전혀 예상치 못했음을 알 수 있다. 사우디-쿠웨이트 국경 동부방면(200㎞ 정면)에는 페르시아만 방면(우익)에 아랍 동부합동군(4개 여단), 중앙에 미 해병대 제1해병 원정군(2개 사단), 서쪽(좌익)에 아랍 북부합동군(4개 사단)이 전개했는데, 언뜻 보기에는 충분한 전력으로 보이지만 중앙의 해병대 담당구역 가운데 보급기지가 조성중인 키브리트에서 북쪽의 쿠웨이트 국경선까지 이어진 사막지대에는 해병대의 주력부대(전차, 보병)가 전혀 없었다. 해병대가 일대에 배치한 전력은 사막지역 감시에 적절한 2개 경장갑 정찰대대(8륜구동 LAV 경장갑차 약 160대), 몇 개 정찰소대, 1개 포병대대 뿐이었으며, 사실상 50㎞에 달하는 구간이 무방비 상태였다.

1월 말, 다국적군 항공부대는 이라크 상공을 포함해 제공권을 완전히 장악하고 있었기 때문에 이라크군이 대규모 공세작전을 벌여도 사전에 탐지해 집중폭격으로 단숨에 해치울 수 있다고 여겼지만, 다국적군 항공전력이 과대평가된 부분도 있었다. 예를 들어, 정찰기 전력 가운데 전장 감시 수단

은 공군의 RF-4C 팬텀 정찰기 24대를 포함해 42대에 지나지 않았다. 정찰기 부대는 전쟁 중 1,622회의 정찰비행을 실시했다. 1일 평균 38회의 빈도는 이라크와 쿠웨이트의 광대한 영역을 고려할 때 명백히 부족했고, 그나마도 스커드 미사일 탐색과 폭격 후 공격 성과를 판정하기 위한 사진 촬영이 대부분이었다. 이라크의 대공미사일에 격추당할 위험을 감수하며 이라크군 지상부대를 감시할 여유는 없었다. 때문에 이라크군은 제공권을 잃은 상황에서도 다국적군의 눈을 피해 이동할 수 있었다.

하지만 1월 28일, 쿠웨이트 국경 근처에서 이라크군을 관측하던 해병대의 파이오니어 무인정찰기가 해안도로를 따라 카프지 방향으로 남하중인 이라크군을 발견했다. 사우디의 카프지는 해안도로와 인접한, 국경선에 가장 가까운 도시였다. 무인정찰기의 영상에는 야포와 탄약을 운반하는 이라크군 트럭이 확실히 찍혀있었다. 그럼에도 이라크군 트럭에 대한 폭격은 실시되지 않았다. 폭격계획 책

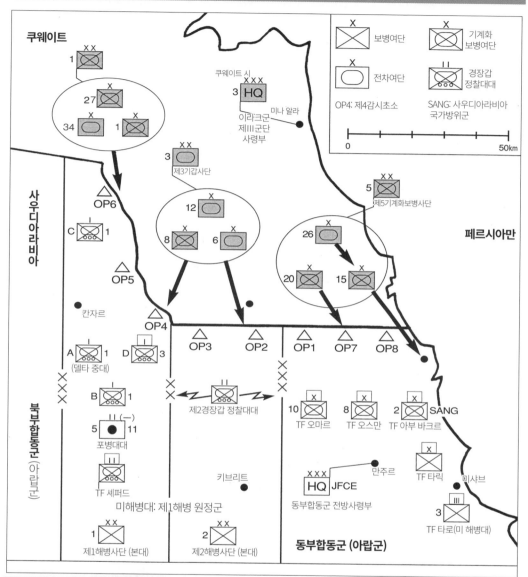

사우디 침공 당시의 이라크군 및 다국적군 배치도

쿠웨이트

쿠웨이트 시

3 HQ
이라크군
제III군단
사령부

미나 알라

| | 보병여단 | | 기계화 보병여단 |
| | 전차여단 | | 경장갑 정찰대대 |

OP4: 제4감시초소　　SANG: 사우디아라비아 국가방위군

0 ─────────── 50km

3 제3기갑사단

5 제5기계화보병사단

페르시아만

사우디아라비아

12

8　6

26

20　15

OP6

C 1

OP5

칸자르

OP4

A 1 (델타 중대)　D 3

OP3　OP2

OP1　OP7　OP8

북부합동군 (아랍군)

B 1

5 (─) 11
포병대대

제2경장갑 정찰대대

10 TF 오마르　8 TF 오스만　2 SANG TF 아부 바크르

TF 세퍼드

키브리트

미해병대: 제1해병 원정군

HQ JFCE
동부합동군 전방사령부

만주르

TF 타릭

미샤브

3 TF 타로 (미 해병대)

1 제1해병사단 (본대)　2 제2해병사단 (본대)

동부합동군 (아랍군)

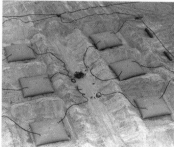

미국 해병대가 사막 중앙부에 직접 설치한
키브리트 야전 보급기지 (연료 집적시설)

사우디 북동 해안도로 근처에 조성된 미 해병대의 미샤브항 보급기지 (탄약 집적시설)

임자인 공군의 버스터 글로슨 준장은 당시 폭격을 하지 않은 이유에 대해 "공군의 입장에서는 적절한 날이 아니었다."고 답했다. 당시 다국적군 항공부대는 이라크의 전략 목표에 대한 폭격 계획 수행에 집중하고 있어, 예정 외의 표적을 폭격할 여유가 없었다. 하지만 다음날에도 카프지 방면에 대한 항공작전이 강화될 조짐은 보이지 않았다.

그 원인은 슈워츠코프를 필두로 하는 중부군 사령부 지휘관들에게 있었다. 이들은 이라크군의 반격이 페르시아만 방향이 아닌 서쪽의 와디 알 바틴 방면이라 확신했다. 혹여 동쪽 페르시아만 방향의 이라크군이 국경을 넘어 공격해 오더라도 어디까지나 서쪽의 반격작전을 숨기기 위한 양동일 것이라는 판단이었다.

당시 총사령부가 주목하던 부대는 공화국 수비대의 타와칼나, 메디나 양 사단으로, 항공정찰 보고에 따르면 해당 부대들은 쿠웨이트 북서부에서 이라크 남부로 남하하고 있었다. 그 결과 이라크군의 카프지 침공이 시작된 29일에도 중부군 작전참모 바튼 몰 공군 소장은 여전히 이라크군의 위장공세를 염두에 두고 있었다. 결국 29일 다국적군 공군의 28개 혼성편대와 B-52 폭격기 4개 편대의 폭격은 이라크 남부에 포진한 공화국 수비대에 집중되었다.[2]

후세인의 대반격 작전
사우디 침공의 노림수

후세인은 무슨 의도로 다국적군 공군이 집중된 사우디를 지상군만으로 침공했을까? 가장 단순한 해석은 여단 규모의 파쇄공격*, 또는 견제작전으로 공세를 준비중인 다국적군 지상부대의 전력을 확인하고, 다국적군 공군의 일방적인 폭격으로 떨어진 군과 국민의 사기를 고무시키고 세계에 이라크군의 건재함을 과시하려는 의도라는 추측이다.

....
* Spoiling attack: 적이 공격을 위해서 대형을 갖추거나 집결 중일 경우 적의 공격을 방해하기 위한 공격

하지만 후세인의 진정한 노림수는 어떻게든 승리를 거두는 것이었고, 미군을 상대로 여단 규모의 전력을 투입한다면 주목할 만한 전과를 얻기 어려웠다. 결국 후세인은 공화국 수비대 대신 이라크 육군 예비전력 가운데 가장 강력한 전력을 투입하기로 결정했다.

후세인이 사우디 침공작전에 얼마나 큰 비중을 두었는가는 1월 24일에 격추의 위험을 감수하고 카프지 방면에 정찰기를 날리거나, 27일에 폭격 위험을 무시하고 후세인 자신이 직접 전방총사령부가 위치한 바스라로 건너가 작전을 독려한 사실만 보더라도 알 수 있다. 만약 사우디 침공이 단순한 정찰 목적의 여단 단위 공세였다면 후세인이 바스라까지 직접 가지는 않았을 것이다. 당시 바그다드 방송은 후세인이 직접 쿠웨이트에 가서 사우디 침공작전을 지휘했다고 보도했다. 물론 실질적인 지휘관은 쿠웨이트 방위 책임자인 제3군단장 살라 압드 마흐무드 중장이었다.

후세인의 반격작전 내역은 전후 포로 심문과 CIA가 입수한 이라크군의 기록 분석을 통해 밝혀졌다. 당시 쿠웨이트 남부에는 이라크군 제3, 제4군단 소속의 19개 사단이 전개해 있었다. 그중 15개 사단이 국경을 지키는 보병사단이었고, 나머지 4개 사단은 예비전력인 전차/기계화보병사단이었다. 반격작전에는 예비전력에서 기동력과 방어력이 우수한 제3군단의 제3기갑사단과 제5기계화보병사단, 제4군단의 제1기계화보병사단 등 총 3개 중사단이 투입되었다. 이는 다국적군의 폭격에 대비해 생존성을 강화하기 위한 결정으로 보인다. 총 전력은 36,500명, 전차 603대, 장갑차 751대, 야포 216문 규모로 추정된다.

이라크군이 실시한 반격작전의 주 공격로는 사우디-쿠웨이트 국경선의 동쪽과 서쪽 두 곳이었다. 서쪽은 전차 249대와 장갑차 197대를 보유한 제3기갑사단이 담당하며, 쿠웨이트 남서부 지역(해안선에서 50km 떨어진 사막에 와프라 유전이 있다)에서 사우디

국경을 넘어 해병대의 키브리트 보급기지를 점령하는 임무를 부여받았다.

동쪽은 전차 177대와 장갑차 277대를 보유한 제5기계화보병사단이 담당하며, 페르시아만 해안도로를 통해 카프지를 점령하는 임무를 부여받았다. 하지만 키브리트와 카프지는 이라크군에게 있어 통과점에 지나지 않았다. 이라크군의 최종 목표는 카프지에서 해안도로를 따라 50㎞ 남쪽에 위치한 미샤브항이었다.[3]

미샤브항이라는 다국적군의 요충지를 점령하기 위해, 동쪽의 제5기계화보병사단은 카프지를 공략한 뒤에 그대로 미샤브항을 정면에서 공격하고, 서쪽의 제3기갑사단은 미국 해병대의 측면을 포위할 우회공격부대로 키브리트 공략에 참가한 후, 동쪽으로 크게 선회해 제5기계화보병사단에 합류하여 미샤브항을 공격하기로 했다. 그리고 제1기계화보병사단은 우익에서 사우디 국경 아래로 남하하며 제3기갑사단의 측면을 보호하고 유사시 전과 확대를 위한 예비대로 대기하게 되었다.

지금까지 설명한 후세인의 반격작전은 이후 「카프지 전투」라 불리면서 소도시인 카프지 점령만을 노린 작전으로 알려져 있지만, 그 실체는 전략적인 관점에서 출발한 '사우디아라비아 침공' 작전이었다. 만약 후세인의 계획대로 이라크군이 미 해병대의 키브리트 전방보급기지인 미샤브항을 점령했다면 지상전의 양상은 크게 바뀌었을 것이다. 물론 다국적군의 항공전력을 감안하면 이라크군이 미샤브항 점령을 기대하기는 어려웠지만, 적어도 미 해병대의 보급에 큰 타격을 줄 가능성은 충분했다.

이런 재평가의 근거는 당시 카프지, 키브리트, 미샤브를 포함한 사우디 북동부 지역의 허술한 방위태세로 인해 후세인의 작전이 성공할 가능성이 있었다는 점이다. 특히 슈워츠코프 등 다국적군 사령부의 관심이 서쪽의 수비에 집중되는 바람에, 동쪽의 수비는 상대적으로 소홀했다. 결과적으로 카프지 침공은 다국적군 방위태세의 빈틈을 찔렀다.

참고로 전후 이라크군 포로의 증언에 따르면 후세인이 원한 '대전과' 중 하나는 다수의 미군 포로를 잡는 것이었다. 이라크군 정보부장 알 사마라이의 비공식 증언에 따르면 후세인은 반격작전 직전 최고간부들과의 회합에서 미, 영, 프랑스군 포로를 5,000명 가량 잡아 인간 방패로 사용하는 계획을 언급했다.[4]

감시초소 OP4의 격돌 해병대 LAV 대대 vs 이라크군 제3기갑사단

사우디-쿠웨이트의 국경선은 해안에서 서쪽으로 70㎞까지 자를 대고 선을 그은 듯 일직선으로 이어지며 북쪽으로 굽었다가 다시 완만하게 서쪽 국경선으로 연결된다.

미 해병대는 해안에서 120㎞ 내륙에 걸쳐 국경선의 이라크군의 움직임을 경계하기 위해 8개의 감시초소(OP: Observation Post)를 설치하고 정찰부대를 배치했다. 국경지대의 경비는 서쪽의 OP4~OP6을 제1 해병사단의 TF 셰퍼드가, 중앙의 OP3과 OP2를 제2 해병사단의 제2경장갑 정찰대대가, 동쪽의 OP1, OP7, 그리고 해안도로의 감시초소 OP8을 아랍연합군의 동부합동군이 담당했다.

서쪽을 경계하는 TF 셰퍼드는 본대인 제1경장갑 정찰대대(Light Armored Infantry Battalion, 주력은 3개 LAV 경장갑 보병중대)와 증원부대인 제3경장갑 정찰대대 D중대, 정찰소대, 제11해병연대 5대대(포병)를 포함해 약 1,200명의 병력을 보유하고 있었다. 대대장인 클리포드 마이어스 중령은 자신이 담당한 3개의 감시초소 가운데 언덕에 위치한 OP4가 가장 중요하다고 생각했다. 제4감시초소는 한창 조성중인 키브리트 보급기지에 가장 가까운 접근경로에 위치해 있었다. 마이어스 중령은 OP4에 제3경장갑정찰대대 D중대(LAV 경장갑차)를 배치하고 D중대를 엄호하기 위해 OP4의 남쪽 25㎞ 지점에 제1경장갑정찰대대 B중대, 서쪽 10㎞ 지점에 A중대를 전개했

사우디 침공작전에 투입된 이라크군 중사단

🛡️ 카프지에 침공한 이라크군 중사단의 총전력 (편제)

	전차	장갑차	야포	병력
제3기갑사단	249	197	72	12,100
제5기계화보병사단	177	277	72	12,200
제1기계화보병사단	177	277	72	12,200
합계	603	751	216	36,500

■ 기갑사단의 편제: 2개 전차여단, 1개 기계화보병여단. 사단포병 4개 대대, 복수의 방공포병대대, 정찰대대, 야전공병대대, 통신대대, 보급·수송대대, 의무·헌병·화학방호부대
■ 기계화보병사단의 편제: 2개 기계화보병여단, 1개 전차여단. 이하 기갑사단과 동일

전차여단(이라크 육군 기갑사단 소속)의 편성 및 전차·장갑차 편제

전차여단의 전력 (병력 약 2,200명)
· 전차 (T-62/T-55) x107대
· 장갑차 (BMP/YW531/BTR60) x 39대
· 122mm 자주포 x 18문
※ 전차·장갑차의 차종은 각 여단·대대에 따라 다르다. 포병대대는 사단포병에서 배속된다.

X

전차대대
T-62 전차 x 35 (본부 x 2)
전차중대 (T-62 x 11)
전차중대 (T-62 x 11)
전차중대 (T-62 x 11)

전차대대
T-55 전차 x 35 (본부 x 2)
전차중대 (T-55 x 11)
전차중대 (T-55 x 11)
전차중대 (T-55 x 11)

전차대대
T-55 전차 x 35 (본부 x 2)
전차중대 (T-55 x 11)
전차중대 (T-55 x 11)
전차중대 (T-55 x 11)

기계화보병대대
장갑차 x 39 (본부 x 3)
BRDM 대전차장갑차 x 4
보병중대 (BMP x 12)
보병중대 (YW531 x 12)
보병중대 (BTR60 x 12)

포병대대
122mm 자주포 2S1 x 18
포병중대 (2S1 x 6)
포병중대 (2S1 x 6)
포병중대 (2S1 x 6)

- 사령부
- 소속 전차 x 2
- 통신중대
- 코만도중대
- 강습공병중대
- 보급·수송중대
- 박격포 소대
- 120mm 중박격포 x 6
- 정찰소대
- BRDM2 x 6
- 화학방호소대

기계화보병대대 보병중대에 배치된 BTR60 차륜장갑차

🛡️ BTR60 차륜장갑차 (8 x 8)

전투중량	10t	최대속도	80km/h
전 장	7.22m	항속거리	500km
전 폭	2.06m	무장	14.5mm 중기관총 x 1
전 고	2.82m	승무원	14명 (보병 12명)
엔 진	GAZ-40 x 2 (180hp)		

다. 후방에는 제5대대 소속 2개 중대의 M198 155㎜ 곡사포 12문을 배치했다.

마이어스 중령의 방침에 따라 대대 병력의 절반이 OP4 주변에 집중 배치되고, 남은 OP5와 OP6의 경비는 C중대가 맡았다. OP4는 평시 사우디의 경찰이 자브르 국경 경비에 사용하던 건물로, 양측에 높이 4m의 모래방벽이 남동에서 북서 방향으로 쿠웨이트와 영토를 분단하듯이 세워져 있다. OP4에 파견된 스티븐 로스 소위와 29명의 정찰소대원들은 건물에서 수백m 가량 떨어진 양쪽의 모래방벽에 각각 8명의 감시반을 두고, 본대는 OP4 건물에 주둔했다. 소대가 장비한 험비 3대와 5t 트럭 1대는 건물 후방 400m에 말굽 모양으로 모래방벽을 만들어 숨겨두었다. 경찰이 사용하던 OP4는 조그만 성곽같은 형태의 2층 석조건물로 소규모 전투라면 충분히 의지할 수 있었다.

1월 29일 오후 12시, 로저 폴라드 대위가 지휘하는 제3경장갑정찰대대 D중대(이후 D중대)는 OP4로 이동하라는 명령을 받았다. 폴라드 대위는 근무 경력 15년의 베테랑으로, 멋진 콧수염을 기르고 있었다. 8륜구동 장갑차 LAV를 장비한 D중대는 3시간 후 OP4 북서쪽에 도착했다. 폴라드 대위는 4km 정면에 방어선을 설치한 후, 우익은 OP4의 북서방 2.5km 지점에 배치해 모래방벽과 3.5km가량 간격을 두었다.

중대는 21대의 LAV를 보유했는데, 그중 13대는 25㎜ 기관포를 장비한 LAV-25 장갑차(전투중량 12.8t, 승무원은 포탑에 차장과 포수, 차체 좌전방에 조종수, 보병 6명), 7대는 2연장 TOW 대전차미사일을 탑재한 LAV-AT 대전차미사일 장갑차, 1대가 LAV-C2 지휘차량이었다. 원래 중대 편제에는 LAV-AT가 포함되지 않지만, 대대장인 마이어스 중령이 전차부대 조우에 대비해 증강 배치했다. 마이어스 중령이 생각한 대전차 방어 전법은 신속한 기동으로 적 전차를 LAV의 기관포와 TOW 미사일의 킬존에 유인해 격파, 또는 지연시키며 아군 항공부대의 지원

과 사단주력의 도착을 기다리는 형태였다.[5]

오후 6시 30분, 이라크군이 미군의 무선교신을 차단하기 위해 전파방해를 실시했다. 해가 저물면서 사막에는 어둠이 깔렸고 구름 낀 밤하늘에는 가끔 비가 내렸다. 사막의 겨울은 병사들을 추위에 떨게 했지만, 적외선(열영상)야시장비로 전장을 감시하는 해병대의 입장에서는 나쁜 날씨가 아니었다.

오후 7시 36분, 야시장비를 장비한 D중대의 LAV-AT가 접근하는 적 부대를 발견했다. OP4 인근은 움푹 패인 지형이어서 D중대는 높은 사막제방 너머 쿠웨이트 방면을 관측할 수 있었다. 폴라드 대위는 중대에 경보를 발령하고 SINCGARS(Single Channel Ground and Airborne Radio System) 무전기로 마이어스 중령에게 상황을 보고했다. 대략 50대의 적 전차부대가 남하 중이며 D중대와 7km, OP4와 4km 거리까지 접근한 상황이었다. 해병대가 예상하지 못한 대규모 부대였다. 마이어스 중령은 적의 움직임을 관찰하기 위해 고립의 위험을 감수하고 정찰소대에 후퇴 명령을 내리지 않았다.

오후 8시 30분, 이라크군은 천천히 OP4를 향해 움직이기 시작했다. 제3기갑사단 소속 기계화 연대였다. 선두에 115㎜ 활강포를 탑재한 T-62 전차 5대, BMP 보병전투차 4대가 확인되었다. 로스 소위는 즉시 공군 지원을 요청했다. OP4의 정찰소대는 소총, 기관총, AT-4 대전차로켓으로 응전했다. 조명탄이 빛나고 예광탄의 섬광이 교차하며 적 전차의 철갑탄이 경찰서 건물의 벽을 관통했다.

최초 교전에서는 이라크군이 압도적인 우세를 점했지만, OP4를 단숨에 점령하려는 기색은 보이지 않았다. 차후 적 포로 심문 결과에 의하면 이라크군은 29일 아침, 출격 전에 소형 무인정찰기로 경찰서(OP4)를 정찰했지만 미군을 발견하지 못해 경찰서를 그냥 지나칠 예정이었고, 갑자기 선두 전차에 공격이 집중되자 혼란에 빠진 상태였다.[6]

폴라드 대위로부터 이라크군의 공격 보고를 받

장거리·고속정찰과 광역 감시임무의 주역 해병대 LAV-25 장갑차

LAV 장갑차는 알 그레이 해병대사령관의 주도로 채용되어 1983~88년에 6종류의 LAV 파생형 758대가 경장갑 보병대대에 배치되었다.

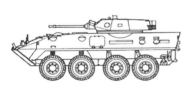

LAV-25	
전투중량	12.8t
전　　장	6.39m
전　　폭	2.50m
전　　고	2.69m
엔　　진	6V53T (275hp)
최대속도	99㎞/h
항속거리	660㎞
무　　장	25mm 기관포
탑승인원	9명 (병력 6명)

LAV는 수상주행을 지원한다. 수상주행 속도는 9.6㎞/h 다.

LAV-25의 차내에는 승무원 3명 외에 보병 6명의 탑승이 가능하다.

M242 부시마스터 25㎜ 체인건. 발사속도는 분당 200발, 탄약은 즉시 사용 가능한 장전탄이 210발이고, 예비탄으로 420발을 차내에 추가 적재한다.

디트로이트 디젤이 생산하는 6V53T 디젤엔진. LAV의 경우 이 엔진의 출력을 기어박스를 통해 분배해 후륜 4륜(상시), 전륜 4륜(조향 및 파트타임 구동)에 상황에 맞게 출력을 공급하는 8륜 구동계를 사용한다.

은 마이어스 중령은 본격적인 침공이라는 결론을 내리는 대신 상황을 잠시 지켜보려 했다. 하지만 전선의 폴라드 대위로부터 이라크군의 공격이 분명하다는 보고가 재차 날아왔고, 마이어스 중령은 제1해병대 사단장 제임스 M. 마이엇 소장에게 공군 지원을 요청했다. TF 셰퍼드는 전투태세를 갖추고 A중대를 D중대 후방으로 파견했으며, D중대도 정찰소대를 지원하기 위해 OP4를 향해 출발했다. 양군은 모래방벽을 사이에 두고 포화를 주고받기 시작했다. LAV의 집중포화에 적 전차 1대가 경찰서 건물 근처에서 불타올랐다. 잠시 후 시야가 확보된 적 전차들이 건물에 명중탄을 날리기 시작했다. 정찰소대는 공격이 거세진데다 대전차 로켓도 소진되자 결국 긴급 구조를 요청하는 적색과 녹색의 조명탄을 쏘아 올렸다.

오전 9시 30분, 폴라드 대위는 정찰소대를 구출하기 위해 제2소대(LAV-25 6대)와 대전차반(LAV-AT)을 쐐기대형으로 전개해 OP4를 향해 남동쪽으로 전진했다. 모래방벽에서 3km 거리까지 접근한 대전차반의 LAV-AT는 적외선야시장비 AN/TAS-4를 사용해 OP4 주변을 수색했다. 적 전차를 나타내는 진홍색 광점은 75개 이상이었고, 폴라드 대위는 그 중 절반이 전차임을 확인한 후 정면의 적이 대대 규모 이상임을 확신했다. 제2소대에 동행한 LAV-AT 4대와 후방의 대전차반의 LAV-AT 3대는 공격을 위해 정차했다. LAV의 사수는 각각 미사일 2발을 장전한 TOW 발사기를 차체 위로 세우고 남동쪽으로 조준했다. 먼저 후열 3대의 LAV-AT가 목표를 포착, 사격을 개시했다. 2발의 TOW 대전차미사일은 조준이 빗나가 적 전차 앞의 모래방벽에 작렬했다. 그리고 3발째 TOW가 LAV-AT「그린1(콜사인)」에서 발사된 것과 동시에 적 전차 4대가 반격했고, 동시에 폴라드 대위의 좌측에 있던 LAV-AT「그린2」가 폭발하면서 거대한 불덩어리가 되었다. 폴라드 대위는 당시 상황에 대해 "어느 호그(LAV의 별명)가 당했는지 알 수 없을 정도로 폭발이 컸다. 나는 이라크군이 발사한 섀거 대전차미사일에 당한 줄 알았다."고 설명했다.[7]

하지만 부중대장(LAV-C2)의 목격담에 따르면「그린2」를 파괴한 것은 아군인「그린1」이 후방에서 발사한 TOW 미사일이었다. 아군의 오인사격이 일어난 직접적인 원인은 사수가 처음 겪는 야간전투에 당황해 벌어진 실수였다. 미사일 발사 후 3~4초 후에 폭발한 것은 상호 간의 거리가 1,000m 이하라는 의미였다.

오인사격을 저지른 사수는 아마도 미사일을 유도하던 도중 적 전차와 아군의 LAV-AT가 사선상에 겹치는 바람에 아군을 조준했을 가능성이 높다. 해당 사수는 적 전차를 거리 2,500~3,000m에서 포착, TOW를 발사했다고 주장했다.[8]

그렇게 발사된 TOW 미사일이 아군 LAV-AT의 차체 후방 도어를 관통해 폭발하면서 예비 미사일 14발과 연료가 유폭을 일으켰고, 12t의 LAV를 불덩어리로 만들고 말았다. 사망한 4명의 승무원은 이스마일 코토 하사(27세), 다니엘 워커 병장(20세), 데이빗 슈나이더 병장(21세), 스콧 슈레더 일병(20세)이었다. 푸에르토리코 출신의 코토 하사는 "해병대 덕분에 남 브롱크스의 빈민가를 벗어날 수 있었다."고 이야기하던 밝은 성격의 군인이었지만, 딸 크리스티나를 남겨두고 전사했다.

아군 오인사격으로 전사한 해병 11명

적을 감시하던 LAV-AT는 최전선의 이라크군 전차 10대가 격렬히 포격 중이라고 보고했다.(BMP의 섀거 대전차미사일도 발사된 것으로 보인다. 전장에 최소 5발의 흔적이 확인되었다) 다만 교전거리는 2km 이상이었지만 이라크군 야시장비의 탐지거리는 500m 내외에 불과해 이라크군의 사격은 정확하지 않았다. 이라크군 지휘관은 미군의 전력과 배치 상황을 전혀 파악하지 못했음이 분명해 보였다. 폴라드 대위도 이 당시의 야간전투에 대해 다음과 같이 술회했다.[9]

"예광탄의 불빛이 머리 위로 날아다니고 포격 순

해병대 경장갑 보병대대의 편제

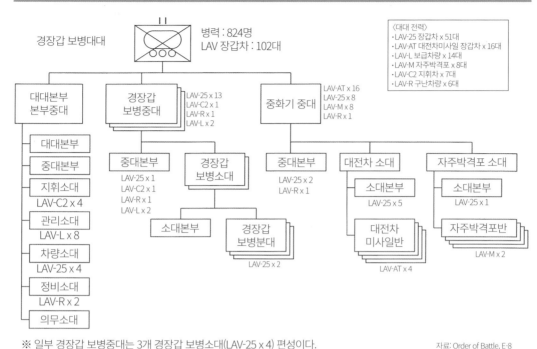

경장갑 보병대대

병력 : 824명
LAV 장갑차 : 102대

〈대대 전력〉
- LAV-25 장갑차 x 51대
- LAV-AT 대전차미사일 장갑차 x 16대
- LAV-L 보급차량 x 14대
- LAV-M 자주박격포 x 8대
- LAV-C2 지휘차 x 7대
- LAV-R 구난차량 x 6대

대대본부 본부중대

경장갑 보병중대
LAV-25 x 13
LAV-C2 x 1
LAV-R x 1
LAV-L x 2

중화기 중대
LAV-AT x 16
LAV-25 x 8
LAV-M x 8
LAV-R x 1

대대본부
중대본부
지휘소대
LAV-C2 x 4
관리소대
LAV-L x 8
차량소대
LAV-25 x 4
정비소대
LAV-R x 2
의무소대

중대본부
LAV-25 x 1
LAV-C2 x 1
LAV-R x 1
LAV-L x 2

경장갑 보병소대

소대본부

경장갑 보병분대
LAV-25 x 2

중대본부
LAV-25 x 2
LAV-R x 1

대전차 소대

소대본부
LAV-25 x 5

대전차 미사일반
LAV-AT x 4

자주박격포 소대

소대본부
LAV-25 x 1

자주박격포반
LAV-M x 2

※ 일부 경장갑 보병중대는 3개 경장갑 보병소대(LAV-25 x 4) 편성이다.

자료: Order of Battle, E-8

해병대 보병사단의 차륜형 장갑차

LAV-25 장갑차
무장: M242 부시마스터 25mm 기관포 1문,
M240 7.62mm 기관총 2정, 연막탄 발사기
탑승인원: 차장, 포수, 조종수, 보병 6명

LAV-AT 대전차미사일 장갑차
무장: Emerson 901 (Hammerhead) 2연장 TOW 대전
차미사일 발사기, 2+14발의 TOW2 대전차 미사일, M240
7.62mm 기관총 1정
탑승인원 : 차장, 포수, 조종수, 탄약수

LAV-M 자주박격포
무장: M252 81mm 박격포 (포탄 99발), M240 7.62mm 기관
총 1정
탑승인원: 5명 (박격포반 3명)

LAV-L 보급차량
무장: M240 7.62mm 기관총 1정
임무장비: 226 x 145cm 표준 팔레트 운용 가능 적재
공간 및 접이식 소형 크레인 장비
탑재량: 2.4t
탑승인원: 차장, 조종수, 화물승무원

LAV-C2 지휘·통제 차량
무장: AN/VRC-92 SINCGARS VHF 무전기 x 4
AN/VRC-83 UHF 무전기 x 1
UHF 위치보고체계 x 1
AN/GRC-213 HF 무전기 x 1
탑승인원 : 차장, 조종수, 대대지휘부 5명

LAV-R 구난차량
무장: M240 7.62mm 기관총 1정
9,000파운드급 구난 크레인
30,000파운드급 구난 윈치
수리 및 용접용구
탑승인원 : 4명

간의 섬광에 적 전차의 모습이 그림자처럼 보였다. 그리고 다음 순간 포탄이 OP4의 건물에 명중했다. 탄이 여기저기서 날아왔지만, 적의 모습은 그들이 포격하는 순간밖에 보이지 않았다." 실제로 당시 LAV-25 장갑차에는 적외선 야시장비가 탑재되지 않아서 야간전투 능력은 이라크군 전차와 큰 차이가 없었다.(이후, 오인 사격을 방지하기 위해 지상전 돌입을 앞두고 개조했다) 적의 공격이 잠시 중단된 된 틈을 타서 로스 소위의 정찰소대는 숨겨둔 차량을 타고 OP4에서 후퇴할 수 있었다.

D중대는 최초의 임무를 어떻게든 완수했다. 다음은 원군이 올 때까지 적의 진격을 막아야 했다. 폴라드 대위는 피해가 아군의 오인사격을 받은 1대뿐임을 확인하고 오인사격을 방지하기 위해 중대 재편성과 동시에 전술을 변경했다. 당시 LAV-25는 야간전에 필수적인 적외선 야시장비도 없고, 승무원이 개별적으로 소지한 장비도 달빛과 같은 광원이 있어야 가동 가능한 나이트 비전 고글뿐이었다. 따라서 각 소대에 LAV-AT를 배치해 LAV-AT의 야시장비로 신속, 정확하게 전장을 수색하고 목표를 식별할 수 있도록 편제를 수정했다. 그리고 중대의 어느 중사가 제안한 전법을 채택해 이라크군의 기세를 꺾는 데 성공했다. 중사가 제안한 전법은 LAV-AT가 적을 찾으면 먼저 LAV-25가 기관포로 사격하되, 철갑탄이 아닌 고폭탄으로 공격해 폭발 화염으로 목표의 위치를 지시한 다음 소대 전체가 공격하는 방식이었다. 하지만 상대가 T-55 전차라면 25㎜ 기관포로 격파할 수 없으므로, TOW 미사일을 사용해 교전하거나 상공의 아군기에 폭격을 요청해야 했다. 아군의 항공지원은 처음에는 해병대의 A-6 공격기와 F/A-18 전투기가 고도 3,000m에서 500파운드 폭탄을 투하하는 형식으로 진행되었는데, 정밀도가 낮아 이라크군에게 별다른 피해를 주지 못했다.

하지만 공군의 A-10 지상공격기가 전장에 나타나면서 상황이 바뀌기 시작했다. 공식 별칭인 '썬더

볼트'보다 '워트호그(warthog, 혹멧돼지)라는 애칭으로 유명한 A-10은 초당 70발의 열화우라늄 철갑탄을 발사하는 30㎜ 개틀링 기관포를 기수 아래 장비하고, 날개의 파일런에는 매버릭 공대지 미사일 6발을 탑재한 채 전장 상공을 2시간 가량 저공 비행하며 전차를 사냥하는 '탱크버스터(대전차공격기)'였다.

이라크군은 여러 방향에서 공세를 강화하기 시작했다. LAV-AT는 남쪽의 제방을 넘어오며 D중대의 우익으로 접근 중인 몇 대의 적 전차를 발견했다. 폴라드 대위는 대전차반의 TOW 미사일 일제사격과 동시에 D중대 후퇴를 명령했다. 대전차반은 3대의 전차를 격파했다고 보고했지만 이라크군은 산개해서 계속 전진해 왔다. D중대가 OP4에서 5km 지점까지 물러선 시점에서 이대로 후퇴하기는 어렵다고 판단한 폴라드 대위는 다시 공군 지원을 요청했다.

오전 10시 30분, A-10 지상공격기 2대가 날아왔다. D중대는 1대의 T-55 전차를 발견하고 위치를 지시하기 위해 25㎜ 기관포 사격을 실시했다. 사격은 두 번 반복되었지만 A-10의 편대장은 목표를 확인하지 못했고, 결국 전방항공통제관(FAC)이 A-10 편대장에게 조명탄을 투하하도록 무선으로 지시했다.

공군에서 지상부대로 파견된 전방항공통제관은 조명탄의 낙하지점을 기준으로 적 전차의 방향과 거리를 A-10에 통보했다. A-10은 열영상 야시장비가 없어서 T-55 전차를 발견하기 어려웠다. A-10은 야간공격을 실시할 경우 적외선유도 매버릭 미사일에 내장된 적외선 시커로 포착한 영상을 통해 목표를 조준했는데, 미사일에 내장된 시커는 탐색용 고해상도 적외선 카메라와 달리 선명한 영상을 볼 수 없고 시야도 좁아서 조종사가 적 전차와 아군의 험비를 구별할 수 없었다. 이런 상황에서는 A-10이 상공에서 피아식별을 하기는 어려웠다.

전장에 진입한 선두의 A-10이 조명탄을 떨어뜨렸다. 적과 아군이 인접한 상황이어서 조명탄은 D

'OP4 전투' 이라크군 T-62 전차부대의 감시초소 공격

OP4를 최초에 공격한 이라크군 전차부대 (선두부대)

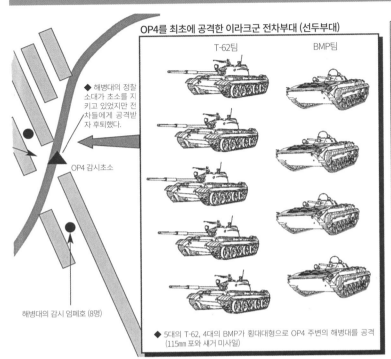

T-62팀   BMP팀

◆ 해병대의 정찰 소대가 초소를 지키고 있었지만 전차들에게 공격받자 후퇴했다.

OP4 감시초소

↑ 해병대의 감시 엄폐호 (8명)

◆ 5대의 T-62, 4대의 BMP가 횡대대형으로 OP4 주변의 해병대를 공격 (115mm 포와 새거 미사일)

■ 이라크군 OP4 침공부대: 제3기갑사단의 전차여단급 부대로 추정

전차대대 기계화보병대대

※이라크군 전력은 장갑전투차량 100대 이상 (절반이 전차)

■ OP4 전투에서 파괴된 T-62 전차

감시초소(OP)로 사용된 경찰서 건물

해병대 델타 중대의 정찰소대는 모래방벽에서 이라크군 T-62를 공격했다.

『OP4 전투』에서 이라크군 전차부대의 선봉을 맡은 T-62 전차

🚂 T-62 전차

전투중량	40t
전장	9.2m
전폭	3.2m
전고	2.4m
최대장갑두께	242mm (포탑정면)
엔진출력	580hp
최대속도	50km/h
항속거리	450km
주포	115mm 활강포
승무원	4명

※ 사진은 아프가니스탄군의 T-62 전차

중대 LAV-25「레드2」의 10m 후방에 떨어졌다.

공군의 항공통제관은 뒤따라오는 A-10에게 목표인 T-55 전차는 조명탄에서 북동쪽으로 1,000m 거리에 있다고 통보했다. 조종사는 T-55를 포착, 미사일을 발사했다. 메버릭 미사일은 목표를 자동으로 추적하는 방식이었지만, 갑자기 급강하하기 시작했다. 조종사가 "실수다!"라고 외치는 순간 아군 조명탄 근처에 있던 LAV-25에 미사일이 명중했다. 전장의 불운이 불러온 참극이었다.

오인 사격의 원인은 A-10의 착오가 아닌, 조명탄의 섬광에 이끌려 날아간 메버릭 미사일의 문제로 발표되었다. 하지만 발표를 뒷받침하는 증거는 조종사의 증언 뿐이고 A-10의 시야가 나쁘다는 점을 감안하면 처음부터 LAV를 적으로 오인해 미사일을 발사했을 가능성이 높다.

중량이 1t에 달하는 포탑이 20m나 날아가는 대폭발이었고, 7명의 젊은 해병이 폭사했다. 당시 23세의 차장 스테판 벤즐린 상병은 세 명의 자녀가 있었고, 19세의 마이클 린더먼 일병은 결혼을 앞두고 파병되었다. 가족을 두고 전사한 병사 중 한 명인 프랭크스 쇼에이 알렌 일병은 오키나와 출신의 일본계 미국인으로, 그의 마지막 편지에는 "해병대는 동료들이 도와주니까 나는 살아 남을 거야." 라고 적혀 있었다.(10)

D중대는 혼란에 빠졌다. 무선교신은 미친 듯이 고함치는 해병들의 목소리로 가득 찼다. 폴라드 대위는 대대장인 마이어스 중령에게 2대째 손실을 보고하며 혼란을 수습하고 적을 막기 위해 노력했지만, 결국 철수 명령을 내렸다. 30일 오전 1시, D중대는 A중대와 교대했다. 당초 계획에 의하면 A중대가 적을 공격할 예정이었지만, D중대가 파괴된 LAV와 승무원들을 방치했으므로 A중대의 첫 임무는 파괴된 LAV와 승무원의 유해 수습이 되었다. 이라크군도 태세를 정비하기 위해 멈춰 있었다.

달빛도 없는 어두운 사막에서 무언가를 찾기는 어려웠지만, A중대는 A-10의 공격에 파괴된 「레드2」의 잔해를 발견하고 주위를 수색하던 중 흩어진 시체조각들 사이에서 경상만 입은 생존자를 찾아냈다. 생존자는 피격차량의 조종수로, 조종석이 LAV의 차체 전면에 위치한 덕에 살아남았지만, 전사한 일곱 전우들과 잔해 사이에 다섯 시간이나 방치되었다. 파괴된 또다른 LAV-AT의 잔해와 사체는 OP4 인근에 남아 있을 것으로 예상되었다.

날이 밝자 이라크군이 움직이기 시작했다. A중대 중대장인 마이클 샤프 대위는 모래방벽 너머에서 OP4를 향해 진격해 오는 이라크군 기계화보병부대를 발견했다. 샤프 대위는 LAV-AT에 TOW 미사일 일제사격을 명령해 3대의 적 전차를 격파했다. 그동안 전진한 수색반은 원형을 알아볼 수 없을 정도로 파괴된 「그린2」의 잔해를 발견했다. 네 명의 승무원이 전원 전사했음에는 의문의 여지가 없었다.

오전 6시 53분, 전장 상공에 도착한 해병대의 AH-1W 공격헬리콥터 편대가 순식간에 T-55 전차 4대를 격파했다. 마지막으로 격파된 T-55 전차는 장약이 유폭을 일으켜 포탑이 하늘로 솟구쳤다 차체로 떨어졌다. 하지만 적의 전진을 막을 수는 없었다. A중대 정면의 T-55 18대는 포병의 엄호사격하에 전진해 왔다.

오전 7시 20분, 샤프 대위는 A중대의 후퇴를 명령했다. 주간에 적 전차부대를 상대로 한 근접전은 불리했다. 하지만 때맞춰 공군의 A-10, F/A-18 각 2기 편대가 도착했고, A중대의 TOW 미사일, 해병대 포병의 지원사격, 그리고 공군의 폭격으로 이라크군의 진격을 막아낼 수 있었다. 이라크군이 후퇴하자 마이어스 중령은 국경선의 이라크군을 일소하기 위해 후퇴하는 이라크군에 대기 중인 B중대와 D중대를 투입해 추가 공격을 실시했다.

이렇게 밤부터 계속된 'OP4 전투'는 막을 내렸다. 해병대는 LAV 장갑차 2대와 해병대원 11명을 잃었다. 전부 D중대에서 나온 피해였다. 폴라드 대위의 보고에 따르면 중대의 전과는 22대의 적 전차

'OP4 전투' 델타 중대의 교전 중 아군 오인사격

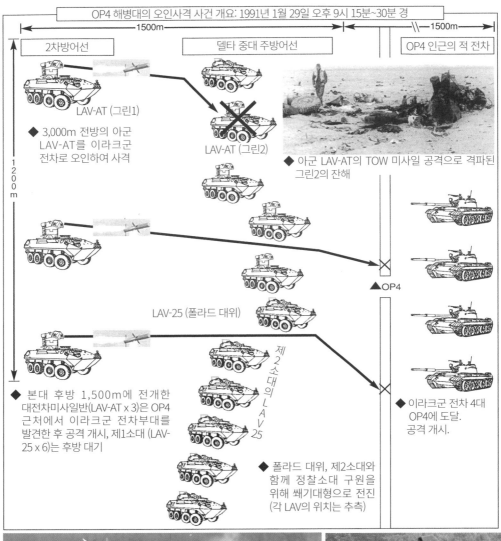

OP4 해병대의 오인사격 사건 개요: 1991년 1월 29일 오후 9시 15분~30분 경

| 1500m | | 1500m |

2차방어선 | 델타 중대 주방어선 | OP4 인근의 적 전차

1200m

LAV-AT (그린1)

◆ 3,000m 전방의 아군 LAV-AT를 이라크군 전차로 오인하여 사격

LAV-AT (그린2)

◆ 아군 LAV-AT의 TOW 미사일 공격으로 격파된 그린2의 잔해

LAV-25 (폴라드 대위)

▲OP4

◆ 본대 후방 1,500m에 전개한 대전차미사일반(LAV-AT x 3)은 OP4 근처에서 이라크군 전차부대를 발견한 후 공격 개시, 제1소대 (LAV-25 x 6)는 후방 대기

제2소대의 LAV 25

◆ 폴라드 대위, 제2소대와 함께 정찰소대 구원을 위해 쐐기대형으로 전진 (각 LAV의 위치는 추측)

◆ 이라크군 전차 4대 OP4에 도달. 공격 개시.

TOW 대전차미사일 발사기를 탑재한 LAV-AT 대전차미사일 장갑차는 우수한 대전차·장갑차 공격능력을 제공한다. 유효사거리는 65~3,750m로 T-62의 유효사거리보다 3배 이상 먼 거리에서 공격할 수 있었다.

에머슨제 901A1 2연장 TOW 대전차미사일 발사기. 발사기의 양 측면으로 2발의 TOW 대전차 미사일 캐니스터를 장전하고 중앙의 AN/TAS-4 열영상 야시장비로 목표를 탐색·조준한다. 발사 후에는 수직으로 돌려 차체에 적재된 예비 미사일을 재장전한다.

와 장갑차 격파였지만, 날이 밝은 후 전장 일대를 수색했던 A중대 2소대의 윌리엄 웨버 소위의 논문에 따르면 쿠웨이트 영내 6㎞를 포함한 전장에서 파괴된 적 전차는 3대뿐이었다.[11]

TF 셰퍼드 전체의 전과가 적 전차 22대 격파임을 감안하면 폴라드 대위의 보고가 과장되었을 가능성이 높다. 아마도 폴라드 대위의 허위보고가 아닌, 기록상의 중복이나 혼란스런 전장에서 기억이 불분명해 발생하는 흔한 착오로 보인다. 야간에 1대의 적 전차를 각각 다른 시간, 다른 각도에서 3회 공격하고 3대를 격파했다고 보고하는 경우도 드물지 않다. 웨버 소위는 폴라드 대위와 D중대 병사들은 처음 경험하는 야간전투의 혼란과 아군 오인사격이라는 비극에 정신이 없어 제대로 된 전과 보고를 하지 못했다고 분석했다.

한편 D중대가 A-10의 오폭을 받던 시점에서 OP4의 북쪽에 있는 감시초소 OP6에도 이라크군의 기계화보병부대(제1기계화보병사단)가 공격해 왔다. 29일 오후 10시 31분, 마이어스 중령은 토머스 프로슬러 대위가 지휘하는 C중대를 OP6의 남쪽 5㎞에 전개해 경계하도록 명령했다. 감시초소의 정찰부대는 OP4와 같은 실수가 반복되지 않도록 철수했다.

30일 오전 1시 10분, 이라크군 포병의 공격 준비 포격이 시작되고, OP6 주위에 포탄과 조명탄이 떨어지기 시작했다. 30분 후, 적 기계화보병부대의 선봉부대가 OP6를 점령했다. 프로슬러 대위는 이라크군 선봉부대의 후방에 전투차량 50~60대로 구성된 본대를 확인하고 대대장인 마이어스 중령에게 보고했다. 이에 제1해병사단장 마이엇 장군은 폭격으로 적 주력부대를 격파하기로 결정했지만, 이라크군 지휘관도 다국적군 공군의 공격을 예상하고 이에 대비했다. 이라크군은 OP6를 점령 후, OP6에 대공기관포를 배치하고 선봉부대만을 남긴 채 후퇴했다. 탁 트인 사막에서 다수 차량의 이동은 폭격의 표적일 뿐이므로 이라크군 본대는 대공방

어가 충실한 북부 방공구역으로 후퇴했다 다시 공격하는 전법을 취했다.

오전 3시 37분, C중대는 항공부대의 지원 하에 반격을 개시했다. 20대의 적 전차와 교전한 LAV-AT 대전차반은 TOW 미사일 11발을 발사해 11대를 격파했다. 4시간의 공방전를 치른 C중대는 피해 없이 전장을 빠져나왔고 이라크군은 퇴각했다. 하지만 OP6를 점령한 이라크군은 대공화기를 효과적으로 운영해 최소한 OP6 주변에서는 폭격의 피해를 입지 않았다.

키브리트 해병대 보급기지를 지켜라

1월 29일 오후 9시경, 제2해병사단의 전투지휘소에 이라크군 제3기갑사단의 기갑부대(전차와 장갑차 60~100대 규모)가 국경선을 돌파해 남하하고 있다는 보고가 올라왔다. 제2해병사단이 담당한 국경지대에도 적의 침공이 예상되었지만, 해당 구역에 배치된 부대는 키스 홀컴(Keith T. Holcomb) 중령이 지휘하는 제2경장갑정찰대대뿐이었다. 제2경장갑정찰대대만으로 넓은 국경지대 전체를 방어할 수 없으므로 홀컴 중령은 휘하의 3개 LAV 장갑차 중대를 U자 대형으로 배치해 감시초소 OP3, OP2를 지키는 데 주력했다.

오후 10시 50분, 제2경장갑정찰대대는 교전상황에 돌입했다. 적은 이라크군 제2기갑사단의 선봉부대로 장갑차량 29대를 보유하고 있었다. 이라크군 전차부대는 시추탑이 늘어선 와프라 유전을 지나 모래방벽을 무너트리고 감시초소의 해병대 LAV 장갑차부대를 공격하기 위해 천천히 접근해 왔다.

오후 11시 45분, A중대 소속 에드먼드 윌리스 상병이 제2해병사단의 첫 전과를 올렸다. LAV-AT의 사수인 윌리스 상병은 접근 중인 4대의 이라크군 T-62 전차를 발견하고 선두 전차를 2,700m에서 TOW 미사일로 격파했다. 격파된 전차의 잔해로 모래방벽의 입구가 막히자 나머지 이라크군 전차들은 퇴각했다.[12]

아랍합동군 사령관 칼리드 중장은 미군이 항공
지원을 하지 않는 데 격노했다.

사우디군의 병사와 훈련하고 있는 미해병대 LAV-AT의 승무원

제2해병사단의 윌리엄 M. 키스 소장은 시시각각 들어오는 정보를 통해 사단 정면의 이라크군이 경계선이 얇은 지점을 돌파해 키브리트 보급기지를 공격할 가능성이 있다고 판단했다. 이 사태를 가장 우려한 사람은 2개 해병사단의 후방지원을 담당한 해병대 보급지휘관 찰스 크룰락 준장(이후 해병대사령관으로 진급했다)이었다.

키브리트 보급기지의 병력은 전장 14km, 폭 6km에 달하는 넓은 면적을 담당하기에 터무니없이 부족한 보병 1개 소대(40여 명)뿐이었다. 따라서 크룰락 준장은 키스 소장에게 전차 파견을 요청했다. 요청을 받은 키스 소장은 육군에서 지원받은 M1A1 전차 120대를 장비한 타이거 여단을 서둘러 북상시키고, 그 가운데 1개 중대에 키브리트 보급기지로 직행하도록 지시했다. 국경지대에는 홀컴 중령이 지휘하는 제2대대가 공군의 지원 하에 이라크군의 진격을 저지하고 있었다. 30일 새벽, 제2사단의 주력인 제6연대가 1개 대대를 차출해 국경 남쪽에서 이라크군의 야간공세에 대비했다.

30일 오후 8시경, 사단전투지휘소에 적이 나타났다는 보고가 들어왔다. 확인된 이라크군은 혼성 여단급의 전차부대로, 목표는 제6연대의 수비지역으로 추정되었다. 적에 대해 들어온 많은 정보들 가운데 화학무기 공격 가능성이 있다는 정보는 해병대 전체를 긴장시키기에 충분했다.

오후 8시 32분, 키브리트 북쪽에 전개한 전 부대에 임무형 보호태세(MOPP) 3단계가 발령되었다. MOPP 3단계는 상시 화학방호복을 착용하고 화생방 공격 또는 경보 발령 시 방독면을 착용하는 상태다. 오후 8시 50분에는 74대의 이라크군 전차부대가 국경선 남쪽에서 침입했다는 보고가 올라왔다. 제2사단 정면의 적 장갑차량은 170대에 달했다. 하지만 이라크군은 키브리트 공략에 적극적으로 나서지 않았다. 오후 10시경, 제2해병사단은 이라크군 주력이 쿠웨이트 방면으로 후퇴 중임을 확인했다.

이렇게 이라크군 공격부대의 서쪽 공격축은 사우디 국경선을 넘기 전에 사라졌다. 이 전투에서 60대의 이라크군 전차와 차량이 파괴되고, 미군의 피해는 아군 오인사격으로 발생한 피해 뿐이었다. 공세를 저지하는데 결정적 역할을 한 것은 전투 초기단계(29일 밤)에 감시초소의 전투에서 분전한 해병대의 LAV 장갑차부대였다. 그들의 활약으로 전선이 돌파당하는 상황을 막을 수 있었다. 후에 다국적군 공군부대가 이라크군을 효과적으로 공격할 수 있었던 것도 이라크군을 국경지대에 묶어둔 해병대의 공이었다.

다국적군의 항공지원은 서부 방면의 수비를 고

'카프지 전투' 당시 미군 항공작전

'킬 박스'별 출격 횟수 (1991년 1월 29일~ 31일)

AF5

작전기	소티
A-10	18
F-16	7
F-15E	4
B-52	4
AV-8	2
합계	35

AH5

작전기	소티
A-6	7
A-10	4
F-15E	4
F/A-18	2
합계	17

AH4

작전기	소티
AV-8	18
F-16	15
A-6	13
A-10	8
B-52	3
F-15E	2
AC-130	5
합계	64

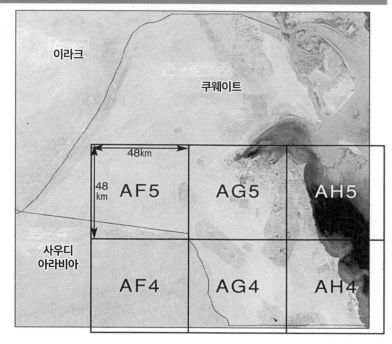

이라크

쿠웨이트

48km

48 km

AF5   AG5   AH5

사우디 아라비아

AF4   AG4   AH4

AG5

작전기	소티
AV-8	12
A-10	10
F-15E	8
합계	30

AG4

작전기	소티
AV-8	32
A-10	14
F-15E	2
기타	47
합계	95

* 총 출격 횟수 267회
* 킬 박스 AF4의 공격 횟수는 0. 공격헬리콥터등의 출격 횟수는 포함하지 않음.

해병대 AV-8B 공격기 (90회)

공군 A-10 공격기 (54회)

공군 F-16 (30회)

해군 A-6E 공격기 (20회)

공군 F-15E 전폭기 (12회)

공군 B-52 폭격기 (7회)

집한 중부군 사령부의 견해로 인해 미뤄졌다. 공군이 본격적으로 움직인 시기는 30일 야간이었다. 미국 공군은 단독으로 B-52 폭격기를 포함한 140대의 전력을 투입해 3일간(29~31일) 1,000회 이상을 출격했다. 다만 일선 부대에 대한 공격은 대부분 AH-1W 등의 공격헬리콥터로 진행되었다.

도표와 같이 공군이 쿠웨이트 남부지역에 설정한 '킬 박스'(목표분할구역) 6개소에 대해 미국 공군이 3일간 투입한 항공공격은 267회에 지나지 않았다. 공격의 주력은 해병대의 AV-8B 해리어 공격기(90회)와 공군의 A-10 지상공격기(54회)였으며, 최전선에서 싸우는 해병대와 사우디 지상군에 대한 근접항공지원(Close Air Support)는 거의 없고, 대부분 쿠웨이트 영내의 이라크군 2진이나 후방 지원부대에 대한 항공차단(Air Interdiction)이 대부분이었다.[13]

예를 들어 29일 쿠웨이트시 근교에서 사우디 국경으로 향하던 이라크군 보급수송대는 미 공군 E-8 전장감시기에 포착된 후 폭격을 당해 61대의 수송대 가운데 3대만이 살아남았다. 다국적군 공격기들은 도로를 따라 이동 중인 적 차량대열을 포착하면 우선 차량 행렬의 선두와 후미를 먼저 공격해 행렬을 멈추게 하고 후속기의 폭격으로 섬멸했다.

폭격에 섬멸된 이라크군은 카프지로 향하던 후속침공부대(2진)인 제5기계화보병사단 26전차여단이었다. 선두의 전차가 폭격에 주저앉자 차량행렬은 오도가도 못 하는 신세가 되었고, 주변이 지뢰지대였기 때문에 도로 밖으로 도망칠 수도 없었다. 그렇게 학살에 가까운 폭격이 반복되었다. 후일 포로가 된 제26여단장의 증언에 따르면 30분간의 폭격으로 입은 피해가 이란과 10년 가까이 싸우던 시절의 피해보다 컸다.

그 기간 동안 다국적군 항공기의 피해는 AC-130H 1대뿐이었다. 31일 이른 아침, 미 공군 제1특수작전항공단 소속의 AC-130H 스펙터 3대가 카프지를 향해 이동하는 이라크군을 공격했다. AC-130은 지상공격을 위해 C-130 4발 프로펠러 수송기를 개조해 기관포와 105㎜ 야포를 탑재한 '건쉽(중화기를 탑재한 지상공격기)'으로, 비행 포대와 같은 존재였다. 격추된 AC-130 「스피릿03」은 이라크군의 아스트로스 다연장 로켓 중대를 섬멸하기 위해 출격했고, E-3 조기경보기의 철수 경고에도 아군을 엄호하기 위해 무리하게 공격을 실시하다 오전 6시 35분, 이라크군이 발사한 SA-8 지대공미사일에 피격되었다. 미사일에 맞아 날개가 떨어져 나간 AC-130은 '메이데이'라는 마지막 교신이 끝난 후, 페르시아만에 추락해 승무원 전원(14명)이 전사했다.[14]

일련의 항공공격을 통해 해병대의 키브리트 보급기지를 위협하는 이라크군은 소멸되었다. 2월 4일, 키브리트 보급기지는 2개 해병사단이 일주일간 사용할 분량의 물자를 비축하고 보급을 시작했다. 하지만 해병대 보급지휘관 크룰락 준장은 키브리트 보급기지가 운용을 시작한 2월 6일에 아라비아어로 '칸자르'(단검)라는 이름의 새로운 전방 보급기지 설치에 착수했다. 칸자르 보급기지의 위치는 국경 감시초소 OP4의 서쪽 30㎞ 지점으로 국경선 인근이었다. 공사는 지상전이 시작되는 날짜에 맞추기 위해 해병대 공병과 해군 공병단 시 비즈(Sea Bees)를 투입했고, 2월 20일까지 시설을 완공했다. 칸자르 보급기지 주변은 길이 38㎞의 모래방벽으로 둘러쌌고, 연료 500만 갤런(M1 전차 만 대분), 물 100만 갤런 외에 막대한 보급물자가 비축되었다. 그리고 지원시설로 2개의 활주로와 14개 수술실을 포함한 야전병원까지 갖춘, 해병대 사상 최대의 보급기지였다.

한편 중부군 총사령부는 국경 부근에서 이라크군과 충돌하는 과정에서 지상전 오인 사격 방지대책이 부실했음을 통감했다. 전사한 11명의 해병대원 전원이 적군의 공격이 아닌 아군의 오인 사격에 사망했음이 확인되자 총사령부는 응급대책으로 아군의 모든 차량에 V자형의 식별마크나 오렌지색 천으로 제작된 VS17 항공기 지상 식별용 패널을 붙이도록 지시했다.

1월 29일 카프지 전투, 동쪽에서 침공한 이라크군 기계화보병사단의 카프지 점령

카프지는 사우디의 소도시로 국경에서 남쪽으로 10㎞가량 떨어져 있으며, 쿠웨이트까지 뻗어 있는 해안도로와 연결된다. 당시 카프지는 인근 국경으로부터 이라크군의 포탄이 날아들자 15,000명의 주민 전체가 피난을 떠나면서 유령도시가 되어 있었다. 파드 국왕으로부터 한 뼘의 땅도 빼앗기지 말라는 명령을 받은 사우디군 경비대도 중부군의 권고로 철수한 상태였다. 적 포병의 사정권 내에 있는 카프지를 방어할 수 없다고 판단한 슈워츠코프 사령관의 지시로, 카프지 시내에는 경무장 사우디군 해병중대와 미 해병대 4개 정찰팀만이 남았다.

국경선의 수비는 해안에서 사막까지 40㎞ 구간 정면을 아랍군 동부합동군이 담당하고, 국경 40㎞ 이남을 주방어선으로 설정했다. 방어부대는 사우디군 3개 여단을 중심으로 이슬람권 7개국의 군대가 연합한 형태였다. 병력은 사우디 국가방위군 2여단 중심의 TF 아부 바크르, 사우디 제8기계화보병 여단과 쿠웨이트 알 파타 여단, 쿠웨이트 2/5 기계화보병대대, 바레인 차량화보병중대로 구성된 TF 오스만, 사우디 해병대대, 모로코 제6기계화보병대대, 세네갈 제1보병대대의 TF 타리크, 사우디 제10기계화보병여단과 UAE 기계화보병대대가 연합한 TF 오마르 등 도합 3개 TF 37,000명 규모였다. 카프지 방면은 TF 아부 바크르가 담당했다.

동부합동군의 제2사우디국가방위군여단은 사우디 왕실의 직속부대로 500대의 미국제 V-150 코만도 차륜장갑차를 장비해 신속 이동이 가능한 부대였지만 전차는 한 대도 없었다. TF 아부 바크르 내에 이라크군 전차에 대응 가능한 전력은 카타르군 전차부대의 프랑스제 AMX-30 전차 25대뿐인 한심한 상황이었다.

당시 사우디 지상군의 주력전차부대는 해안도로 방면으로 적이 침공하지 않는다는 판단으로 인해 계속 서쪽에 배치되어 있었다. 카프지로 향하는 이라크군을 발견한 정찰수단도 E-8 전장감시기가 아니라 해병대의 파이오니어 무인정찰기였다. 파이오니어는 1월 19일 밤 오후 8시경에 쿠웨이트 영내 3㎞ 지점의 해안도로에서 이라크군 장갑차량 10대를 발견했다. 이후 정찰을 통해 카프지에 접근한 적이 기계화보병여단급이라는 사실이 판명되었다.

오후 9시, 제1해병사단 사령부는 해병대 정찰팀으로부터 이라크군 전차가 접근 중이라는 보고를 받았다. 장소는 해안도로의 국경 감시초소 OP8이었다. 이라크군 포병이 쏜 조명탄이 감시초소 일대를 밝히기 시작했고 17대의 장갑차량으로 편성된 선봉부대가 T-55 전차를 선두로 거침없이 국경을 넘었다. 이라크군이 국경을 넘은 시각은 감시초소의 정찰팀이 철수한 30일 오전 1시 30분경으로 추정된다.

동부합동군 사령관인 사우디군의 술탄 아디 알 무타아리 소장은 29일 밤, 이라크군이 카프지로 진격하고 있다는 보고를 받았다. 칼리드 소장은 즉시 미 해병대에 폭격을 요청했지만 폭격은 진행되지 않았다. 몇 번을 반복해 요청해도 마찬가지였다. 57대로 늘어난 이라크군 부대가 카프지 북쪽 5㎞ 지점의 담수화 시설에 도착하자 무타아리 소장은 다시 폭격을 요청했고, 이번에는 사우디군과 이라크군이 너무 가까워 폭격할 수 없다는 응답이 돌아왔다. 결국 무타아리 소장은 카프지 근방의 사우디군을 후퇴시켰다. 폭격 요청은 끝까지 무시되었고 이라크군 침공부대는 오전 3시경, 해안도로를 통해 시가지로 진입한 후 손쉽게 카프지를 점령했다. 미군으로서는 생각지도 못한 기습이었으며, 카프지에는 아직 후퇴하지 못한 해병대 2개 정찰팀(11명)이 남아있었다.

믿었던 항공폭격이 불발로 끝나자 무타아리 소장은 이라크군의 남진에 대비해 TF 타리크를 해안도로에 배치하고 전차부대를 카프지 서쪽 6.4㎞ 지점에 집결시켰다. 전차부대는 카타르군 전차중대

국왕의 엄명으로 강행된 사우디군의 카프지 탈환작전

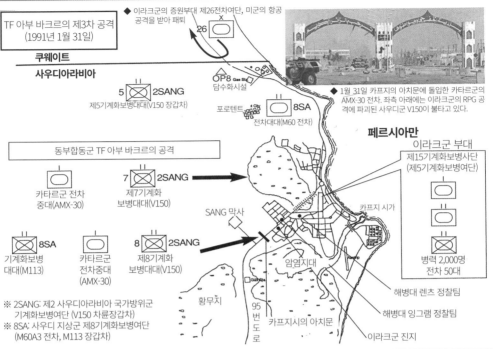

TF 아부 바크르의 제3차 공격
(1991년 1월 31일)

◆ 이라크군의 증원부대 제26전차여단, 미군의 항공
공격을 받아 패퇴

26

쿠웨이트
사우디아라비아

5 2SANG
제5기계화보병대대(V150 장갑차)

OP8 Gas Sta
담수화시설

포로텐트

8SA
전차대대(M60 전차)

◆ 1월 31일 카프지의 아치문에 돌입한 카타르군의
AMX-30 전차. 좌측 아래에는 이라크군의 RPG 공
격에 파괴된 사우디군 V150이 불타고 있다.

페르시아만

동부합동군 TF 아부 바크르의 공격

카타르군 전차
중대(AMX-30)

7 2SANG
제7기계화
보병대대(V150)

SANG 막사

8SA
기계화보병
대대(M113)

카타르군
전차중대
(AMX-30)

8 2SANG
제8기계화
보병대대(V150)

이라크군 부대

제15기계화보병사단
(제5기계화보병여단)

병력 2,000명
전차 50대

카프지 시가

해병대 렌츠 정찰팀

해병대 잉그램 정찰팀

이라크군 진지

암염지대

황무지

95
번
도
로

카프지시의 아치문

※ 2SANG: 제2 사우디아라비아 국가방위군
기계화보병여단 (V150 차륜장갑차)
※ 8SA: 사우디 지상군 제8기계화보병여단
(M60A3 전차, M113 장갑차)

미 해병대 정찰팀. 이동용 험비 2종과 사진 중앙의 전투용 화기·감시장비, 좌측의 통신장비 등을 다룬다.

해병대 12연대 1대대가 TF아부 바크르의 카프지 돌입작전을
포격으로 지원했다.

열병중인 파드 국왕(중앙)과 칼리드 중장(우)

와 TF 오스만의 M60 전차중대와 대전차미사일 소대를 차출해 임시 편성한 부대였다. 무타아리 소장은 카프지의 상황을 파악하기 위해 직접 최전선으로 나섰다. 30일 오전 3시, 무타아리 소장은 카프지 남서쪽 40㎞ 지점에 위치한 전방사령부에서 카프지를 향해 출발했다. 어둑한 서쪽 사막지대와 달리 동쪽 해안은 바닷바람에 구름이 흘러가는 모습이 보일 정도로 밝은 보름달이 떠있었다.

오전 5시, 무타아리 소장은 서쪽에서 카프지로 접근해 이라크군 전초부대를 쌍안경으로 볼 수 있는 곳까지 걸어가 도시 외곽에 중대 규모의 이라크군 전차 12대와 장갑차를 확인했다. 나머지 이라크군 주력은 이미 시내 중심부로 진입한 듯했다. 지금까지 신용할 수 없는 정보만을 받다 겨우 상황을 파악할 수 있게 된 무타아리 소장은 전투가 시작된 후, 처음으로 기분이 좋아졌다.

정찰 중에도 사령부에서는 미군 항공기가 카프지를 폭격하고 있다는 무전을 수신했고, 무타아리 소장은 "나는 카프지에 있다. 폭격할 징후조차 보이지 않는다."며 받아쳤다. 정찰을 끝낸 무타아리 소장은 사령부로 돌아오자마자 대기하고 있던 전차부대에 공격 명령을 내렸다. 그리고 6분간의 교전 결과 이라크군 전차 4대를 격파하고 21명의 포로를 잡았다. 나머지 이라크군은 후퇴했다.

승리를 맛본 무타아리 소장은 즉시 카프지를 탈환하려 했지만, 포로 심문 결과 도시 안에 2개 대대 약 1,500명의 이라크군이 방어태세를 갖추고 있다는 말을 듣고 공격을 포기했다.

30일 오후 1시, 전방사령부로 돌아온 무타아리 소장을 사우디아라비아의 왕자 중 한 명인 칼리드 빈 술탄 중장(40세)이 기다리고 있었다. 칼리드 중장은 아랍합동군 사령관으로, 미국 중부군 사령관 슈워츠코프 대장과 동격의 권한을 가지고 있었고 체격도 슈워츠코프에 뒤지지 않는 거구였다.

칼리드 중장은 무타아리 소장이 3번이나 항공지원을 요청했는데도 해병대가 무시해 이라크군이 카프지를 점령했다는 말을 듣고 격노했다. 칼리드 소장의 자서전 「사막의 전사(Desert Warrior)」를 보면 미군은 1월 29~30일 오후 동안 항공지원을 하지 않았으며, 이에 대해 무타아리 소장은 미군에 강력히 항의했다. 칼리드 중장은 다국적군 공군사령관 찰스 A. 호너 중장이 해병대 항공단을 장악하지 못해 서쪽의 해병대 감시초소 전투에 매달려있던 해병대 항공단을 카프지로 보내지 못했다고 판단했다.[15] 해병대사령관 부머 중장이 해병대 항공단을 카프지로 보낼 경우 이라크군이 키브리트 보급기지를 공격할 위험이 있다고 판단하여 항공지원을 실시하지 않았을 가능성도 있었다. 칼리드 중장의 자서전에 의하면 그는 미국 해병대가 키브리트 보급기지를 지키기 위해 카프지를 포기한 데 분노했던 듯하다. 해병대의 관점에서는 카프지 방면의 위기보다 키브리트 보급기지 방어가 더 중요한 것은 명백했다.

30일 오후, 칼리드 중장은 호너 중장에게 전화를 걸어 이라크군이 카프지에 증원 병력을 보내지 못하도록 B-52 폭격기를 동원한 항공지원을 강력히 요구했다. 이라크의 전략목표를 공격하는 항공 전력을 차출해서라도 카프지의 이라크군을 폭격해야 한다는 주장이었다. 이에 호너 중장은 "어떻게 하라고 지시하지 말고 무엇을 해주기를 바라는지만 말해주십시오. 칼리드 중장은 카프지에, 나는 리야드에 있다는 것을 잊지 마시기 바랍니다." 라며 입장 차이를 확인한 후 항공지원을 약속했다.

호너 중장은 지상군 사령군들이 B-52 폭격기로 폭격만 하면 적을 격파할 수 있다는 환상을 품고 있는 데 불만을 표했지만, 칼리드 중장(영국 왕실사관학교 졸업, 미국 군사학교 유학, 1990년 사우디 방공군사령관 취임)도 파드 국왕에게 어떤 희생을 치르더라도 즉시 적을 몰아내고 카프지를 탈환하라는 재촉을 받고 있었으므로, 무리해서라도 항공지원을 요구할 수밖에 없었다.

카프지 탈환작전의 주력, 사우디 제2 SANG의 기계화보병여단과 V150 차륜장갑차

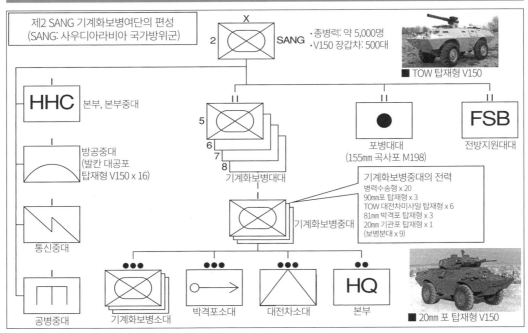

제2 SANG 기계화보병여단의 편성
(SANG: 사우디아라비아 국가방위군)

2 SANG X

· 총병력: 약 5,000명
· V150 장갑차: 500대

■ TOW 탑재형 V150

HHC 본부, 본부중대

방공중대
(발칸 대공포
탑재형 V150 x 16)

통신중대

공병중대

5 6 7 8
기계화보병대대

포병대대
(155mm 곡사포 M198)

FSB
전방지원대대

기계화보병중대

기계화보병중대의 전력
병력수송형 x 20
90mm포 탑재형 x 3
TOW 대전차미사일 탑재형 x 6
81mm 박격포 탑재형 x 3
20mm 기관포 탑재형 x 1
(보병분대 x 9)

기계화보병소대   박격포소대   대전차소대   HQ 본부

■ 20mm 포 탑재형 V150

V150SAH4	
전투중량	10.89t
전장	6.27m
전폭	2.69m
엔진	V-504 디젤 (202hp)
최대속도	112km/h
항속거리	800km
무장	7.62mm 기관총, 12.7mm 중기관총, 20mm 기관포 등
승무원	5명(보병 2명)

훈련중인 SANG 기계화보병여단. 지원부대에 배치된 오스트리아제 STYER 24M(6x6)계열 12t 야전트럭과 V150이 보인다.

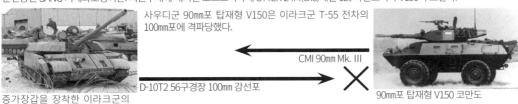

사우디군 90mm포 탑재형 V150은 이라크군 T-55 전차의 100mm포에 격파당했다.

CMI 90mm Mk. III

D-10T2 56구경장 100mm 강선포

증가장갑을 장착한 이라크군의
T-55 이니그마 전차

90mm포 탑재형 V150 코만도

1월 30일 카프지 전투
"이 전투는 내 것이다!"

30일에 카프지를 점령한 이라크군은 제5기계화보병사단 휘하의 여단 병력이었다. 도시에는 여전히 미국 해병대의 2개 정찰팀이 고립되어 있었는데, 그 가운데 찰스 잉그램 상병의 정찰팀은 도시 남쪽 아치 근처의 백화점 빌딩 옥상에 은신한 상태였다. 정찰팀은 ANGLICO(항공함포연락중대)의 일부로 쌍안경, 야시장비, 암호통신기를 사용해 이라크군의 움직임을 제1해병사단 사령부에 알려주고 있었다. 잉그램 상병은 적의 침입을 막기 위해 옥상으로 올라오는 계단에 클레이모어와 대인 지뢰를 설치하고 옥상에는 아군의 오폭을 막기 위해 오렌지색 VS17 식별용 패널을 펼쳐 놓았다.

제1해병사단장 마이엇 소장은 정찰팀이 적에게 발각되는 것은 시간문제라 보고 즉시 구출하려 했지만, 카프지는 아랍합동군의 담당 지역이어서 해병대 마음대로 작전을 수행할 권한이 없었다. 그래서 해병대는 직접 나서지 않고, 아랍합동군을 후방 지원하기로 했다. 그리고 아랍합동군과의 작전을 조율하기 위해 해안도로와 미샤브를 수비하기 위해 포진한 TF 타로(제3해병연대)의 존 에드마이어 대령을 군사고문으로 동부합동군에 파견했다.

에드마이어 대령은 동부합동군의 제2사우디방위군 여단본부를 방문해 여단장인 투르키 알 피름 대령과 카프지 탈환작전에 대해 협의했다. 에드마이어 대령은 미 해병대와 사우디방위군의 합동훈련 진행 과정에서 투르키 대령과 안면이 있었다. 회의 중 에드마이어 대령은 카프지 시내에 남아있는 정찰팀이 36시간은 포격과 항공폭격을 유도할 수 있으니 아랍군은 해병대의 엄호사격을 기다렸다 카프지를 포위, 탈환하라고 조언했고, 오후에는 해병대 참모의 협력을 얻어 탈환작전 구상을 마쳤다.

후일 에드마이어 대령은 카프지 탈환작전이야말로 걸프전 중 가장 고심한 작전이었다고 회고했다.

에드마이어 대령은 제3해병연대를 북상시켜 카프지의 이라크군을 격퇴하고 정찰팀을 직접 구출하고 싶었지만, 그러면 사우디군의 자존심에 상처를 입히고 신뢰관계도 무너질 우려가 있었다. 에드마이어 대령은 이런 정치적 이유를 고려하여 사우디군을 보조하는 역할에 만족해야 했다. 지원사격을 담당하게 된 TF에는 TOW 미사일 파견대, 보안부대, 정찰팀, 제12해병포병연대 1대대(155mm 곡사포)가 동원되었다. 포병은 M939 야전트럭으로 M198 곡사포를 견인해 카프지 남쪽 6.5km에 포진했다.[16]

한편 카프지에 고립된 정찰팀은 위기에 처했다. 이라크 병사들이 정찰팀이 매복한 빌딩에 접근하기 시작한 것이다. 잉그램 상병은 이라크군을 쫓기 위해 빌딩 주변에 포격 요청을 하고, 부하들에게 만일에 대비해 암호표를 불태우라고 지시했다. 곧 155mm 곡사포의 포탄이 빌딩 주변에 떨어지기 시작했고, 이라크군 병사들은 물러갔다. 다만 아군 포격에 정찰팀의 브라운 상병이 부상을 입었고, 그는 걸프전 최초의 퍼플하트(전상훈장)를 수여받았다.

당시 아랍합동군 사령관 칼리드 중장이 가장 우려한 요소는 이라크군보다는 리야드의 슈워츠코프 사령관과 부머 공군사령관의 움직임이었다. 만일 미군이 카프지에 고립된 정찰팀 구출을 이유로 직접 카프지를 탈환한다면 사우디군의 입장에서는 심각한 치욕이고, 파드 국왕을 볼 면목도 없게 된다. 칼리드 중장은 리야드에 있는 부사령관 압델 아지즈 소장에게 "슈워츠코프가 움직이지 않는지 확인하도록. 이 전투는 내 것이다!"라고 직접 명령했다.

일련의 제약 때문에 시간이 걸리는 포위작전은 처음부터 배제되었다. 그리고 미국 해병대가 나설 구실도 없애야 했다. 따라서 칼리드 중장은 먼저 미군 정찰팀을 구출하기로 하고, 30일 저녁 정찰팀 구출과 다음 날 아침 주력부대의 카프지 탈환이라는 2단계 작전을 수립했다. 하지만 어느 작전도 대규모 항공지원 없이는 실행할 수 없었다. 이미 미군이 항공지원 요청을 무시한 전례가 있었으므로, 칼리드 중장은 사우디 공군의 항공작전부장에게 "만약 미 공군이나 해병대 항공단의 항공지원이 없으면 다국적군의 사우디 항공부대를 전부 돌려 받게. 토네이도 공격기와 F-5 전투기 전부 필요하니까." 라고 화난 어조로 말했다.

칼리드 소장의 최후통첩을 받은 호너 중장은 카프지 방면으로 항공기를 보내 국경 근처의 이라크군 부대를 맹렬히 폭격했다.[17]

1월 30일 저녁, 미국 해병대 정찰팀 구출이라는 특명을 받은 사우디군 태스크포스(TF)가 카프지 남쪽에 은밀히 접근했다. TF는 제2사우디방위군 여단 소속 증편 기계화보병중대와 TF 오스만의 2개 전차중대로 구성되었다. 카프지를 점령하고 있는 이라크군을 몰아낼 만한 전력은 아니었지만, 구출 작전을 엄호하기에는 충분했다. 하지만 운 나쁘게도 정찰팀이 숨어있는 빌딩 옆 호텔에 이라크군 지휘본부가 설치되어 있어서, 구출 작전을 진행하려면 시내 한가운데를 가로지르는 넓은 가로수 길을 지나야만 했다. 이는 공격해 들어가는 사우디군이 숨을 곳은 전혀 없다는 뜻이었다.

공격은 사우디군 기계화보병중대의 V150 차륜 장갑차 부대(42대)의 돌입으로 시작되었다. 이라크군 지휘본부 주변에는 많은 방어부대가 전개된 상태여서 사우디군의 전진은 곧 격렬한 저항에 직면했다. 실전 경험이 없던 사우디군은 시작부터 생각지도 못한 적의 공격으로 곤경에 빠졌다. 주변 건물에 매복한 이라크군 저격수들이 장갑차의 타이어를 노려 쏘기 시작했고 타이어가 터진 10대의 장갑차가 멈춰섰다. 사우디군은 이 상황을 타개하기 위해 예비대인 전차중대를 전면에 내세웠다. 사우디군 M60A3 전차가 105mm 포의 화력으로 이라크군의 공격을 물리쳤다. 장갑차 부대를 구한 이라크군은 카프지에서 후퇴하기 시작했다.

사우디군은 이 공격을 틈타 해병대 정찰팀이 시내에서 탈출했다고 판단하고 상부에 보고했으나, 정찰팀은 아직 시내에 남아있었다. 잘못된 보고의 원인은 처음으로 실전을 겪게 된 현장대가 확인 절차를 거치지 못하며 발생한 실수일 가능성이 높지만, 사우디군 지휘부가 미군의 개입을 피하기 위해 일부러 잘못된 보고를 했을 가능성도 있다.

카프지 전투(1월 31일)
갑작스런 야간공격 명령

구출 성공 보고를 받은 칼리드 중장은 이제 슈워츠코프의 개입을 걱정을 할 필요가 없어졌다며 기뻐했다. 자서전에서는 칼리드 중장이 다음 날 아침에 실시될 카프지 탈환작전 준비를 무타아리 소장에게 맡기고 전쟁 중 최고의 숙면을 취했다고 하지만 숙면을 취했다는 언급은 사실이 아닐 것이다. 그날 밤 칼리드 중장은 잠을 잘 상황이 아니었다. 슈워츠코프의 자서전을 보면 30일 밤, 정찰팀 구출작전 이후에도 파드 국왕은 카프지가 후세인의 손에 떨어졌다는 소식에 격노해 차라리 미군이 폭격해 도시를 파괴해 달라고 요청했다. 파드 국왕의 분노에 아랍합동군 부사령관 아지즈 소장은 슈워츠코프에게 상관인 칼리드 중장의 지위가 위태롭다고 하소연했다. 당시 칼리드 중장도 수 시간 내에 결과를 내지 못하면 자신이 경질당할지도 모른다는 불안에 잠을 이루지 못했을 확률이 더 높다.

카프지 탈환작전에 나선 공격부대는 제2사우디방위군여단의 제7기계화보병대대(3개 기계화보병중대: V150 장갑차 약 120대)와 카타르군 전차부대(2개 중대: AMX-30 전차 22대)를 증강 배치한 임시편성 임무부대로, 사우디군의 하미드 모크타르 중령이 지휘를 맡았다. 원래 하미드 중령의 제7기계화보병대대는 이라크군의 남하를 경계하는 임무를 맡고 있었지만 갑작스레 카프지 탈환 임무를 부여받았다. 이 사실만 보더라도 카프지 탈환 작전이 파드 국왕의 분노에 얼마나 허둥지둥 결정되었는지 알 수 있다.

이런 상황에서는 공격 준비도 부족할 수밖에 없었다. 야간에 도시를 탈환하는 작전은 가장 난이도가 높은 군사작전 중 하나지만 공격에 나서는 아랍 합동군은 야간전투 훈련을 받은 적이 한 번도 없었다. 믿을 것은 미 해병대가 제공하는 포격과 항공지원뿐이었지만 그마저도 사전조율을 할 시간이 부족했다. 게다가 카프지의 지형을 확인할 지도조차 없었다. 수많은 문제들이 있었지만, 카프지를 점령한 이라크군의 전력과 배치에 대한 정확한 정보가 없다는 점이 하미드 중령을 가장 불안하게 했다. 당시 이라크군의 규모는 증강된 중대나 대대급 정도로 추산되었을 뿐, 칼레드 소장이 포로를 심문해 얻은 정보 등은 진위가 의심스럽다는 이유로 전해지지 않았다. 그러나 아랍합동군의 예상과 달리 당시 카프지에 주둔한 이라크군은 제5기계화보병사단 15여단(3개 대대)으로 약 2,000명의 보병과 약 50대의 전차를 보유하고 있었다. 이들은 점령 초기에 미군의 폭격을 당하지 않아 전력을 유지했다. 그리고 이라크군 제3군단장 마흐무드는 카프지 점령군을 엄호하기 위해 30일 밤, 제5기계화보병사단 20여단을 카프지 북서쪽 20km 지점으로 이동시켰다.

30일 오후 11시, 해병대의 지원포격을 받으며 아랍합동군 태스크포스(이하 TF)의 2개 기계화보병중대(V150 장갑차 장비, 1개 중대는 예비)는 횡대 대형으로 카프지 남서쪽을 공격해 들어갔다. 선두에 105㎜포를 장비한 카타르군 전차부대가 배치되었고, 바로 뒤에 사우디군 V150 장갑차 부대가 뒤따랐다.

TF가 카프지 근처에 도착하자 이라크군의 격렬한 공격이 시작되었다. 이라크군의 공격에 동요한 카타르군 전차부대는 태세를 정비하기 위해 멈춰섰지만 사우디군 장갑차 부대는 카타르군 전차부대를 앞질러 그대로 카프지로 돌입하기 시작했다.(당시 양군 간의 통신에 문제가 있었다)

단독으로 카프지로 돌입한 사우디군은 이라크군의 집중공격을 받았고, TF의 공세는 완전히 멈추고 말았다. 하미드 중령은 부대를 재정비하기 위해 어쩔 수 없이 후퇴를 명령했다. 전력을 재정비한 TF는 카타르군 전차부대를 전면에 세우고 두 번째

야간공격에 돌입했다. 다행히 이번에는 카타르군이 이라크군의 공격을 버텨냈고, 두 시간이나 교전이 이어졌다. 하지만 쌍방의 야간 사격 능력이 워낙 떨어져 피해는 경미했다. TF에 배속된 미 육군 군사고문 테일러 중령은 교전에서 낭비된 탄의 양을 보고 '깜짝 놀랄 정도였다'고 말했다.[18]

아랍군이 공격하는 동안, 칼리드 중장이 구출했다고 주장한 해병대 정찰팀의 포격 관측 덕분에 해병대 포병의 지원포격은 계속되었다. 로렌스 렌츠 상병이 지휘하는 정찰팀은 잉그램 상병의 정찰팀에서 2km 떨어진 카프지 북동쪽에 있는 3층 건물에 숨어있었다. 해병대 포병은 약 50발의 155㎜ 포탄을 사격했는데, 정찰팀의 관측 덕에 정확한 사격이 가능했다. 정찰팀의 보고에 따르면 포병은 다연장로켓 차량을 파괴하고 순찰중인 보병분대(10명)도 사살했다. 하지만 해병대의 지원에도 불구하고 사우디군의 공격은 실패로 끝났다.

31일 오전 3시 20분, 하미드 중령은 후퇴 명령을 내렸다. 이라크군의 사격은 후퇴하는 중에도 카프지에서 날아온 오렌지색 예광탄 불빛이 후퇴하는 TF의 뒤를 쫓았고 전장에는 카타르군의 AMX-30 전차 1대가 피격되어 불타고 있었다. 후퇴한 TF의 병사들은 집결지로 돌아와 모닥불에 몸을 녹이며 차를 마셨다. 카프지 시내에는 진입해 보지도 못하고 물러선 완패였지만, 피해는 전사 2명, 부상 4명으로 경미했다. 패전에 충격을 받은 하미드 중령은 지휘장갑차의 해치 안에 멍하니 서 있었다.

적을 경시하는 독선적인 작전은 반드시 실패한다는 사실은 역사가 증명해 준다. 실패의 책임은 국왕의 분노가 두려워 무모한 작전을 서둘러 실행한 아랍군 사령관 칼리드 중장에게 있으며, 하미드 중령과 아랍합동군 병사들의 잘못이 아니었다.

흥미롭게도 칼리드 중장의 자서전에는 실패한 카프지 탈환작전에 대해서는 한마디도 나오지 않으며, 중장은 당시 전선사령부에서 숙면을 취했다는 내용만 적혀 있다.

이라크군은 다국적군의 어설픈 공격 덕분에 카프지를 지킬 수 있었지만 사우디 침공작전의 전과 확대에는 실패했다. 칼리드 중장의 강한 요청으로 다국적군 항공부대 일부가 동부 지역에 돌려졌기 때문이다. 이라크군 제5기계화보병사단의 제20기계화보병여단은 카프지 점령부대 지원을 위해 서쪽에서 국경을 넘어오다 B-52 폭격기 3대로 구성된 편대의 폭격을 받았다. 당초 B-52 폭격기의 공격목표는 쿠웨이트 북부에 포진한 공화국 수비대였지만 호너 중장이 쿠웨이트 남부 국경지대로 목표를 변경했다. 80대가 넘는 제20기계화보병여단의 차량 행렬은 B-52 폭격기가 투하한 클러스터 폭탄에 분단되고, 이어 공격기 편대에 철저히 공격당했다. 폭격이 끝나고 수 ㎞나 늘어선 불타는 차량 행렬에 하늘이 붉게 물들었다. 만신창이가 된 제20여단은 발길을 돌려 북쪽으로 도망쳤다. 이라크군 제3군단 사령관 마흐무드 장군은 이라크군 침공부대가 다국적군의 폭격으로 큰 피해를 입은 상황을 심각하게 받아들였다. 쿠웨이트시 남쪽에 있는 해안도시 미나 알라에 있는 이라크군 3군단 사령부와 바그다드 간의 통신을 도청하던 미군은 30일 마흐무드 장군이 바그다드에 작전중지를 요청했다는 사실을 파악했다.

하지만 바그다드는 카프지의 지상전이 '모든 전투의 어머니'라며 공격을 계속하라고 명령했다. 마흐무드 장군은 두 번이나 작전 중지를 요청했지만 답변은 변함이 없었고 '어머니가 자식을 죽이고 있다.'고 한탄하며 무전을 끊었다. 이 무전 내용만 봐도 이라크군 증원부대가 얼마나 큰 피해를 입었는지 알 수 있다.[19]

카프지 전투 (1월 31일)
총공격 "폐하의 도시가 해방되었습니다"

세 번째 공격을 준비하게 된 칼리드 중장은 어떻게든 카프지를 탈환하기 위해 강력한 전력을 편성했다. 총전력은 이라크군의 두 배에 달하는 6개 대

대였고, 전차부대, 대전차 미사일 부대를 중심으로 증강되었다. 탈환작전은 일단 이라크군의 증원과 철수를 저지하기 위해 M60 전차를 장비한 사우디 지상군 제8기계화보병여단의 전차대대(TF 오스만)와 제5기계화보병대대(제2 SANG)를 카프지 북쪽의 쿠웨이트로 통하는 해안도로에 파견해 주변을 제압하기로 했다. 또한 이라크군의 반격에 대비해 사우디군 해병대(TF 타리크)를 카프지 남쪽에 배치했다.

카프지 탈환부대는 주력인 제2 SANG여단의 제7, 8기계화보병대대(TF 아부 바크르)와 지원부대인 카타르군 2개 전차중대, 사우디군 제8기계화보병여단의 기계화보병대대(TF 오스만)로 편성되었다. 탈환부대는 제7, 8기계화보병대대를 중심으로 좌우 두 개의 전투그룹으로 나누어 카프지 시내로 돌입하기로 했다. 사우디군이 시내로 돌입하는 동안 미 해병대 포병은 지원사격을, 해병대 항공단은 코브라 공격헬리콥터와 해리어 공격기로 근접항공지원을 실시하여 이라크군 증원부대를 저지하고 카프지 시내의 특정목표도 공격하기로 사전에 역할을 분담했다. 전투개시 시간은 무타아리 소장이 제안한 오전 8시로 정해졌다. 이 시각은 이라크군의 휴식 시간이었다. 칼리드 사령관은 "자네에게 모두 맡기겠네. 나는 아무 말 않겠네."라고 작전 지휘를 현장 사령관인 무타아리 소장에게 맡겼다.

1월 31일 오전 7시 30분, 공격개시 명령이 떨어졌다. 8시 30분, 하미드 중령이 지휘하는 주공인 제7기계화보병대대(3개 기계화보병중대)와 카타르군 전차중대, HOT 대전차미사일 소대는 15분간의 미 해병대 준비포격 후에 카프지로 돌입했다. 더불어 좌익에서 예비대인 2개 기계화보병중대(제6, 제8기계화보병대대의 각 1개 중대)가 전진해 엄호했지만, 중요 전력인 사우디군 전차부대는 제때 도착하지 못했다.

카프지의 입구는 아라비아 문자로 그려진 아치형의 문으로 이곳을 통과하면 높은 아랍풍 가로등이 늘어선 가로수 길을 따라 시내로 진입할 수 있었다. 진입한 사우디군 장갑차부대는 곧바로 이라

크군의 격렬한 저항에 직면했다. 이라크군은 T-55 전차, RPG 대전차로켓, 중기관총 등으로 공격했다. 카프지의 이라크군은 빌딩 안이나 주변에 매복하거나, 견고한 참호로 방어거점을 만들고 전차와 보병을 배치했다. 그리고 이라크군 저격병들은 이전 전투에서 그랬듯이 도로를 내려다볼 수 있는 위치에 매복해 사우디군 장갑차의 타이어를 노렸다. 아치 근처에는 V150 장갑차 한 대가 RPG 공격을 받아 불타올랐다. 이 최초의 충돌에 한 명이 전사하고 네 명이 부상을 입었다. 본격적인 시가전이 시작되자 도시의 각 블럭과 길을 두고 피비린내 나는 쟁탈전이 벌어졌다.

오전 10시, 이라크군 제5기계화보병사단의 제26전차여단이 점령부대를 증원하기 위해 쿠웨이트에서 카프지로 진격하기 시작했다. 제26전차여단은 100대의 전차와 장갑차가 포함된 기갑부대로, 여단 소속 차량들의 행렬이 3km나 이어졌다. 칼리드 중장은 이라크군 증원이라는 위기 상황에도 다국적군의 폭격 지원이 전혀 이뤄지지 않았다고 불만을 터트렸다. 당시 미 해병대는 사우디군 제5기계화보병대대에 파견된 해병대 관측팀의 지시에 따라 해리어 2대로 이라크군을 폭격해 차량 3대를 파괴하고 있었다.

결국 적의 증원부대를 저지할 실질적인 전력은 카프지 북쪽 해안도로에 진출한 나이프 중령의 제5기계화보병대대 뿐이었다. 대대의 대전차소대(TOW 대전차미사일 장비 V150 장갑차)는 이라크군 전차여단의 선봉부대인 기계화보병중대의 돌파를 저지, 격퇴했고(교전시간은 30분 가량이었다) 사우디군은 전차 및 장갑차 13대를 격파하고 6대를 포획했으며 포로 116명을 잡았다. 증가장갑을 장착한 T-55 이니그마(Enigma) 전차는 TOW로 격파할 수 있지만, 밀란 대전차 미사일에는 격파되지 않았다. 사우디군의 피해는 아군 오사로 인한 전사 2명, 부상 5명이었다.

한편 폭격준비를 완료한 다국적군 항공기는 국경 부근에서 발이 묶인 제26전차여단을 공격했다.

제26전차여단은 지뢰지대 사이에서 발이 묶인 채 폭격을 받아 괴멸적인 피해를 입고 후퇴했다. 하지만 이런 상황에서 실전 경험이 부족한 사우디군은 어렵게 확보한 도로를 점령하지 않고 보급을 위해 서쪽으로 4km나 후퇴해 버리는 작전적 실책을 저지르고 말았다. 결국 퇴로 차단은 실패했고, 카프지 방면의 이라크군은 쿠웨이트로 도주할 수 있었다.

정오 무렵, 카프지 시내에서 이라크군의 반격이 시작되었다. 이 반격에 하미드 중령의 사우디군 제7기계화보병대대 V150 장갑차 2대가 파괴되었다. 그중 한 대는 90mm포를 장비한 화력지원차량으로, 장갑이 얇아서 이라크군의 T-55 전차의 100mm포 한 발에 승무원 전원이 전사했다. 또 한 대의 V150 장갑차는 빌딩 4층에서 발사된 RPG 로켓에 명중해 6명이 전사하고 3명이 부상을 입었다.

성가시지만 매복을 처리하지 않고는 전진할 수 없었다. 사우디군은 이라크군이 매복한 빌딩을 TOW 미사일로 공격했고 파괴된 빌딩에서 적들이 항복하기 시작했다.

같은 시각, 미 해병대 정찰팀이 숨어있던 건물 근처에 다시 이라크군 기계화보병부대가 나타났다. 전력은 중기관총을 장비한 중국제 YW531 장갑차(보병 13명 탑승) 17대였다. 정찰팀은 적의 위치를 무전으로 알렸고, 해병대는 포병의 일제사격과 해리어 2대로 공격해 이라크군 장갑차 17대를 전부 격파했다. 살아남은 이라크군 보병들은 많은 사상자를 남긴 채 도주했다.[20]

빌딩 옥상에서 전투 상황을 보던 잉그램 상병은 적이 혼란에 빠진 틈을 타 카프지를 탈출하기로 결심했다. 잉그램 상병은 부하들에게 무거운 장비는 버리도록 명령하고, M16 소총과 무전기를 손에 들고 아군 식별용 오렌지색 천을 입에 문 채 달려나갔다. 저격수의 표적이 될 수도 있는 위험한 행동이었지만, 운 좋게도 파괴된 적 전차에서 피어오르는 검은 매연이 정찰팀을 숨겨주었다. 인근에 있던 전차는 2차 유폭이 일어나 완전히 파괴되어 있었다.

정찰팀은 1km 정도를 달려 사우디군 진영에 도착했다. 한편 렌츠 상병의 정찰팀도 탈출을 준비 중이었다. 먼저 빌딩에 숨어있는 저격수를 총격과 수류탄 공격으로 해치우고 숨겨둔 험비를 타고 단숨에 남쪽으로 탈출했다.

시내로 진입한 사우디군은 빌딩에 매복한 저격수와 도시 북쪽의 이라크군 포병(소련제 2S1 122㎜ 자주포)의 지속적인 포격에 생각만큼 전진하지 못하고 있었다. 하지만 길과 길 사이, 집과 집 사이를 두고 소규모 전투를 반복하며 적을 제압해 나갔다.

오후 1시 30분, 사우디군은 주공부대를 큰 피해를 입은 제7기계화보병대대에서 제8기계화보병대대로 전환했다. 결국 2개의 전투그룹(좌익의 제7기계화보병대대, 우익의 제8기계화보병대대)이 연결되어 카프지 남쪽에서 카프지 북쪽에 있는 담수화 시설 부근까지 전진했다. 그리고 이곳에서 다시 이라크군의 저항에 부딪혔다. 이라크군 전차가 사우디군 차량부대를 습격해 구급차 2대를 포함해 3대가 파괴되고 전사 8명, 부상 4명의 피해를 입었다.

오후 6시 30분 어두워질 무렵, 전진하던 사우디군이 정지했다. 카프지를 점령했던 이라크군 대부분은 격파되거나 항복했고 일부는 북쪽으로 도주했다. 하지만 도시 북부에는 20대의 장갑차량을 장비한 이라크군 2개 중대가 거점을 확보하고 있었고 시내의 저격수들은 저항을 계속했다.

칼리드 중장은 국왕에게 전화로 보고했다. "폐하의 도시 카프지가 해방되었습니다."

보고를 받은 파드 국왕은 다음과 같이 지시했다. "포로들을 씻기고, 깨끗한 옷과 식사를 제공하도록. 그전에 심문해서는 안 되네."

늦은 밤, 칼리드 중장은 5명의 경호병을 대동하고 카프지 시내로 들어섰다. 아직 적군이 쏘아 올린 조명탄이 빛나며 포성이 울리고, 거리에는 파괴된 전차의 연기와 이라크군 병사들의 시체가 뒤엉킨 상황인데도 기자들이 먼저 와 있었다.[21]

다음날 2월 1일 아침 7시 30분, 이라크군 잔당

제압이 시작되었다. 빌딩에 숨어있는 저격수는 대전차미사일로 빌딩 전체를 폭파해 대응하고, 시가지 북부에 남아있는 이라크군 거점은 사우디군 제7기계화보병대대가 제압했다. 이라크군의 잔존부대는 봉쇄되지 않은 도로를 통해 북쪽으로 도망쳤다. 그렇게 사우디군이 카프지를 완전히 탈환한 시각은 오후 4시경이었다.

이라크군의 피해는 전사 약 60명, 포로 463명(부상 35명)이었고, 주요 장비의 파괴·포획은 전차 32대, 장갑차 70대, 자주포 2대였다. 다만 이 수치는 카프지 일대의 자료로, 미 해병대가 국경선의 감시초소에서 싸운 이라크군과 쿠웨이트 국경지대에서 폭격한 이라크군 중사단의 피해는 포함되지 않았다. 나중에 접수된 이라크군의 통신과 포로의 증언을 종합한 이라크군 전체의 피해는 적어도 사상자 2,000명, 차량 피해 300대가량으로 추정된다.

한편 사우디군의 인적 피해는 전사 18명, 부상 50명이었고, V150 장갑차 7대와 카타르군 AMX-30 전차 2대를 잃었다. 사우디군의 M60 전차부대를 대신해 공격에 나선 장갑차부대의 피해가 특히 컸다. 아마도 국왕 직속의 SANG 여단이 공적을 쌓게 하기 위한 정치적 선택으로 보인다. 미군의 인명 피해는 25명으로 그중 14명이 격추된 AC-130의 승무원들이었다. 나머지 11명은 아군 오인사격의 희생자들이었다.

이밖에도 「카프지 전투」에서는 심각한 전시 포로 문제가 발생했다. 31일 밤, 제18공수군단의 수송트럭이 길을 착각해 카프지로 향했고, 그 결과 두 명의 미군 병사가 이라크군의 포로가 되었다. 단두 명의 포로가 심각한 문제가 된 것은 그중 한 명이 여군 병사인 멜리사 레스번 닐리 특기상병(20세)으로, 최초의 여군 포로라는 점이 큰 이슈가 되었기 때문이다.

필자는 당시 TV 인터뷰에서 멜리사의 부친이 "차라리 죽는 편이 나을지도…"라고 말하던 모습이 인상 깊게 남아있다. 미군 역사상 약 100명(제2

차 세계대전 당시 88명)의 여성 포로가 있었지만, 여성 병사가 포로가 된 사례는 카프지 전투가 최초였다. 참고로 걸프전에 참전한 여군은 총 37,000명이었다.

슈워츠코프 장군은 카프지를 공격한 이라크 육군에 대해 사기도 낮고 훈련도도 떨어져서 화학무기를 제외하면 두려워할 요소가 없다며, 칼리드 중장의 병사들에게 자신감을 심어줄 상대로 적당하다고 평했다. 정보부장인 존 리드 준장도 '여단 규모 이상이 되면 일관된 합동작전을 수행하지 못한다'며 이라크군을 혹평했다. 하지만 이런 말들은 이라크군의 반격에 초기대응을 하지 못한 미군의 변명일 뿐이다.

'카프지 전투'에서 패배한 이라크군은 작전 방침을 전환했다. 다국적군의 압도적인 항공폭격과 야간 전투능력의 격차를 체감한 이라크군은, 수적으로 우세한 전차부대라도 완만한 속도로 작전을 수행할 경우 언제든 격파당할수 있다는 사실을 실감하지 않을 수 없었다. 따라서 다국적군의 폭격으로부터 지상군 전력을 유지하기 위해 부대와 차량을 방호해줄 모래방벽을 세우고, 참호를 보다 깊게 파고, 보급품도 최대한 분산시켜 보관했다. 차량 이동 역시 소부대 단위로 분할시켜 진행했다. 사령부들도 정기적으로 위치를 옮기고, 부대 집결지마다 대량의 모형전차, 대포, 비행기 등을 설치해 기만을 시도했다. 결과적으로 이라크군은 사막이라는 성 안에 깊숙이 웅크리게 된 셈이다.

한편, 2개 사단이 전멸하는 한이 있더라도 달성해야 할 전과, 즉 수천 명의 미군 포로를 잡는 데 실패했다는 사실은 후세인을 격노하게 했다. 전사자들에 대한 애도는 처음부터 관심 밖이었다. 하지만 이라크군이 36시간동안 카프지를 점령했다는 사실은 누구도 부정할수 없었다. 따라서 후세인은 국영 TV와 라디오 방송을 통해 이 패전을 역으로 미국에게 타격을 가한, 살라딘이 십자군을 상대로 거둔 승리에 필적하는 전과로 포장했다. 이후 이라크에서 카프지 전투는 이라크의 승리를 노래하는 서사시이자 신화처럼 취급되었다.

참고문헌

(1) Charles H.Cureton, US Marines in the Persian Gulf, 1990-1991: With the 1st Marine Division in Desert Shield and Dersert Storm (Washington, D.C: History and Museums Division, Headquarters, USMC, 1993), pp24-26.

(2) Michael R.Gordon and Bernard E.Trainor, The General's War: The Inside Story of the Conflict in the Gulf (Boston: Little Brown, 1995), pp268-271; ibid, p28; Eliot A.Cohen, U.S.AirForce Gulf War Air PoWer Survey, Vol Ⅱ (Washington,D.C:USAF, 1993), pp238-239.

(3) James Titus, The Battle of Khafji: An Overview and Preliminary

Analysis (Alabama: Maxwell Air Force Base, 1996), pp7-10

(4) Frontline The Gulf War (WGBH, 1996: video)

(5) Cureton, US Marines, pp29-32.

(6) Roger L.Pollard, "the Battle for op-4: Start of the Ground War" Marine Corps Gazette (March 1992), p49.

(7) Cureton, US marine, p35.

(8) Rick Atkins, The Crusade: The Untold Story of the Persian Gulf War (Boston: HoughtonMifflin, 1993) p200; David J.Morris, Storm on the Horizon: Khafji-The Battle that Changed the Course of the Gulf War (New York: Simon&Schuster, 2004), pp83-90; G.J.Michaels, Tip of the Spear: U.S.Marine Light Armor in the Gulf War (Annapolis: Naval Institute Press, 1998), pp139-140.

(9) Cureton, US Marine, p35.

(10) Cureton, US Marine, pp36-37; Atkinson, Crusade, pp206-207.

(11) William H.Weber iv, "More on OP4" Marin Corps Gazette (June 1992), p64.(12) Dennis P.Mroczkowski, US Marines in the Persian Gulf, 1990-1991: With the 2nd Marine Division in Desert Shield and Desert Storm (Washington, D.C: History and Museums Division, Headquarters, USMC, 1993), pp20-23.

(13) Rebecca Grant, "The Epic Little Battle of Khafji" Air Force Magazine (February 1998)

(14) Morris, Storm, p230.

(15) HRH General Khaled bin Sultan, Desert Warrior (New York: Harper Collins Publishers, 1995), pp367-377.

(16) Charles H.Cureton, US Marines in the Persian Gulf, 1990-1991: With the 1st Marine Division, Headquarters, USMC, 1993), p44.

(17) HRH General Khaled bin Sultan, Desert Warrior (New York: HatperCollins Publishers, 1995), pp374-378.

(18) Martin N.Stanton, "The Saudi Arabian National Guard Motorized Brigades" AROMOR (March-April 1996) pp6-11.

(19) Michael R.Gordon and Bernard E.Trainor, The General's War: The Inside Story of the ConFlict in the Gulf (Boston: Little Brown, 1995) pp282-283.

(20) Rick Atkinson, The Crusade: The Untold Story of the Persian Gulf War (Boston: HoughtonMifflin, 1993), p211. And Thomas Houlahan, Gulf War: The Complete History (New London, New Hampshire: Schrenker Military Publishing, 1999), pp82-83.

(21) Khaled, Warrior, p387.

제7장
제7군단의 서부 방면
대기동과 양동작전

사막에 건설된 전술집결지

카프지 탈환 성공 이후, 중부군 사령부의 최대 관심사는 지상전 준비였다. 특히 공세작전의 주력인 제7군단의 서부 집결지 이동이 지연되면서 군단이 이동하는 중에 후세인이 먼저 지상전을 개시하는 상황에 대한 우려가 강해졌다. 7군단 이동 지연의 주원인은 목적지까지의 거리와 막대한 규모의 중장비와 물자를 운반할 수송트럭의 부족에 있었다. 제7군단 전체의 전술집결지(TAA 주노)는 항구에서 서쪽으로 400~600㎞가량 떨어진 사막 한가운데 있었다. 그리고 전술집결지로 연결되는 도로는 간선도로 하나뿐이었다. 석유 파이프라인의 건설과 보수를 위해 만들어진 이 도로는 '탭라인 도로(TAPline: Trans-Arabian Pipeline)'라 불렸으며, 2차선 간이 아스팔트 포장도로로 해안에서 출발해 다프네 사막과 네푸드 사막을 가로질러 레바논까지 이어져 있었다. 군단 휘하 각 부대의 전술집결지는 담맘 항에서 서쪽으로 480㎞ 떨어진 하파르 알 바틴 시

동쪽의 탭라인 도로 너머에 건설되었다. 도로 북쪽에는 영국군 제1기갑사단의 TAA 키즈, 제1보병사단의 TAA 루스벨트, 제2기갑기병연대의 TAA 세미놀이 있었고, 남쪽에는 제1기갑사단의 TAA 톰슨, 제3기갑사단의 TAA 헨리가 있었다.(해당 명칭은 제2차 세계대전의 명예훈장을 수여 받은 병사들의 이름이다)

첫 번째 집결지를 건설한 부대는 사우디 전개를 완료한 선봉부대인 제2기갑기병연대로, 90년 12월 21일까지 탭라인 도로 북쪽에 TAA 세미놀을 건설했다. 연대의 임무는 집결지로 이동하는 군단에 대한 이라크군의 습격에 대비하는 것이었다. 집결지에 도착한 기갑사단의 각 전투부대는 중대 단위로 독립 베이스캠프를 설치했다. 베이스캠프를 분산 배치한 것은 적의 기습에 대비해 위험을 줄이고 훈련 공간을 확보하기 위해서였다.

사단 휘하에는 60여 개의 전투중대가 있었고, 각각의 중대 베이스캠프는 수㎞ 간격으로 설치되었다. 베이스캠프에는 공병대가 주위에 모래방벽을 세우고 참호와 철조망을 설치했다. 집결지 건설을

담당한 군단 휘하의 제7공병여단은 길이 400km의 모래방벽을 베이스캠프 둘레에 세웠다.

집결지에는 각 중대의 베이스캠프 외에 지휘·통신소, 주차구획, 탄약집적소, 사단 헬리콥터 부대 착륙장 등을 건설했고, 장비, 탄약, 지휘소에는 위장망을 덮었다. 특히 헬리콥터 부대 전개지에는 모래 먼지가 날아오르지 않도록 1.2 x 1.2m 크기의 M19 알루미늄 매트를 깔아 헬리콥터 착륙장과 셀터형 정비소를 조성했다.

집결지에 도착한 병사들의 생활환경은 기본적으로 텐트와 캠핑카 생활과 같았다. 사단 보급부대가 준비한 편의시설은 50명당 샤워장 하나, 80명당 세면장(8인용) 하나였다. 사단장과 참모들의 거주구획은 일반 병사들과 달리 트럭 짐칸에 컨테이너형 간이건물을 올린 군용 밴 형식이었으며 개인실이고 시설이 더 좋았다. 제1기갑사단장 그리피스 소장의 밴에는 한쪽에 간이침대와 침낭이, 다른 한쪽에 책상이 있었다. 이곳이 사무실 겸 침실, 그리고 유일한 휴식공간이었다. 당시 그리피스 소장의 평균 수면시간은 3~4시간이었으며 휘하 참모와 지휘관들은 더 짧았다. 사단지휘소 역시 이런 간부들의 밴과 텐트가 모여 구성되었다.

집결지의 일상은 아침마다 각 부대의 통신 안테나에 성조기(강한 햇빛에 색이 바랬다)가 게양되고 테이프에 녹음된 기상나팔 소리에 병사들이 침낭에서 기어 나오면서부터 시작되었다. 오전 6시부터 한 시간 동안 팔굽혀펴기, 복근운동, 구보 등의 체력단련을 하고, 아침 식사를 마친 다음 훈련과 임무를 수행한다. 오후 5시부터 저녁 식사를 한 후, 순찰이나 야간 전투훈련 대상자를 제외한 인원은 10시에 취침했다. 평균적인 식사는 아침에 T레이션의 카페테리아 풍 따뜻한 메뉴로 칠리 라이스와 닭요리가 나왔다. 점심은 야전식량(MRE)이었는데, 3000kcal의 동결건조식품으로 병사들에게 '에티오피아 난민도 거부할 음식(Meal Rejected by Ethiopians)'이라며 악평을 받았다. 슈워츠코프 장군도 접착풀을 먹는

것 같다고 불평할 지경이었다. 저녁 식사는 다시 T레이션으로 스크램블 에그 같은 간단한 메뉴를 배급했다.

다국적군이 집결한 사우디의 사막은 대체로 기후가 평온해서 맑은 날에는 가시거리가 4~6km에 달했다. 하지만 사막의 모래는 분필가루처럼 손에 묻을 만큼 고운 미립자로 '샤말'이라 불리는 모래폭풍이 불면 하늘이 회색으로 뒤덮이며 어두워지고 시계도 100m 이하로 떨어졌다. 그리고 모래 분진은 모든 기계에 악영향을 주었다. 헬리콥터의 터빈엔진은 모래를 떨어내기 위해 50시간마다 물로 씻어야 했다. 그리고 사막이라는 이미지와는 어울리지 않게 호우가 쏟아지기도 했는데, 다흐나 사막은 혈암(진흙 퇴적암) 암반층인데다 고운 모래 때문에 빗물이 땅에 스며들지 못하고 무릎까지 차 올랐다. 그리고 젖은 모래는 진흙처럼 질퍽거려 궤도차량조차도 진흙탕에 빠져 움직이기 힘들었다. 하지만 페르시아만 지역 전체가 고운 모래 사막은 아니다. 굵은 모래, 흙, 조약돌, 자갈로 된 사막, 높게 솟은 언덕, 와디, 들쑥날쑥 깎인 협곡, 유프라테스강에서 바스라 방면까지는 습지대가 넓게 펼쳐져 있었고, 그랜드 캐년 같은 메사(mesa: 꼭대기는 평평하고 주위는 급경사인 탁자 형상의 지형)도 있다.

집결지(TAA)로 전차를 운반할 수송 수단의 부족 사태

기갑사단의 M1A1 전차를 수송하는 과정은 쉽지 않았다. 병사들은 사우디에서 제공한 350대의 버스로 이동하고, 군용 트럭과 험비 등은 자력 주행으로 이동할 수 있었지만, 중량이 60t에 달하는 M1A1 전차 부대가 도로를 달린다면 유일한 수송로가 훼손된다. 그렇다고 도로 대신 사막지대를 가로질러 500km 이상 주행하면 귀중한 전차가 얼마나 고장을 일으킬지 알 수 없었다. 군단의 계획관은 전차가 주행하는데 드는 막대한 연료와 도로 파손을 이유로 집결까지 이동할 때 궤도 차량의 자력 주

지상전의 최종준비 미 육군 2개 군단의 서부 방면 대기동

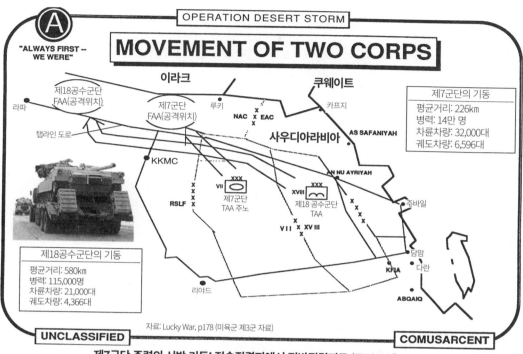

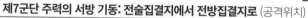

제7군단 주력의 서방 기동: 전술집결지에서 전방집결지로 (공격위치)

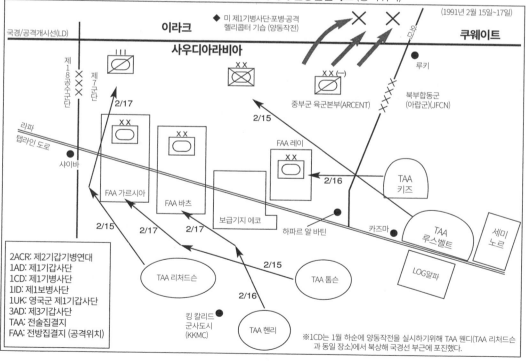

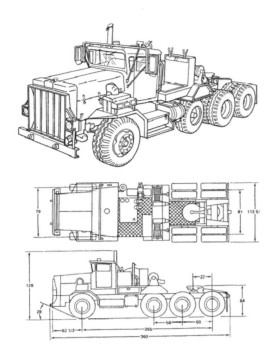

M911 트럭(6x6)	
차체중량	26.3t
최대중량	43.4t (세미 트레일러 견인시)
적재중량	53.0t (세미 트레일러 적재 중량)
총중량	96.4t
전장	약 20m (트레일러 길이 포함)
전폭	2.9m
전고	3.6m
엔진	디트로이트 디젤 8V-92TA-90 (430hp)
최대속도	69km/h (만재시)
항속거리	990km
승무원	2명

M911 전차수송차의 트레일러에 적재된 M577 장갑차. M1 전차를 적재했을 경우 최고속도는 23km/h에 불과했다.

행은 자제하도록 조치했다.

전차 운반에는 전차수송차(또는 Heavey Equipment Transporter) 사용이 최선이었다. 전차수송차는 전차를 적재할 수 있는 튼튼한 저상 트레일러와 트랙터로 구성된 차량이다.

전쟁사를 보면 사막 기동전에서 전차수송차가 전략적으로 얼마나 중요한 역할을 하는지 알 수 있다. 1967년, 제3차 중동전쟁에서 승리한 이스라엘군은 보유 전차를 전부 수송할 수 있는 대량의 전차수송차를 준비했다. 덕분에 이스라엘군 전차는 적보다 빠르게, 비전투 손실(고장)없이 전장에 투입될 수 있었다. 반면 아랍군의 전차부대는 열사의 사막을 자력 주행으로 이동했고, 그 과정에서 차례차례 고장을 일으켜서 전장에 도착한 전차는 전체의 절반, 운이 좋아야 3분의2 정도였다. 그나마도 대부분 모래먼지에 엔진 트러블이 생겼고, 무한궤도에도 모래가 빽빽이 들어차 마모가 심했다. 게다가

승무원들은 사막의 열기와 주행의 피로에 지쳐 있었다. 이 시점에서 이미 이스라엘군이 승리는 예정된 것이나 다름없었다.

이런 전차수송차의 중요성에도 불구하고 미 육군이 보유한 전차수송차는 1만대 이상의 가용 전차에 비하면 턱없이 부족해서, 예비차량과 훈련용을 포함해도 750대뿐이었다. 실제 부대에 배치된 상황을 보면 군단의 수송트럭 중대에 36대, 중사단의 차량수송 중대에 24대로 매우 빈약한 수준이었다. 이런 수송차 부족의 원인은 미군 기갑부대의 주둔지 환경에 있었다. 미군 기갑부대는 창설 이래 본토와 서독에 주로 주둔했고, 전차는 주로 비용이 적게 드는 철도로 이동했다. 서독에서 도로를 이용한 이동훈련은 일 년에 한 번뿐이었고 그나마도 서독군의 협력을 받아 진행했다.

미군에게 전차수송차는 운송수단이 아니라 고장 전차를 회수하는 장비였다. 반면 이라크군은

3,000대의 전차수송차를 보유했으며, 주력전차인 T-72를 신속하게 운반할 수 있는 서독제 파운 HZ 40/56 전차수송차를 보유하여 규모는 물론 질적으로도 우수했다.

제7군단의 중장비가 항구에 도착할 무렵, 가용 전차수송차는 육군 112대, 해병대 34대 뿐이었다. 반면 군단이 보유한 장비 가운데 전차수송차로 운반해야 할 중장비는 M1 전차 외에도 M60전차를 개조한 M60 교량전차, M728 전투공병전차, M88A1 구난전차 등 총 2,068대에 달했다. 군단에는 전차 외에도 궤도식 장갑차량이 3,000대 이상 있었지만, 11t급 M113 장갑차를 운반하는 데 귀중한 전차수송차를 쓸 수는 없었다. 결국 중량 10t급의 소형차량 1,474대는 플랫베드(flatbed: 평상형 짐칸)가 달린 차량운반트럭에 적재해 이동했다. 다만 차량운반트럭은 차고가 높아 임시로 모래 경사로를 만들어 차량을 적재했다. 브래들리 보병전투차, M109 자주포, 불도저 등의 중량 30t 이하의 중형차량 1,647대는 직접 적재구획으로 올라갈 수 있고, 일반적인 중·대형 트럭으로 견인 가능한 로우보이(lowboy) 트레일러를 이용했다.

중부군은 항구 주변의 전차와 중장비를 하루라도 빨리 전술집결지로 이동시키기 위해 전 세계의 군과 기업에서 전차수송차를 불러모았다. 미 육군이 페르시아만 전역에 보낼 수 있는 자체 보유 전차수송차는 497대에 지나지 않았지만, 최종적으로 1,310대의 전차수송차와 450대의 차량운반 트럭(로우보이), 2,200대의 플랫베드 트레일러를 확보했다. 또 민간인 대형 트럭 운전수 2,000명을 한국, 인도, 터키, 파키스탄, 방글라데시, 이집트 등에서 채용했다. 하지만 문제가 전부 해결된 것은 아니었다. 미군의 주력 전차수송차인 M911은 6륜구동 트럭으로 M747 세미 트레일러를 연결하면 전장이 20m에 달했고, M1A1 전차를 적재하면 총 중량은 100t을 초과했다. 적재 중량 초과 문제를 해결하기 위해서는 M1A1 전차의 장비를 일부 제거해 무게를

줄여야 했다. M911 트럭은 450hp의 강력한 엔진을 탑재했지만 전차를 적재한 상태에서는 최고 속도가 23km/h에 불과했다. 가벼운 소련제 전차 운반을 상정한 '타트라'나 민간회사의 전차수송차 중에는 M1 전차를 적재하면 타이어가 터지는 차량도 나왔다. 마모가 심한 타이어와 교환부품의 부족도 전차수송차의 가동률을 떨어트리는 요인이었다. 전차 수송을 어렵게 한 또 다른 원인은 항구와 집결지를 연결하는 도로가 하나뿐이며 왕복거리도 1,000km이상이라는 점이다. 전차수송차가 500km 떨어진 집결지에 M1 전차를 수송하면 쉬지 않고 달려도 편도 24시간이 걸렸고, 전차를 수송하는 동안 편도 1차선 도로는 극심한 정체를 일으켰다.

사막의 폭풍 작전이 시작된 1991년 1월 17일, 당시 담맘항과 주바일항의 장비집적소에는 제7군단 소속 13개 전차중대, 7개 브래들리 보병전투차중대, 21개 자주포중대가 집결지로 수송되기를 기다렸다. 궤도식 전투차량은 약 450대로 그중 180대가 M1A1 전차였다.

제7군단의 각 사단이 집결지(TAA)로 이동을 완료한 시기는 제1기갑사단과 제1보병사단이 1월 28일, 영국군 제1기갑사단이 1월 31일이었다. 수송이 지연된 제3기갑사단의 경우 2월 첫 주가 지나도록 집결지에 도착하지 못했다.

7군단의 대이동 및 공격위치 전개

전쟁이 시작된 후 제7군단이 전술집결지로 이동하는 과정에서 곤욕을 치르는 동안, 제18공수군단은 지상전 준비를 위해 먼저 서쪽으로 이동하기 시작했다. 공수군단의 공격준비 위치인 전방집결지(FAA: Forward Assembly Area)는 사우디 동해안의 군단방위구역에서 탭라인 도로를 따라 서쪽으로 가면 나오는 하파르 알 바틴에서 다시 내륙방향으로 130~289km 거리의 샤이바-라파 사이에 있었다. 이동거리는 동해안의 담맘에서 라파까지 800km가량이었다.

이라크군 중사단의 장거리 침공을 가능하게 한 파운 HZ 전차수송차

◀ 파운HZ 전차수송차량의 세미 트레일러에
   적재되어 이동하는 T-72 전차

◀▼ 걸프전 중(1991년 2월) 미군의 공격을 받아
   격파된 공화국 수비대의 파운 HZ 수송차.
   트레일러에 적재된 것은 SA-6 게인풀
   자주대공미사일

파운 HZ 40·45/45 (6x6)

차체중량	19t
최대중량	45t (세미 트레일러 견인시)
적재중량	55t (세미 트레일러 탑재 중량)
차체길이	9m
전폭	2.75m
전고	3.4m
엔진	BF12L513C 공랭 디젤 (525hp)
최대속도	63.6km/h
항속거리	약 900km
승무원	1+6명

파운 HZ 전차수송차에 적재되어
이동하는 T-72 전차

도로경비를 위해 전차수송차에서
내리는 T-72 전차

전차수송차에 적재되어 이라크 남동부의
쿠웨이트 국경 부근(메디나)으로 이동하는
공화국 수비대 기갑사단의 T-72 전차부대

차체 후방에 예비연료탱크를 부착한 T-72 전차

← KUWAIT 87 KM

탭라인 도로 이외의 이동경로도 하나가 더 준비되었는데, 담맘에서 남하해 리야드와 바틴을 경유하는 이 우회도로의 이동거리는 1,000㎞ 이상이었다. 이동거리가 더 길지만 공수군단은 주로 우회도로를 이용했다. 탭라인 도로는 도착이 지연된 제7군단과 중장비 수송에 먼저 할당되었기 때문이다. 남쪽과 북쪽, 2개의 이동경로는 물자수송을 위한 주보급로(MSR: Main Supply Route)가 되었고, 탭라인 도로는 MSR 닷지, 우회도로는 MSR 토요타, 내쉬로 불렸다.

공수군단의 제101공수사단은 병력 17,132명, 공격 헬리콥터 73대를 포함해 358대의 헬리콥터를 보유한 미군 유일의 공중강습사단으로, 차량 4,029대(대부분 경차량)도 함께 운용했다. 사단이 집결지까지 이동하는 데는 온갖 방법이 동원되었다. 총 차량의 60%인 2,375대는 남쪽의 리야드를 경유하는 우회도로를 통해 캠벨 집결지로 990㎞를 이동했다. 탭라인 도로로 이동한 차량은 17%인 704대였다. 나머지 950대의 차량과 8,600명의 병력은 C-130 수송기로 킹 파드 국제공항에서 라파의 비행장까지 550회의 비행을 통해 공수했다.

358대의 헬리콥터는 480㎞를 자력 비행으로 이동했다. 제101공수사단은 부대 특성상 신속한 이동이 가능해 1월 29일까지 이동을 마쳤다. 참고로 사단의 차량 중에는 일제 닛산 패트롤 등의 50대의 민수 4륜구동 차량도 있었다.

1월 19일에는 C-130 수송기로 제82공수사단이 이동하기 시작했다. 차량부대의 이동은 21일부터로 수백 대의 수송대가 1,200㎞ 떨어진 호크 집결지로 이동했다. 제82공수사단이 보유한 약 3,600대의 차량 중에 궤도 장갑차는 84대였고, 이동은 18일 만에 완료했다.[1]

한편, 중장비가 많은 제24보병사단과 제3기갑기병연대의 이동에는 전차수송차와 로우보이, 플랫배드 등의 수송트럭이 대량으로 필요했다. 제24보병사단의 경우 사우디 도착 당시의 병력은 18,000

명이었지만, 지상전에 대비해 전력을 증강하면서 병력은 25,000명, 차륜차량 1,793대, 궤도차량 6,560대로 늘어났다.

사단의 차량을 수송하는 데는 전차수송차 323대를 포함해 1,277대의 수송트럭이 필요했다. 다만 빅토리 집결지까지 탭라인 도로를 이용할 수 있도록 배려를 받은 결과, 이동거리를 510㎞로 단축할 수 있었다.

제24보병사단은 각 150대로 구성된 67개의 수송대를 편성해 10일 만에 이동을 완료했다. 제3기갑기병연대는 군단의 우익으로 샤이바 근처의 캑터스(선인장) 집결지로 이동해 군단의 우익을 지키고, 제7군단과 작전을 지원하는 역할을 맡았다. 공수군단에 배속된 장 무스카르데스 준장의 프랑스군 제6경장갑사단은 라파 서쪽에 건설된 올리브 집결지에서 진출해 군단의 좌익을 맡았다.

제18공수군단의 서부 방면 기동은 공군 수송기와 수천대의 트럭을 수배해 화물 종류와 수량 배분, 운행시간과 이동경로 등을 면밀히 조정해 시행되었고, 2월 7일, 공수군단은 병력 115,000명, 차량 25,366대(궤도 차량 4,366대)의 기동을 완료했다.

반면 제7군단은 군단 직할부대와 후방 지원부대만 전방집결지(FAA) 이동을 마쳤고, 사단 본대는 도착하지 못했다. 전방집결지는 제7군단의 공격 개시 위치 인근인 샤이바~하파르 알 바틴 사이의 130㎞에 펼쳐져 있었지만, 정작 사단 본대가 여전히 전술집결지(TAA)에도 도착하지 못한 상황이었다. 2월 초가 되어서야 겨우 제7군단의 전 사단이 집결했고, 전방집결지 이동은 2월 15일~17일의 사흘에 걸쳐 단숨에 진행되었다. 프랑스군은 지상전에 투입되기 전에 실전처럼 대규모의 공격진형으로 기동하는 훈련을 실시했다. 집결지에서의 기동거리는 평균 226㎞로 M1A1 전차가 전차수송차를 사용하지 않아도 큰 문제가 없었다. 제7군단은 병력 14만 명, 차량 38,596대(궤도차량 6,596대)를 전방집결지에 전개했다. 다만 제7군단의 마지막 전투부대(포병여단)는 2

제7군단의 궤도식 차량 5,189대를 수송한 3종류의 트럭

전차수송차(HET 중장비수송차): 중량 50t이 넘는 대형차량 2,068대의 수송을 담당했다

M728 전투공병전차(53.3t)

M88A1 구난전차(51t)

제7군단 소속의 중량 60t급의 M1 전차 1,465대는 미군 M911과 타국이 제공한 전투수송차(HET)로 집결지까지 이동했다. 사진은 민간 대여 차량.

로우보이 트럭: 중량 30t급 중(中)형 장갑차량 1,647대의 수송을 담당했다

M2/M3 브래들리 보병전투차(27.2t)

D7 대형 불도저(25t 이상)

로우보이는 차량을 자력으로 적재할 수 있는 저상 세미 트레일러다. 사진은 M109A1/A3 자주포(24.9t)를 적재한 민간 트럭

플랫배드 트럭: 중량 10t급의 소형 장갑차량 1,474대의 수송을 담당했다

M730 채퍼럴 자주대공미사일(13t)

M113 장갑차(11t)를 모래 경사로를 이용해 플랫배드 트레일러에 적재중인 모습. 트레일러를 견인하는 차량은 미국제 AM 제너럴 M916 (6x6)

이라크군이 대량 보유한
155mm 화학포탄

155mm 곡사포 G5	
주포	155mm 45구경장
중량	13.5t
최대발사속도	분당 4발
최대사거리	30km(통상포탄) 39km(사거리연장탄)
운용인원	5명

이라크군 군단포병의 G5 곡사포. 포진지도 없고 포탄도 소량뿐임을 감안하면 긴급 사격 후 버려진 포로 보인다.

오스트리아제 GHN45 곡사포

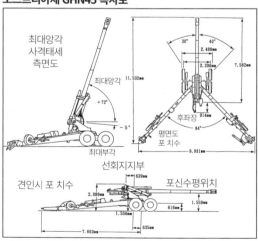

최대앙각
사격태세
측면도

최대앙각
+72°

-5°

최대부각

11.532㎜

30° 40°
2.480㎜
2.286㎜

7.582㎜

후좌장 814㎜
84°

평면도
포 치수

9.931㎜

선회지지부

견인시 포 치수

포신수평위치

639㎜
2.089㎜

1.556㎜ 616㎜ 635㎜

1.559㎜

7.693㎜

45구경장 155mm 곡사포 GHN45

중량	10t
최대발사속도	분당 7발
최대발사속도	분당 4발
최대사거리	40km(사거리연장탄)
운용인원	8명

남아프리카제 암스코 G5 곡사포

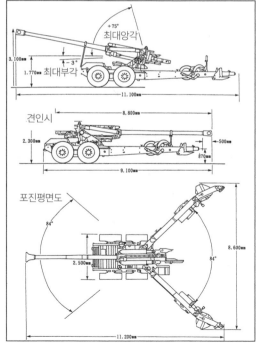

+75°
최대앙각

3.100㎜
-3°
1.770㎜ 최대부각

11.100㎜

견인시

2.300㎜

8.800㎜

500㎜
870㎜

9.100㎜

포진평면도

84°

2.500㎜

84°

8.600㎜

11.200㎜

사거리 60km의 이라크군 다연장 로켓 아스트로스 II

AV-LMU 다연장로켓. 10t 야전트럭 AV-VBA(6 x 6)의 차체에 발사기를 탑재했다.

AV-LMU 다연장로켓 내부의 사격통제장치

아스트로스 II (브라질)

중량	10t(6x6)
전장	7.0m
전고	2.6m
엔진	OM422 디젤 (280hp)
최고속도	90km/h
항속거리	480km
무장	300mm 로켓 SS-600 (4연장, 사거리 60km)

4연장 로켓 포드(SS-60/-80)를 탑재한 AV-LMU

발사기에 탑재하는 로켓은 SS-30 (구경 127mm, 32발 장전), SS-40(구경 180mm, 32발 장전), SS-60/-80(구경 300mm, 4발 장전)의 4종류다.
사진은 사거리 6~30km의 SS-30 로켓.

사우디아라비아군의 아스트로스 II

아스트로스 II 사격 중대의 편제

AV-LMU 발사기(좌)에 로켓을 보급하는 AV-RDM 탄약수송차(우) 발사기 2대분의 로켓을 탑재한다.

레이더와 컴퓨터를 탑재한 AV-UCF 사격통제 시스템

아스트로스 II 사격 중대의 전력
AV-LMU 다연장로켓 x 6
AV-RMD 탄약수송차 x 6
AV-UCF 사격통제 시스템 x 1

※전역에 전개한 아스트로스 II 중대는 3개(18대) 중대로 추정된다.

AV-VCC 지휘·통제차량(대대배치)

월 17일이 되어서야 담맘항에 도착했다.

이렇게 미국 육군은 아라비아 반도에서 사상 최대 규모(2개 군단, 병력 25만 명, 차량 64,000대), 최장거리(평균 500km) 기동을 완료했다.[2]

지상전 직전의 양동작전, 와디 기만 포격

슈워츠코프 사령관은 지상전 개시가 임박하자 육군 2개 군단의 서쪽 우회공격을 이라크군이 눈치채지 못하도록 기만·양동작전을 지시했다.

해병대는 쿠웨이트 국경 연안에서 활발한 포격을 하면서 동시에 경장갑차부대, 전차부대로 기습을 가했고, 전투공병은 국경선의 모래방벽을 제거했으며, 해군은 상륙함대를 페르시아만에 집결시키고 두 척의 전함으로 함포사격을 실시하여 쿠웨이트 방면에 대규모 상륙작전을 실시할 의도가 있는 듯이 위장했다.

동쪽의 양동작전과 연동해 서쪽에서는 프랭크스 중장이 존 티렐리 준장의 제1기병사단과 군단포병에 양동작전을 명령했다. 양동작전의 내용은 하파르 알 바틴의 북쪽 국경선에 구축된 이라크군 방어진지 공격으로, 이라크군이 다국적군의 지상 공세작전 주공을 하파르 알 바틴 방면의 폭 10km, 길이 240km에 달하는 와디(건천)근방의 북동쪽으로 착각하도록 유인하여 이라크군 5개 보병사단과 제52기갑사단을 그 자리에 묶어 두는 데 초점을 맞췄다. 또한 지상 공세작전의 최대 위협인 이라크군 포병을 일소한다는 목적도 있었다.

프랭크스 장군은 이라크군의 장사정포 공격을 가장 우려하고 있었다. 이라크군은 최대사거리 39km의 G5/GHN45 45구경장 155mm 곡사포 약 300문과 최대사거리 60km의 아스트로스Ⅱ 다연장 로켓 66문을 군단포병에 배치하고 있었다. 국경선을 돌파할 때 이라크군이 장사정포로 화학포탄을 쏠 가능성도 있었다. 하지만 모래방벽으로 보호된 이라크군 포대를 폭격만으로 완전히 파괴하기는 어려웠다. 폭격에서 살아남은 포병전력은 제7군단이

포병과 공격헬리콥터로 직접 정리할 수밖에 없었다. 프랭크스 장군은 군단포병사령관인 클레이튼 에이브럼스 준장에게 적 포병 섬멸에 전력을 다하라고 지시했다. 에이브럼스 준장은 M1 전차의 별칭인 에이브럼스의 유래가 된 육군참모총장 크레이튼 에이브럼스의 아들이었다.

에이브럼스 준장은 미군 포병의 주력인 M109 155mm 자주포 운용법을 재검토했다. 이라크군의 야포는 국경을 가로막은 모래방벽 북쪽 14~20km 지점에 포진해 있어서 M109 자주포로는 사거리(통상포탄 18km)가 모자랐다. 에이브럼스 준장은 자주포부대의 작전행동을 야간공격으로 제한했고, M109 부대는 야음을 틈타 모래방벽 근처까지 전진해 포격했다 날이 밝기 전에 물러났다.

1월 하순, 2개 기동여단을 주력으로 하는 제1기병사단은 전술집결지 웬디에서 탭라인 도로 너머 하파르 알 바틴 북쪽에 진출해 이라크군 진지와 마주보는 공격위치에 포진했다. 제1기병사단의 포진 위치가 곧 최전선이 되었다. 1월 27일에는 이라크군 병사 5명이 투항했다. 2월 7일부터 제1기병사단은 후일 「루키 포켓(Ruqi Pocket) 전투」라 불리게 될 국경을 돌파하는 기습작전을 개시했다. 루키는 와디 지형 안에 있는 시골 마을로 삼국의 국경선이 만나는 지점에 위치하고 있었다. 제1기병사단은 25일까지 루키 일대의 적 보병사단을 견제하기 위해 기습을 가했다.[3]

2월 13일, 제1기병사단은 군단포병과 합동으로 이라크군 포병을 격멸하기 위해 대규모 포병작전인 「레드 스톰」 작전을 실시했다. 목표는 여단규모의 이라크 포병부대로, 사거리 15.4km의 D30 122mm 곡사포부대(18문)와 사거리 27km의 M46/중국제 59식 130mm 야포중대(6문)가 주력이었다. 이 작전에는 사거리가 긴 MLRS(다연장 로켓)가 집중 투입되었다. 제1기병사단의 로켓 중대(A/21FA)를 포함해 3개 로켓 중대, 합계 27대로 군단 직할인 제42포병여단(1/27FA)로부터 2개 중대가 증편된 전력이었다.

◀ M985와 견인 트레일러

M270 MLRS

전투중량	24.9t
전장	7.0m
전폭	2.97m
전고	2.57m
엔진	커밍스 VTA903 디젤(500hp)
최대속도	64km/h
항속거리	480km
무장	로켓 12발 또는 미사일 2발
승무원	3명

M270 MLRS. 1982년부터 배치되어 189대가 페르시아만에 파견되었다.

MLRS 중대의 쐐기대형

중대의 전력
· MLRS x 9
· M985 보급지원차 x 18
(보급소대)

MLRS 사격소대
중대장
소대장

MLRS 사격소대
험비 소대장
M577
지휘장갑차
MLRS 다연장 로켓

MLRS 사격소대
소대장

중대 지휘장갑차
부소대장

※M985 보급지원차: 로켓 포드(6발) 2세트를 탑재한다. 트레일러에 추가로 2세트가 적재된다.

탄약수송차량 (M985 보급지원차 6대)	탄약수송차량 (M985 보급지원차 6대)	탄약수송차량 (M985 보급지원차 6대)

MLRS의 공격에 완파된 이라크군의 122mm 자주포

MLRS는 광역제압 사격으로 이라크군 야포 사격중대를 제압했다. 사진은 최대사거리 27,150m의 이라크군 M46 130mm 야포

로켓 중대들은 쐐기대형을 구성하고 시속 40km로 북상해 사격지점에 진출했다. 3개 중대 가운데 2개 중대가 적을 공격하는 동안 나머지 1개 중대는 이라크군의 반격에 대비하는 엄호부대 역할을 맡았다. 기습부대의 MLRS 18대는 방열과 동시에 정확한 현재위치를 GPS로 측정해 로켓 12발의 사격 데이터를 컴퓨터에 입력했다. 이 작업을 통해 MLRS는 적이 도주할 시간과 공간을 주지 않고 로켓을 발사할 수 있다. 공격은 21~30km 너머에 있는 24개의 목표를 대상으로 실시되었다.

오후 6시 15분, 18명의 사수가 일제히 사격 버튼을 눌렀다. 사격은 목표에 따라 2파로 나누어 진행되었다. 제1파는 15개의 목표에 181발, 제2파는 9개의 목표에 106발을 발사했다. 5분이 채 지나기 전에 287발의 로켓이 발사되고, 수백 개의 하얀 섬광이 밤하늘을 가르며 날아갔다. 그리고 잠시 후 지평선 너머로 오렌지색 섬광이 번쩍였다. 상공에서 흩어지는 18만 발의 자탄이 적진지에 쏟아지면서 작열하는 섬광이었다. 자탄 한 발의 위력은 반경 10m 내의 인명 살상이 가능한 수준이지만, 막대한 양의 자탄이 넓은 지역에 분산되어 폭발하므로 이라크군 8개 포병대에 큰 타격을 입힐 수 있었다. 포대의 모래방벽 안에 불탄 T-55 전차나 부서진 야포 잔해가 흩어졌다. 엄호 임무를 수행하는 MLRS 중대 9대는 사격 대기 상태를 유지하며 적 포병의 사격위치를 오차 범위 10m 이내로 탐지할 수 있는 TPQ-37 대포병 레이더로 적의 반격을 감시했지만 반격은 없었다. 이후 이라크 병사들은 MLRS의 공격을 「강철의 비(steel rain)」라 부르며 두려워했고, MLRS 공격 후 많은 이라크 병사들이 항복했다.[4]

2월 14일, 제1기병사단은 기만작전 「봄 버스터 I」을 실시했다. 제7기병연대 1대대의 엄호를 받는 제8공병대대가 모래방벽을 허물고 이라크 영내로 진입해 3개의 통로를 개설했다. 이때 M728 전투공병전차는 장애물 제거에 사용하는 165mm 파쇄포로 3개소의 이라크군 국경초소탑(높이 12m, 관측거리 30km)

을 파괴했다. 다음날인 15일의 「봄 버스터 II」작전에서는 포격에 더해 32연대 1대대의 M1 전차와 브래들리 보병전투차가 공격에 참가했고, 16일 심야에는 약 130대의 자주포(4개 M109대대 및 1개 MLRS대대)가 이라크군 진지에 대규모 포격을 실시했다. 일제 사격 종료 후에는 군단 휘하 독립 제11항공여단 6연대 2대대의 아파치 공격헬리콥터 18대가 대공화기의 위협이 미약한 지역으로 침투한 후 이라크 영내 80km 범위의 표적들을 공격했다.

17일 심야에도 제1기병사단은 제1보병사단의 브래들리 보병전투차 부대와 함께 국경 근처의 이라크군 진지를 습격했다. 이때 근접 항공지원을 실시하던 제1보병사단의 아파치 공격 헬리콥터가 아군 정찰대를 오인 사격하는 바람에 헬파이어 대전차미사일에 직격당한 M3 기병전투차와 GSR(AN/PPA5B 지상감시 레이더) 장갑차에서 2명의 사망자와 6명의 부상자가 발생했다. 평소 적의 화학무기 공격을 걱정하던 M3의 포수 제프리 미들턴 병장(SGT)(23세)은 아군의 공격에 전사하고 말았다. 전사 소식은 2월 18일 아내인 지나에게 전해졌는데, 하필 그날이 결혼기념일이었다.

오인 사격의 원인은 아군의 지상감시 레이더 장갑차를 이라크군의 쉴카 자주대공포로 착각한 아파치 지휘관의 피아식별 소홀로 밝혀졌고, 지휘관은 경질되었다.

'루키 포켓'의 대전차 매복

2월 20일 정오, 제1기병사단은 양동작전을 완수하기 위해 적진 깊숙이 공격해 들어가는 습격작전 「나이트 스트라이크(Knight Strike) I」을 개시했다. 작전부대는 제2기병여단 5연대 1대대 「블랙 나이트」부대에 2개 공병소대와 방공팀(M163 발칸 자주대공포)을 편입한 기병대대로, 제2여단장 랜돌프 하우스 대령이 직접 지휘했다. 적기의 위협은 없었지만 발사속도가 빠른 20mm 개틀링의 화력으로 적진의 보병을 제압하기 위해 발칸 자주대공포를 편성했다.

미 기병대대를 공격한 이라크군의 대전차 매복

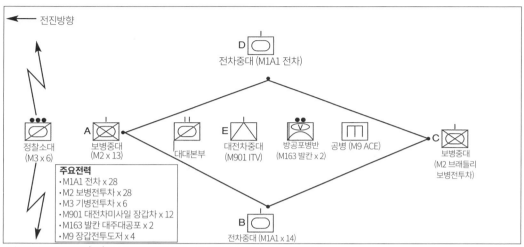

← 전진방향

D ⬭
전차중대 (M1A1 전차)

정찰소대
(M3 x 6)

A ⊠
보병중대
(M2 x 13)

대대본부

E ⬙
대전차중대
(M901 ITV)

방공포병반
(M163 발칸 x 2)

공병 (M9 ACE)

C ⊠
보병중대
(M2 브래들리
보병전투차)

B ⬭
전차중대 (M1A1 x 14)

주요전력
- M1A1 전차 x 28
- M2 보병전투차 x 28
- M3 기병전투차 x 6
- M901 대전차미사일 장갑차 x 12
- M163 발칸 대주대공포 x 2
- M9 장갑전투도저 x 4

제5기병연대 1대대(TF)의 다이아몬드 대형 - 기습작전 나이트 스트라이크 I

루키 포켓 전투 (1991년 2월 20일)
와디 부근에 포진한 이라크군 대전차포 진지의 매복 공격에 미군의 장갑차량 3대가 파괴당했다.

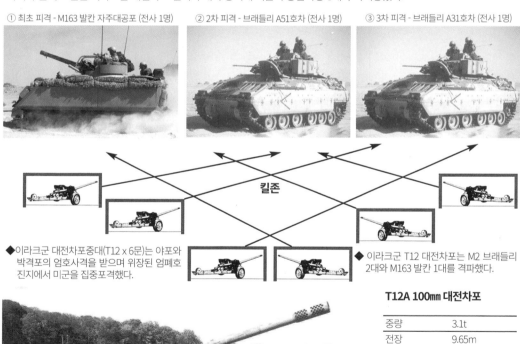

① 최초 피격 - M163 발칸 자주대공포 (전사 1명)

② 2차 피격 - 브래들리 A51호차 (전사 1명)

③ 3차 피격 - 브래들리 A31호차 (전사 1명)

킬존

◆이라크군 대전차포중대(T12 x 6문)는 야포와
박격포의 엄호사격을 받으며 위장된 엄폐호
진지에서 미군을 집중포격했다.

◆ 이라크군 T12 대전차포는 M2 브래들리
2대와 M163 발칸 1대를 격파했다.

킬존을 형성한 T12A 100mm 대전차포

T12A 100mm 대전차포

중량	3.1t
전장	9.65m
전폭	2.3m
부앙각	-7도~+20도
발사속도	10발/분
준비포탄	APFSDS (10발) HE (4발) HEAT (6발)
운용인원	6명

기병대대는 다이아몬드 대형을 구성한 채 북쪽으로 전진했다. 대대의 전방에는 정찰소대의 M3 브래들리 기병전투차(6대)가 정찰 임무를 부여받고 앞서 나갔다. 대대 선두는 A중대의 M2 브래들리 보병전투차(13대), 좌측은 B중대의 M1 에이브럼스 전차, 우측에는 D중대의 M1 전차, 후방에는 C중대의 M2 보병전투차가 위치했다.

작전이 시작된 날은 낮게 깔린 구름이 하늘을 덮고 있었다. 대대는 공병의 M9 장갑전투도저로 국경의 모래방벽 두 곳에 통로를 개척해 이라크 영내로 진입했다. 이라크군이 설치한 철조망과 지뢰밭을 우회한 대대는 와디의 서쪽 가장자리를 따라 계속 전진했고, 대략 10km 가량을 전진하여 이라크군 제25보병사단 103여단의 방어진지와 조우했다. 이라크군 전력은 T-55 전차, BMP 보병전투차, 포병이 지원하는 1개 보병대대였다. 선두의 정찰소대장은 "사격을 받고 있다. 반격하겠다."고 보고하며 침착하게 대응했다. 대대 주력이 공세에 나서고, 동시에 후방에서 대기하던 제82포병연대 3대대와 공군의 A-10 지상공격기 편대도 공격에 가세했다. 이라크군 보병진지는 공격 직후 맥없이 무너졌고, 대대의 임무는 공격에서 포로 수용 작업으로 바뀌었다. 그때, 상공에서 대기하던 A-10 지상공격기가 숨어있던 이라크군의 포병진지를 발견했다. 7개 포병대대(각 18문)의 야포 약 100문이 와디의 계곡 지형을 이용해 거점과 모래방벽에 위장망을 치고 교묘히 숨어있었다. 미군의 전후 자료에 따르면 매복한 이라크군 포병은 130mm 야포대대 6개와 155mm 장사정포 대대 1개였다. 아마도 밤 동안 다국적군 정찰기의 감시를 피해 포진한 듯 했다.

진격하던 미군 기병대대는 공격 받은 후에야 이라크군 포병의 존재를 파악했다. 포로를 수용하던 기병대대는 곡사포와 박격포의 맹렬한 포격을 받았고, 엄폐호에 차체를 숨기고 있던 이라크군의 T-55 전차 5대와 100mm 대전차포 중대로 구성된 대전차 화망도 불을 뿜었다. 기병대대는 어느샌가

이라크군의 대규모 화망 한가운데 들어가 있었다. 여단장 하우스 대령은 당시 상황을 다음과 같이 증언했다.

"정말 갑작스러웠다. 1,000m 앞의 적진을 쌍안경으로 보던 순간, 뒤의 발칸 자주대공포가 포탄에 맞아 폭발했다. 내가 탄 지휘장갑차 옆에도 포탄이 떨어져 안테나가 날아가고 말았다."

이라크군 대전차포의 공격을 받은 하우스 대령의 M577 지휘장갑차는 조종수의 재빠른 대처로 위기를 벗어날 수 있었다. 하지만 발칸 자주대공포 포수 지미 허스 하사(SSG, 28세)는 아내 리사와 아들 로저를 남겨둔 채 전사했고, 다른 승무원 한 명은 부상당했다.[5]

당시 이라크군의 포병대 지휘관은 냉철한 합리주의자로 보인다. 그는 미군 기갑부대와 교전할 방법은 포병대 매복 외에는 없다고 판단한 듯하다. 결국 미군은 와디의 계곡사이에 대전차포를 숨긴 채 기다리고 있던 이라크군의 전술에 말려들고 말았다. 이라크군 대전차포 중대는 미군 기병대대의 주력이 화망에 들어오기까지 침묵을 지키다 차량 대열의 측면이 노출된 순간 일제사격을 가했다. 이라크군의 대전차포는 소련제 T12 100mm 대전차포로 고속철갑탄을 사용하면 2,000m 거리에서 180mm의 관통력을 발휘했다. 이라크군 포병중대는 통상 6문의 대전차포를 보유했고, 단시간이라면 분당 60발 사격이 가능했다.

공격을 받자 기병대대의 2개 전차중대가 전진해 방어선을 구축했지만 이미 피해가 발생한 뒤였다. 자주대공포 피격 후 적의 100mm 철갑탄에 A중대의 브래들리 보병전투차 2대가 격파되었다. 부중대장의 브래들리 보병전투차(A51)가 먼저 피격당했고, 크리스토퍼 시숀 하사는 부상자를 구하기 위해 자신의 브래들리(A31)로 피격된 A51호차에 접근했다. A51호차의 포탑에서 불길과 연기가 뿜어져 나오고 주변에는 불타는 잔해가 흩어져 있었지만, 시숀 하사는 포수를 제외한 보병분대(6명)와 같이 불

타는 A51호차에서 부상자 전원을 구출했다. 하지만 A51호차 포수인 로널드 란다조 병장(25세)은 철갑탄이 복부를 관통해 즉사했다.

어든 쿠퍼 일병(23세)은 A51호차에서 구출한 부상병이 포탄의 파편에 맞지 않게 자신의 몸으로 막았다. 하지만 지근거리에서 폭발한 박격포탄의 파편이 목에 박혀 피를 토하며 쓰러졌다. 그리고 A31호차도 적의 100㎜ 철갑탄에 피격되었다. 피격당한 포탑의 TOW 발사기가 유폭해 발생한 파편에 쿠퍼 일병은 다리 동맥이 끊어지는 중상을 입었다. 쿠퍼 일병에게 달려간 시숀 하사는 그의 입에 손가락을 집어넣어 기도를 확보하는 것 외에 할 수 있는 일이 없었다. 고교시절 라크로스 전미 대표선수였고, 컬링 올림픽 대표선수였던 쿠퍼 상병은 결국 과다출혈로 사망했다.(후일 은성무공훈장이 추서되었다)[6]

오후 2시, 티렐리 사단장은 후퇴명령을 내렸다.

제5기병연대 1대대는 포병대가 쏜 연막탄의 도움을 받아 전장에서 후퇴했다. 날이 저문 후에는 지뢰를 밟아 움직이지 못하던 M1 전차를 견인해 모래 방벽을 넘어 사우디로 돌아왔다. 미군의 피해는 전사 3명, 부상 9명이었다. 이 피해는 이라크군이 정확한 사격을 할 수 있는 주간에 포병의 화력지원이 충실한 적진지를 정면 공격한 결과였다. 이라크군의 피해는 전사 200명, 포로 18명이었다.

이후 두 번째 작전인 「나이트 스트라이크Ⅱ」 작전은 실시되지 않고, 포격만 진행했다. 프랭크스 장군은 병사의 희생을 애도하면서도 양동작전의 전략적 효과를 확신했다. 미군이 와디 방면에서 활발한 군사행동을 전개하자 이라크군 총사령부는 와디(동부 방면)의 방어전력을 강화하는데 집중하면서 정작 하파르 알 바틴 서쪽에 주의를 돌리지 못했다.

참고서적

(1) Edward M.Flanagan, Lightning: The 101st in the Gulf War (New York: Brassey's INC, 1994), pp137-146.

(2) Stephen A.Bourque, JAYHAWK! The VII Corps in the Persian Gulf War (Washington, D.C: Department of the Army, 2002), pp173-179.

(3) Robert H.Scales Jr., Firepower in Limited War (Novato, CA: Presidio Press, 1994), pp266-268.

(4) 군사정보연구회, 통합화력전, 군사연구 1999년 11월호, 127~150p

(5) Jeffrey E.Phillips and Robyn M.Gregory, America's First Team in the Gulf (TFB Press, 1993), pp116-121; Bourque, JAYHAWK!, pp143-146.

(6) U.S.News&World Report, Triumph Without Victory: The Unreported History of the Persian Gulf War (NewYork: RadomHouse, 1992), pp285-287. And Atkinson, Crusade, pp332-333; Houlahan, Gulf War, pp94-96.

제8장
'대공습'
이라크군 전차군단 섬멸 실패

킬 박스 방식의 지상군 폭격작전
최우선 목표인 공화국 수비대

걸프전 당시 리야드의 사령부에서는 매일 비디오 영상을 통해 항공폭격 작전의 진행 상황을 확인했다. 화면에는 언제나 표적에 십자선을 맞춰 레이저 유도폭탄이 명중하는 비디오게임 같은 영상이 나오고 있었다. 이 광경을 설명하는 슈워츠코프의 자신만만한 모습은 TV 앞에 있던 전 세계 시청자들의 이목을 끌었다. 현대의 하이테크 전쟁을 차분하게 관전할 수 있는 시청자들은 모두들 자신의 일인 양 의기양양한 얼굴로 시대의 진보를 보았다.

1월 말, 이라크 공군과 해군은 다국적군 항공기의 화려하고 일방적인 폭격에 주력 전투기와 함선 대부분을 잃어 사실상 괴멸 상태였다. 하지만 후세인이 항복할 징후는 전혀 보이지 않았다. 그리고 리야드에서는 폭격 전과를 자랑할 영상이 점차 소진되면서 역시 폭격만으로는 전쟁을 끝낼 수는 없다는 실망감이 퍼지기 시작했다. 조급해진 워싱턴 행정부는 지상전 준비를 서두르도록 슈워츠코프 장군을 재촉했다.

1월 27일, 슈워츠코프 사령관은 호너 공군사령관에게 「사막의 폭풍 작전」의 제3단계인 이라크 지상군 폭격(준비폭격)을 명령했다. 이 폭격은 제1단계의 전략목표 파괴(전략폭격), 제2단계의 항공우세 확보(적 방공전력의 제압)에 이어 쿠웨이트 전역(KTO: 동경 45도 이동, 북위 31도 이남)의 이라크 지상군을 공격하는 작전이었다. 이는 지상전에서 승리하기 위한 최후의 준비단계로, 이후 제4단계로 항공부대의 지원 하에 지상 공세 작전을 진행하게 된다.

슈워츠코프는 다국적군의 지상부대 간부들을 소집한 지휘관 회의에서 지상전 전까지 쿠웨이트 전역의 이라크 지상군 전력을 폭격으로 반감시킬 것이라고 선언했다. 육군인 슈워츠코프 장군이 이렇게 단언할 정도로 다국적군 항공전력은 압도적이었다. 개전 전에 미 공군 참모총장 메릴 맥픽 대장은 대통령에게 이라크군의 전력(전차, 장갑차나 야포) 50%를 4주 이내에 제거할 수 있다고 장담했다.[1]

▲ 사우디의 타이프 공군기지에서 출격하는 미 공군 제48전술전투 항공단의 F-111 전폭기

▶ 다국적군 항공기를 요격한 이라크군의 대공포 진지(탈릴 기지의 57㎜ 대공포 S-60)

이 공약을 실현하기 위해 다국적군 항공부대는 전역의 이라크 지상군을 정확하고 효율적으로 파괴하도록 '킬 박스(표적분할 구역)' 체계를 적용했다. 이는 전역을 격자로 구분해 각 비행대가 행동할 수 있는 구역과 시간을 임무에 따라 나누는 방식으로, 중요목표가 많은 구역에는 전력을 집중하면서도 같은 목표에 대한 중복 공격을 방지하고, 보다 많은 목표를 포착하는 효과가 있었다. 각 박스는 사방 약 48㎞의 크기로 전역 내의 이라크군 43개 사단의 대부분은 20개의 킬 박스 안에 있었다. 평균적으로 각 박스당 2개 사단이 포진해 있었지만, 국경지대에는 5개 사단이 집중된 박스도 있었다.

다만 육군에서는 박스의 목표를 정하는 것이 육군 지휘관이 아닌 공군 지휘관들이라는 데 불만이 있었다. 또한 킬 박스가 폭격작전의 효율만을 생각해 구성된 만큼 지상작전을 실행하는 각 군단의 작전계획에 대한 배려도 없었다.

이라크 지상군 폭격작전의 최대 목표가 공화국 수비대의 중핵인 이라크군 전차군단의 섬멸임은 말할 것도 없지만, 문제는 섬멸의 기준을 어디에 두는가에 있었다. 중부군 육군부대 정보부장 존 스튜어트 준장은 이라크군 사단의 파괴 레벨을 전차, 장갑차(APC, IFV), 야포 등, 3종의 주요 무기 배치규모와 파괴·유기 수효로 계산하는 방식을 고안했다.

슈워츠코프 사령관은 개전과 동시에 전략폭격(지휘·통신, 화학무기 시설, 보급로의 파괴) 전력을 차출해서라도 공화국 수비대에 대한 공격(지상군 폭격)을 우선할 것을 공군에 강요했다. 그 결과 개전 후 이틀 가량은 F-16 전투기 214대와 B-52G 전략폭격기 31대를 중심으로 한 289대의 다국적군 공군이 공화국 수비대의 주력인 3개 중사단을 표적으로 주간 집중공격을 실시했다.

폭격에 참가한 F-16 조종사는 당시 상황을 이렇게 증언했다.

"공화국 수비대가 늘어서 있는 사막 상공을 날고 있으면, 전투기 조종사는 꿈을 꾸는 듯한 기분

킬 박스로 구분된 다국적군 공군의 이라크 지상군 공격

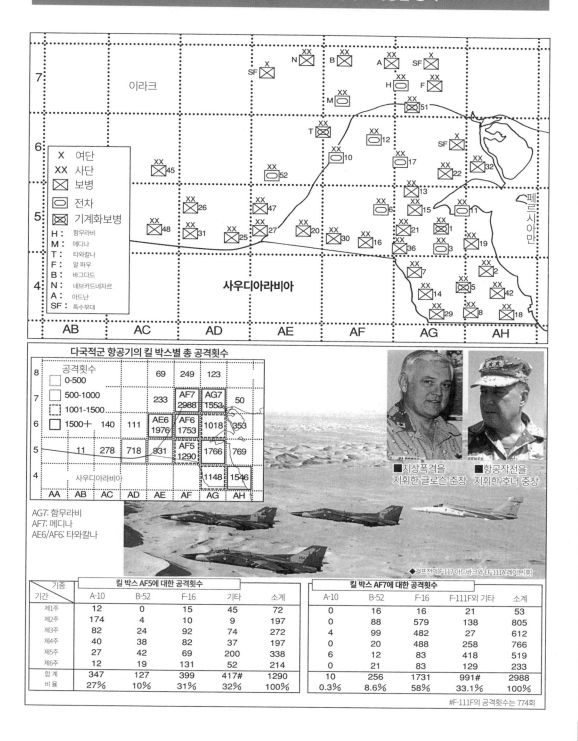

이라크

사우디아라비아

페르시아만

범례
X	여단
XX	사단
	보병
	전차
	기계화보병

H : 함무라비
M : 메디나
T : 타와칼나
F : 알 파우
B : 바그다드
N : 네브카드네자르
A : 아드난
SF : 특수부대

다국적군 항공기의 킬 박스별 총 공격횟수

공격횟수
0-500
500-1000
1001-1500
1500+

AG7: 함무라비
AF7: 메디나
AE6/AF6: 타와칼나

사우디아라비아

■지상폭격을 지휘한 글로슨 준장
■항공작전을 지휘한 호너 중장

◆걸프전의 F-117 아드바크와, EF-111A 레이븐(후)

킬 박스 AF5에 대한 공격횟수

기종 / 기간	A-10	B-52	F-16	기타	소계
제1주	12	0	15	45	72
제2주	174	4	10	9	197
제3주	82	24	92	74	272
제4주	40	38	82	37	197
제5주	27	42	69	200	338
제6주	12	19	131	52	214
합계	347	127	399	417#	1290
비율	27%	10%	31%	32%	100%

킬 박스 AF7에 대한 공격횟수

A-10	B-52	F-16	F-111F외 기타	소계
0	16	16	21	53
0	88	579	138	805
4	99	482	27	612
0	20	488	258	766
6	12	83	418	519
0	21	83	129	233
10	256	1731	991#	2988
0.3%	8.6%	58%	33.1%	100%

#F-111F의 공격횟수는 774회

이 된다. 내려다보면 표적인 전차, 장갑차, 탄약집적소, 대공화기, 야포 등이 널려 있었다."

하지만 폭격으로는 표적을 명중시키기 어려웠다. F-16 조종사는 고도 4,500m로 목표 상공에 진입하면 육안이나 쌍안경으로 깨알처럼 보이는 전차를 찾아야 했다. 레이더는 엄폐호에 숨어있는 전차를 찾을 수 없었다. 운 좋게 전차를 발견하면 HUD(head-up display)에 투영된 탄착점 십자선을 목표에 맞춘 상태로 하강하고, 고도 3,000m에서 조종간의 버튼을 누르면 탄착점에 맞춰 폭탄이 자동으로 투하된다. 폭탄을 투하한 F-16은 즉시 상공을 이탈했다.

이 주간 폭격은 이라크군 대공미사일의 반격을 각오한 위험한 작전이었지만, 조종사들의 수고에 비해 전차나 장갑차를 거의 파괴하지 못했다. 무엇보다 무유도 폭탄으로 전차를 노리기에는 폭격고도가 너무 높았다. 고고도에서 실시되는 폭격은 아무리 조종사가 정확히 조준해도 폭격 오차가 10m 이상 발생하므로 전차 같은 비교적 작은 목표를 명중시키기는 어려웠다. 또한 1,000m 이하로 고도를 낮출 경우 두터운 대공화망에 전투기가 격추될 위험을 감수해야 했다. 결국 이 임무에서 F-16 전투기 251대는 별 의미가 없었다.[2]

한편, 미 육군은 엄폐호에 숨어있는 적 전차를 일소할 비장의 수단으로 B-52G 전략폭격기(파견 규모 68대, 500파운드 폭탄 51발 탑재 가능)의 융단폭격에 큰 기대를 걸고 있었다. 스페인, 영국, 사우디, 그리고 인도양의 공군기지에서 이륙한 B-52 폭격기는 3대당 1편대 구성으로 고도 9,000m로 목표 상공에 진입했다. 폭격에 필요한 데이터는 출격 전에 디지털식 폭격항법장치에 입력하고 거대한 동체와 날개에는 맥주병 크기의 자탄이 202발씩 내장된 CBU-87 클러스터 폭탄(436kg)을 장착하고 있었다. 3대의 B-52 폭격기가 동시에 클러스터 폭탄을 투하하면 3만 발 이상의 자탄이 비처럼 쏟아지면서 전차 상부를 공격해 파괴하게 된다.

B-52 폭격기는 9일, 314회에 걸쳐 공화국 수비대를 중심으로 3~4개의 킬 박스를 폭격했다. 전략폭격계획 그룹(통칭 블랙홀)의 지휘관 버스터 C. 글로슨 준장은 일평균 20~30대 가량의 전차를 격파 중이라고 여겼지만, 매일 평균 35대의 폭격기가 약 1,600발의 폭탄을 투하하며 거둔 실제 전과는 하루 평균 6~8대(대부분 전차도 아니었다)에 지나지 않았다. 후일 글로슨 준장은 괴로운 표정으로 당시의 폭격은 자신이 의도가 아니었으며, 작전 실패의 원인은 항법장치의 고장 때문이라고 말했다. 하지만 작전이 실패한 근본적인 원인이 글로슨 준장이 말한 항법장치의 고장이 아니라는 사실은 명백하다. 결국 이라크군 전차군단에 대한 폭격기의 집중 폭격은 9일만에 중단되었다.

악천후도 F-16과 B-52의 폭격 정확도를 떨어뜨리는 원인 중 하나였다. 이따금 불어오는 초속 51m의 강풍은 폭탄의 탄착점을 크게 벗어나게 만들었고, 하늘에 구름이 깔리면 목표 포착을 어렵게 했다. 낮게 깔리는 구름이 이라크 상공을 25% 이상 뒤덮은 기간은 43일간의 전쟁기간 중 31일, 그 가운데 50% 이상이 뒤덮은 기간도 21일에 달했다.

이를 무시하더라도 고고도에서 투하한 무유도 폭탄으로 전차를 정밀 폭격한다는 발상 자체에 문제가 있었다. 엄폐호에 숨겨진 전차를 격파하기 위해서는 폭탄이 전차의 상부에 정확히 떨어져야 하는데, 이는 골프의 홀인원이나 다름없다. 발표 상 투하된 무유도 폭탄의 5~25%가 목표를 타격했다고 하지만, 그중에 실제로 전차에 착탄해 표적을 격파한 경우는 극히 적을 가능성이 높다. 무게 1.5kg의 자탄으로는 엔진 그릴을 직격하지 않는 한 전차를 파괴할 수 없다.

결국 무유도 폭탄의 물량공세는 '화려한 쇼'에 지나지 않았다. 다만 이라크군 병사들에 대한 심리적 효과는 절대적이어서, 지상전이 시작되자 융단폭격에 전의를 상실한 수만 명의 이라크군 병사들이 투항했다.

다만 폭격으로 인한 투항병이 대거 발생한 지역은 정작 B-52의 폭격을 받지 않았는데, 그 해답은 포로 심문 과정에서 도출되었다. "폭격을 당하지는 않았지만, 폭격의 흔적을 봤다."

야간 전차킬러 F-111F 의 탱크 플링킹

1월 31일, 항공부대의 이라크 지상군 폭격이 무의미하다는 사실이 수치상으로도 명백해졌다. 대대적인 폭격에도 불구하고 공화국 수비대 중사단의 전력은 99% 건재했다. 이 충격적인 사실이 U-2/TR-1 고고도 정찰기가 촬영한 정찰사진의 분석을 통해 판명되었다. 글로슨 준장은 근본적으로 잘못된 대전차 작전을 수정해야 했고, 때마침 F-111F 아드바크 전폭기의 승무원으로부터 원하던 보고가 들어왔다. 야간 비행 중에 기체 하부에 장비한 페이브 택(Pave Tack) 폭격조준 시스템의 FLIR(전방 감시 적외선 야시장비)로 엄폐호 안의 적 전차를 발견할 수 있었다는 보고였다. 사막은 밤에 기온이 급격히 떨어지는데, 이때, 고성능 야시장비가 전차의 차가워진 장갑판과 달궈진 모래의 온도차를 구분해냈다. 역으로 전차병들이 난방을 위해 전차의 엔진을 켜 두는 상황에서는 반대로 주변보다 뜨거워진 전차가 선명하게 포착되었다.

2월 3일, 글로슨 준장은 66대의 F-111F 전폭기로 구성된 제48전술전투 항공단의 토머스 레논 대령을 호출했다.

"이라크군 전차는 포탑만 내놓고 엄폐호에 숨어 있네. 자네의 항공단이라면 밤에도 전차를 발견할 수 있으니 처리해 주지 않겠나."

레논 대령은 글로슨 준장의 명령을 이해했다. 하지만 글로슨 준장이 클러스터 폭탄 공격을 제안하자 레논 대령은 곧바로 반박했다.

"그래서는 한 발도 명중시킬 수 없습니다."

결국 발당 14,000달러에 달하는 클러스터 폭탄 대신에 발당 9,000달러의 GBU-12 레이저 유도 폭탄을 사용하기로 했다. GBU-12는 500달러에 불과한 Mk82 폭탄에 8,500달러가량의 유도장치를 설치한 폭탄이어서 상대적으로 저렴했다.[3]

2월 5일 오후 9시, 레논 대령이 지휘하는 두 대의 F-111F 전폭기가 대당 GBU-12 네 발을 탑재하고 홍해 연안의 타이프 공군기지에서 이륙했다. 전차 사냥의 유효성을 입증하기 위해 레논 대령이 직접 조종간을 잡았다. 실험 대상은 이라크 남부에 포진한 공화국 수비대의 메다나 기갑사단이었다.

F-111F 아드바크는 가변익 복좌식 초음속기로 14t의 폭탄 탑재가 가능하며, 동체 하부에 공 모양의 선회식 페이브 택 포드(레이저 타게팅 포드 시스템)를 고정 장착하고 있었다. 1986년에 18대의 F-111 편대가 5,000㎞의 장거리를 비행해 트리폴리에 있는 카다피 대령의 사령부를 폭격한 전적에서 알 수 있듯이 F-111은 장거리 폭격이 주특기였다. 전차를 한 대씩 찾아 공격하는 방식은 비용 대 효과 문제로 지금까지 생각조차 하지 않던 방식이었다.

고도 5,400m에서 레논 대령의 오른쪽에 앉은 화기관제사 스티브 윌리엄스 소령은 페이브 택의 디스플레이 화면으로 표적을 찾고 있었다. 페이브 택의 적외선 야시장비는 10㎞ 거리에서 저배율로 1,300 x 1,700m 범위를, 고배율로 300 x 400m의 범위를 수색할 수 있었다.

적진를 탐색하고 있던 윌리엄스 소령은 어렴풋이 보이는 배경에 작은 하얀 상자처럼 보이는 전차를 발견했다.

"이야! 진짜 보인다."

윌리엄스 소령은 발견된 전차를 조준했다.

산발적으로 대공포화가 날아왔지만, GBU-12 레이저 유도 폭탄 투하에는 별다른 문제가 되지 않았다. 30초 후, 불꽃이 피어올랐고 연이어 7개의 불꽃이 확인되었다. 레논 대령은 타이프 공군기지에 귀환해 비디오를 판독한 후 8발의 폭탄으로 7대의 장갑차량을 파괴했다고 보고했다. 차후 확인 결과 실제로 명중한 폭탄은 5발(전차 4대, 야포 1문)로 판명되었다. 궁여지책이지만 겨우 항공기로 기갑전력을 효과적으로 공격할 수단을 발견했다. 발당 9,000달러에 불과한 유도 폭탄으로 150만 달러 이상의 T-72 전차를 파괴할 수 있다는 점도 매력적이었다.

2월 6일, 호너 공군사령관은 슈워츠코프의 독촉에 F-111F 전폭기를 전략폭격 임무에서 차출하여 전차사냥에 투입했다. 그날 밤, F-111 전폭기 편대는 공화국 수비대가 있는 킬 박스를 총 143회 공격했다. 이라크군 전차병은 이날을 기점으로 지상전이 시작되기까지 밤마다 잠을 이루지 못했다. F-111의 화기관제사들의 기량이 점차 향상되면서 디스플레이 화면에 비치는 미묘한 명암 차이만으로도 위장된 전차를 찾아낼 수 있게 되었고, 폭격의 명중 정확도는 자릿수가 바뀔 정도로 상승했다. 이라크군 전차병들은 전차를 버려두고 100m 정도 떨어진 참호로 피난해 숙면을 취해야 했다. 이라크군 병사들이 안심하고 잠들 수 있는 날은 짙게 낀 구름이 폭탄 유도용 레이저 광선을 산란시켜 공습이 제한되는 날뿐이었다.

쾌청한 날에는 밤마다 100대 이상의 장갑차량 격파보고가 올라왔고, 하룻밤에 150대를 파괴한 날도 있었다. 500파운드급 GBU-12 레이저 유도 폭탄에 직격당한 T-72 전차는 가장 단단한 엔진 블록부터 포탑까지 산산조각 났기 때문에 어떤 공격을 받고 격파되었는지 확실히 구분할 수 있었다.

F-111 전폭기의 전차사냥 전법은 레논 대령과 함께 출격했던 동료 클리프 스미스 소령의 표현을 따서 '탱크 플링킹(Tank Plinking)'이라 불리게 되었다. 하지만 이 이야기를 들은 슈워츠코프 장군은 호너 공군사령관에게 절대 '탱크 플링킹'이라는 단어를 쓰지 말라고 지시했다. 육군인 슈워츠코프가 보기에 '탱크 플링킹'이라는 별칭은 지상의 병사들을 깔보는 공군 조종사들의 거만함으로 비춰졌다. 하지만 슈워츠코프 사령관의 의도와 달리 공군 조종사들은 이 지시를 건성으로 넘겼고, '탱크 으깨기, 탱크 퐁, 탱크 때려박기' 같은 다른 애칭을 사용했다.

조종사들을 단속해야 할 호너 공군사령관조차 슈워츠코프의 간섭에 화를 내며 반드시 '탱크 플링킹'이라 부르도록 엄명을 내렸다.(전후 공군용어집에도 정식 기재되었다) 결국 슈워츠코프마저 자서전에 탱크 플링킹이라는 용어를 사용했다.[4]

F-111은 '아드바크(Aardvark: 땅돼지)'라는, 고성능 전폭기에 어울리지 않는 별명으로 불렸다. 땅돼지는 아프리카에 서식하는 동물로, 날카로운 발톱을 사용해 흰개미의 집을 허물어 뾰족한 주둥이를 집어넣고, 긴 혀로 수만 마리의 흰개미를 잡아먹는 개미핥기와 비슷한 동물이다. F-111 전폭기는 이름 그대로 엄폐호라는 개미집 속의 흰개미인 전차를 포식했다. 전쟁 중 이 땅돼지들이 잡아먹은 전차는 920대에 달했다. 참고로 개인 최고 격파 기록은 31대였다.

탱크킬러 A-10, 메디나사단 공격 중 격추 - 이라크군의 야전 방공체계

폭격지휘관 글로슨 준장은 F-111 전폭기의 활약 덕분에 폭격으로 적 기갑전력의 50%를 파괴한다는 목표의 달성 가능성을 보았다. 이런 상황에서 다음 수순으로 공화국 수비대의 숨통을 끊을 전문 탱크킬러를 투입한다는 결정은 그리 신기하지 않았다. 글로슨 준장은 메디나 기갑사단을 공격하는데 AGM-65 매버릭 공대지 미사일과 30㎜ 개틀링포로 무장한 A-10 썬더볼트Ⅱ 지상공격기를 투입했다. 지금까지 A-10은 국경선 근처의 이라크군 보병사단 제압작전에 투입되었는데, 메디나 사단이 포진한 장소는 국경선에서 북쪽으로 150㎞ 들어간 적진 한가운데였다.

호너 공군사령관은 이 문제에 대해 경고했다. "버스터, 나는 A-10이 공화국 수비대 머리 위로 날아갔다 돌아올 수 있을지 확신이 서지 않네." 글로슨 준장은 "잘 해낼 거라 믿습니다. A-10은 국경선의 적들을 해치우는데 성공했습니다. 그러니 이번에도 잘 해낼 거라 생각합니다."라고 대답했다.[5]

전차 920대를 격파한 F-111의 탱크 플링킹 전법

탱크 플링킹의 주역인 F-111F

탱크 플링킹의 주역, F-111F의 동체 하부에 장착되는 AVQ-26 페이브 택 레이저 타게팅 포드 시스템(FLIR, 레이저 조준)

F-111F

전장	22.4m
전폭	19.2m
전고	5.22m
최대이륙중량	45.4t
무장(걸프전 당시)	GBU-12 레이저유도폭탄
작전반경	2,140km
승무원	2명

F-111F의 킬 박스별 공격횟수

◆ 주익 아래 장착된 GBU-12로 전차사냥에 나서는 F-111F

〈공격횟수〉
- 0-200
- 200-800
- 800-1500
- 1500+

AG7: 함무라비
AF7: 메디나
AE6/AF6: 타와칼나

사우디아라비아

	AA	AB	AC	AD	AE	AF	AG	AH
8					20	191	97	
7					135	AF7 1731	AG7 1012	48
6			73	47	AE6 886	AF6 910	517	19
5			87	285	269	399	542	27
4							64	99

F-111F 전폭기의 탱크 플링킹 개념도
FLIR 적외선 야시장비와 GBU-12 레이저유도 폭탄을 활용해 이라크군 전차를 야간 정밀폭격으로 격파했다.

항법수정
FLIR로 목표 포착·확인
이탈
추적 및 레이저 조준
GBU-12 투하
목표
폭격피해평가

폭격 목표가 된 T-72 전차

이라크군 전차군단을 격파한 4대 탱크킬러의 공격법

공격고도 5,400m
(F-111F)

- 1,804회의 탱크 플링킹 공격
- 2,100여 발의 GBU-12 투하
- 전차 920대 파괴 보고

Ⅰ **F-111F 아드바크 전폭기** (66대)

공격무기: GBU-12
레이저유도폭탄
중량 227kg 사거리 24km

공격고도 4,500m
(F-15E)

- 949회의 탱크 플링킹 공격
- 2대의 F-15E가 각 8발의 GBU-12로 16대 격파

Ⅱ **F-15E 스트라이크 이글 전투기** (48대)

공격무기 : CBU-87
중량 436kg, 수용자탄 202개
고도 100m에서 자탄 살포

공격고도
2,100m~1,200m
(A-10)

- 3,367회의 대전차 공격
- 4,801발의 AGM-65 발사
- 전차 987대 파괴보고 (과대평가)

Ⅲ **A-10 썬더볼트 Ⅱ 지상공격기** (144대)

공격무기: AGM-65D
적외선유도 미사일
중량 218kg 사거리 27kg

공격고도 300m
이하 (AH-64A)

- 전차 278대, 장갑차 500대 파괴 보고
- 헬파이어 미사일 2,879발 발사

Ⅳ **AH-64A 아파치 공격헬리콥터** (274대)

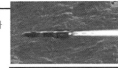

공격무기:AGM-114
대전차 미사일
중량 45kg 사거리 6.7km

◆ 엄폐호 안에서 파괴된 MT-LB와 T-55 전차

호너 공군사령관의 우려는 공화국 수비대 사단들의 방공화력이 국경선의 보병사단들과는 비교할 수 없을 정도로 강하다는 점. 그리고 A-10이 F-111과 비행성능이나 용도면에서 전혀 다른 기종이라는 점에서 출발했다. F-111은 야간에 대공미사일이 닿지 않는 고공에서 레이저 유도 폭탄을 투하하고 반전하여 여유롭게 초음속으로 이탈한다. 반면 A-10은 주로 주간에 시속 400㎞의 저속으로 저고도 항공지원을 실시하는 기종이고, 위장된 적 전차를 발견하려면 A-10이 고도를 1,200~2,100m까지 낮출 필요가 있었다. 조종사들이 자신감을 가질 만한 요소는 대공사격에 당하기 전에 표적을 격파할 수 있다는, 훈련을 통해 다져진 확신과 콕핏, 연료탱크 등을 1.4t의 티타늄 방탄판으로 제작해 23㎜ 기관포탄(이라크군 ZSU-23-4 쉴카 자주대공포)에 대한 내탄성능이 F-16 전투기의 10배에 달하는 A-10의 튼튼한 기체뿐이었다.

2월 15일 이른 아침, 제23전술전투 항공단 지휘관 데이비드 소여 대령은 레논 대령처럼 자신이 직접 조종간을 잡고 최초의 종심공격 임무에 나섰다. 소여 대령은 과감한 비행을 하기로 유명해 '부상 대령'이라는 별명이 붙은 인물이었다. 4대로 구성된 A-10 편대가 페르시아만의 킹 파드 공군기지에서 이륙했다. 튼튼한 주익에는 매버릭 공대지 미사일 2발, CBU-58 클러스터 폭탄 6발, 자위용 사이드와인더 공대공 미사일 2발, 그리고 대공미사일 교란 포드가 장착되었다. 편대는 공화국 수비대의 타와칼나 사단이 전개한 지역을 지나 북쪽으로 비행했다. 당시 미군은 타와칼나 사단의 전력이 집중폭격으로 인해 반감되었다고 여기고 있었다.

쿠웨이트시 북서쪽 110㎞ 지점, 메디나 기갑사단의 전개 지역이 보이기 시작했다. 공화국 수비대 중사단의 주요 집결지는 대량의 물자가 투입되어 튼튼한 방어 시설이 구축된 상태였다. 항공 촬영한 정찰사진을 판독한 결과, 그물눈처럼 정렬된 모래방벽이 넓게 펼쳐져 있는 진지는 마치 겨울철 수

확이 끝난 밭처럼 보였다. 진지의 크기는 제각각이었고, 높이 3m의 모래방벽이 밭두렁처럼 둘러싸고 있었다. 그 가운데 모래주머니로 보강한 포탑만을 내놓고 말굽형의 엄폐호에 들어가 있는 전차들도 보였다. 모래방벽 진지 하나에 중대단위로 포진해 있었고, 진지 하나당 2개의 엄폐호가 50~100m 간격으로 배치된 형태였다. 다만 모든 엄폐호에 진짜 전차가 있는 것은 아니었다. 풍선이나 합판으로 만든 가짜 전차가 들어있는 경우도 있었다. 이런 위장 수단을 하늘 위의 항공기가 식별해 내기란 거의 불가능했다.

진지에는 무기, 지휘시설, 집적물자, 전차수송차, 유조차, 각종 차량이 엄폐호 안에 들어가 있거나 방호시설에 보관되었다. 이렇게 주요 물자가 모인 집결지에는 다국적군의 폭격에 대비해 여러 종류의 대공포와 지대공 미사일을 보유한 방공부대도 있었다. 사단은 81문의 대공포(S-60 57㎜포/23㎜포 쉴카)와 27대의 SA-13 대공자주미사일을 보유했다. 게다가 군단 방공포병은 SA-8과 SA-6 같은 사거리가 긴 레이더 유도식 대공미사일이나 최대 고도 12,000m에 대응하는 레이더 조준식 KS-19 100㎜ 대공포로 증강된 상태였다. 사단 방공을 위한 야전 기동방공 시스템은 질과 양 모두 미국 육군에 비해 이라크군 측이 더 우세했다.

소여 대령은 메디나 사단 집결지의 남단에서 공격을 시작했다. 그 구역에는 전차의 엄폐호는 없고, 모래방벽에 둘러싸인 트럭, 컨테이너, 금속제 시설만 있었다. 소여 대령은 370kg의 클러스터 폭탄(자탄 650개)을 투하했고, 동료인 칼 부치버거 대위도 뒤따라 폭탄을 투하했다. 효과는 2차 폭발이 다소 보이는 정도였다.

편대는 전차가 배치된 곳으로 기수를 돌렸다. 소여 대령은 쌍안경으로 엄폐호를 찾다 상자형의 물체를 발견, 조준을 방해하는 아침 일광을 피해 선회한 후 북동쪽에서 급강하해 공격했다. 매버릭 미사일의 적외선 시커가 전차를 포착한 순간, 조준과 동

AF7 상공에서 2대의 미군 A-10를 격추한 SA-13 고퍼

SA-13 고퍼 자주대공미사일
사거리 5㎞의 적외선추적 미사일을 4연장 발사기로 운용한다.

메디나 사단을 저공에서 공격하던 A-10 썬더볼트 II 2대가 SA-13 대공
미사일(적외선추적)에 격추당했다.

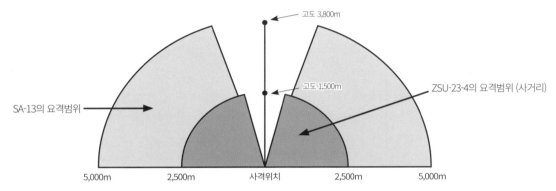

시에 미사일을 발사했다. 헬멧의 바이저 너머로 전차 또는 장갑차가 폭발하는 모습이 보였다. 마무리로 2,400m까지 상승해 30㎜ 개틀링포로 재차 공격을 실시했다. 다른 3대의 A-10도 공격을 시작했다.

공격하는 동안은 적의 대공포화가 강하지 않아 적외선유도 미사일 회피용의 플레어(조명탄)를 발사하지 않고 있었지만, 그 와중에 윙맨인 부치버거의 A-10이 대공미사일에 피격되었다. 폭발과 파편에 꼬리 날개가 심각한 손상을 입었고, 오른쪽 승강타가 날아가 버렸다. 소여 대령은 이라크군의 SA-13 고퍼 자주대공미사일에 당했다고 판단했다. 미사일에 맞을 때까지 미사일의 추진연기가 전혀 보이지 않았기 때문이다. SA-13은 무연추진제를 사용하는 적외선유도식 미사일로 MT-LB 장갑차에 4연장 발사기를 탑재한 형태로 운용되었다. SA-13 미사일은 휴대형 미사일보다 5배 이상 커서 직격당

하면 아무리 방어력이 우수한 A-10이라도 격추를 피하기 어려웠다. 다행히 피격당한 부치버거는 생환할 수 있었지만, 파드 공군기지에 착륙한 부치버거의 기체는 파손이 심해(600곳이나 구멍이 났다) 다음 출격에서는 새로운 기체로 갈아타야 했다. 결국 부치버거가 재출격하는 대신 이미 준비된 다른 팀이 출격했다. 제353전투비행대의 스테판 필리스 대위와 로버트 스위트 중위였다.[6]

비행대 제일의 조종사라 평가받는 필리스 대위는 고도 6,000m, 시속 370㎞로 순항해 오전 3시경에 쿠웨이트 국경을 넘어갔다.

메디나 사단의 집결지 상공에 도착하자 이라크군의 대공포 사격이 시작되었지만, 필리스 대위는 다음 목표로 삼을 전차도 발견했지만, 새벽 날씨에는 전차와 주변 모래더미의 온도차가 크지 않아 매버릭의 시커가 표적을 제대로 포착하지 못했다.

필리스 대위는 30㎜ 개틀링포로 무장을 바꿔 공격했다. 열화우라늄탄 수백 발을 맞아 벌집이 된 전차가 불타오르기 시작했다.

이때 필리스 대위는 자신을 향해 날아오는 대공미사일을 발견했다. 레이더 경보장치가 울리지 않은 것으로 보아 적외선유도식 미사일이었다. 필리스 대위는 플레어를 사출해 미사일을 회피했다. 스위트 중위는 위협이 되는 미사일 발사대를 파괴해야 한다고 필리스 대위에게 제안했다. 필리스 대위는 "OK. 한번 더 상공을 지나가면서 자네가 처리하도록. 그런 다음 바로 이탈한다."라고 대답했다. 그렇게 공격태세에 들어간 순간, 스위트 중위의 기체가 고도 3,750m, 아군 영역에서 한참 떨어진 적진 한가운데서 대공미사일에 피격당했다. A-10은 여전히 공중에 떠 있었지만, 보조익과 오른쪽 주익의 플랩(양력 발생장치)이 날아가 버렸고, 유압계통도 작동불능 상태였다. 90초 후, 기체가 빙글빙글 돌면서 추락하기 시작했다. 스위트 중위는 고도 1,800m에서 "탈출! 탈출!"이라 외치면서 기체를 포기했다. 10초 후, 낙하산이 펼쳐졌고, 아래를 내려다보자 자신의 애기가 사막에 격돌해 불타는 모습이 보였다. 스위트 중위는 낙하산을 타고 하강하면서 아군에게 추락위치를 알리기 위해 무전기를 찾았지만 어디로 날아갔는지 보이지 않았다. 화가 났지만 살아남기 위해 적이 없는 곳을 찾아 내려가야 했다. 하지만 강풍이 불면서 T-72 전차가 있는 엄폐호로 점점 가까워져 갔다. 필사적으로 낙하산을 조종했음에도 4분 후에는 전차에서 30m 떨어진 지점에 떨어졌다. 대략 60명가량의 메디나 사단 보병들이 총을 쏘며 접근해 왔다. 스위트 중위는 착지하면서 다리를 다쳐 도망칠 수도 없어서 얌전히 손을 들고 항복했다. 이라크군 병사들은 스위트 중위를 둘러싸고 구타하기 시작했다. 그는 기절을 가장해 상황을 모면하려 했지만, 장교에게 넘겨질 때까지 구타는 계속되었다. 포로가 된 스위트 중위는 바그다드로 압송되었다.

한편, 필리스 대위는 구조대를 요청한 후, 격추당한 스위트 중위를 찾기 위해 SA-13 고퍼 대공미사일의 위협에도 불구하고 단독으로 공역에 남아 있었다. 아슬아슬하게 버티던 필리스 대위의 A-10도 결국 8발째 날아온 미사일에 맞고 말았다. 근처를 비행 중이던 F-16 전투기 조종사가 마지막 무선을 수신했다.

"여기는 엔필드37.(콜사인) 나도 맞았다. 동료들과 함께여서 즐거웠다."

필리스 대위의 마지막 통신은 진중하고 침착한 목소리였다. 어째서 탈출하지 않았는지는 의문이지만, 그의 유체는 3월까지도 발견하지 못했다. 필리스 대위(30세)는 25번째 전투비행에서 전사했고, 전후 은성무공훈장이 추서되어 그의 양친에게 전달되었다.[7]

A-10이 격추당할 위험이 높다는 호너 공군사령관의 불안이 적중하고 말았다. 2월 15일, 메디나 기갑사단을 공격한 6대의 A-10 중 2대가 격추되고, 1대가 대파되었다. 적외선 야시장비가 없는 A-10으로 야간작전은 무리였다. 호너 공군사령관은 글로슨 준장을 불렀다.

"A-10을 철수시키게. 버스터. 지금까지 해오던 대로 국경선의 적 사단을 공격하게."

글로슨 준장은 "이미 그렇게 하도록 명령을 내렸습니다."라고 대답했다.

다음날부터 A-10은 공화국 수비대 공격임무에서 완전히 제외되었다.

사막에 엄폐중인 기갑사단 공격에 필요한 전술핵은 40발 이상

중부군 사령부는 항공폭격으로 이라크 지상군 전력의 50%를 제거할 계획이었다. 처음에는 예상대로 진행되지 않았지만, 2월부터는 F-111과 레이저 유도 폭탄을 사용한 전차사냥 전법을 적극적으로 도입하면서 지상군 격파 성과가 눈에 띄게 향상되었다.

미군보다 질과 양에서 앞선 이라크군의 야전 기동방공 시스템

이라크군 기동방공 시스템

미군 기동방공 시스템

사거리 10km →
← 사거리 6km
사격고도 5km →
← 사격고도 3km

미사일 중량: 126kg
탄두중량: 20kg
속도: 마하 2.4
유도: 레이더

미사일 중량: 86kg
탄두중량: 11kg
속도: 마하 1.5
유도: 적외선 시커

SA-8 게코 자주대공미사일
전투중량 17.5t, 전장 9.14m, 엔진출력
200hp, 3연장 발사기 x 2, FCS 레이더
탑재

M48 채퍼럴 전선방공 시스템
전투중량 13.3t, 전장 6.1m, 엔진출력
275hp, 4연장 발사기(12발)

사거리 5km → ← 사거리 4.8km
사격고도 3.8km → ← 사격고도 3.8km

미사일 중량: 42kg
탄두중량: 6.8kg
속도: 마하 2.5
유도: 적외선 시커

미사일 중량: 10.1kg
탄두중량: 3.0kg
속도: 마하 2.2
유도: 적외선 시커

SA-13 고퍼 자주대공미사일
전투중량 12.3t, 전장 6.6m, 엔진출력
240hp, 4연장 발사기(8발)

M1097 어벤저 방공 시스템
전투중량 4.3t, 전장 4.95m, 엔진출력
150hp, 4연장 발사기 x 2(8발), M3P
중기관총

사거리 5.1km → ← 사거리 4.8km
사격고도 1.5km → ← 사격고도 1.2km

구경: 23mm
발사속도: 분당 4,000발
탑재탄수: 2,000발
조준: 레이더/광학

구경: 20mm
발사속도: 분당 3,000발
탑재탄수: 2,100발
조준: 광학

ZSU-23 쉴카 자주대공포
전투중량 20.5t, 전장 6.5m, 엔진출력
280hp, 4연장 대공포

M163 발칸대공자주포
전투중량 12.5t, 전장 4.86m, 엔진출력
212hp, 6포신 개틀링포

사거리 4.2km → ← 사거리 4.8km
사격고도 2.3km → ← 사격고도 3.8km

탄두중량: 1.8kg
속도: 마하 1.7
유도: 적외선 시커

탄두중량: 3.0kg
속도: 마하 2.2
유도: 적외선 시커

SA-7 그레일 휴대용 대공미사일
중량 15kg, 전장 1.49m, 직경 100mm

FIM-92 스팅어 휴대용 대공미사일
중량 15.2kg, 전장 1.52m, 직경 70mm

ZSU-57-2 연장 자주대공포 : 전투중량 28t, 57
mm 연장포(사거리 4km, 분당 240발)

SA-9 가스킨 자주대공미사일 : 전투중량 7t, 4연장
발사기(적외선 시커, 사거리 4.2km)

스트레이트 플러시 레이더(좌), SA-6 게인풀 자주
대공미사일(우): 3연장, 레이더유도, 사거리 23km

2월 14일에는 정보부장 리드 준장이 폭격으로 파괴한 이라크군 전차가 전체의 30%에 해당하는 1,300대라고 발표했다. 하지만 CIA(중앙정보국)는 대통령에게 확실히 파괴한 전차는 500~600대에 지나지 않는다고 보고하면서 중부군의 폭격피해평가(BDA: Bomb Damage Assessment)가 사실보다 과장되었다고 비난했다.

폭격피해평가 과정에서 양자의 견해가 갈린 원인은 조사능력의 한계와 조직의 입장이었다.

CIA의 평가 근거는 정찰위성이 촬영한 화상정보였다. 당시 이라크 상공에는 레이더 정찰위성 라크로스, KH-11/12로 추정되는 6대의 정찰위성이 2시간마다 적외선·가시광선 카메라와 화상 레이더로 촬영한 영상을 워싱턴 근교의 지상 스테이션으로 전송하고 있었다. 반면 중부군의 정보부는 TR-1/U-2 고고도 정찰기(13대)와 RF-4, 토네이도 등의 전술정찰기로 찍은 항공사진과 조종사들의 폭격 전과보고, 조준장치의 녹화영상으로 적의 피해를 분석했다.

CIA는 이 가운데 조종사들의 전과보고에도 심각한 결함이 있다고 지적했다. 조종사들에게 자신의 전과를 과장해 보고하는 버릇이 있어 신뢰성이 떨어진다는 주장이었다. 이런 CIA의 비판에 중부군 사령부는 마지못해 폭격피해평가의 기준을 엄격히 하도록 개선했다. A-10 조종사가 전차 1대 격파 보고를 하는 경우 3분의 1대로 줄이고, F-111F나 F-15E의 건카메라 영상판독도 2분의 1대로 판정했다. 중복 폭격이나 위장전차를 파괴하는 경우가 많았으므로 선명한 영상을 판독하는 과정에도 축소판정이 적용되었다.[8]

화상 판정에 대한 입장 차이는 더욱 분명했는데, CIA는 전차가 완파된 경우만 전과로 인정한 반면, 중부군의 현장분석관은 전차가 전투 사용이 불가능한 수준으로 파손된 경우에도 전과로 판정했다. 그 결과 양측의 폭격피해평가에 극단적인 격차가 발생했다. 전차 격파판정을 위한 영상 및 사진 판독은 고도로 훈련된 전문가들이 담당했고, 슈워츠코프는 이를 두고 과학보다는 장인의 영역이라는 표현을 사용했다.

항공폭격만으로 기갑부대를 섬멸하기란 상상 이상으로 어려웠다. 전후 메릴 맥픽 공군참모총장은 '사막의 폭풍 작전'을 '항공전력만으로 지상군을 섬멸한 역사상 최초의 전쟁'이라 평했지만, 정작 파월 합참의장의 자서전에 의하면 중부군 사령부는 사막의 진지에 숨어있는 적 기갑사단을 일소하기 위해 핵공격까지 검토했다. 검토 결과 1개 기갑사단에 심각한 피해를 입히기 위해서는 전술핵폭탄 40발이 필요하다는 계산이 나왔고, 보고를 받은 파월은 경악하지 않을 수 없었다. 이를 감안하면 항공전력만으로 지상군을 섬멸했다는 주장은 공군의 착각일 뿐임을 알 수 있다.[9]

포로의 증언으로 폭로된 대폭격의 진실 이라크군 사단별 임무와 피해의 분석

전후 일부가 공개된 육군 제513군사정보여단의 사단장급을 포함한 이라크군 포로 심문 기록(The General's War 등이 여기에 해당한다)들은, 극히 단편적이기는 하지만 중부군이 발표한 이라크군의 전력평가를 크게 뒤집었다. 이런 포로의 심문 내용과 전후 연구된 내용을 중심으로 다국적군의 대폭격이 실제 이라크 지상군에 얼마나 피해를 주었는지 검증해 보자.

이라크군은 쿠웨이트 전역에 구축한 4개의 방어선에 육군의 보병부대, 예비대, 작전 예비전력, 그리고 공화국 수비대가 담당한 전략 예비대 등 총 4개 전력을 배치했다. 사우디와 인접한 국경선의 진지를 지키는 이라크군의 전선부대는 20개 육군 보병사단으로 예비역 부대가 대부분이었다. 육군 보병사단은 다국적군의 지상공세를 초기 단계에 지연·소모시키는 데 초점을 맞췄다. 해당 지역 사단장은 바그다드로부터 '와디 바틴'을 사수하라는 단순한 명령만을 받았다고 증언했다. 그러나 대폭격으로 입은 직접피해와 지속적인 폭격으로 군수지원이 지연되는 간접피해가 누적되면서, 일선 사단의 전력은 사단정족수 편제의 절반 수준으로 급감했다.

중부군은 미 육군 2개 군단이 서쪽에서 실시할 우회 공격작전을 지원하기 위해 와디의 서쪽을 지키는 이라크군 제7군단(11개 사단)과 동쪽의 제4군단(7개 사단)을 맹렬히 폭격했다. 폭격 결과 이라크군 제7군단은 42%, 제4군단은 58%까지 전력이 감소했다. 대조적으로 쿠웨이트 동부를 지키던 이라크군 제2군단(6개 사단)의 보병사단은 전선에서 떨어져 있어 폭격을 당하지 않았다.

첨단 무기의 폭격을 당한 포로의 증언에서 인상 깊은 부분은 이라크군 보병사단의 심각한 전력 부족과, 폭격의 규모에 비해 물질적 피해는 작은 반면 병사들의 심리적 타격은 크다는 점이다. 예를 들어 와디 전선의 이라크군 제7군단 27보병사단은 병력 8,000명, 전차 17대, 야포 72문의 전력이 배치된 부대지만 완편된 보병사단의 편제는 병력 14,100명, 전차 38대, 장갑차 6대, 야포 72문이었다. 사단의 병력이 대폭 감소한 이유는 보병사단의 편제수가 너무 많아 전시 징병을 실시했음에도 각 보병사단의 정원을 채우지 못한 결과였다. 중장비의 부족 역시 정원을 채우지 못한 상황에서 전투에 투입된 기갑사단에 전차와 장갑차를 징발당한 결과로 추정된다. 이라크군은 막대한 전차 보유 규모에 비해 실제 가동 가능한 전차는 얼마 되지 않았으므로, 부품전용도 빈번했을 확률이 높다.

이라크군 제27보병사단이 폭격에 입은 피해는 전사 10명, 부상 233명, 전차 8대 파손이었다. 사막의 엄폐호에 숨어있었다고는 하지만 밤낮으로 폭격을 당한 부대로는 매우 작은 피해다. 여기서 주목할만한 부분은 폭격으로 입은 직접 피해보다 휴가병과 탈주병 등 3,000명에 달하는 진지이탈자로 인한 병력손실이 더 크다는 점이다. 결국 지상전이 시작된 시점에서 이라크군 제27사단의 병력은 8,000

명에서 4,659명으로 격감했다. 마찬가지로 이라크군 제7군단 48보병사단은 처음부터 여단 규모였다. 사단장 모하메드 알라우 준장의 증언에 따르면 병력 5,000명, 전차 25대의 전력으로 사단의 역할을 떠맡은 상황이었다. 폭격에 입은 피해는 전사 300명, 부상 800명, 전차 18대, 그리고 휴가병과 탈주병이 1,000명이었고, 지상전 직전 잔존 전력은 병력 3,100명, 전차 7대에 지나지 않았다.[10]

여기에 다국적군의 대규모 폭격이 결정적 요소로 작용했다. 공군의 기록에 의하면 총 278대의 항공기가 이라크군 제48사단을 공격했다. A-10 174대, F-16 87대, B-52 12대 등이 공습에 동원되었고, A-10이 매버릭 미사일로 18대의 전차를 격파했으며, 이라크군 보병은 F-16의 클러스터 폭탄과 B-52의 Mk117 폭탄에 심각한 피해를 입고 전의를 상실했다. 인접한 이라크군 제31보병사단은 병력의 반수에 해당하는 4,000명이 사라졌다.

이라크군 제4군단의 사정도 비슷했다. 제30보병사단(병력 8,000명, 전차 14대)의 경우, 폭격에 100명이 전사하고 150명이 부상당했으며 전차 14대가 격파되고 탈주병 등을 포함해 4,000여 명의 전력을 잃었다. 잔존병력은 3,750명뿐이었다. 다만 와디에 포진한 이라크군 제7군단 47보병사단은 전차 140대, 야포 204문으로 편제보다 전력이 강화되었다. 이는 와디 방면으로 공격을 시도할 다국적군을 저지하기 위한 이라크군 사령부의 전력 보강일 가능성이 높다.

다국적군에게 가장 위협적인 이라크군의 대규모 포병은 미국 육군의 제7군단과 이집트군 양방향으로 포격을 가할 수 있는 위치에 전개중이었다. 프랭크스 중장은 당연히 이 위협을 묵과하지 않았고, 공군에 공화국 수비대보다 이라크군 제47사단을 우선적으로 폭격해 줄 것을 요청했다. 호너 공군사령관은 지상전 개시 2일 전에 F-111 전폭기를 총 99회 출격시키며 집중폭격을 실시해 100문 이상의 야포를 파괴했다.

제2선의 기갑부대는 예비대와 작전예비임무를 맡은 9개 사단이 쿠웨이트 중앙에서 이라크 남부까지 넓게 전개해 있었다. 예비대는 전선의 각 군단에 소속되어 보병사단 엄호와 적의 전선 돌파를 최후에 저지하는 역할을 맡았다. 이라크군 제7군단의 예비대는 제52기갑사단, 제4군단은 제1기계화보병사단과 제6기갑사단, 제3군단은 제5기계화보병사단이 예비대였다. 작전예비대는 이라크군 총사령부(GHQ) 직할의 반격 전력으로 이라크군 제2군단(제17기갑사단, 제51기계화보병사단)과 지하드 군단(제10기갑사단, 제12기갑사단)으로 구성되었으며, 예비대의 지원과 다국적군 공수강하작전의 대처, 적 주공에 대한 반격을 담당했다.

대폭격에서 살아남은 예비대의 전력은 여기저기 흩어져 있었다. 특히 이라크군 제6기갑사단의 경우 잔존전력이 35%에 불과했다. 파괴된 전차는 149대(100대 생존), 장갑차 116대(61대 생존), 야포 59문(13문 생존)으로 여단급 전력밖에 남아 있지 않았다. 이는 이라크군 제6기갑사단이 전개한 킬 박스 AF5에 대해 A-10 347대, B-52 127대를 투입해 맹렬히 폭격한 결과였다.

대조적으로 이라크군 제1기계화보병사단의 전력은 92%로 그다지 피해를 입지 않았다. 피해는 전차 15대(162대 생존), 장갑차 1대(248대 생존), 야포 25문(47문 생존)이었다. A-10이 불과 57회만 출격하는 등 사단이 위치한 킬박스 AG5에 대한 폭격이 매우 제한적이었고, 그나마 폭격의 절반을 담당한 해군과 해병항공대의 레이저 유도폭탄 부족으로 폭격 효율도 좋지 않았던 덕을 본 셈이다.

공습을 회피하기 위한 이라크군의 대책

AE6은 타와칼나 기계화보병사단의 일부가 포진한 중요 킬 박스로, A-10, F-111F, F-15E 등 탱크킬러 삼총사의 집중공격을 받았다. 총 1,976대가 공격에 투입되고, 전체 킬 박스 중 최다인 일평균 424소티가 엄폐호 내의 전차와 차량 공격에 할당

되었다. 폭격 후 제52기갑사단은 전차 136대가 파괴당해 전력이 50%로 감소했다.

미국 육군의 공식 간행 전사 「확실한 승리(Certain Victory)」에 따르면, 프랭크스 장군은 미국 육군 제7군단이 국경선 돌파작전을 개시할 경우 이라크군 제52사단이 제7군단의 측면을 공격할 수 있는 위치를 점했다는 이유를 들어 이라크군 제52기갑사단에 대해 철저한 폭격을 요청했다. 프랭크스 장군은 지도를 가리키며 참모들에게 이렇게 말했다. "나는 이 부대가 사라지기(go away)를 원하네."

이라크군 제52기갑사단 52여단의 운명은 그렇게 결정되었다. 포로가 된 제52전차여단장의 심문 내용을 보면, 이라크군 제52사단은 이라크군 제7군단의 예비대로 최전선의 제26보병사단을 지원하기 위해 남서쪽으로 이동할 예정이었다. 그 가운데 병력 1,125명, 전차 80대를 보유한 제52전차여단은 서쪽 끝에 배치했다. 이라크군 제26사단은 미 육군 제1보병사단의 정면에, 제52여단은 미 육군의 주력 기갑사단의 측면을 노릴 수 있는 위치에 전개되었다. 하지만 이라크군 제52여단은 그 사실을 인지할 여유도 없이 집중 폭격을 받게 되었다.

프랭크스 군단장의 공격 명령을 받은 미 육군과 공군의 작전참모들은 이라크군 제52여단을 '고 어웨이 여단'이라고 이름 붙였다.

항공폭격이 시작되었을 때, 이라크군 제52여단의 상황은 암울했다. 여단의 3개 대대 중, 2개 대대는 병사와 무기 대부분을 엄폐호에 숨기지도 못했고, 비교적 상태가 양호한 1개 대대의 참호도 평균 깊이가 1m 가량으로 매우 얕았다. 이라크군 제52여단장의 증언에 따르면, 갑작스럽게 이동하는 바람에 참호를 만들 시간적 여유가 없었고, 주둔지의 사막은 자갈이 섞인 단단한 땅이라 병사들이 삽으로 파기도 힘들었다.

폭격 첫날 오전 10시, A-10이 이라크군 제52여단을 하루 종일 공격해 차량 13대가 불타고, 15명이 전사했다. 집요할 정도로 연일 공격이 계속되었

지만, 보이는 대로 무차별적인 공습을 실시하지는 않았다. 최초의 공격단계에서는 이라크군 전차부대의 보급·기동력을 빼앗기 위해 수송 트럭, 유조차 등을 먼저 노렸고, 주요 목표인 전차는 나중으로 미뤘다. 그리고 지상전 5일전부터 기갑차량을 공격하기 시작했다. 물론 이라크군도 가만히 있지 않았다. 타이어를 태워 검은 연기를 피워 전차가 이미 폭파된 것처럼 위장하거나, 실제로 파괴되어 불타는 차량 옆에 멀쩡한 전차를 세워두는 방식으로 기만을 시도했다. 하지만 하루에 3~4대의 전차 손실을 피할 수는 없었다.

결국, 이라크군 제52전차여단은 지상전이 시작되기 전까지 75회의 폭격을 받아 전사 35명, 부상 45명, 전차 대파 62대의 손실을 입었고, 550명의 탈주병까지 발생했다. 살아남은 전력은 병력 500명, 전차 18대뿐이었다. 이렇게 이라크군 제52여단은 '고 어웨이 여단'이 되었고, 여단장은 자신이 이라크군에서 가장 불운한 지휘관이라고 한탄했다. 이라크군 제52여단은 제공권을 상실한 이라크군 전차부대의 전형적 말로를 보여준다.

작전 예비대인 이라크군 제2군단 중사단은 전선에서 먼 쿠웨이트 북부에 전개한 덕분에 편제 대비 85%의 전력을 유지하고 있었다. 특히 제51기계화보병사단의 전력은 편제 대비 93%에 달했다. 전차 손실은 5대뿐이었으며, 170대가 넘는 전차가 엄폐호 속에 숨어서 살아남았다. 제51사단이 포진한 쿠웨이트 북단의 킬 박스 AG6에 대한 폭격 상황을 보면 이라크군의 손실이 적은 이유를 알 수 있다. AG6 폭격에 동원된 탱크킬러 삼총사의 폭격은 총 90회로 이것은 이라크군 제52기갑사단을 폭격한 횟수의 10%에 지나지 않았다.

쿠웨이트 북서쪽 킬 박스에 전개된 지하드 군단의 2개 중사단은 F-15E 전폭기의 폭격을 300회 가까이 받았고, 전력은 59%까지 급감했다. 이렇게 심한 폭격에도 제12기갑사단 50여단은 일정 수준의 전력을 유지했다.

육군 공식 간행 전사에 따르면, 이라크군 제50여단의 병사들이 폭격에서 살아남을 수 있었던 원인은 여단장 무함마드 아사드 대령의 전장 경험과 통솔력 덕분이었다. 아사드 대령은 이란-이라크 전쟁에서 전차부대를 지휘했다. 그는 전쟁 기간 동안 전차와 함께 생활하면서 가족보다 전차를 신경 쓸 정도로 뼛속까지 기갑부대 지휘관이었다.

제50여단은 9월부터 사막 한가운데에 전개했기 때문에 병사들의 사기는 최악의 상황이었다. 하지만 아사드 대령은 T-55 전차의 정비를 엄격히 지도하며 사기를 유지하기 위해 노력했다. '싸구려 전차'라는 별명이 붙은 구식 T-55 전차는 꾸준한 정비가 필요했지만, 전차들은 대부분 무한궤도 마모가 심했고 신품 배터리조차 부족할 정도로 정비와 보급 상태가 좋지 않았다. 하지만 전사의 피가 흐르는 아사드 대령은 전차부대가 언제든지 출격할 수 있도록 만전의 태세를 갖추기 위해 노력했다.

폭격이 시작되자 정석대로 A-10은 수송 트럭을 먼저 공격하고 탱크 플링킹 전법을 구사하는 F-111F와 F-15E가 레이저 유도 폭탄으로 전차를 공격했다. 하지만 전차와 장갑차들은 아사드 대령의 엄격한 감독 아래 엄폐호에 철저히 위장된 상태로 숨어 있어서 손실된 전차는 108대 중 8대, 장갑차는 몇 대에 지나지 않았다. 사막의 전차부대는 하늘에서의 공격에 압도적으로 불리했지만, 잘 위장된 튼튼한 엄폐호에 숨어 있다면 폭격에도 살아남을 수 있었다.[12]

공화국 수비대는 어떻게 레이저 유도 폭탄의 집중폭격에서 살아남았나

이라크 남부에 넓게 전개한 전략 예비대인 공화국 수비대는 타와칼나, 메디나, 함무라비의 3개 중사단이 다국적군의 주공에 대한 반격 전력이 되었고 남은 3개 보병사단과 특수부대 여단이 전역 전체의 지원, 쿠웨이트 연안의 방위, 미군 공중강습 작전의 대비, 그리고 바스라 방위를 맡았다. 다국적

사막 깊숙이 숨어 폭격에서 살아남은 이라크군 공화국 수비대

미군이 제작한 타와칼나 기계화보병사단의 배치도 (2월 15일 시점)

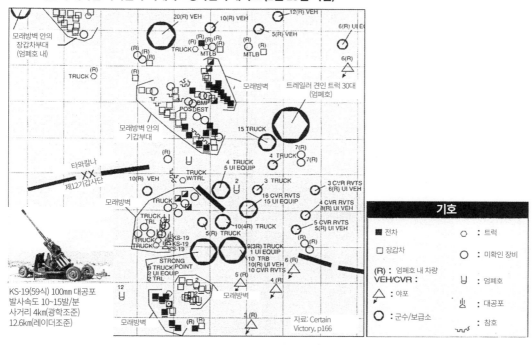

KS-19(59식) 100mm 대공포
발사속도 10~15발/분
사거리 4km(광학조준)
12.6km(레이더조준)

자료: Certain Victory, p166

기호

- ■ : 전차
- □ : 장갑차
- (R) : 엄폐호 내 차량
- VEH/CVR :
- △ : 야포
- ◎ : 군수/보급소
- ○ : 트럭
- ◉ : 미확인 장비
- ∐ : 엄폐호
- ⚒ : 대공포
- ∿ : 참호

엄폐호 안의 T-55 전차

엄폐호 안의 BMP-1 보병전투차

엄폐호 안의 2S1 자주포

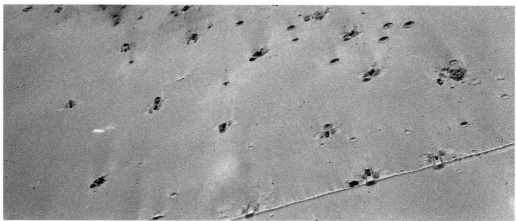

폭격에 대비해 사막에 포진한 이라크군 기갑부대. 부대는 차체를 말굽형 엄폐호에 숨기고, 모래벽을 둘레에 쌓았다.
사진에서는 폭탄공과 엄폐호 안의 전차가 보인다.

군 항공기는 쿠웨이트 전역 내의 작전에 35,000회 출격했지만, 그중 5,646회는 공화국 수비대에 대한 출격이었다. 이렇게 연일 계속된 폭격을 받은 공화국 수비대의 총합 전력은 66%까지 떨어졌다고 판단되었다.

최대의 공격목표인 공화국 수비대의 중사단은 이라크-쿠웨이트 국경 연안에 남쪽의 타와칼나, 중앙의 메디나, 동쪽의 함무라비 사단이 초승달 모양으로 포진해 있었다. 그중에 타와칼나 기계화보병사단은 큰 피해를 입었는데, 미군의 추정에 의하면 잔존 전력은 57%였다. 손실은 전차 222대 중 112대, 장갑차 249대 중 73대, 야포 90문 중 70문이었다. 이미 사단으로서 기능을 상실했으며, 살아남은 각 여단이 겨우 단독 작전 수행이 가능한 상태였다. 타와칼나 사단이 포진한 킬 박스 AE6는 A-10을 중심으로 F-111F 273대, F-15E 137대, 총 834대의 공격을 받았다.

F-15 스트라이크 이글은 2대로 구성된 편대가 각각 8발의 GBU-12 레이저 유도 폭탄을 탑재하고 출격해 약 30분후 전탄 명중시켜 16대의 전차를 파괴했다. 전차사냥 임무를 수행하던 제4전술전투 항공단의 달리 로버슨 대위의 F-15E는 E-8 JSTARS 전장감시기의 공격 지령을 받았다. E-8 전장감시기가 공화국 수비대 중사단의 집결지로 향하는 적 수송대를 탐지했고, 지령에 따라 목표 상공에 도착해 보니 8대의 장갑차로 구성된 수송대가 보였다. 먼저 선두의 장갑차를 레이저 유도 폭탄으로 파괴했다. 나머지 7대는 길을 벗어나 도망쳤지만, 차례차례 파괴당했고, 적병이 차를 버리고 도망가는 모습이 보였다. 로버슨 대위는 "완전히 덕 헌트(오리 사냥) 같군"이라고 중얼거렸다.

타와칼나 기계화보병사단은 이란과의 전쟁에서 활약한 3개 여단으로 편성된 중사단이었다. 2개 여단은 BMP 보병전투차를 장비한 기계화보병여단, 1개 여단은 T-72 전차를 완비한 정예 제9전차여단이었다. 전차여단의 T-72 전차는 M1 타입의 최신

형으로 야간사격에 필요한 적외선 야시장비(벨기에제)와 레이저 거리측정기를 탑재하고 있었다. 이 귀중한 주력전차를 폭격으로부터 지키기 위해 많은 물자를 투입해 방호시설을 구축했다.

이라크군 제9여단 소속의 제55전차대대는 승무원을 전차에서 떨어진 장소에 설치한 튼튼한 엄폐호로 피난시키고, 전차도 엄폐호에 숨기는 대책을 마련했다. 그리고 승무원들은 전차가 있는 진짜 엄폐호 옆에 가짜 엄폐호를 만들고 목재로 만든 모조 전차를 설치했다. 폭격이 시작되면, 진짜 전차 옆에 타이어나 석유를 넣은 드럼통을 태워 검은 연기를 피워 위장했다. 다만 이런 방식은 육안으로 목표를 식별하는 A-10의 조종사들은 속일 수 있어도 야간에 적외선 열영상장치로 목표를 식별하는 F-111 전폭기에는 큰 효과를 보지 못했다.

전차여단의 임무는 위치를 고수하고, 가능하면 반격을 가하는 데 있었다. 제55전차대대 1중대 3소대의 소대장 사이프 앗딘 소위는 3대의 T-72 전차에 연료와 탄약을 채우고 만반의 준비를 갖췄고, 휘하의 부하 8명도 충분한 전투훈련을 받아 투지에 차 있었다.

이라크군 제5전차대대장의 증언에 따르면 당시 보유한 39대의 T-72 전차 중에 폭격을 당해 파괴된 전차는 2대뿐이었다.

이렇게 전력을 온존한 부대도 있었지만, 중부군은 메디나 기갑사단의 경우 전력이 65%까지 감소한 상태였다. 메디나 사단은 거의 1개 여단 규모의 전력을 상실했고, 사단 규모의 공격 작전을 실행하려면 지휘계통의 보충이 필요했다. 메디나 사단이 포진한 킬 박스 AF7에는 함무라비 기갑사단, 바그다드 보병사단(지상전 전에 이동)도 전개해 있었으므로, 다국적군은 통상적인 폭격 규모의 2배에 해당하는 2,988회의 출격을 할당했다.

호너 공군사령관은 '메디나의 날', '함무라비의 날'로 구분하여 집중폭격을 가했다. 특히 탱크 플링킹 전법의 주역인 F-111F는 총 774회 출격해 엄폐

호에 숨어있는 전차를 집중 공격했다. 하지만 탱크킬러 A-10은 메디나 사단의 치밀한 저공 방공망에 A-10 2대가 격추당한 이후로 적극적인 활동을 하지 못했고, 출격은 10회에 그쳤다.

공화국 수비대의 중사단이 보유한 SA-13 고퍼와 SA-8 게코 자주대공미사일은 저속으로 비행하는 A-10뿐만 아니라 초음속 제트기에게도 큰 위협이었다. 고퍼와 게코 대공미사일은 휴대용 대공미사일에 비해 사거리, 도달고도, 탄두위력 등이 훨씬 우수했다. 또한 SA-13은 적외선 유도방식을 사용하는 미사일로 항공기의 레이더 경보장치에 반응하지 않아서 육안으로 경계해야 했다.

레이더 유도방식의 SA-8은 6륜 구동 수륙양용 차량에 탐색·추적 레이더를 탑재한 기동 방공무기로, 야간의 흐린 하늘에서도 고도 5,000m, 10km 거리의 적기를 격추할 수 있었다. 그리고 하나의 표적에 2발의 미사일을 동시에 발사하는 방식이어서 항공기가 회피하기도 어려웠다. 그렇다고 대공미사일을 피해 저공으로 날아가면 쉴카나 S-60 대공포가 기다리고 있었다. 이라크군은 이렇게 두 계통의 대공무기를 동시에 운용하는 전술을 채택했다.

F-15E 조종사인 팀 베넷 대위는 임무 중 SA-8 대공미사일에 피격당할 뻔했다. 베넷 대위는 A-10 지상공격기가 격추당한 것으로 악명 높은 공역(메디나 사단 상공)에서 전차사냥 임무를 수행하고 있었다. 후방 좌석의 화기관제사 댄 백케이는 '침착해. 침착해'라고 자신에게 말하며 목표를 조준하고 있었다.

그 순간 베넷 대위는 날아오는 미사일을 발견했다. 레이더 경보장치는 울리지 않았는데, 적외선유도 미사일만 경계하느라 레이더 경보장치는 꺼져 있었다. SA-8 대공미사일은 F-15E를 향해 똑바로 날아왔다. 화기관제사인 백케이는 폭격 목표 포착에 정신이 팔려 있어서 미사일을 눈치채지 못했다. 베넷 대위는 경고할 새도 없이 6G의 급선회를 했고, 백케이도 무슨 일이 벌어진 건지 알아챘다. 베넷 대위는 "채프!"라고 소리쳤다. 레이더 전파를 교

란하는 알루미늄 호일 조각인 채프가 뿌려졌고, 마하 2로 날아온 미사일은 F-15를 스쳐 지나가 폭발했다. F-15 전투기는 위급한 상황에 최대 9G의 급선회가 가능하므로, SA-8 대공미사일의 위험이 극단적으로 심각해지는 않았다.[13]

폭격작전에 앞서 SA-8 자주대공미사일과 같은 위험요소는 미리 제거해야 했지만, 이동과 은폐를 반복하는 대공무기체계들은 쉽게 찾아내기 어려웠고, 만약 발견하더라도 공격하다 A-10처럼 거꾸로 격추당할 위험이 있었다. 전쟁 기간 동안 이라크군의 방공무기에 다국적군 항공기 32대가 격추당했는데, 그 가운데 대공포 피해는 9대, 지대공미사일 피해는 23대였다.

메디나 기갑사단은 미군을 상회하는 야전 기동방공 시스템을 전개하고 있었지만, 중부군은 F-111의 전과보고를 토대로 메디나 사단이 입은 손실을 전차 312대 중 178대, 장갑차 177대 중 55대, 야포 90문 중 36문으로 판단했다.

마지막으로 함무라비 기갑사단은 바스라의 남쪽 40km 지점에 있는 사프완 공군기지의 서쪽에 포진했다. 중부군 미 육군 정보부장 스튜어트는 대폭격 이후 함무라비 사단의 전력은 72%로, 여전히 사단 규모의 반격 능력을 보유한 상태라 판단했다. 함무라비 사단은 반격작전에 투입되지 않을 경우 바스라의 방위에 전념할 가능성이 높다고 분석되었다. 함무라비 사단이 폭격으로 입은 피해의 추정치는 전차 98대, 장갑차 14대, 야포 23문이었는데, 여기에 더해 전후 진행된 포로 심문 결과, 피해는 전사 100명, 부상 300명, 그리고 휴가병과 탈주병이 약 5,000명으로 확인되었다. 정예부대인 공화국 수비대의 절반이 지상전이 시작되기도 전에 사라졌다는 정보는 쉽사리 받아들이기 어려웠다.

중부군 정보부는 공화국 수비대의 3개 중사단이 지상전 이전 대폭격에 입은 피해를 전차 388대(배치 846대), 장갑차 142대(배치 603대), 야포 129문(배치 270문)으로 판단했다. 잔존 전력은 전차 458대, 장갑차

461대, 야포 159문으로 T-72 전차의 경우 46%를 격파해 전력을 50% 감소시키는 목표에 근접했다.

전후 CIA가 정찰위성으로 분석한 결과, 공화국 수비대의 중사단이 폭격에 입은 피해는 중부군 정보부의 발표보다 훨씬 경미했다. 중부군은 공화국 수비대 장갑차량 전력의 30%를 파괴했다고 집계했지만, CIA는 중부군이 발표한 전차 격파전과가 388대가 아닌 166대라고 보았다. 반대로 장갑차 격파전과는 중부군이 발표한 142대보다 많은 203대였다. 이 차이는 장갑차를 전차로 오인해 집계하는 바람에 발생했는데, 조종사나 중부군 분석관들의 고의적인 전과 과장보다는 고공에서 전차와 장갑차를 식별하지 못해 발생한 오차에 가까웠다.

CIA의 분석결과에 따르면 살아남은 공화국 수비대의 장갑차량은 T-72 전차가 680대(5개 대대 규모), 장갑차가 400대였고, 실제 파괴한 T-72 전차는 20%, 장갑차는 34%였다. 야포는 약 200문이 살아남았다.

다른 자료들 중에는 미군이 폭격으로 파괴한 중사단의 장갑차량은 타와칼나 사단 약 50대(※이하 괄호는 중부군 집계. 185대), 메디나 사단 약 40대(233대), 함무라비 사단 약 25대(112대)라는 상당히 적은 추산치도 있다. 다만 어느 결과를 신뢰하더라도 중부군의 집계가 어느 정도 과장되었음은 분명하다.[14]

결과적으로 공화국 수비대 중사단에 대한 미군의 폭격은 엄청난 인력과 물자를 집중했음에도 '실패'했다고 할 수 있다. F-111F 전폭기의 활발한 전차사냥에도 불구하고 전차들 중 20%만을 파괴했다. 공화국 수비대의 3개 중사단이 포진한 3개의 킬 박스에는 레이저 유도 폭탄과 미사일 합계 1,440발이 투하되었는데, 이 가운데 F-111 전폭기가 전차사냥에 사용한 GBU-12 레이저 유도 폭탄 1,249발이 과반수를 차지했다.

전후 공군의 폭격조사반은 공화국 수비대가 포진한 집결지를 방문해 GBU-12 레이저 유도 폭탄의 효과를 239발의 사례를 집계해 검증했다. 결과는 106발(44%)이 명중해 장갑차량을 파괴 또는 사용불능 상태로 만들었고, 40발(17%)이 손상을 입혔으며, 93발(39%)이 실패했다. 90%의 명중률을 자랑하는 레이저 유도 폭탄이었지만, 폭격 결과 공화국 수비대의 전차와 장갑차 56%가 살아남은 셈이다. 하지만 치밀한 방공망과 튼튼한 엄폐호로 보호되는 공화국 수비대의 장갑차량 상당수를 격파한 것 자체가 훌륭한 전과라 할 수 있다.[15]

어째서 이라크군을 과대평가했나

중부군은 전쟁 직전의 이라크군 총병력을 사단의 병력 편제에 맞춰 43개 사단, 545,000명으로 추산했다. 하지만 전장에 나선 각 사단의 전력은 전체적으로 편제에 크게 미치지 못했다. 공군 공식 간행 전사(GWAP)의 분석에 의하면 중부군의 예상과 전장에 집결한 이라크 지상군의 실제 전력 간에는 큰 차이가 있었다.

전선에 배치된 11개 보병사단은 편제의 57%만을 채웠고, 후방 배치 사단은 85%였다. 전체 평균은 78%로 쿠웨이트에 주둔한 이라크군 병력은 42만 명이었으며, 중부군의 발표보다 125,000명이 적었다. 그리고 항공작전이 시작되기 직전(1월 6일), 평균 20%의 장병들이 휴가를 받고 고향으로 떠났다. 이렇게 이탈한 전력의 규모는 84,000명으로 추정된다. 문제는 전쟁이 시작된 후에도 그들이 전장에 돌아오지 않았다는 데 있다. 이는 다국적군의 폭격으로 쿠웨이트 방면 교통로가 파괴되었고, 일단 집에 돌아간 병사들 가운데 상당수가 다시 전장으로 복귀할 의욕을 잃고 그대로 탈영병이 된 결과였다.[16]

포로를 심문한 결과, 전체 병력의 20%가 휴가를 떠나는 독특한 제도는 이라크군 전체에서 실행되는 정식 제도임이 확인되었다. 미군의 상식으로는 전시에 대량으로 휴가를 보내는 모습이 어리석어 보였지만, 여기에도 나름의 이유가 있었다. 일단 급식량이 줄어들어 보급의 부담을 줄일 수 있고, 병사들의 불만을 해소시켜 탈주를 방지하는 효과도 있었다. 이라크군은 일반 병사의 경우 전장에서 28일을 근무하면 일주일의 휴가를 주었고, 장교의 경우 20일 근무마다 일주일의 휴가가 나왔다. 따라서 각 부대는 평균 20%의 병력이 항상 휴가 상태였다. 이라크군은 분명 42만 명의 군대를 파병했지만, 전쟁 개시 시점에 부대에 남아있는 총병력은 336,000명이었다.

지상전 이전, 다국적군은 전장 일대를 39일간 폭격했다. 이때 일부 항공기는 폭탄 대신에 이라크군 병사들에게 항복을 권고하는 전단지를 대량으로 뿌렸다. 총 2,800만 장의 전단지가 뿌려졌고, 연일 맹폭격이 계속되면서 심리전도 점점 효과를 발휘해 25~30%의 병력인 8만 4천~10만 명이 투항했다. 이는 분명 조직적인 전장 이탈의 결과였다. 폭격에 의한 직접 피해는 각 사단마다 최저 100~300명이며, 총 전사자는 10,000~12,000명 가량으로 추산된다. 그리고 부상자는 전사자의 두 배인 20,000~24,000명 내외다.

여러 자료를 토대로 지상전 개시 시점에 전장에 배치된 이라크군의 실제 병력을 추산해보면 대략 20만~222,000명 사이일 가능성이 높다. 반면 중부군은 폭격에 의해 손실하거나 탈영한 병력이 95,000명, 지상전 시작 시점에 잔존 이라크군 병력은 약 45만 명으로 계산했다. 무기에 비해 병력 피해를 산정하기 어렵다고 하더라도 2배나 차이가 나는 것은 중부군의 지나친 과대평가라 할 수 있다.

중부군은 이라크군의 주요 무기 보유 규모도 과대평가했다. 중부군은 전쟁 개시 시점에 배치된 이라크군 전력을 전차 4,280대, 장갑차 2,870대, 야포 3,110문으로 발표했다. 그런데 CIA가 전후 전장 일대를 정찰위성으로 재검토한 결과, 실제 배치 규모는 전차 3,475대, 장갑차 3,080대, 야포 2,375문으로, 전차와 야포의 경우 오차가 20%에 달했다. 장갑차도 전차로 오인한 경우를 정정하면서 장갑차의 수효는 중부군의 발표보다 늘어났다.

중부군은 지상전 개시 이전에 폭격으로 얻은 전과를 전차 1,688대, 장갑차 929대, 야포 1,452문으로 발표했다. 하지만 CIA는 중부군의 전과 발표가 지나치게 과대포장되었다고 대통령에게 보고했다. CIA의 기밀문서에 따르면 실제 전과는 중부군의 3분의 1에도 미치지 못하는 전차 524대, 장갑차 245대, 야포 255문으로, 사실인지 의심스러울 정도로 차이가 심했다. CIA가 검증한 전과가 사실이라고 가정한다면 맹렬한 폭격에도 불구하고 이라크군 전력의 90%가 건재하다는 의미가 된다. 하지만 전후 CIA는 재검증을 통해 자신들의 잘못을 확인했다. 최종적으로 확인된 폭격의 전과는 전차 1,388대, 장갑차 929대, 야포 1,152문으로 중부군 발표 쪽이 더 정확했다.

검증 결과 대폭격에서 살아남은 이라크군 주요 무기는 최종적으로 전차 2,089대, 장갑차 2,151대, 야포 1,323문이었다. 주목할 점은 장갑차의 생존률이 70% 정도로 높은 반면, 전차와 야포는 60%와 53%로 크게 낮다는 점이다. 이는 상대적으로 위험도가 높은 전차와 야포를 먼저 파괴하고 장갑차에 대한 폭격은 뒤로 미룬 결과였다. 그러나 파괴된 전차는 대부분 T-55등의 구식 전차였고, 공화국 수비대가 보유한 T-72 전차는 80% 이상 살아남았다. 다국적군에게 있어 공화국 수비대 주력인 T-72 전차와 화학포탄 발사가 가능한 장사정포(중포, 다연장 로켓)는 여전히 큰 위협으로 남아있었다.

세계에서 네 번째로 거대한 이라크 지상군에 비해 이라크 공군과 해군의 전과 검증은 비교적 용이했다. 이라크 공군의 작전기 손실은 726대중 56%에 달하는 403대를 잃어 제공권을 완전히 상실했다. 작전 중 공중에서 격추된 기체는 겨우 36대에 지나지 않았고, 254대는 기지나 쉘터에서 폭격으로 파괴당했다. 나머지 121대는 이란으로 도망쳤다. 이라크 해군은 미국 항공모함 함재기의 일방적인 공격을 받고 주력인 미사일 고속정 13척 전부를 포함해 143척의 함정을 잃었다. 이 손실은 전쟁 이

쿠웨이트 전역에 배치된 이라크군 사단

군단 \ 종류	전차	기계화 보병	보병	합계
공화국 수비대(RG)	2	1	3	6
지하드 군단	2	0	0	2
제2군단	1	1	6	8
제3군단	1	1	9	11
제4군단	1	1	5	7
제7군단	1	0	8	9
합계	8	4	31	43

폭격 후(2월23일 시점)의 이라크군 사단의 전력평가

전력 \ 종류	전차	기계화 보병	보병	합계
75% 이상의 전력	3 *1	2 *2	14	19
50~75%의 전력	4	2	6	12
50% 이하의 전력	1 *3	0	11	12
합계	8	4	31	43

※1: 함무라비, 제3, 제17기갑사단
※2: 제1, 제51기계화보병사단
※3: 제6기갑사단
자료: DOD 걸프전 최종보고, p355

나시리아

49 (VII)

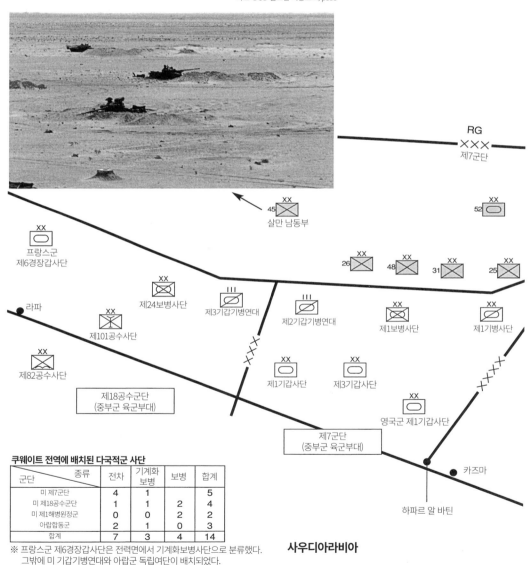

RG
제7군단

45 살만 남동부

52

26 48 31 25

프랑스군 제6경장갑사단

제24보병사단

제3기갑기병연대

제2기갑기병연대

제1보병사단

제1기병사단

라파

제101공수사단

제82공수사단

제18공수군단
(중부군 육군부대)

제1기갑사단

제3기갑사단

영국군 제1기갑사단

제7군단
(중부군 육군부대)

하파르 알 바틴

카즈마

쿠웨이트 전역에 배치된 다국적군 사단

군단 \ 종류	전차	기계화 보병	보병	합계
미 제7군단	4	1		5
미 제18공수군단	1	1	2	4
미 제1해병원정군	0	0	2	2
아랍합동군	2	1	0	3
합계	7	3	4	14

※ 프랑스군 제6경장갑사단은 전력면에서 기계화보병사단으로 분류했다.
그밖에 미 기갑기병연대와 아랍군 독립여단이 배치되었다.

사우디아라비아

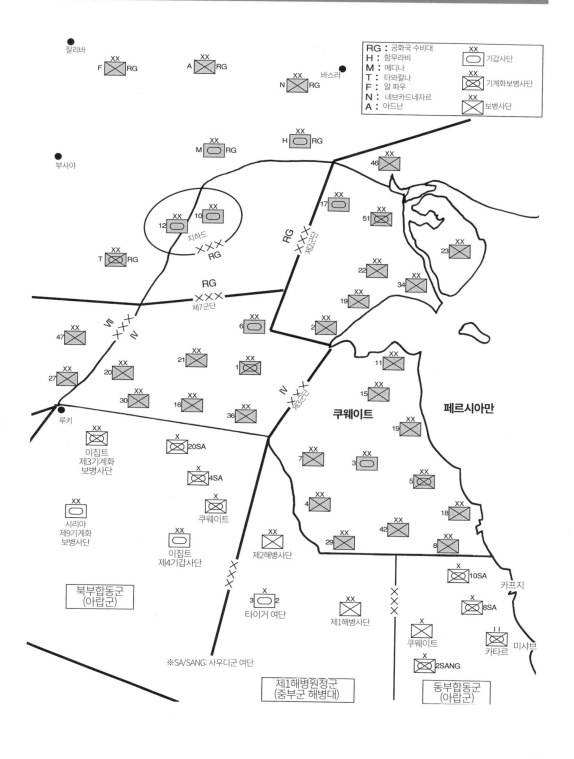

다국적군 지상부대(14개 사단)와 이라크 지상군(43개 사단)

전에 보유한 178척(대부분 소형 함선)의 80%에 달하는 규모로, 이라크 해군은 사실상 괴멸 상태였다.

한편, 이라크군 전차군단을 제압하고 쿠웨이트를 해방시키기 위해 집결한 다국적군 지상부대의 총 전력은 14개 사단 약 51만 명, 전차 약 3,555대였다. 그리고 아랍합동군의 전력은 병력 약 10만 명, 전차 약 1,000대였다.

다국적군은 페르시아만 서쪽 사막에 600㎞에 걸친 전선 배치를 완료했다. 동쪽부터 서쪽으로 아랍 동부합동군, 미군 제1해병원정군, 아랍 북부합동군, 제7군단, 제18공수군단이 전개를 마쳤다. 다국적군의 전력은 쿠웨이트에서 이라크군을 몰아내기에 충분했다. 이제 다국적군은 최대한 피해를 억제하는 선에서 공화국 수비대의 완전 격멸에 초점을 맞췄다.

참고서적

(1) U.S.News&World Report, Triumph without Victory: The Unreported History of the Persian Gulf War (New York: Random House, 1992), p276.

(2) Department of Defence(DOD), Conduct of the Perisian Gulf War (Washington, D.C.:GPO, 1992), pp164-165 and p184.

(3) Rick Atkinson, The Crusade: The Untold Story of the Persian Gulf War (Boston: Houghton Mifflin, 1993), pp263-265.

(4) William L.SmallWood, Strike Eagle: Flying the F-15E in the Gulf War (New York: Brassey's inc, 1994), p178.

(5) Atkinson, Crusade, p312.

(6) William L.Smallwood, Warthog: Flying the A-10 in the Gulf War (New York: Brassey's Inc, 1993), pp174-180.

(7) Daniel James Grey, Not Forgotten: Remembering those Who Died in the Persian Gulf War (New York: Emkell Publishing, 1995)

(8) Robert H.Scales, Certain Victory: The U.S Army in the Gulf War (New York: Macmillan,1994), p187.

(9) Colin Powell and Joseph E.Persico, My American Journey (New York: Random House, 1995), p486

(10) Michael R.Gordon and Bernard E.Trainor, The General's War: The Inside Story of the Conflicth in the Gulf (Boston: Little Brown, 1995), p352.

(11) Eliot A.Cohen, U.S.AirForce Gulf War Air Power Survey (GWAPS), Vol Ⅴ (Washington, D.C: USAF, 1993) pp468-469.

(12) Scales, Certain Victory, pp191-209.

(13) Smallwood, Strike Eagle, pp181-183.

(14) Thomas Houlahan, Gulf War: The Complete History (New London, New Hampshire: Schrenker Military Publishing, 1999), p428.

(15) Cohen, Gwaps, Vol Ⅱ part2, pp210-217.

(16) Ibid, pp162-221.

이라크 지상군의 전력과 폭격 후의 피해

전차: 4,280(3,475)대
※ 개전 직전의 배치 규모: 괄호는 CIA의 평가

장갑차: 2,870(3,080)대

야포: 3,100(2,475)문

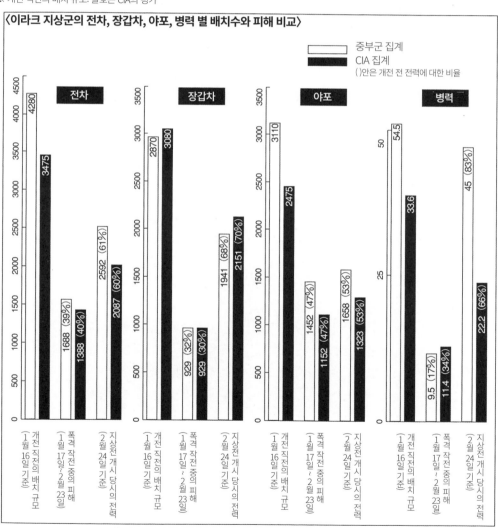

〈이라크 지상군의 전차, 장갑차, 야포, 병력 별 배치수와 피해 비교〉

□ 중부군 집계
■ CIA 집계
( )안은 개전 전 전력에 대한 비율

전차
- 4280 — 개전 직전의 배치 규모 (1월 16일 기준)
- 3475
- 1688 (39%) — 폭격 작전 중의 피해 (1월 17일~2월 23일)
- 1388 (40%)
- 2592 (61%) — 지상전 개시 당시의 전력 (2월 24일 기준)
- 2087 (60%)

장갑차
- 2870 — 개전 직전의 배치 규모 (1월 16일 기준)
- 3080
- 929 (32%) — 폭격 작전 중의 피해 (1월 17일~2월 23일)
- 929 (30%)
- 1941 (68%) — 지상전 개시 당시의 전력 (2월 24일 기준)
- 2151 (70%)

야포
- 3110 — 개전 직전의 배치 규모 (1월 16일 기준)
- 2475
- 1452 (47%) — 폭격 작전 중의 피해 (1월 17일~2월 23일)
- 1152 (47%)
- 1658 (53%) — 지상전 개시 당시의 전력 (2월 24일 기준)
- 1323 (53%)

병력
- 54.5 — 개전 직전의 배치 규모 (1월 16일 기준)
- 33.6
- 9.5 (17%) — 폭격 작전 중의 피해 (1월 17일~2월 23일)
- 11.4 (34%)
- 45 (83%) — 지상전 개시 당시의 전력 (2월 24일 기준)
- 22.2 (66%)

※ 중부군 집계는 걸프전 당시(1991년)의 자료, CIA의 집계는 전후(1993년)의 분석결과이다.

제9장
지상전 돌입! 해병대 사담라인 돌파

슈워츠코프가 작성한
공화국 수비대를 놓치지 않을 지상작전

지상전 개시 직전, ABC 뉴스의 특파원 샘 도널드슨이 제7군단을 방문해 인터뷰를 했다. "전투는 어떨 것 같습니까? 무섭지 않습니까?"라는 질문을 받은 젊은 전차병은 "충분히 훈련을 받았으니 괜찮습니다. 가족과 함께 있으니 무섭지 않습니다. 동료들은 전부 제 가족입니다."라고 대답했다. 제1기갑사단 37연대 1대대의 숀 프리니 상병의 대답도 비슷했다. "곁에 있는 모두가 제 가족입니다."

젊은 병사들의 목숨을 책임진 지휘관들의 긴장감이 훨씬 강했고, 전장에 나가 싸울 병사들은 전우들과 결속하며 각오를 다지고 있었다. 하지만 D중대의 피터드 대위같이 "가장 두려운 일은 제 실수로 부하들이 죽거나 다치는 경우입니다. 물론 그런 일이 벌어지지 않게 조심하고 있습니다. 그 외에 두려움은 없습니다."라며 일말의 불안을 입에 담는 사람도 있었다.

전장의 지휘관은 고독한 존재가 되기 마련이다. 146,000명의 제7군단을 책임지는 프랭크스 중장도 부담감에 어깨가 무거웠다. 프랭크스 중장은 전선의 제3기갑사단을 격려차 방문했을 때 한 병사의 말에 용기를 얻었다. "걱정 마십시오, 우리들은 장군님을 믿습니다."

베트남 전쟁 시절이라면 장군들이 이런 전폭적인 신뢰를 받는 경우는 없었을 것이다.[1]

2월 22일, 부시 대통령은 TV 연설에서 후세인에게 최후통첩을 했다.

"사담 후세인에게 통보합니다. 토요일(22일) 정오까지 쿠웨이트에서 무조건 철수를 권고하는 바입니다."

이 최후통첩이 수용되지 않을 경우 지상전이 시작될 상황이었지만, 후세인은 마지막 순간까지 부시 대통령의 최후통첩을 무시했다. 그는 베트남전의 악몽을 반복할 각오가 없는 미국은 지상전에 발을 디밀 수 없다고 생각했다.

지상전 전야, 페르시아만에 집결한 다국적군 병

해병대의 지뢰지대 돌파 훈련. 왼쪽이 M9 장갑전투 도저, 중앙이 MICLIC 탑재 AAV7 상륙장갑차, 오른쪽이 지뢰제거쟁기를 장착한 M1A1 전차이다.

2월 24일 쿠웨이트로 진격하는 제2해병사단 제2전차대대의 M1A1 (오른쪽 전차는 지뢰제거쟁기를 장착하고 있다)

력은 38개국 78만 명에 달했다. 그야말로 제2차 세계대전 이후 최대 규모의 연합군이었다. 이날 밤에만 중부군 항공부대의 작전기 2,780대 가운데 900대 이상이 출격했다. 중부군 해군부대 소속 항공모함 6척, 전함 2척, 미사일 순양함 15척을 중심으로 한 미 페르시아만 파견함대 120척과 다국적군 함선 60척 이상이 전개하면서 페르시아만과 홍해는 군함으로 가득 찼다. 미 해병대 17,000명이 탑승한 31척의 상륙함도 쿠웨이트 해변으로 접근했다.

쿠웨이트 해방을 목표로 하는 약 51만 명, 전차 3,550대 이상의 다국적군 지상부대는 페르시아만 해안선에서 서쪽 사막지대까지, 500km에 이르는 전선에 배치를 마쳤다. 배치가 완료된 국경선 접경은 그대로 공격개시선(LD: Line of Departure)이 되었다.

페르시아만에서 쿠웨이트 국경선까지 이어지는 동부방면에는 아랍 동부합동군, 미군 제1해병원정

군, 아랍 북부합동군이 배치되었고, 쿠웨이트 서쪽의 중부에는 제7군단이, 서부에는 제18공수군단이 전개를 완료했다. 이처럼 다국적군 전력은 이미 이라크 지상군을 쿠웨이트에서 몰아내기에 충분한 전력을 갖추고 있었다. 이에 비해 이라크 지상군의 실제 전력은 병력 222,000명, 전차 2,087대에 불과했다. 중부군의 과대평가처럼 병력 336,000명, 전차 3,475대를 보유중이라 하더라도 다국적군의 우위가 확실했다.

다국적군 최대의 과제는 최소한의 희생으로 후세인 정권의 버팀목인 공화국 수비대를 완전히 섬멸하는 데 있었다. 슈워츠코프는 공화국 수비대의 반격보다 후세인이 공화국 수비대를 쿠웨이트에서 일제히 철수시키는 상황을 더 우려했다. 최신 정보에 따르면 주력인 공화국 수비대 중사단은 바스라 남서쪽에서 쿠웨이트 북부 일대에 포진한 후 움직

다국적군 지상부대의 공세작전 기본 계획

다국적군 지상부대의 임무
- 제18공수군단: 이라크군 보급로·퇴로 차단
- 제7군단(주공): 공화국 수비대를 좌익에서 우회공격(레프트 훅 작전)해 섬멸
- 북부합동군: 쿠웨이트 내 이라크군 격파
- 제1해병원정군: 쿠웨이트 내 이라크군 격파
- 동부합동군: 쿠웨이트시 해방

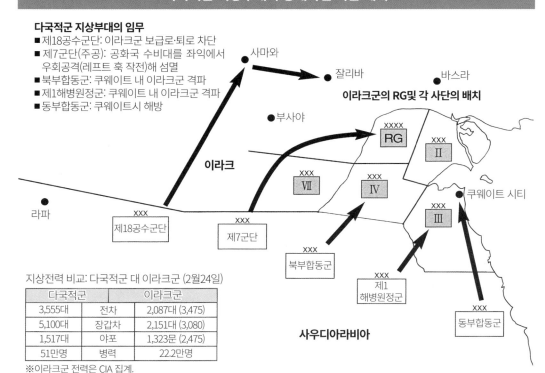

지상전력 비교: 다국적군 대 이라크군 (2월24일)

다국적군		이라크군
3,555대	전차	2,087대 (3,475)
5,100대	장갑차	2,151대 (3,080)
1,517대	야포	1,323문 (2,475)
51만명	병력	22.2만명

※이라크군 전력은 CIA 집계.
( )는 개전 직전(1월 16일)의 집계

다국적군 지상부대의 편성과 전력

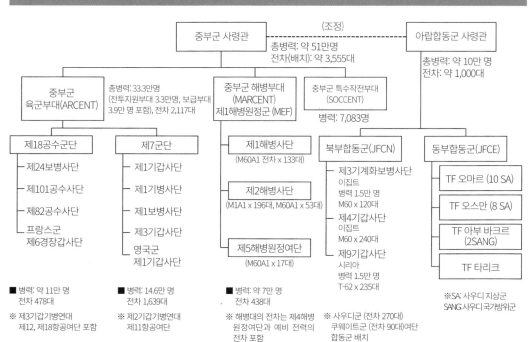

이지 않고 있었지만, 지상전 개시와 동시에 미군 기갑군단의 진격에 위협을 느낀 공화국 수비대 주력이 바그다드로 도망친다면 미군은 150㎞ 이상 떨어진 공화국 수비대를 추격하게 되고, 이 경우 포위 섬멸 작전은 실패할 가능성이 높았다.

슈워츠코프는 공화국 수비대를 놓치지 않기 위해 대책을 준비했다. 국경선 안쪽 깊숙이 위치한 공화국 수비대를 남쪽으로 유인하도록 먼저 지상전 개시일 G데이(2월 24일, 오전 4시)에 미 해병대 2개 사단이 쿠웨이트 영내로 정면 돌격하고, 동쪽에 이웃한 아랍 동부합동군도 해병대를 지원해 쿠웨이트시로 전진하여 이라크군 총사령부에게 쿠웨이트 방어를 강요하고 공화국 수비대를 남하시키는 작전이었다. 한편, 서쪽에 배치된 제18공수군단의 강습부대는 적의 퇴로를 차단하기 위해 전선을 크게 우회해 유프라테스강 변의 8번 고속도로(사프완-나시리아-사마와-바그다드 노선)가 있는 바스라 방면으로 전진했다. 서부방면의 사막은 대부분 무인지대여서 적이 눈치 챌 걱정은 없었다.

전선 중앙부에 전개한 주공인 제7군단은 공화국 수비대와 격돌할 기갑군단이지만, 해병대가 공화국 수비대를 남쪽으로 유인하는 시점까지 대기하기 위해 G데이에는 움직이지 않았다. 제7군단의 출격은 다음날 25일(G+1) 일출시간(정확한 시각은 오전 5시 38분)으로 예정되었다. 제7군단은 이라크군의 방비가 허술한 서쪽 사막지대로 돌입하여 진격 속도를 유지하며 왼쪽(서쪽)에서 공화국 수비대 주력에 일격을 가해 포위 섬멸하기로 했다. 바로 '레프트 훅 작전(헤일 메리 작전)'이었다.

2개 군단이 서쪽으로 우회하는 '레프트 훅 작전'은 1990년 10월 22일에 리야드를 방문한 파월 의장이 슈워츠코프와 대화중에 결정했다. 파월은 호화찬란한 사우디 영빈관의 스위트룸에서 편지지에 작전 계획을 그려 슈워츠코프에게 보여주었다.[2]

하지만 공화국 수비대가 그들의 예상대로 움직인다는 보장은 없었다. 일반적인 군사이론이 아닌,

후세인의 행동 패턴에 대한 예상을 바탕으로 한 작전 계획이었기 때문이다.

예상 가능한 이라크의 반응은 크게 네 가지로, 첫 번째는 서쪽에서 공격해 오는 제7군단에 맞서 공화국 수비대로 반격하는 경우였다. 이는 다국적군의 희망과 합치했지만 가능성은 낮아보았다. 후세인의 성격상 적극적인 작전 행동을 하기보다는 보신을 위해 움직이지 않을 가능성이 높았다.

두 번째는 공화국 수비대가 포진한 북쪽의 8번 고속도로를 통해 바그다드 방면, 또는 바스라 방면으로 철수하는 경우였다. 가장 가능성이 높았지만, 언제 어느 정도 규모로 철수할지 불확실한 요소가 많았다. 제18공수군단에 8번 고속도로를 신속히 차단하라는 임무를 부여했지만, 중부군은 8번 고속도로 차단에만 매달릴 수 없었다. 철수 루트는 두 곳이 더 있었는데, 바스라로 향하는 티그리스강 변의 6번 고속도로와 8번 고속도로에서 6번 고속도로로 빠지는 하우 하마르 간선도로를 통해 바그다드로 향하는 경로였다. 이 도로는 다국적군의 맹폭격에도 불구하고 이라크군 공병부대의 노력으로 여전히 유지되고 있었다.

세 번째는 지금까지 다국적군의 폭격을 견딘 견고한 진지에서 움직이지 않고 다국적군의 공세를 방어하는 경우였다. 군사적 재능이 부족한 후세인이라도 압도적인 다국적군의 항공전력을 고려한다면 공화국 수비대를 섣불리 움직일 수 없었다.

네 번째는 방어전과 철수를 동시에 실시하는 경우로, 공화국 수비대 일부와 예비전력으로 다국적군 지상부대의 공세를 저지하는 동안 주력은 퇴각하는 방안이다. 이 경우 전술적으로 패배하더라도 공화국 수비대 주력을 온존시키고, 미국에게 일격을 가했다며 이라크 국민이나 아랍 국가들에게 자랑할 수 있었다. 후세인이 가장 좋아할 만한 선택지였다.

이렇게 예상은 네 갈래로 갈라졌고, 예상대로 행동하더라도 후세인이 도중에 어떤 변덕을 부릴지

알 수 없었으므로 슈워츠코프의 유인 작전은 시작부터 난관에 직면했다.

지상전 개시 전날 밤, 슈워츠코프는 제7군단이 돌입한 순간 이라크군 포병의 화학탄 공격을 받아 막대한 피해를 입고, 그 상황에서 공화국 수비대의 역습으로 지상전이 베트남전과 같은 진흙탕 싸움이 되는 최악의 시나리오를 예상하며 자신이 빠뜨린 것은 없는지 자문자답하고 있었다. 이라크 국경선 근처까지 진출한 제7군단 지휘소에서는 프랭크스 중장이 그날 업무를 마치고 자신의 거처인 군용 밴에 돌아와 있었다. 프랭크스는 입고 있던 기갑복의 한쪽 바짓단을 무릎까지 걷어 올리고 의족을 고정하는 가죽 벨트를 푼 후 휴식을 취했다. 프랭크스는 페르시아만으로 떠나기 전에 아내인 데니스에게 이번에는 무사히 돌아오겠다고 약속했다. 아내인 데니스는 미국으로 돌아가지 않고 남편을 위해 독일에 남아 군인 가족들과 함께 지원 활동을 계속하고 있었다.

지상전을 앞두고 프랭크스 중장을 괴롭히는 문제가 하나 있었다. 바로 자신이 구상한 '기갑의 주먹' 전술을 위해 슈워츠코프에게 수차례나 요구한 제1기병사단의 복귀 문제였다. 가능한 모든 수단을 동원했지만 슈워츠코프는 요지부동이었고, 결국 제1기병사단은 중부군 예비대로 남았다. 별 수 없이 프랭크스는 제7군단을 위해 기도하고 잠자리에 들 수밖에 없었다.

다음날, 모든 전선에서 '사막의 기병도 작전(Operation Desert Saber)'이라 명명된 지상 공세작전의 전초전이 시작되었다. 전함 미주리는 쿠웨이트 해안선을 따라 북쪽으로 진격하는 해병대와 사우디군을 엄호했다. 전함 미주리의 16인치 함포 사격으로 적진의 지뢰지대에 돌파구가 형성되었고, 해병대의 선도 기동부대가 돌파구로 전진했다. 또 서쪽에서는 공수사단의 아파치 공격헬리콥터 대대가 이라크 영내 깊숙이 전진해 정찰과 동시에 이라크군 거점을 파괴했다. 중앙의 제7군단에서도 선봉의

제2기갑기병연대 소속 공병대가 주력 기갑사단의 진격로를 뚫기 위해 국경선의 모래방벽 43개소에 통로를 개척했다. 그리고 제2기갑기병연대의 전차부대는 심리전 부대 확성기에서 울려 퍼지는 리하르트 바그너의 '발키리의 비행'을 들으며 이라크 영내로 진격했다. 진격하는 모든 전차병들의 가슴 주머니에는 한 장의 메모가 들어있었는데, 내용은 다음과 같았다. '네가 사자와 독사를 밟으며 사자와 뱀을 발로 누르리로다'[3]

이 구절은『구약성서』의 시편 91장의 시구로, 사악한 적으로부터 신의 가호를 비는 내용이었다. 먼 옛날 중동 땅에서 이슬람교도와 성지를 두고 싸운 십자군들도 같은 기도를 했을 듯 하다.

제1해병사단 TF 리퍼의 장애물 돌파작전

2월 24일 이른 아침, 쿠웨이트 남부의 전장은 어두운 하늘에 비가 내리는 쌀쌀하고 습한 날씨였다. 날이 밝더라도 국경지대에 대치하고 있는 양군의 병사들에게 서광이 비치는 일은 없었다. 이날 쿠웨이트의 날씨는 구름이 짙게 깔려 곳에 따라서는 한낮에도 어둑할 지경이었다. 이 검은 구름은 쿠웨이트 전국의 유전에 불을 질러 발생한 매연에 수증기가 응결해 발생했는데, 유전이 불타면서 발생한 매연은 6,600m 상공까지 솟아올라 점점 더 넓게 퍼지고 있었다. 이 거대한 재해는 이라크군이 수일 전부터 조직적으로 유전에 불을 지르면서 발생했다. 방화로 인해 쿠웨이트 유전의 유정 900개 가운데 650개가 파괴되었는데, 이는 다국적군의 폭격을 방해하기 위한 초토화 전술의 일환이었다.

동부방면의 주력은 양익에 아랍군 동부합동군과 북부합동군을 배치한 해병대로, 세 가지 주요 임무를 달성해야 했다.

먼저 2개 해병사단으로 이라크군 진지를 정면 공격해 공화국 수비대를 남쪽으로 유인하고, 다음으로 제1해병사단을 운용해 적 방어선을 돌파한

제1해병사단 TF의 편제 (지상전 개전 당시)

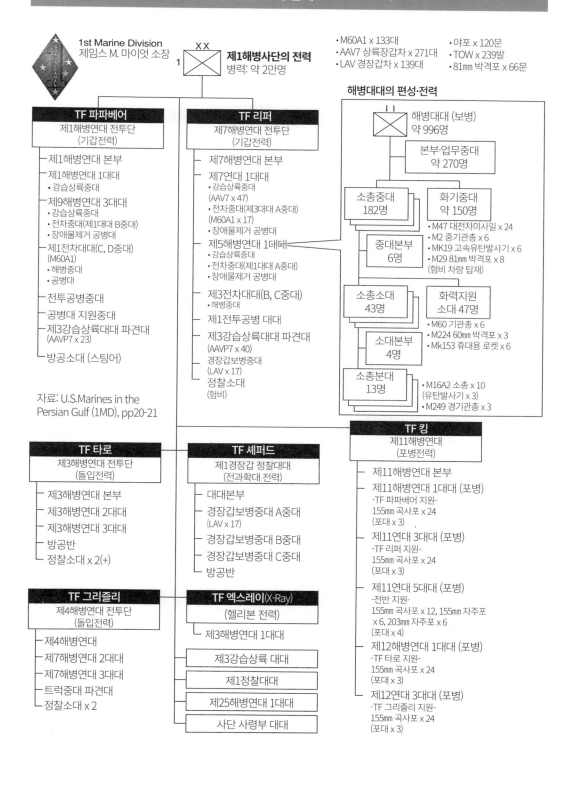

1st Marine Division
제임스 M. 마이엇 소장
XX 1

제1해병사단의 전력
병력: 약 2만명

- M60A1 x 133대
- AAV7 상륙장갑차 x 271대
- LAV 경장갑차 x 139대
- 야포 x 120문
- TOW x 239발
- 81mm 박격포 x 66문

해병대대의 편성·전력

해병대대 (보병)
약 996명

본부·업무중대
약 270명

소총중대
182명

화기중대
약 150명
- M47 대전차미사일 x 24
- M2 중기관총 x 6
- MK19 고속유탄발사기 x 6
- M29 81mm 박격포 x 8
  (험비 차량 탑재)

중대본부
6명

소총소대
43명

화력지원
소대 47명
- M60 기관총 x 6
- M224 60mm 박격포 x 3
- Mk153 휴대용 로켓 x 6

소대본부
4명

소총분대
13명
- M16A2 소총 x 10
  (유탄발사기 x 3)
- M249 경기관총 x 3

TF 파파베어
제1해병연대 전투단
(기갑전력)
- 제1해병연대 본부
- 제1해병연대 1대대
  - 강습상륙중대
- 제9해병연대 3대대
  - 강습상륙중대
  - 전차중대(제1대대 B중대)
  - 장애물제거 공병대
- 제1전차대대(C, D중대)
  (M60A1)
  - 해병중대
  - 공병대
- 전투공병중대
- 공병대 지원중대
- 제3강습상륙대대 파견대
  (AAVP7 x 23)
- 방공소대 (스팅어)

자료: U.S.Marines in the
Persian Gulf (1MD), pp20-21

TF 리퍼
제7해병연대 전투단
(기갑전력)
- 제7해병연대 본부
- 제7연대 1대대
  - 강습상륙중대
  (AAV7 x 47)
  - 전차중대(제3대대 A중대)
  (M60A1 x 17)
  - 장애물제거 공병대
- 제5해병연대 1대대
  - 강습상륙중대
  - 전차중대(제1대대 A중대)
  - 장애물제거 공병대
- 제3전차대대(B, C중대)
  - 해병중대
- 제1전투공병 대대
- 제3강습상륙대대 파견대
  (AAVP7 x 40)
  경장갑보병중대
  (LAV x 17)
- 정찰소대
  (험비)

TF 타로
제3해병연대 전투단
(돌입전력)
- 제3해병연대 본부
- 제3해병연대 2대대
- 제3해병연대 3대대
- 방공반
- 정찰소대 x 2(+)

TF 셰퍼드
제1경장갑 정찰대대
(전과확대 전력)
- 대대본부
- 경장갑보병중대 A중대
  (LAV x 17)
- 경장갑보병중대 B중대
- 경장갑보병중대 C중대
- 방공반

TF 그리즐리
제4해병연대 전투단
(돌입전력)
- 제4해병연대
- 제7해병연대 2대대
- 제7해병연대 3대대
- 트럭중대 파견대
- 정찰소대 x 2

TF 엑스레이(X-Ray)
(헬리본 전력)
- 제3해병연대 1대대
- 제3강습상륙 대대
- 제1정찰대대
- 제25해병연대 1대대
- 사단 사령부 대대

TF 킹
제11해병연대
(포병전력)
- 제11해병연대 본부
- 제11해병연대 1대대 (포병)
  -TF 파파베어 지원-
  155mm 곡사포 x 24
  (포대 x 3)
- 제11연대 3대대 (포병)
  -TF 리퍼 지원-
  155mm 곡사포 x 24
  (포대 x 3)
- 제11연대 5대대 (포병)
  -전반 지원-
  155mm 곡사포 x 12, 155mm 자주포
  x 6, 203mm 자주포 x 6
  (포대 x 4)
- 제12해병연대 1대대 (포병)
  -TF 타로 지원-
  155mm 곡사포 x 24
  (포대 x 3)
- 제12연대 3대대 (포병)
  -TF 그리즐리 지원-
  155mm 곡사포 x 24
  (포대 x 3)

후 전략 목표인 자베르 공군기지와 쿠웨이트 국제 공항을 점령하여 아랍합동군의 쿠웨이트시 해방을 지원하며, 마지막으로 제2해병사단을 동원해 적 예비대의 반격을 저지하고 쿠웨이트시 북서쪽에 위치한 자하라 일대(무트라 언덕)를 제압해 이라크군의 퇴로가 될 6번 고속도로를 차단해야 했다.

임무를 위해 집결한 해병대(제1해병원정군) 병력은 약 93,000명으로, 베트남전 시절 최대 인원을 상회했다. 해병대원정군의 중핵으로 사막의 최전선에 배치된 제1, 제2해병사단의 총병력은 약 4만 명, 전차 382대, 장갑차 876대, 야포 약 280문이었다. 쿠웨이트 앞바다에는 총병력 17,095명의 상륙작전부대(제4, 제5해병원정여단, 제13해병원정대)가 해군 강습양륙함대에 탑승한 상태로 양동작전을 실시할 듯이 기동하며 인천상륙작전 같은 대규모 상륙전이 실시되기를 내심 고대하고 있었다.

이렇게 공들여 양동작전을 실시한 결과 이라크군 4개 사단이 해안선으로 돌려졌다. 7척의 강습양륙함을 포함한 31척의 함대에는 전차 47대, 장갑차 198대, 곡사포 52문, 차량 2,271대, 항공기 165대가 실려 있었다. 제3해병항공단이 약 470대의 헬리콥터와 고정익기로 항공지원을 실시했고, 제1원정군 후방지원단은 약 2만 명의 인력을 동원해 보급지원을 담당했다.

해병대와 대치한 이라크군은 쿠웨이트 방위를 담당한 이라크군 제3군단과 제7군단 소속 18개 사단이었다. 그중 14개 보병사단은 국경선의 진지에 배치되고, 예비대인 제3, 제6기갑사단과 제1, 제5기계화보병사단은 후방에 전개한 상태였다. 이라크군은 장애물 지대와 거점으로 구성된 이중 방어선인 '사담 라인'에서 미군의 전진을 돈좌시킨 후 포병의 집중포격과 예비대인 기갑부대를 활용해 격파하려 했다.

해병대 정보부는 39일간 계속된 폭격에 이라크군의 전선 보병사단이 조직적 작전능력을 발휘하지 못할 정도로 와해되었으며, 예비대인 제5기계화보병사단도 '카프지 전투'에서 전력이 소모되었다고 판단했다. 다만 지뢰지대를 돌파하면서 전진 속도가 느려질 경우 이라크군 포병의 화학탄 공격과 기갑부대의 반격을 받을 위험은 여전히 남아있다고 보았다.

제임스 M. 마이엇 소장의 제1해병사단은 M60A1 전차 133대, 장갑차 410대, 야포 120문을 보유한 강력한 기계화보병사단으로, 지상전에 대비해 기동력을 우선한 7개의 TF(태스크포스)를 임시 편성했다. 각 TF는 TF 리퍼와 TF 파파베어는 기갑부대, TF 타로와 TF 그리즐리는 보병부대(적진지 돌파전력), TF 엑스레이는 헬리본 정보병부대, TF 셰퍼드는 LAV 경장갑부대(전과 확대용 신속기동 장갑차 전력), TF 킹(포병전력)은 화력지원부대를 중심으로 편성했다.

그 가운데 칼튼 풀포드 대령의 TF 리퍼는 사단에서 가장 강력한 기갑부대로, 전차, 기계화보병, 전투공병, 경장갑차, 정찰대 등으로 편성되었다. 전차 전력만도 제3전차대대와 제1전차대대 A중대 소속 M60A1 등 70대 이상이었고, 제7해병연대 제1대대와 제5해병연대 제1대대의 보병은 전차부대를 엄호하기 위해 트럭이 아닌 AAV7A1 상륙장갑차(완전무장 해병 21명 탑승)를 타고 기동하는 기계화보병이었다. 하지만 실제 공세작전에 나선 것은 TF 리퍼가 아닌 TF 그리즐리와 TF 타로로, 해당 부대들은 지상전 개시 전날부터 포병의 화력지원을 받으며 진격 중이었다. 2개 TF는 G데이에 본대가 적진지 지대를 신속히 돌파할 수 있도록 장애물 지대에 안전한 돌파구를 확보하는 임무를 맡았다. 각 TF는 국경의 언덕 지역에서 쿠웨이트 영내로 진입한 후, 제1전투공병 대대가 지뢰와 철조망을 제거할 동안 공병부대를 엄호했다.

통로가 확보되면 본대는 사전에 개통한 통로로 모래방벽을 넘어 전진하기로 했다. 공격개시선에서 주력인 TF 리퍼를 중앙에 세우고 엄호 임무의 TF 그리즐리를 좌익에, TF 타로를 우익에, TF 파

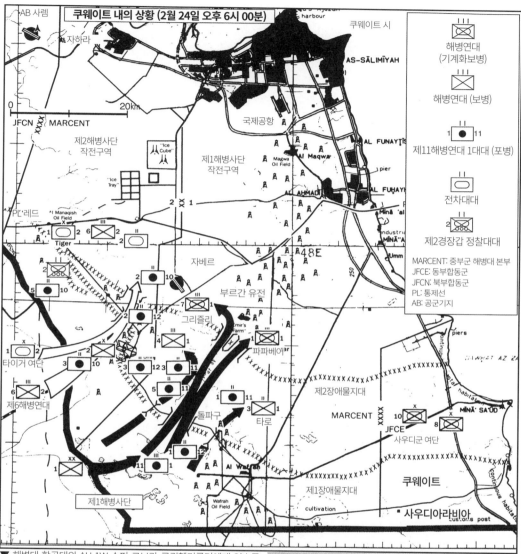

쿠웨이트 내의 상황 (2월 24일 오후 6시 00분)

해병연대
(기계화보병)

해병연대 (보병)

제11해병연대 1대대 (포병)

전차대대

제2경장갑 정찰대대

MARCENT: 중부군 해병대 본부
JFCE: 동부합동군
JFCN: 북부합동군
PL: 통제선
AB: 공군기지

▼ 해병대 항공대의 AH-1W 수퍼 코브라 공격헬리콥터에게 엄호를
받으며 쿠웨이트를 향해 북상중인 TF 파파베어 (제1해병연대)의
기계화보병부대 소속 AAV-7 상륙장갑차.

▲ TF 리퍼(제7해병연대)의 장애물 돌파부대 소속 M610A1과
M-154 MICLIC 장착형 AAV7

파베어와 TF 셰퍼드를 후방에 배치했다. 그리고 TF 킹의 포병대가 포격지원을 위해 각 TF의 후방에 포진했다. TF 킹은 5개 포병대대로 편성되었는데, 제11, 제12해병연대의 4개 포병대대(155㎜ 곡사포 각 24문)는 각 TF의 직접지원, 제11연대 제5대대는 작전 전반의 지원을 담당했다. 따라서 제5대대는 강력한 화력을 발휘하는 M110A2 203㎜ 자주포와 M109A2 155㎜ 자주포 중대(6대)로 구성되었다.

공세는 B-52 폭격기의 폭격과 포병의 준비포격으로 시작되었다. 오전 4시 05분, 화학방호복을 입은 TF 리퍼의 선봉부대가 최초의 장애물 지대(주로 지뢰와 철조망)를 돌파해 전진하기 시작했다. TF 리퍼의 전차대대와 2개 보병대대(기계화보병)는 쐐기대형으로, 양익의 TF들은 한발 먼저 전진했다.

제1해병사단 정면의 적은 이라크군 제3군단의 제29, 제42 보병사단이었다. 하지만 산발적인 포격 외에 조직적인 저항은 없었다. 공세 개시 직전의 준비폭격 덕분인지 이라크군은 장애물 지대를 돌파하는 해병대를 공격하지 않았다.

페르시아만 현지 시간 24일 오전 6시 00분, 미국 동부 시간 23일 오후 10시 00분, 부시 대통령은 최후의 결단을 국민들에게 알렸다.

"저는 슈워츠코프 장군에게 지상군을 포함한 전군을 동원해 이라크군을 쿠웨이트에서 몰아내라고 명령했습니다. 현재 쿠웨이트 해방은 최종 단계에 돌입했습니다. 저는 다국적군이 신속하고 과감하게 임무를 달성해낼 것을 굳게 믿고 있습니다. 조국을 위해 목숨을 걸고 있는 모든 병사들에게 신의 가호가 있기를 바랍니다."[4]

오전 6시 00분 정각, TF 리퍼의 제1전차대대 A 중대는 북서 방향에서 목표를 포착했다. 시계가 불량해 피아식별을 할 수 없었지만 전방에 아군이 있을 가능성은 없었다. 데이비드 험스트 중사가 탑승한 M60 전차의 포수가 소리쳤다.

"전방에 뭔가 보입니다. 목표를 발견했습니다! 사격명령을 내려주십시오!"

험스트 중사는 목표가 사격을 하지 않았고, 적군인지 아군인지 구분할 수도 없어서 사격 명령을 내리길 주저했다. 하지만 주변의 전차들이 모두 포격을 시작했고 자신이 탑승한 차량의 포수가 사격 명령을 재촉하자 결국 사격 명령을 내려 두발의 포탄을 발사했다. 그러나 거리가 멀어서 포탄은 목표에 도달하지 못한 채 지면에 착탄했다. 그 순간 다급한 무선이 들어왔다.

"사격중지! 사격중지! 아군이다!"

오인사격을 뒤집어쓴 것은 TF 그리즐리의 험비 6대, 야전 트럭 15대, AAV7 상륙장갑차로 구성된 보급부대였다. 그들은 TF 리퍼의 좌익 전방에서 두 번째 장애물 지대로 이동중이었다. 오인사격을 당한 보급부대는 적 포병의 다연장 로켓 공격을 받은 줄 알았다고 증언했다.

"공격받고 있다! 모두 트럭에서 나와!"

해병들은 허둥지둥 도망쳤고, 개중에는 지뢰밭으로 뛰어든 해병도 있었다. 기관총탄에 섞여 M60 전차의 105㎜ 열화우라늄 포탄도 몇 발인가가 발사되었다. 그중 한발이 트럭 도어를 뚫고 들어가 크리스찬 포터 일병(20세)의 가슴을 날려버렸고, 스포츠광인 포터 일병은 그 자리에서 즉사했다. 그의 유체는 후방으로 이송되기 전까지 판초로 덮어두었다. 포화가 멈춘 후 확인된 TF 그리즐리의 피해는 전사 1명, 부상 3명, 파괴된 차량은 트럭 2대, AAV7 1대였다.[5]

험스트 중사의 증언에 따르면 보급대를 포격한 거리는 1,800m였고, A중대 17대의 M60 전차들이 아군에 발사한 포탄은 총 35발이었다. 불행 중 다행으로 M60 전차에 장비된 야시장비가 성능이 떨어지는 구형이어서 보급대의 전멸은 피했다. 험스트 중사는 만약 M1 전차에 장비된 것과 같은 고성능 야시장비를 갖췄다면 오인사격이 벌어지지 않았다고 증언했지만, M1 전차들의 오인사격 사례를 감안하면 오히려 더 큰 비극이 벌어졌을 가능성이 높다.

미국 해병대 전차대대의 주력인 M60A1 전차

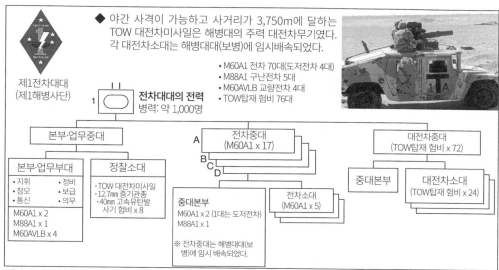

◆ 야간 사격이 가능하고 사거리가 3,750m에 달하는 TOW 대전차미사일은 해병대의 주력 대전차무기였다. 각 대전차소대는 해병대(보병)에 임시배속되었다.

제1전차대대
(제1해병사단)

- M60A1 전차 70대(도저전차 4대)
- M88A1 구난전차 5대
- M60AVLB 교량전차 4대
- TOW탑재 험비 76대

전차대대의 전력
병력: 약 1,000명

본부·업무중대

본부·업무부대
- 지휘   · 정비
- 참모   · 보급
- 통신   · 의무
M60A1 x 2
M88A1 x 1
M60AVLB x 4

정찰소대
- TOW 대전차미사일
- 12.7mm 중기관총
- 40mm 고속유탄발사기 험비 x 8

전차중대
(M60A1 x 17)
A
B
C
D

중대본부
M60A1 x 2 (1대는 도저전차)
M88A1 x 1

※ 전차중대는 해병대(보병)에 임시 배속되었다.

전차소대
(M60A1 x 5)

대전차중대
(TOW탑재 험비 x 72)

중대본부

대전차소대
(TOW탑재 험비 x 24)

해병대는 ERA(폭발반응장갑)를 장착한 M60A1 전차 242대를 전장에 보냈다.

지상전을 앞두고 모래방벽 돌파 훈련을 진행중인 M60A1 전차.
차체 전체에 대전차미사일 방호용의 ERA(폭발반응장갑)를 장착했고,
차체 앞에 M9 유압 도저를 설치한 상태다.

M60A1	
전투중량	52.6t
전장	9.44m
전폭	3.63m
전고	3.27m
엔진	AVDS-1790-2C 12기통 공랭디젤 (750hp)
출력 대 중량비	14.3hp/t
최대속도	48km/h
항속거리	500km
무장	105mm포 (63발) 12.7mm 중기관총 (900발) 7.62mm 공축기관총 (6,000발)
승무원	4명

제1사단은 오인사격의 원인을 TF 리퍼의 전차부대가 공격전에 좌익의 TF 그리즐리의 위치를 확인하지 않아 보급대를 마침 퇴각중인 적 전차부대로 오인한 데 있다고 판단했다. 그리고 보급대도 TF 리퍼의 작전구역으로 진입하는 실수를 저질렀다고 판명되었다. 오인사격 재발을 두려워한 마이엇 사단장은 피아식별을 위해 각 부대 간의 연결이 끊어지지 않게 거리를 유지하도록 엄명을 내렸다.

오전 6시 17분, 수평선에서 적색 조명탄이 계속해서 쏘아 올려졌다. 지뢰지대와 조우했다는 신호였다. 이라크군의 지뢰지대는 대인·대전차 지뢰가 종심 120m에 걸쳐 매설되어 있었다. 그리고 낙타 등의 야생동물이 밟아 지뢰가 폭발하며 위치가 드러나지 않도록 지뢰지대 앞뒤로 철조망을 설치했다. 3개 해병대대가 지뢰지대를 통과하기 위해 각 대대 당 2개, 총 6개의 통로를 개척했다.

해병대가 고안한 지뢰지대 개척방법은 한 달 전에 실시한 모의훈련에서 좋은 성과를 거두었다. 먼저 전차부대가 전투공병을 엄호해 지뢰지대에 접근한다. 선두는 지뢰제거쟁기(Mine plow)를 장착한 M60 전차, 후방에는 M-154 3연장 MICLIC(Mine Clearing Line Charge, 지뢰지대 통로개척 선형작약)을 장착한 AAV7 상륙장갑차가 있었다.

지뢰제거 작업은 AAV7이 선행했다. AAV7 M-154 MICLIC은 C4 고성능폭약을 묶은 선(線)형 폭탄을 로켓으로 쏴 지뢰지대에 부설한 후 폭파해 통로를 개척하는 장비인 MICLIC을 장착한 차량으로, 장갑차의 후방에 적재된 MICLIC을 발사해 폭 8m, 길이 100m의 통로를 개척할 수 있다. 다만 사막에서는 모래가 폭발력을 흡수하므로 통로 개척 범위가 폭 4m, 길이 80m 이하로 줄어들었다.

MICLIC을 발사한 후에는 지뢰제거쟁기나 지뢰제거롤러 같은 지뢰제거장치를 장착한 M60 전차가 천천히 전진하면서 남아있는 지뢰를 제거했다. 그리고 안전이 확보된 통로의 양옆을 마커로 표시하면서 후속부대를 뒤따르게 했다.

이 방법으로 세 번째 통로까지는 순조롭게 개척되었지만, 지뢰제거롤러를 장착하고 전진하던 M60 전차가 대전차 지뢰를 밟고 돈좌되는 바람에 네번째 통로 개척은 실패했다. 통로 개척을 방해한 대전차 지뢰는 영국제로, 지뢰제거롤러에 한번 밟힌 후에 반응하는 이중신관 방식이었다. 좁은 통로가 전차의 잔해에 막혀버렸기 때문에 다른 통로를 개척해야 했지만, 또다른 문제가 발생하고 말았다. 통로를 조사하던 공병대의 M93 폭스 화생방정찰차가 화학탄 지뢰 한발을 발견하자 (나중에 오보로 판명되었다) 마이엇 장군은 즉각 통로 일대의 해병대에 방호태세(MOPP) 4단계를 발령했다. 해병들은 화생방 방호용 방호복, 방독면, 글러브, 장화를 장비해 우주인을 닮은 모습이 되었다. 한바탕 소동을 겪은 후, 24분만에 안전이 확인되었다는 녹색과 백색의 조명탄이 올라왔다.

6시 44분, 제3전차대대를 선두로 TF 리퍼가 제1장애물지대를 빠져나오기 시작했다. 지뢰지대를 벗어난 부대는 부채꼴로 산개해 교두보를 확보했다. 예상보다 순조로운 출발이었다.[6]

포로의 파도를 헤치고 자베르 공군기지 포위 성공

제1장애물지대를 통과한 TF 리퍼는 18㎞ 전방의 사막에 위치한 제2장애물지대로 향했고, 양익의 TF그리즐리와 TF 타로가 뒤따랐다.

오전 7시 55분부터 투항하는 이라크군 병사들이 나타나기 시작했다. 투항병들을 막기 위해서인지 이라크군 포병의 포격이 시작되었고, 곧 정확한 명중탄이 날아왔다. 잠시 후 전진 관측반에서 적 포병의 감시탑을 발견했다는 보고가 들어왔다. 제2장애물지대 정면에 위치한 탑이 포탄의 착탄 수정을 하고 있었다. 곧바로 코브라 공격헬리콥터가 항공통제관의 지원 요청을 받고 날아와 헬파이어 대전차 미사일로 감시탑을 날려버렸다. 이후 적의 포격 정밀도는 현저히 떨어졌다.

제2해병사단의 편제 M1A1과 AAV7으로 구성된 기갑전력

2nd Marine Division
윌리엄 M. 키스 소장

XX
2

제2해병사단의 전력
병력: 20,500명 이상

- M1A1 전차 196대
- M60A1 전차 53대
- M2 보병전투차 59대
- AAV7 상륙장갑차 248대

- LAV 경장갑차 159대
- 야포 120문
- MLRS 10문

사단사령부 대대
제2전차대대
제8해병연대 소속 대대 (M1A1 x 48: B, C, D중대)
제2경장갑 정찰대대
제2강습상륙 대대
제2정찰대대
제2전투공병 대대
TF 알파 공병대
TF 베가 (위장/정찰)

제6해병연대
(기갑전력)
- 제6해병연대 1대대
  - 전차중대 (C)
  - 강습상륙 중대
- 제2해병연대 2대대
  - 전차중대 (A)
  - 강습상륙 중대
- 제6해병연대 3대대
- 제8전차대대 (B)
  (M60A1)

제8해병연대
(기갑전력)
- 제8해병연대 1대대
  - 제4전차대대 B중대(M1A1 x 14)
  - 강습상륙 중대
  - 전투공병 중대
- 제4해병연대 2대대
  - 제4전차대대 C중대 (M1A1 x 14)
  - 강습상륙 중대
- 제32해병연대 3대대

자료: U.S Marines in the Persian Gulf(2MD), Appendix B

타이거 여단
(제2기갑사단 1여단)
- 제67기갑연대 1대대
- 제67기갑연대 3대대
- 제41보병연대 3대대
- 제3야전포병연대 1대대
  (155mm 자주포x 24)
- 제142통신대대
- 제502지원대대
- 포병중대
  (MLRS x 10)
- 공병중대
- 방공중대

제10해병연대
(포병전력)
- 제10해병연대 2대대(포병)
  -제6해병연대의 지원-
  (155mm 곡사포 x 24)
- 제10해병연대 3대대(포병)
  -제8해병연대의 지원-
  (155mm 곡사포 x 24)
- 제10해병연대 5대대(포병)
  -전반지원-
  (155mm 자주포 x 18)
  (203mm 자주포 x 6)
- 제12해병연대 2대대 (포병)
  -전반지원-
  (155mm 곡사포 x 24)

강습상륙 중대의 편성&해병대의 AAV7 상륙장갑차

AAVP7A1 (병력수송형) 제원
- 전투중량: 25.7t
- 전장: 7.94m
- 전폭: 3.27m
- 전고: 3.32m
- 엔진: VT400 디젤
- 출력: 400hp
- 출력 대 중량비: 15.6hp/t
- 최대속도: 72km/h
- 수상속도: 13km/h
- 항속거리: 480km
- 무장: 40mm 고속유탄발사기/12.7mm 중기관총
- 승무원: 24명 (보병 21명)

강습상륙 중대	전력: AAVP7A1 x 43, AAVC7A1 x 3, AAVR7A1 x 1

소대본부: AAVP7A1 x 3, AAVC7A1 x 3, AAVR7A1 x 1

강습상륙 소대: AAVP7 x 10

■ AAVC7A1 지휘차　　■ AAVR7A1 회수차

■AAVP7A1 (보병수송형): 21명의 해병 탑승

9시 05분, TF 파파베어는 TF 리퍼에 뒤처져 동쪽에서부터 제1장애물지대에 돌입했다. 사단 예비대인 TF 파파베어의 임무는 제1장애물지대에 8개의 통로를 개척해 사단의 보급 거점이 될 폭 3㎞, 길이 2㎞의 교두보를 건설하는 것이었다.

TF 파파베어의 지휘관 리처드 호드리 대령은 안전한 작업을 위해 '하늘의 경비견'들을 불렀다. 잠시 후 상공에는 코브라 공격헬리콥터 2대와 해리어 공격기 4대가 나타났다. 그들은 제3해병대 항공단의 지상 근접지원을 위해 편성된 TF 커닝험 항공대 소속으로 40대의 코브라 공격헬리콥터와 해리어 공격기를 보유하고 있었다. 이렇게 자체 항공전력을 보유한 미 해병대는 육군과 달리 공군의 지원을 기다릴 필요 없이 즉각적인 항공지원을 받을 수 있었다. 요청에 따라 근접항공지원에 나선 코브라 공격헬리콥터와 해리어 공격기는 교두보 전방에 숨어있던 전차 4대, 감시초소 3개, 박격포 진지 3개, 벙커 여러 곳을 파괴했다.

10시 55분, TF 리퍼의 우익이 장애물 지대를 넘어 TF 파파베어의 선두와 만났다. 5분 후 포병대대가 제2장애물지대를 향해 준비포격으로 22분간 550발의 포탄을 발사했다. 11시 25분에 제2장애물지대를 돌파하기 위한 공격이 시작되었고, 전차부대의 엄호를 받는 전투공병이 장애물지대에 접근하자 이라크군은 야포와 82㎜ 박격포를 쏘기 시작했다. M60 전차는 적의 포진지를 주포로 제압했고, 해병대 포병은 아군을 지원하기 위해 연막탄을 발사했다. 적의 박격포탄에 공병 2명이 부상을 입었지만, 오후 12시가 지날 무렵에 통로의 안전이 확보되었다는 녹색과 백색의 조명탄이 올라왔다.

12시 15분, 네 개의 통로가 개설되었다. 피해는 공병차량 1대뿐이었다. 제3전차대대와 제7해병연대 1대대는 통로를 지나 적진을 공격하기 위해 전진했다. 이때 TF 리퍼의 후방에는 순조롭게 전진을 하던 TF 셰퍼드의 LAV 경장갑차부대가 통로 개척을 기다리고 있었다.

겨우 제1장애물지대를 빠져나온 TF 파파베어는 TF 리퍼의 동쪽에 별도의 교두보를 개설하기 위해 부대를 재정비하고 있었다. 양익의 TF 그리즐리와 TF 타로, 그리고 포병대인 TF 킹은 제2장애물지대를 넘지 않고 TF 리퍼와 TF 파파베어의 돌파작전을 엄호했다.

부대는 순조롭게 전진했다. 한 가지 문제는 오후로 예정되었던 TF 엑스레이의 헬리본 작전이 불발로 끝났다는 점이다. 이 작전은 장애물지대를 빠져나오는 TF 리퍼의 우측면을 엄호하기 위해 TF 엑스레이의 경보병 500명이 헬리콥터로 장애물지대를 단숨에 건너는 계획이었다. 작전을 위해 CH-46 수송 헬리콥터에 적재할 수 없는 험비 대신 40대의 무장한 M151 소형 지프와 도요타제 4륜 구동 픽업을 준비했다. 하지만 정작 53대의 수송 헬리콥터가 준비되지 않아 작전이 중지되었다. TF 엑스레이의 헬리콥터 부대는 9개 비행대에서 끌어 모은 기체들이었으므로, 작전 취소 당일에는 각 부대의 긴급임무에 사용되었다.

교두보를 넘어 전진하던 TF 리퍼는 두 종류의 적과 조우했다. 첫 번째는 확실히 저항하지만 상대하기 쉬운 적, 두 번째는 완전 무저항이지만 상대하기 귀찮은 적이었다. 파괴된 참호와 벙커에서 이라크군 병사들이 백기를 들고 수백 명 단위로 투항하기 시작한 것이다. 저항하는 적이라면 거침없이 짓밟고 전진할 수 있지만, 이렇게 대량의 포로가 발생하면 별수 없이 중대 단위의 병력과 트럭을 차출해 포로들을 무장해제하고 부상자들을 치료한 다음 후방의 교두보 부근에 세운 임시 수용소로 보내야 했다. 대량의 포로를 이송하는 과정에서 겨우 완성한 장애물지대의 통로 가운데 하나를 사용하게 되자 부대의 전진 속도는 더욱 느려졌다.

이라크군 투항병들과 조우한 제3전차대대의 폴 코크렌 중사는 다음과 같이 기록했다.

"이라크군 병사들은 여기저기서 나타났다. 350명가량이 항복하겠다며 접근해 왔다. 놈들은 키스

제2해병사단의 이라크군 장애물 지대 돌파 개념도 (2월 24일)

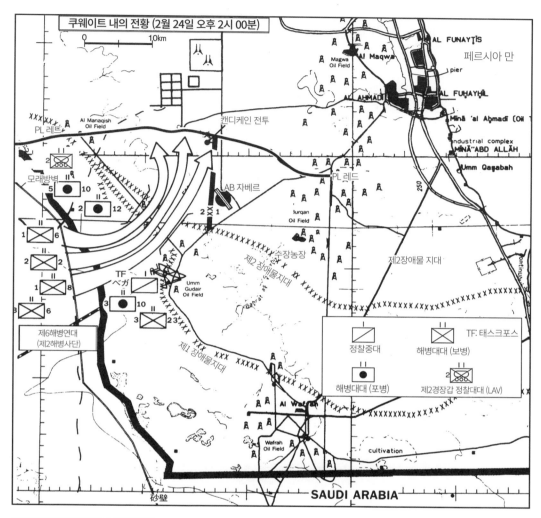

쿠웨이트 내의 전황 (2월 24일 오후 2시 00분)

0   10km

페르시아 만

AL FUNAYTIS
Al Maqwa
Magwa
Oil Field
AL AHMADI
AL FUHAYHIL
pier
Mina 'al Ahmadi (Oil
Industrial complex
MINA'ABD ALLAH
Umm Qasabah

Al Manaqish
Oil Field
PL 레프트
캔디케인 전투
AB 자베르
PL 레드

모래방벽
5 10
2 12
2X1
Burqan
Oil Field
수장농장
제2 장애물지대
제2장애물 지대
250

1 6
2 8
TF
베가
3 10
Umm
Gudair
Oil Field
Bahrat al
3 23
제1 장애물지대

제6해병연대
(제2해병사단)

Al Wafrah

범례

정찰중대   TF. 태스크포스
해병대대 (보병)
해병대대 (포병)   제2경장갑 정찰대대 (LAV)

cultivation
Wafrah
Oil Field

SAUDI ARABIA

TF 알파 공병대가 개척한 지뢰지대의 통로(그린)을 통해 이동하는
타이거 여단의 M1A1 전차부대

대기중인 제2해병사단 보급부대(트레일러 견인 M929 트럭)

를 날리며 성조기를 흔들고 식량과 물을 달라고 사정했다."

후세인이 병사들의 목숨을 깃털처럼 가볍게 여긴 결과는 육군부대의 대규모 항복이라는 형태로 나타났다.

제2장애물지대를 지나고 15분이 경과할 무렵, TF 리퍼의 주력은 이라크군 제5기계화보병사단의 기갑부대와 조우했다. 오후 12시 30분, TF 리퍼의 중앙에서 전진하던 제3전차대대의 M60A1 전차가 3대의 적 전차를 격파하고 포로 60명을 잡았으며, 12시 52분까지 T-62 전차를 포함해 7대의 전차를 더 격파했다. 우익의 제7해병연대 1대대의 대전차팀도 험비에 탑재한 TOW2 대전차미사일로 2대의 전차를 격파했다. 좌익에서는 제5해병연대 1대대의 전차중대가 T-62 전차 1대와 T-55 전차 2대를 격파했다. 대대가 잡은 포로는 1,230명으로 늘어났다.

오후 1시 30분, TF 셰퍼드가 제2장애물지대를 빠져나왔다. 한편 TF 파파베어는 제2장애물지대를 돌파했지만, 부대의 재정비에 시간이 걸렸다. 마이엇 사단장은 진격하는 TF 리퍼의 배후에 공백지대가 발생하는 상황을 우려해 TF 파파베어의 호들리 대령에게 서둘러 전진하라고 명령을 내렸다.

오후 2시 00분, 제7해병연대 1대대는 진격로 상의 이라크군 진지를 점령하기 시작했다. 대대의 위치는 '수장(首長)농장'이라 불리는 오아시스로, 나무가 숲을 이루고 몇 개의 빌딩이 세워진 곳이었다. 며칠 전이라면 사막에 지친 병사들을 위로하는 청량한 녹색 빛으로 가득 찬 오아시스였겠지만, 지금은 불타는 부르간 유전의 화염과 매연이 하늘을 가득 채우고 있었다.

제임스 매티스 중령은 전차부대를 엄호하던 2개 해병중대(보병)를 동원해 공격을 개시했다. 농장에 접근하기 전에 미리 포병으로 준비포격을 실시하고, AAV7 상륙장갑차에 탑승한 B중대를 농장의 서쪽 1,700m 지점에 접근시켰다. AAV7의 후방 램프가 열리고 완전무장한 해병이 하차해 산개했다. 해병들은 박격포의 연막탄 지원을 받으며 돌격했지만, 화생방 방호복을 착용한 병사들은 행동이 둔해져 생각만큼 전진하지 못했다. 벙커를 지키는 이라크군은 사기가 떨어져 도망치거나 항복할 기색을 보였고, 더 이상 참지 못한 매티스 중령은 지휘차를 타고 농장으로 돌격해 나무 사이에 위치한 벙커 제압을 직접 지휘하고, 벙커를 점령한 후 200여명의 포로를 잡았다.

벙커 제압이 끝나고 마이엇 사단장은 전략 목표인 자베르 공군기지 공격을 준비했다. TF 리퍼의 우측면을 지키기 위해 TF 셰퍼드에 부르간 유전 서쪽으로 북상하라고 명령했다. 이동하는 병사들의 눈 앞에 펼쳐진 전장의 모습은 글자 그대로 지옥이었다. 수백 개의 유정에서 화염과 매연을 뿜어냈고, 원유의 악취가 코를 찔렀다. 게다가 원유가 간헐천처럼 뿜어 나오는 굉음에 귀가 따가울 지경이었다. 이 광경을 본 마이엇 사단장은 단테의 신곡 지옥편 같다는 감상을 남겼다.

TF 셰퍼드는 오후 3시경에 매연으로 가시거리가 50m로 제한된 상황에서 T-62 전차를 발견해 6대를 격파했다. 적외선 야시장비를 탑재한 LAV 대전차 차량의 TOW 미사일로 올린 전과였다.

TF 리퍼는 공격을 위해 쐐기대형으로 중앙에 전차대대, 양익에 보병대대, 후방에 포병인 제11해병연대 3대대를 배치했다. 북서쪽으로 수㎞를 전진하면서 2개의 활주로가 있는 자베르 공군기지에 도착했다. 공격에 앞서 포병이 한 시간 가량 일대에 준비포격을 실시했다.

오후 4시 00분, 우익의 TF 파파베어가 제2장애물지대에 2개의 통로를 개설했다. 제9해병연대 3대대(보병)는 장애물 지대를 통과해 대전차화기와 박격포로 무장한 적 벙커 제압에 나섰다. 적은 이라크군 제5기계화보병사단 20여단으로 상당히 숙련된 병사들이어서 그들이 쏜 박격포탄에 해병 10명이 부상을 입었다. 그리고 지뢰에 전차 몇 대가 파손당

TF 알파 공병대의 전력

병력	약 500명
M60A1 전차(FWMO 지뢰제거쟁기 장착)	4대
M60A1 전차(M9 도저 장착)	2대
M1A1 전차(FWMR 지뢰제거갈퀴장착)	6대
AAVP7 상륙장갑차(M154 MICLIC 3연장 발사기)	18대
AAV7 상륙장갑차(2개 전투공병중대와 이동)	22대
M9ACE 장갑전투도저	15대
M58 장애물제거폭탄	39대
M60 AVLB 교량전차	4대

지뢰제거쟁기(TWMP)를 장착한 TF 알파의 M60A1 전차. M58 MICLIC을 견인하고 있다.

M9 도저 블레이드를 장착한 M60A1 전차

지뢰제거갈퀴(TWMR)를 장착한 M1A1 전차

M9ACE 장갑전투도저

차체 위에 MICLIC을 탑재한 AAV7 상륙장갑차

차체 위에 알루미늄제 가교(전장 약 19m, 중량 14.5t)를 탑재한 M60 교량전차

하고 4명이 부상을 입었는데, 그중 한 명은 왼쪽 다리를 잃는 중상이었다. CH-46 구급헬리콥터가 출동해 15분만에 중상자를 야전병원으로 이송했지만, 부상자는 이틀 후 사망했다.

이날 적의 포격을 관측한 TPQ-36 대포병레이더는 오후 2시까지 42문의 적 야포의 위치를 포착해서 그중 24문은 해병대 포병의 포격으로, 18문은 해리어 공격기로 파괴했다. 이 과정에서 650명의 포로를 잡았다.

오후 4시 30분, TF 리퍼가 공격을 개시했다. 유전에서 뿜어져 나오는 매연으로 시계가 불량했으므로 조심스럽게 전진해 공군기지를 포위하기 시작했다. 5시 34분, 가시거리는 300m 정도로 여전히 짧지만 참호에 숨어있는 적 보병과 전차를 격파하면서 T-62 전차 7대, T-55 전차 3대를 파괴하고 많은 포로를 잡았다.

오후 6시 00분, 쿠웨이트 영내 약 40km 지점의 자베르 공군기지 포위가 완료되었다. 하지만 적 전차의 저항은 멈추지 않았다. 제3전차대대 C중대의 제임스 D. 곤잘레스 소위는 적 전차와의 야간전투 상황을 다음과 같이 증언했다.

갑자기 탄약수가 소리쳤다. "T-62 전차 발견!" 곤잘레스 소위는 "탄종 철갑탄! 전차! 거리 1,100m!"라고 외쳤다. 발사된 열화우라늄탄이 T-62 전차를 관통했다. 처음에는 작은 폭발이 일어났고, 잠시 후 차내의 115㎜ 포탄이 유폭을 일으키며 폭발이 14회나 이어졌다. 적의 T-62 전차는 해병대의 전차를 발견하지도 못하고 파괴되었다. T-62 전차의 야시장비는 별빛이 밝은 날에도 가시거리가 700m 정도에 불과할 정도로 성능이 좋지 않았다.

한편, 남쪽의 TF 파파베어는 오후 4시 15분, TF 리퍼의 배후를 지키기 위해 부르간 유전으로 향했다. 전진하면서 TF 소속인 제1전차대대의 M60 전차, TOW 탑재형 험비, 코브라 공격헬리콥터가 모래방벽에 숨어있는 적 전차 18대를 격파했다.

마이엇 사단장은 자베르 공군기지를 포위에 성공했지만, 야간에 점령을 목표로 기지에 진입하기는 위험하다고 판단해 공격을 중지했다. 야간전에 필수적인 야시장비 부족이 그 이유였다. 당시 해병대가 보유한 야시고글은 1,100개뿐이었고, 유전에서 나오는 짙은 매연으로 인해 야시고글조차 제 역할을 하지 못하고 있었다. 제3전차대대의 코크렌 중사는 야시고글을 써도 보이는 것이라고는 눈 앞의 기관총뿐이었다고 회고했다.

이후 포로 심문 과정에서 자베르 공군기지가 이미 텅 비어 있었음이 밝혀지자, 마이엇 사단장은 다음 날 아침으로 예정된 TF 리퍼의 자베르 공군기지 점령 계획을 변경해 기지 점령을 TF 그리즐리가 담당하고, 주력인 TF 리퍼는 자베르 공군기지 북동쪽 약 40km 거리에 위치한 쿠웨이트 국제공항을 점령하도록 명령했다.

이렇게 제1해병사단은 지상전 첫날 오후 6시 00분까지 약 40㎞를 전진해 자베르 공군기지를 포위하고 이라크군 제29, 42보병사단을 괴멸시키는 예상 이상의 성과를 거두었다.

이렇게 마이엇 사단장에게 긍정적인 소식만 날아들던 와중에, TF 리퍼의 지휘관 풀포드 대령으로부터 불안한 보고가 들어왔다. 포로 증언과 압수 문서를 분석한 결과 이라크군의 반격 작전을 발견했다는 내용이었다. 이 정보가 사실이라면 우익 측면이 역습을 당할 우려가 있었다. 오후 9시 30분, 마이엇 사단장은 기습에 대비해 TF 파파베어의 TOW 대전차부대에게 경계망을 유전 일대 수km 범위까지 확대하도록 명령했다.

제1해병사단의 포병은 하루 동안 1,346발의 지원사격을 실시했는데, 이 과정에서 불행하게도 아군 오인사격이 발생했다. 포병이 TF리퍼의 포로 집결지를 오인사격하는 바람에 이라크군 포로 2명이 사망하고 23명이 부상당했으며, 해병 부상자도 두 명이 발생했다. 24일 제1해병사단이 수용한 포로의 숫자는 약 4,000명에 달했다.[7]

제2해병사단, 해병대 찬가를 부르며 전진. 지뢰지대를 만난 전차부대의 돈좌[8]

23일 심야, 윌리엄 M. 키스 소장의 제2해병사단은 해안선 70㎞ 서쪽의 사우디-쿠웨이트 국경에 집결하여 날이 밝는 대로 제1사단의 좌익에서 공격을 개시할 예정이었다. 오메가 하이 위성기상관측시스템의 예보에 따르면 쾌청한 날씨는 앞으로 3일가량 계속될 가능성이 높았다. 오전 중 페르시아만은 맑고 따뜻한 날씨였지만, 밤이 되자 구름이 옅게 깔리기 시작했고, 불타는 유전의 매연이 더해지면서 어슴푸레 보이던 달빛마저 사라졌다. 병사들은 화학방호복을 입은 채 침낭에 들어가 잠을 청했다. 개중에는 잠잘 틈도 없이 작전 준비에 바쁜 장교들도 있었지만, 오전 3시가 지나자 기상나팔이 울렸다. 때마침 비가 내렸고, 해병대는 이를 좋은 징조로 여겼다. 만약 이라크군이 화학무기를 쓰더라도 비에 씻겨서 위력이 반감되기 때문이다.

제2해병사단의 임무는 집결지 60㎞ 북쪽 지점인 자하라 일대의 제압과 적의 퇴로 차단이었다. 제2해병사단의 진격로에는 2개의 장애물 지대와 이라크군 제7, 제4보병사단이 포진해 있었고, 그 후방에는 이라크군 예비대인 제3기갑, 제1기계화보병사단이 대기하고 있었다. 적의 전력이 만만치 않은 만큼 진격하는 해병대는 상당한 저항을 각오했다. 이라크군 예비대 2개 사단이 보유한 전차만 374대에 달했고, 어려운 전투를 예상하는 사람이 많았다. 중부군은 제2해병사단의 전력을 증강시킬 필요가 있다고 판단해 120대의 M1A1 전차를 보유한 육군의 타이거 여단을 배속시키고 해병대 예비전력인 2개 전차대대를 소집해 기존의 M60A1 전차를 M1A1 전차로 교체했다.

원래 해병대에서 보유한 M1A1 전차는 10대 뿐이었다. 해병대 사령관 알프레드 그레이 대장은 해병대 사령관으로 육군에 부탁하는 상황을 그다지 유쾌하게 여기지 않았지만, 해병들이 최상의 상태에서 싸우도록 지원하기 위해 육군참모총장 부오노 대장에게 M1A1 전차 지원을 요청했다. 그렇게 해병대가 지급받은 M1A1 전차는 총 60대였다. 전환훈련의 시간적 어려움도 있어서 그 이상은 무리였다.

이렇게 해병대 역사상 최초로 적 기갑사단을 상대하기 위해 기갑사단 편제의 제2해병사단이 탄생했다. 제2해병사단이 보유한 전력은 병력 20,500명, 전차 249대, 장갑차 466대, 야포 120문이었다. 전차와 야포의 보유규모도 제1해병사단의 두 배에 달했고, 특히 제1해병사단에는 한 대도 없는 M1A1 전차를 196대나 보유하고 있었다.

부대의 편제도 제1해병사단과 같은 태스크포스 단위가 아닌 육군의 기갑사단과 동일한 3개 기동여단과 지원부대로 재편성되었다. 핵심 전력은 제6, 제8해병연대와 타이거 여단 등 3개 부대였다. 이 가운데 돌파작전의 선봉을 담당한 부대는 제6해병연대로, 본래 수천 명 규모의 보병연대였지만 전차, 장갑차, 포병, 공병부대가 임시 배속되면서 기갑부대로 격상, 여단급 전투력을 보유하게 되었다. 연대의 주력은 AAV7 상륙장갑차를 장비한 3개 기계화보병 대대로, 여기에 전차중대가 보강되었다. 최종적으로 제6해병연대(연대장 로렌스 리빙스턴 대령)에는 6,500명의 해병이 배속되었다.

오전 4시 30분, 사단 포병이 공격준비포격을 개시해, 11분간 40개의 목표에 1,430발의 포탄을 사격했다. 주요 목표는 장애물 지대의 지뢰와 철조망, 진지 등이었지만, 일부 박격포 진지도 공격했다. 이 가운데 타이거 여단의 MLRS 10문은 사단 작전구역의 종심에 위치한 목표를 집중적으로 공격했다. 항공폭격의 엄호는 좀 더 앞쪽의 장애물 지대 북쪽 8km 지점에 위치한 이라크군에 집중되었다. 같은 시각, 사단의 선봉 부대인 제6해병연대가 집결지에서 출발했다.

오전 5시 30분, 제1해병사단의 제6해병연대는 공격 시작 90분 만에 공격개시선인 국경의 모래방벽을 넘어섰다. 후방에는 타이거 여단, 제8연대가 대기하고 있었다. 이른 아침 사막에 울리는 소음에 공화국 수비대 병사들이 잠자리에서 허겁지겁 일어났다. 해병대 찬가가 확성기를 통해 울려 퍼지며 타이거 여단이 진격을 시작했다. 해병대 찬가의 가사는 다음과 같다.

'몬테수마의 궁전부터 트리폴리의 해변까지
하늘에서, 땅에서, 그리고 바다에서
우리는 조국을 위해 싸운다.
우리의 권리와 자유를 지키기 위해
그리고 우리의 명예를 지키기 위해
합중국의 해병이라는 이름이
우리는 너무도 자랑스럽다!'

타이거 여단이 용감하게 진격하는 동안 사단 작전참모 로널드 리처드 대령은 적진 돌파 단계에서 1,000명 이상의 피해를 예상하고 있었다.

제6해병연대는 제6대대 1중대, 제2대대 2중대, 제8대대 1중대(제8연대 소속) 순으로 3개 대대를 좌익에, 제6대대 3중대를 후방에 배치했다. 후방에서 엄호하는 3개 포병대대는 장애물 지대 전방에 사격 진지를 구축했다. 전장인 사막지대는 온통 대화구가 패여 있어 직선으로 전진할 수 없었다. 가장 큰 대화구는 Mk84 항공폭탄(1t)의 폭발로 형성되었는데, 바닥에 유전 화재로 발생한 유독가스까지 차 있어서 화학방호복을 입고 있어도 장시간 머물기 어려웠다.

오전 6시 00분, 제6연대는 국경에서 32km가량 전진해 제1장애물 지대에 도착했고, 연대에 배속된 TF 알파 공병대가 통로 개설을 위해 지뢰 지대로 진입했다. 개설될 통로는 장애물 지대에 약 5km 간격으로 좌에서 우로 레드, 블루, 그린 각 2개, 합계 6개소의 통로를 개설할 계획이었다. TF 알파는 2개 전투공병대를 중심으로 편성된 500명 규모의 공병부대로, 적의 공격을 받아도 단시간 내에 장애

물 지대를 통과하기 위해 지뢰제거장치를 장비한 전차와 장갑차 87대를 집중 배치했다. 주력장비는 M154 3연장 MICLIC을 장비한 AAV7 상륙장갑차 18대와 지뢰제거쟁기, 지뢰제거갈퀴, M9 도저 세트를 장착한 전차 28대(M60A1 22대, M1A1 6대)였다. 그리고 M9 장갑전투도저 15대, M60 AVLB 교량전차 4대, 장애물 폭파처리반을 태운 AAV7 상륙장갑차 22대, M58 MICLIC 39대가 배속되었다. TF 알파는 각 통로를 개척하기 위해 지뢰제거장치 장비 전차 3대당 M58 MICLIC를 견인하는 AAV7을 한 대씩 배치했다.

통로 개척 순서는 제1해병사단과 같았다. 먼저 MICLIC을 발사해 지뢰지대를 폭파하고, 지뢰제거장치를 장비한 전차들이 전진하며 나머지 지뢰를 제거하는 방식으로 통로를 개척했다. 문제는 미처리 지뢰와 불발탄들이었다. 특히 자동폭발로 세팅된 MICLIC의 불발탄(중량 926kg, 길이 106.7m)들이 위험했다. 이런 장애물을 처리하기 위해서는 폭발물 처리반(EOD)이 필요했다.

폭발물처리반 팀장 매트 컬프 중사는 불발탄을 제거하기 위해 몇 번이나 지뢰밭에 들어가야 했다. 폭발물처리반은 적의 포격을 받으면서도 3곳의 통로에서 불발탄을 처리했다. 이렇게 공병대가 통로를 개척하는 동안 이라크군이 실시한 반격은 포격뿐이었다. 이라크군은 약 300발을 포격했고, 해병대의 피해는 LAV 경장갑차 승무원이 포탄 파편에 부상을 입은 정도에 불과했다. 당시 해병대는 개척된 통로로 이동중이었으므로, 만약 이라크군의 포격이 정확했다면 막대한 피해가 발생할 수도 있었다. 대조적으로 제2해병사단의 포병은 대포병 레이더로 적의 야포를 탐지해 정확히 대포병 사격을 실시했다.

오전 6시 56분, 레드1 통로에서 폭스 화생방정찰차가 겨자 가스를 탐지했다는 보고를 받은 키스 사단장은 즉시 방호태세 4단계를 발령했지만, 30분 후 화학 지뢰가 아님이 확인되면서 방호태세는 2단

계(방호복만 착용)로 낮춰졌다. 레드2 통로가 개설되고 화학무기 경보도 해제된 7시 24분경에는 좌익의 6대대 1중대가 최초로 레드 통로를 지나 제2장애물 지대로 향했다. 중앙인 블루 통로의 제2대대 2중대는 영국제 막대형 지뢰에 2대의 M60 전차가 파손되는 피해를 입었지만, 산발적인 적의 저항을 물리치고 8시 50분경에는 제2장애물 지대에 도달했다. 하지만 우익의 제8대대 1중대의 그린 통로는 지뢰 매설 밀도가 상당히 높아 어려움을 겪고 있었다. 일대의 지뢰지대는 면적도 넓었고 다른 곳에 비해 세 배나 많은 지뢰가 매설되었다. 아마도 이곳에 지뢰를 매설한 이라크군 지휘관이 상당한 실력자인 것 같았다.

그린5 통로도 정석대로 통로 개척에 착수했다. MICLIC을 발사해 지뢰지대를 폭파한 후, M60 전차가 지뢰제거쟁기로 통로를 개척했다. 그 와중에 갑자기 폭발이 일어났다. 54t의 M60 전차를 뒤흔드는 대폭발이었지만, 다행히 왼쪽 무한궤도가 끊어졌을 뿐, 사상자는 없었다. 다시 두 번째 지뢰제거쟁기 장착 M60 전차가 조심스럽게 전진했다. 이번에는 왼쪽으로 코스를 바꿔 MICLIC을 발사한 후 전진했지만, 겨우 20m를 전진한 후 대전차지뢰에 당했다. 다시 세 번째 전차가 투입되고, 이번에는 오른쪽으로 코스를 바꿔 전진했지만, 역시 지뢰를 밟고 주저앉았다. 사막의 모래가 폭발 충격을 흡수하여 MICLIC의 개척범위가 줄어든데다, 지뢰제거쟁기의 지뢰 제거 능력이 포화될 정도로 매설된 지뢰도 많았다. 지뢰지대에 돈좌된 전차를 회수하는 데 시간이 많이 걸렸기 때문에 결국 그린5 통로 개척을 중지하고 좀 더 남쪽에 다른 통로를 개척하기로 했다.

이웃한 그린6 통로도 불발된 선형폭탄과 지뢰에 돈좌된 AAV7 상륙장갑차가 통로를 막아 통로 개척이 늦어지고 있었다. 그린6 통로 개척은 전통적인 방식으로 진행할 수밖에 없었다. 먼저 쓰레기통과 천으로 입구를 표시한 후 제8연대 1대대에

배속된 제4전차대대 B중대의 랄프 퍼킨슨 대위는 M1A1 전차 14대를 시계가 좋은 곳에 배치해 공병대를 엄호했다. 퍼킨슨 대위는 제1소대의 지뢰제거쟁기 장착 M1A1 전차에 지뢰지대 개척을 명령했다. 선두 전차의 전차장은 로버트 트레이너 병장(28세)이었다.

"바이퍼2(병장의 무선 콜사인), 여기는 프레데터6.(대위의 콜사인) 이 통로는 위험하다. 한 번 더 지뢰제거쟁기로 확인하길 바란다."

그렇게 통로의 3분의 2 정도 전진한 순간 대전차지뢰가 폭발했다.

"바이퍼2, 여기는 프레데터6. 응답하라!"

응답은 없었고, 퍼킨슨 대위는 다시 무전을 보냈다.

응답은 바이퍼2가 아닌 바이퍼1에서 왔다.

"프레데터6, 여기는 바이퍼1. 지금부터 바이퍼2에 접근하겠다."

바이퍼1의 교신을 들은 제1소대장 울프 프리츠 준위의 M1A1 전차도 그린6 통로로 들어섰다. 대인지뢰를 밟았는지 작은 폭발이 있었지만, 그 정도 폭발에 전차가 파손되지는 않았다. 프리츠 준위는 그대로 전진해 트레이너 병장의 전차에 접근했지만, 아무 움직임이 없었다. 확인 결과 전차는 행동불능 상태였지만, 다행히 승무원들은 무사했다. 응답이 없었던 것은 폭발 충격에 고장 난 무전기가 원인이었다. 그렇게 지뢰제거쟁기로 지뢰지대를 전진한 끝에 제1장애물 지대의 그린6 통로가 개척된 시각은 오후 1시 45분이었다.[9]

2개의 장애물 지대의 사이에는 이라크군의 전차들이 참호와 엄폐호에 숨어있었다. 해병대는 폭격과 포격으로 적을 제거했고, 2개의 장애물 지대 사이에는 이라크군의 전차들이 참호와 엄폐호에 숨어있었다. 해병대는 폭격과 포격으로 적을 제거해나갔고, 거점은 측면 기습으로 제압했다. 목숨을 걸고 저항하는 적도 있었지만 소수에 불과했고, 대부분은 거점을 포기하고 퇴각하거나 항복했다.

이라크군 지뢰지대 개척 순서

제1단계

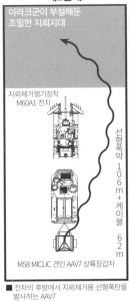

이라크군이 부설해둔 조밀한 지뢰지대

지뢰제거쟁기장착 M60A1 전차

선형폭약 106m+케이블 62m

M58 MICLIC 견인 AAV7 상륙장갑차

■ 전차의 후방에서 지뢰제거용 선형폭탄을 발사하는 AAV7

제2단계

지뢰지대

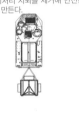

■ 지뢰제거쟁기 장착 M60A1 전차가 MICLIC이 폭발해 생긴 통로를 전진하며 미처리 지뢰를 제거해 안전한 통로로 만든다.

■ MICLIC의 선형폭탄은 통상 8 x 100m 공간의 지뢰를 제거하지만 사막에서는 효과가 떨어졌다.

제3단계

지뢰지대

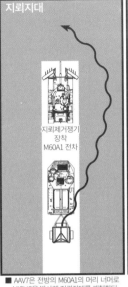

지뢰제거쟁기 장착 M60A1 전차

■ AAV7은 전방의 M60A1의 머리 너머로 MICLIC을 발사해 지뢰지대를 개척한다.

제4단계

■ 지뢰지대를 돌파한 마인 플라우 장착 M60A1전차

지뢰지대

지뢰제거쟁기장착 M60A1 전차

■ 2번째 M60A1 전차가 지나가면서 잔류 지뢰를 제거해 안전한 통로를 개설한다.

TF알파 공병대의 지뢰지대 개척 훈련. 먼저 AAV7이 견인해온 M154 MICLIC을 발사하고, 전방에 전개된 선형폭약을 기폭시켜 그 폭압을 활용해 지뢰를 제거하는 방식으로 통로를 개척한다.

MICLIC 기폭으로 처리하지 못한 지뢰는 지뢰제거쟁기 장착 M60A1 전차가 진입하여 제거한다.

이곳에서 제8연대 1대대는 이라크군의 전형적인 저항 패턴을 경험했다.

대대는 이라크군이 농성하고 있는 빌딩과 조우했다. 대대장 브루스 A. 검바 중령은 A중대 제3소대(43명)에게 빌딩을 점령하도록 명령했다. AAV7 상륙장갑차가 300m까지 접근하자 이라크군의 RPG 공격이 시작되었다. 소대의 해병들은 장갑차에서 하차해 산개하고, 장갑차는 포탑의 40㎜ 고속유탄발사기과 M2 중기관총으로 소대의 전진을 엄호했다. 빌딩에 100m까지 접근하자 적의 격렬한 사격이 시작되었다. 여기서 윌리엄 워렌 중사의 제3분대(13명)가 소대의 엄호사격을 받으며 20m까지 육박해 들어갔다. 윌리엄 중사의 분대는 철조망을 제거하고 빌딩에 돌입했지만, 빌딩은 비어 있었고, 저 멀리 사막으로 도망치는 이라크군의 뒷모습만이 보였다.

걸프전 최초의 전차부대 대결 브라보 전차중대의 '캔디 케인 전투'

오후 2시 45분, 제2해병사단은 사담라인의 장애물 지대에 교두보를 확보할 수 있었다. 제6해병연대의 전 부대는 교두보를 벗어나 북서쪽으로 전진했다. 4시에는 후방에 대기 중이던 존 실베스타 대령의 타이거 여단도 사담라인을 넘어서기 시작했다. 120대의 M1 에이브럼스 전차, 59대의 M2 브래들리 보병전투차를 포함한 1,000대의 차량 행렬이 6개의 통로를 통과했다. 수백 대의 궤도차량이 통과하며 패인 궤도 자국을 지날 때면 전차의 저판이 땅에 닿을 지경이었다.

귀중한 M1A1 전차를 지뢰에 잃은 퍼킨슨 대위의 브라보 중대는 전차 13대의 전력으로 사단 우익의 제8연대 1대대(보병)를 호위하며 북상했다. 브라보 중대는 예비역으로 구성된 전차부대로, 대위의 본업은 와인 판매상이었다. 중대 구성원들의 직업도 교사, 경찰관, 무전기 수리업자, 배관공, 트럭 운전사, 농부, 학생 등으로 다양했다. 하지만 지휘를

하는 소대장과 하사관들은 경험이 풍부한 베테랑들이었다. 그리고 중대는 2년 이상 충실히 훈련을 받아 왔다. 주말의 사격훈련으로 금요일 밤부터 토요일 아침까지 M60 전차를 준비하고 사격훈련을 마친 후, 현역부대에 전차를 돌려주기 위해 일요일 내내 전차를 정비했다.

예비역들에게 불안요소는 실전 직전에 전차를 신형 M1A1 전차로 교체했다는 점이었다. 게다가 브라보 중대에게 허용된 훈련기간은 11주간 진행되는 통상적인 전환적응훈련에 비해 턱없이 짧은 2주에 불과했다.

훈련에 앞서 퍼킨슨 대위는 전환적응훈련 지휘관인 소령에게 현역 복귀를 지원했다.

훈련을 시작하면서 "훈련은 힘들다. 훈련에 지름길 따위는 없다."라고 말하는 소령의 말투에는 예비역에 대한 불신감이 깃들어 있었다.

퍼킨슨 대위의 대답은 다음과 같았다. "소령님은 우리 중대의 성과에 놀라실 겁니다."

2주간의 훈련이 끝난 후, 소령은 중대 예비역들에게 자신이 지금까지 교육시켰던 부대 중에 최고라고 극찬했다.

훈련을 마치고 전선에 배치된 퍼킨슨 대위는 미국을 떠날 때는 아내인 하젤과 갓 태어난 딸을 걱정했지만, 이제 중대 전원의 무사 귀환을 걱정하는 입장이 되었다. 대위는 오전 3시의 기상나팔이 울릴 때까지 잠을 이루지 못했다.

오전 4시 05분, 브라보 중대는 우익에서 전진하던 제8연대 1대대의 기계화보병중대(AAV7 탑승 보병)로부터 전방에 적 전차부대와 참호를 발견했다는 보고를 받았다. 부대는 자베르 공군기지의 북서쪽 15㎞에 있는 쿠웨이트 중앙을 가로지르는 압달리아 고속도로에 도착한 상태였다.

이라크군은 남쪽에서 공격해 오는 미군을 저지하기 위해 도로 주변에 포진했다. 참호와 벙커가 도로 측면을 따라 건설되어 있었고, 도로 후방에는 T-55 전차부대가 엄폐호에 매복한 상태였다. 부대

의 규모 면에서는 이라크군이 우위였다.

중대 우익의 제3소대(4대)가 최초로 아군 기계화 보병중대 정면의 적 참호를 공축기관총으로 공격했다. 공격을 받은 이라크군 병사들은 곧바로 무기를 버리고 항복했다. 중대 주력은 계속 전진하여, 도로 건너편의 적 전차부대를 공격하기 위해 적이 시야에 들어오는 모래언덕을 점거하고, 횡대대형으로 산개했다. 우익에 퍼킨슨 대위와 제2소대, 중앙에는 제1소대, 좌익에는 제3소대가 높이 30m의 모래 언덕에 위치했다.

오후 4시 50분, M1A1 전차부대는 통상 교전거리의 두 배에 달하는 3,800m 거리에서 주포 사격을 시작했다. 적의 T-55 전차가 반격할 수 없는 원거리라는 점도 작용했지만, 그보다는 적을 보면 공격당하기 전에 먼저 공격하려는 포수 특유의 심리가 더 크게 작용했다. 탁 트인 사막에서는 목표가 가까이 보이는 현상도 원인 중 하나였다. 착탄을 확신할 수 없는 원거리 사격이었지만 제3소대의 글렌 카터 중사는 도로 너머의 T-55 전차를 3,750m 거리에서 격파하는 데 성공했다.

브라보 전차중대는 M1A1 전차의 압도적인 화력에 힘입어 일몰까지 적의 방어선을 돌파했다. 전과는 전차 10대, 쉴카 자주대공포 1대, 지프 4대, 트럭 12대였고, 포로도 396명(대대 전체는 약 1,000명)을 잡았다. 반면 이라크군 전차의 포격은 명중률이 떨어져 효과가 없었다. 구식 100mm 포(유효사거리 1,000m 미만)를 장비한 T-55 전차로는 처음부터 M1A1 전차의 상대가 되지 않았다. 박격포의 포격도 관측병 부족으로 정밀도가 떨어져 별다른 피해를 입히지 못했고, 역으로 해병대 포병의 대포병사격을 받아 침묵했다. 무기의 질적 차이가 일방적인 승리를 가져온 전형적인 사례였다.(10)

제6연대에 배속된 예비역 전차부대인 제8전차대대는 구식 M60A1 전차를 장비하고 있어서 브라보 중대처럼 싸우기는 어려웠다. M60A1 전차 주포의 유효사거리는 M1A1 전차의 절반 이하였다. 따라

서 제8전차대대 C중대의 그렉 스미스 중사는 첫날 동료와 협력해 T-55 전차를 격파할 때도 1,300m 까지 접근해야 명중시킬 수 있었다. 특히 야간전투력 면에서 구식 야시장비(광증폭식)를 사용하는 M60 전차와 적외선 열영상 야시장비를 탑재한 M1 전차는 비교 자체가 불가능했다. 제8전차대대 A중대의 존 콘윌 중사(46세)는 악천후나 매연이 하늘을 가리면 M60 전차의 야시장비의 탐지범위는 300m에 지나지 않았다고 설명했다. 이라크군 전차와 큰 차이가 없는 성능이었다.

전장이 된 고속도로와 나란히 건설된 송전탑이 유명한 지팡이 모양의 막대사탕처럼 적색과 백색 줄무늬로 칠해져 있어서, 브라보 전차중대의 전차전은 '캔디 케인 전투'라 불렸다.

오후 6시 00분, 장애물 지대에 배치된 이라크군 제4, 7보병사단의 부대를 격파하고 20km를 전진한 제2해병사단 주력은 압달리야 고속도로 근처의 첫날 도달 목표인 PL(통제선) 레드까지 진출했다. 이후 사단은 대량 발생한 포로의 후송 및 전투준비를 진행하며 이라크군의 반격에 대비했다. 좌익에 타이거 여단, 우익에 제6연대가 위치했고, M1A1 전차를 장비한 제2전차대대와 LAV 경장갑차의 제2경장갑 정찰대대가 우측면을 경계했다.

전선의 이라크군 병사들은 해병대가 사격을 가하며 접근하면 줄줄이 참호에서 나와 항복하거나 북쪽으로 도망쳤다. 그 결과 전장에는 버려진 참호, 화력거점, 무기, 탄약만 남았고, 이라크군 5,000명이 포로로 잡혔다. 제6연대는 이라크군 제9전차대대가 보유한 35대의 전차 전부를 포획했다. 아이러니하게도 제2사단의 전진을 방해한 요소는 이라크군의 반격이 아닌 지뢰와 대량으로 발생한 포로, 그리고 화학무기의 위협이었다.

이라크군 포로 중에는 여단장(대령)도 있었다. 대령의 군복은 지저분한 병사들과 대조적인 깔끔한 신품이었고 군화에도 광이 났으며 손톱에 매니큐어까지 칠했다.

최초의 걸프전 전차전 '캔디 케인 전투'

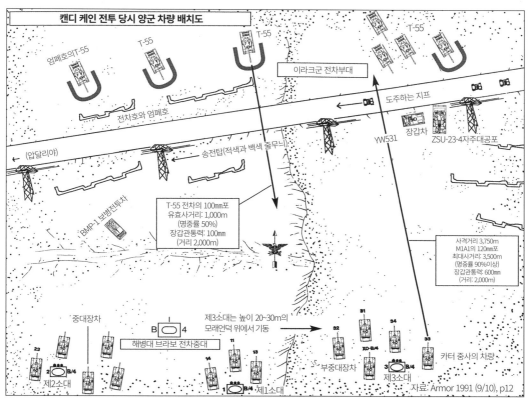

캔디 케인 전투 당시 양군 차량 배치도

- 엄폐호의 T-55
- T-55
- T-55
- T-55
- 이라크군 전차부대
- 도주하는 지프
- 전차호와 엄폐호
- 송전탑(적색과 백색 줄무늬)
- 장갑차
- YW531
- ZSU-23-4 자주대공포
- (압달리야)
- BMP-1 보병전투차

T-55 전차의 100mm포
유효사거리: 1,000m
(명중률 50%)
장갑관통력: 100mm
(거리 2,000m)

사격거리 3,750m
M1A1의 120mm포
최대사거리: 3,500m
(명중률 90%이상)
장갑관통력: 600mm
(거리 2,000m)

- 중대장차
- 제3소대는 높이 20~30m의 모래언덕 위에서 기동
- B | 4
- 해병대 브라보 전차중대
- 31
- 34
- 32
- XO-B/4
- 33
- 카터 중사의 차량
- 23
- 2 | B/4
- 제2소대
- 11
- 14
- 13
- 1 B/4
- 제1소대
- 부중대장차
- 3 | B/4
- 제3소대

자료: Armor 1991 (9/10), p12

※ 실제 전장에는 다수의 엄폐호와 참호가 복잡하게 연결되어 있었지만 그림에는 생략했다.
　중대는 M1A1 전차 1대를 지뢰에 잃어서 가용전력은 13대였다.

브라보 중대에 격파당한 T-55 전차

브라보 전차중대가 교전중 격파한 이라크군 차량

T-55 전차	10대
ZSU-23-4 쉴카	1대
트럭	12대
다목적차량	4대

키스 장군이 직접 이 '대령 나으리'를 심문했다.

"우리 군은 귀관의 수비지역에서 화학지뢰 공격을 받을 것이라 예상했었다. 화학무기가 있는데 어째서 사용하지 않았나?"

이라크군 대령은 당황하며 강하게 부정했다.

"완벽한 오해다. 미군에 화학무기를 사용할 계획은 처음부터 없었다. 독가스는 우리들도 죽이기 때문이다."

전후의 인터뷰에서 타렉 아지즈 외무장관도 비슷한 견해를 밝혔다. "미군을 상대로 화학무기를 사용하는 것은 현명한 선택이 아니다."[11]*

제2해병사단의 피해는 M60 전차 7대, M1A1 전차 1대, AAV7 상륙장갑차 2대, 전사 2명, 부상 12명으로 대부분 지뢰 피해였다. 전사자 가운데 타이거 여단 제502헌병중대의 윌리엄 팔머 상병(23세)은 험비로 야간수색 중에 지뢰 폭발로 전사했다.

최악의 경우 작전 1일차에 20~30% 손실을 각오하고 있었던 해병대사령관 부머 중장의 입장에서는 생각지도 못한 쾌조의 진격이었다. 제1해병사단 제3연대장 에드마이어 대령은 전투가 아니라 포로수용을 하러 가는 느낌이었다고 술회했다. 실제로 공격을 시도한 전력은 일대에 배치된 이라크군 가운데 4분의 1에 불과했다.

해병대의 과감한 공격과 신속한 진격은 분명 칭찬받을 일이지만, 슈워츠코프가 고심해 짠 작전을 수포로 만들고 말았다. 해병대의 진격속도가 너무 빨라 공화국 수비대를 남쪽으로 유인한다는 작전은 사용할 수 없게 된 것이다. 이대로는 공화국 수비대 주력이 바그다드로 도망칠 위험이 있었다. 그러나 다음 날 아침 제7군단과 제18공수군단의 기갑부대, 아랍군 주력은 공격 예정이 없었다. 슈워츠코프 사령관은 계획을 수정할 수밖에 없었고, 예정보다 앞당겨 공격을 시작하도록 요삭 육군사령관과 칼리드 아랍군 사령관에게 지시했다.

....
* 미군은 이라크가 화학무기를 사용하면 전술핵 공격을 실시하겠다고 경고했었다.(역자 주)

동부합동군의 진격

해병대 2개 사단은 쿠웨이트 방면에서 예상외로 신속하게 진격했다. 공세작전은 대성공이었지만, 동부방면 전체 전황을 보면 기뻐할 수만은 없었다. 이대로는 해병대만 이라크군 한가운데로 돌출되어 측면을 공격당할 우려가 있었다. 해결책은 해병대의 양익에 배치된 아랍군 2개 합동군의 전진이었지만, 상황은 낙관적이지 않았다. 그 배경에는 '카프지 전투' 이후, 미군의 지원체제를 신뢰하지 않게 된 아랍군 사령관 칼리드 중장이 있었다.

칼리드 중장의 의심은 지상전을 앞두고 풀렸지만, 미군에 대한 불만은 점차 누적되었다. 칼리드 장군의 자서전 「사막의 전사」에 따르면 칼리드 중장이 분노하게 된 계기는 장비가 열악한 사우디군이 지뢰지대를 돌파하기 위해 지뢰제거쟁기나 지뢰제거롤러 같은 지뢰제거장비를 요청했을 때 미군이 보인 태도였다. 슈워츠코프는 지뢰제거장비가 부족하기 때문에 요청에 응할 수 없으며, 대신 사우디군이 담당한 작전구역의 지뢰를 미국 해병대가 제거하면 그 뒤를 따르는 대안을 제시했다. 칼리드 중장의 입장에서는 사우디군이 무능하다고 조롱하는 것이나 다름없는 상황이었고, 화가 난 칼리드 중장은 이렇게 대답했다.

"우리 사우디군은 선두에 서서 진군해야만 하오. 적진돌파는 우리 군의 임무요. 미 해병대가 우리 뒤를 쫓고 싶다면 반대하지 않겠소."[12]

미군의 제안을 일축한 칼리드 중장은 자신의 위신을 걸고 돈을 들여 전투공병 장비를 구입하고, 미군 군사고문의 지도를 받아 훈련, 조직, 장비를 전반적으로 강화했다. 사막에 이라크군이 설치한 장애물과 동일한 훈련시설을 설치하고 실물 지뢰를 제거하는 훈련도 실시했다. 사우디군 2개 공병대대 외에 시리아군 공병대대도 증강하고 미군도 보유하지 못한 지뢰제거 전용 차량을 이집트와 터키에서 구입했다.

그 와중에 또다시 불신의 원인이 될 만한 사건이 발생했다. 미 해병대가 갑자기 서쪽으로 이동하는 바람에 해안선에 배치된 동부합동군과 해병대 사이에 50km 가량의 공간이 형성되었다. 미 해병대는 이라크군 진지의 취약한 부분을 공격하기 위해 이동했다고 설명했지만, 만약 이 공백지대를 이라크군이 눈치챘다면 동부합동군의 측면이 공격받을 수도 있는 상황이었다. 무타아리 소장은 직접 부머 해병대사령관에게 문의한 결과, 미국 해병대에는 이 공백지대를 메울 예비전력도 없고, 해병대 항공단도 동부합동군을 근접지원할 여력이 없음을 파악했다. '카프지 전투'와 같은 상황이 다시 벌어진 셈이다. 칼리드 중장은 가능한 항공지원을 실시해 달라며 슈워츠코프와 호너 공군사령관에게 압력을 행사했다.

제1해병사단의 우익, 페르시아만 근처에 배치된 동부합동군은 사우디군 3개 기계화보병여단을 주력으로 쿠웨이트, UAE, 오만, 바레인군으로 구성된 4개 태스크포스를 구성했다. 적진을 돌파할 주공부대는 미국제 M60 전차와 M113 장갑차를 장비한 사우디 지상군의 제8, 제10기계화보병여단이었다. 그리고 무타아리 소장은 공백지대에 대한 이라크군의 공격에 대비해 '카프지 전투'에서 공을 세운 카타르군 기계화보병대대를 좌익에 배치했고, 우익에는 실전을 경험한 국가방위군의 제2 SANG 여단을 배치했다. 동부합동군의 정면에 포진한 적은 이라크군 제3군단 소속인 제8, 18보병사단이었다. 다행히 무타아리 장군이 걱정한 이라크군의 공격은 없었다.

2월 24일 오전 8시 00분, 동부합동군 주공의 2개 여단이 사우디군 공병대가 개척한 6개의 통로로 장애물지대를 넘어 쿠웨이트로 진격을 개시했다. 동부합동군에는 45명의 미군 연락장교가 파견되어 다국적군의 공군과 해군의 효과적인 엄호를 받을 수 있었다. 페르시아만의 전함 2척도 함포사격으로 동부합동군을 지원했다. 폭격과 포격에 압도된 이라크군의 저항은 경미했다. 포로의 대량 발생으로 지체되기는 했지만, 첫날의 공격목표를 제압하고 쿠웨이트시까지 이어지는 진격로의 3분의 1을 전진했다.

북부합동군, 신중히 전진한 아랍군 주력

해병대의 좌익에 집결한 북구합동군은 사우디군의 슐레이만 알라위 소장을 사령관으로 삼았지만, 주력부대는 살라하 하르비 소장의 이집트군 파견군단이었다. 이집트군은 주력인 제3기계화보병사단과 제4기갑사단을 중심으로 총병력 3만 명, 전차 350대, 장갑차 750대, 야포 140문을 보유했다. 기갑사단은 미국제 M60A3 전차, M113 장갑차, M109 자주포를 장비했고, 미군과 합동훈련을 실시한 정예였다. 장비의 질 면에서는 미국 해병대보다 우수한 면도 있었다.

하르비 소장은 전차전의 권위자이자 호스니 무바라크 대통령이 전임자를 도중에 교체하면서까지 파견한 이집트군 제일의 야전군 지휘관으로, 짙은 눈썹에 완고한 인상이었지만 무바라크 대통령처럼 수염은 기르지는 않았다.

하르비 소장은 아랍의 군인으로서 고민하고 있었다. 적이 후세인의 이라크군이라 해도, 아랍 동포에 대한 적극적인 공격은 정치적 부담을 감수해야 했고, 어설프게 싸우거나 큰 피해를 입는 경우도 용납되지 않는 입장이었다.[13]

이런 이집트군의 복잡한 사정을 이해하고 있었던 슈워츠코프는 이집트군의 적극적 공세를 확신하지 못한 채 중부군의 예비전력인 제1기병사단을 손에서 놓아주지 않았다.

한편, 지상전을 앞두고 제1기병사단을 빼앗긴 제7군단의 프랭크스 중장은 이라크군의 최신 정보를 얻기 위해서라는 명목으로 하르비 소장을 방문했다. 이집트군의 전의와 실력을 확인하고 제1기병사단을 되찾을 방안을 모색하려는 의도였지만, 상황은 그의 의도대로 진행되지 않았다. 대신 하르비 소장이 이라크군의 최근 사정에 해박해서, 그로부터 많은 정보를 얻을 수 있었다.

당시 공세를 앞둔 하르비 소장은 이집트군 정면의 화염 해자가 있는 장애물 지대와 이라크군 전차부대의 역습에 신경이 곤두선 상태였다.

아랍합동군의 장군들은 악천후를 이유로 공격 시간의 변경에 난색을 표했다. 하지만 슈워츠코프의 강력한 요청에 작전을 12시간 앞당기는 데 동의했다. 덕분에 제2해병사단의 제6해병연대장 리빙스톤도 한시름을 놓을 수 있었다. 하지만 돌출된 해병대의 좌익은 아랍군이 전진하지 않아 여전히 노출된 상황이었다.

북부합동군의 좌익은 이집트군 군단 제3기계화보병사단, 제4기갑사단, 제1레인저연대가 담당했고, 우익은 TF 무사나(사우디군 제20기계화보병여단, 쿠웨이트군 제35기계화보병여단)와 TF 할리드(사우디군 제4기갑여단, 쿠웨이트군 제15보병여단)가 배치되었다. 알리 하비브 소장이 지휘하는 시리아 파견군의 제9기갑사단(T-62 전차 235대, 장갑차 200대, 야포 90문)은 합동군의 후방에서 예비전력이 되었다. 시리아 측이 친이라크 성향의 자국 내 여론으로 인해 아랍 동포를 공격하는 데 적극적으로 참가하기 어려웠기 때문에 이런 배치가 불가피했다. 또 현장의 시리아 제9기갑사단은 이라크군과 동일한 T-62 전차를 장비하고 있어 아군 오인사격의 위험도 높았다.

오후 4시 00분, 북부합동군이 쿠웨이트 국경을 넘었다. 정면의 적은 장애물 지대에 진을 치고 있는 이라크군 제4군단의 제16, 20, 30, 36보병사단이었

다. 장애물 지대에는 11개의 통로를 개설할 예정이었다. 좌익의 이집트군단은 와디 하틴 부근에서 북동쪽을 향해 전진했고, 폭격을 당한 적의 저항은 미미했다. 하지만 이집트군단의 선봉인 제3기계화보병사단은 서둘러 전진하지 않았다.

하르비 소장은 이라크군 전차부대의 역습을 경계한데다, 야시장비 부족으로 인해 야간작전을 강행할 경우 큰 피해가 발생할 수 있다고 우려했다. 따라서 군단에 적극적인 공격 명령을 내리지 않았고, 이집트군은 적극적인 공세 과정에서 큰 피해가 발생하지 않도록 무리해서 장애물 지대를 돌파하는 대신, 목표 알파를 앞두고 정지한 후 방어태세에 돌입했다. 이집트군의 신중한 움직임은 아마도 제4차 중동전쟁의 경험이 상당부분 작용한 듯 하다. 이집트군과 이스라엘군 모두 대전차무기로 무장된 방어선을 기갑부대로 공격하다 막대한 피해를 입은 경험이 있다. 이집트군은 적의 거점을 공격할 때는 충분한 화력지원을 받으며 신중히 움직여야 한다는 것을 실전을 통해 배웠다. 적어도 첫날 동안은 시리아군의 지원을 기대 할 수 없는 상황 역시 이집트군이 섣불리 움직이지 못하게 했다.

대조적으로 이라크의 침공을 받은 사우디와 쿠웨이트군으로 편성된 우익의 2개 TF는 적극적으로 진격했다. TF의 전차부대는 단시간에 장애물 지대를 지키고 있던 이라크군 제16사단을 물리치고 목표인 브라보 지점을 확보했으며, 어두워질 무렵에는 적의 반격에 대비해 진지 구축을 하면서 동시에 포로를 수용하고 있었다.

참고서적

(1) Tom Clancy And Fred Franks Jr.(Ret.), Into The Storm: A Study in Command (New York: G.P.Putman's Sons, 1997), pp1-21.

(2) Colin Powell and Joseph E.Persico, My American Journey (New York: Random House, 1995), pp486-487.

(3) 司馬遼太郎,山折哲夫,『日本とは何かということ』(日本放送出版協會,2003년),一一二ページ。

(4) President George Bush, "Allied Ground Operations in the Persian Gulf" Military Review (September 1991), p85.

(5) Rick Atkinson, The Crusade: the Untold Story of thePersian Gulf War (Boston: HoughtonMifflin, 1993), p380.

(6) Charles H.Cureton, US Marines in the Persian Gulf, 1990-1991: With the 1st Marine Division in Desert Shield and Dersert Storm (Washington, D.c: History and Museums Division, Headquarters, USMC, 1993), pp68-76.

(7) Ibid, pp76-88.

(8) Dennis P.Mroczkowski, US Marines in the Persian Gulf, 1990-1991: With the 2nd Marine Division, Headquarters, USMC, 1993), pp42-51.

(9) J.G.Zumwalt, "Tanls! Tanks! Direct Front!" Proceedings (July 1992), pp75-77.

(10) Jeffrey R.Dacus, "Bravo Company Goes to War", Armor (September 1991), pp9-12.

(11) Atkinson, Crusade, p379.

(12) HRH General Khaled bin Sultan, Desert Warrior (New York: HarperCollins Publishers, 1995), p401.

(13) Ibid, p408.

제10장
제7군단의 진격
"적을 참호에 묻어버리고 전진하라"

제7군단의 선봉을 맡아
전력을 강화한 제1보병사단

다국적군 지상부대의 주공으로 중부방면에 전개한 제7군단은 24일(G데이) 해병대의 공격에 맞서 공화국 수비대가 남하하기를 기다리다 다음날 25일(G+1) 아침에 진격할 예정이었다. 다만 진격로 전면에 이라크군 사단의 진지가 위치한 해병대와 달리 제7군단 정면에는 사담라인을 구성하는 진지가 군단 작전구역의 동쪽(우익)에서 진격을 기다리고 있는 제1보병사단의 정면에만 존재했다. 대치 중인 이라크군 제26보병사단은 제7군과 35km 떨어진 거리에 포진하고 있었다. 그리고 제1보병사단은 본토 주둔 당시부터 적진 돌파임무를 부여받아 위험도 높은 임무를 최소한의 피해로 완수하기 위해 편제의 개편과 장비 보충·강화 훈련을 진행한 부대였다.

토머스 G. 레임 소장의 제1보병사단은 기계화보병부대로 개편되어 6개 기갑대대와 3개 보병대대로 구성된 전형적인 미 육군 기갑부대였다. 3개의

기동여단에는 M1 에이브럼스 전차 58대가 배치된 2개 기갑대대와 M2 브래들리 보병전투차 54대가 배치된 1개 보병대대가 배속되었다. 다만 미국 본토 캔자스주 포트 라일리에서 파견된 제1여단과 제2여단은 독일에서 파견된 제3여단(제2기갑사단 3여단에서 배속)과 달리 최신 M1A1 전차를 지급받지 못했고(이후 제1여단은 M1A1 전차를 수령했지만, 제2여단은 수령하지 못했다)결국 제7군단에서 유일하게 105mm포 M1 전차를 장비한 사단이 되었다.

각 기동여단은 실전에 유연하게 대응할 수 있도록 지원전력으로 사단 직할 야전포병대대(M109 자주포 24대)와 공병, 방공부대를 배속받아 여단 내에서 전차중대와 보병중대를 혼성해 일부 대대를 TF(태스크포스)로 임시개편했다.

편제와 같이 그레고리 폰테넷 중령의 제1 데빌여단 제34기갑연대 2대대는 시드니 베이커 중령의 제16연대 5대대에서 A보병중대(M2 브래들리 13대)와 D보병중대를 받고, 대신 A전차중대(M1A1 전차 14대)와 D전차중대를 제16보병연대 5대대에 보내 2개

전차중대와 2개 보병중대로 균형 잡힌 TF를 편성했다. 그리고 제32기갑연대 2대대의 4개 중대는 각각 1개 소대를 교환해 소규모 TF인 중대전투조를 구성했다. B전차중대전투조의 경우 2개 전차소대(M1A1 전차 4대)와 1개 보병소대(M2 보병전투차 4대) 편제였고, D보병중대전투조는 2개 보병소대와 1개 전차소대 편제였다.[1]

전차와 보병부대의 조합은 어떤 병과로 구성된 적과 조우하더라도 즉각적이고 유연하게 대처하기 위한 임시편제였다. 전차소대는 적의 주력전차를 상대하는 데, 보병소대는 적의 대전차부대와 진지를 격파하는 데 필요한 전력이다. 예를 들어, 보병부대가 단독으로 행동하다 적 전차를 만날 때마다 전차부대 지원을 요청한다면 적시에 지원을 받기 어렵다. 예외적으로 G. 팻 리터 중령의 제34기갑연대 1대대(M1A1 58대)는 4개 전차중대로만 구성된 기갑편제로 구성되었는데, 이는 여단 진격의 충각 역할을 부여하기 위해 특별히 편성된 타격력에 집중한 화력과 방어력 중심의 편제였다.

제1보병사단의 또 다른 특징적인 부대는 로버트 윌슨 중령의 제4기병연대 1대대다. 항공여단에 소속된 제4기병연대 1대대는 사단의 선봉 및 경계임무를 맡기 위한 사단 직속 부대로, 정찰임무를 위해 M3 브래들리 기병전투차 약 20대를 보유한 2개 기병중대와 2개 헬리콥터 기병중대(AH-1 코브라 공격헬리콥터 4대와 OH-58 정찰헬리콥터 6대)로 편성되었다.[2]

기병대대의 M3 기병전투차는 기동성이 우수했지만, 전차를 보유하지 않은 기병대대가 적 전차와 조우할 경우 매우 위험했다. 게다가 제1보병사단은 제7군단의 선봉으로 사담라인에 돌입할 부대로, 제4기병연대 1대대에 M1A1 전차 9대와 M9 ACE 장갑전투도저 15대를 배치해 대전차 전투능력과 장애물 돌파력을 갖췄다. 하지만 제1보병사단이 부대를 개편했다 해도 사담라인 돌파 작전(Breach Operation)을 당장 실행할 수는 없었다. 작전 성공을 위해서는 사담라인에 대한 정확한 정보를 바탕으로 효과적인 돌파작전과 작전에 필요한 충분한 장비, 그리고 훈련이 필요했다.

전쟁에 대비한 만반의 준비 제1보병사단의 모의훈련

제1보병사단은 본토에서 출격대기 단계부터 사담라인 돌파작전을 연구했다. 하지만 이전까지 유럽 전선을 상정한 훈련만 반복했던 부대에는 사막에 구축된 거대한 진지를 돌파하는 데 필요한 사막전 노하우가 부족했다. 따라서 진지 돌파와 비교적 유사한 적전도하작전을 응용해 진지 지대의 돌파, 교두보 구축, 통로 개설과 확장, 통과부대의 교통통제 등을 검토했다.

사단 참모들의 돌파전술 연구와 병행해 병사들도 본토의 야전훈련장에서 기본적인 사격전투훈련과 적 진지 돌파·제압 연습을 실시했다.

먼저 M1 전차와 M2 보병전투차의 기본적인 사격훈련은 캘리포니아 주 모하비 사막의 국립훈련장(NTC)에서 실시되었다. 국립훈련장의 면적은 18,267km²로 대략 남한 면적의 5분의 1에 달한다. 병사들은 이곳에서 장비, 편제, 전술까지 완전히 소련군과 동일한 대항부대(제60근위 차량화저격연대 – 부대명도 소련식이다)와 마일즈 장비(레이저 발사기와 감응기로 구성된 사격 판정 장비)를 사용해 모의전차전 훈련을 계속했다. 그리고 소련제 무기의 성능과 약점에 관한 교육과 적 장비 식별훈련도 병행했다. 예를 들어 야간 식별훈련에서는 실전 상황을 적용해 전차용 조준기의 적외선 야시장비를 사용해 원거리의 적 차량이 T-72 전차인지, BMP 보병전투차인지, 모든 각도에서 식별 가능하도록 훈련했다.

실내에서 진행된 돌파작전 이론 훈련은 M1 전차 같은 중장비들을 수송선으로 중동방면으로 보낸 후 실시했다. 제34기갑연대 2대대의 폰테넷 중령(41세)은 파견에 앞서 페이퍼 리허설(예행연습)을 통해 돌파작전을 부하들에게 숙지시켰다.

탄탄한 체격에 데저트 컷(삭발)을 한 폰테넷 중령

1st Infantry Division
"Big Red One"
토머스 G.
레임 소장

1

제1보병사단의 전력
병력: 17,496명

- M1A1 전차 214대
- M1 전차 120대
  (예비 M1A1 40대)
- M2/M3 전투차 224대

- M109 자주포 72대
- MLRS 9대
- AH-64 24대
- ※ 27일에 제210 FA
  (야전포병)여단 증강

제1 데빌 여단

제34전차연대 1대대

M1A1 x 58
- A전차중대 (M1A1 x 14)
- B전차중대
- C전차중대
- D전차중대

제34기갑연대 2대대 (TF)

- B전차중대전투조
  (M1A1 x 10, M2 x 4)
- C전차중대전투조
- A보병중대전투조
  (제16연대 5대대에서)
- D보병중대전투조
  (제16연대 5대대에서)

제16보병연대 5대대 (TF)

- B보병중대 (M2 x 13)
- C보병중대
- E대전차중대 (M901 x 12)
- A전차중대
  (제34기갑연대 2대대에서)
- D전차중대
  (제34기갑연대 2대대에서)

제5야전포병연대 1대대

M109 155mm 자주포 x 24

제3방공포병연대 2대대
A중대 (-) (발칸/스팅어)

제2 대거 여단

제37기갑연대 3대대 (TF)

- B전차중대전투조
- C전차중대전투조
- A보병중대전투조
- D보병중대전투조
  (제16보병연대 2대대에서/M1 x 4, M2 x 9)

제37기갑연대 4대대

M1 x 58
- A전차중대
- B전차중대
- C전차중대
- D전차중대

제16보병연대 2대대 (TF)

- B보병중대전투조
- C보병중대
- E대전차중대 (M901 x 12)
- A전차중대 (제37기갑연대 3대대)
- D전차중대전투조
  (제37기갑연대 3대대에서)

제5야전포병연대 4대대

M109 155mm 자주포 x 24

제3방공포병연대 2대대 B중대 (-)
(발칸/스팅어)

제3 블랙하트 여단

제66기갑연대 2대대

M1A1 x 58
- A전차중대 (M1A1 x 14)
- B전차중대
- C전차중대
- D전차중대

제66기갑연대 3대대 (TF)

- C전차중대
- D전차중대
- A보병중대
  (제41보병연대 1대대에서)
- D보병중대

제41보병연대 1대대 (TF)

- B보병중대
- C보병중대
- A전차중대
  (제66기갑연대 3대대에서)
- B전차중대
  (제66기갑연대 3대대에서)

제3야전포병연대 4대대

(M109 155mm 자주포 x 24)

제3방공포병연대 2대대 C중대
(발칸/스팅어)

※ 제3여단은 원대인 제2기갑사단
3여단에서 배속

사단사령부

제3방공포병여단 2대대

제1공병대대

사단포병
- 제6야전포병 B중대 (MLRS x 9)

사단지원단

항공여단
- 제4기병연대 1대대
  (A~D기병중대: M3 x 42, M1A1 x 9,
  AH-1 코브라 x 8)
- 제1항공연대 1대대
  (AH-64 아파치 x 24)

은 '제다이 기사단'이라는 별명이 붙은 소수 엘리트 그룹인 육군지휘참모대학의 고등군사연구과정(SAMS)을 수료한 전문가였다. 그가 실시한 페이퍼 리허설은 연습목적에 맞춘 기호가 써있는 카드(3x5인치 크기)를 바닥에 늘어놓고 진행하는 일종의 보드게임으로, 연습 목적은 이라크군이 사막에 구축한 진지지대 돌파 방법의 연구에 초점이 맞춰졌다.

갈색 고무판 위로 높이 1.8m의 모래방벽(실제로는 4m에 가까웠다), 철조망, 굴, 지뢰지대, 윤형철조망 등 장애물의 종류를 나타내는 기호가 흑색이나 녹색으로 그려진 카드가 교실 안쪽까지 나열되고, 바닥의 제1열에는 모래방벽의 카드가 있었다.

연습에 참가한 전차중대의 지휘관이 제안한 돌파작전의 개요는 다음과 같았다.

먼저 M728 CEV(전투공병전차)를 사용해 모래방벽을 허문다. 모래방벽에 뚫린 돌파구를 통해 전차소대를 전진시킨다. 전차의 차체 정면에는 지뢰제거쟁기를 장착해 철조망, 참호, 지뢰, 윤형철조망 등의 장애물을 제거한다. 이렇게 전차부대의 지휘관은 작전 상황을 설명하면서 카드를 넘겨갔다. 부하들의 페이퍼 리허설에 전혀 만족하지 못한 폰테넷 중령은 유창한 독일어를 섞어 지적했다.

"Was meinst das?(이건 무슨 의미인가?)"

"지뢰제거쟁기만으로 모든 종류의 철조망을 돌파할 수 있다는 건가? 만약 자네의 전차가 당하면 후속 공격을 어떻게 할 텐가?"

무엇보다 마음에 들지 않은 것은 장애물 중에서 가장 위험한 카드가 없다는 점이었다. 참호에는 대전차미사일이나 RPG 로켓발사기의 카드를 배치해야 현실성이 있었다. 중령은 지휘관들의 실수를 지적하고 심하게 꾸짖었다.

"이 빌어먹을 참호를 돌파하고 전진해야 한다. 전투에 페어플레이는 생각도 하지 말도록. 적을 전부 죽일 때까지 공격이다!"

"Yes, Sir."[3]

전쟁을 앞두고 지휘관들은 평시와는 비교조차 할 수 없는 압박감에 시달렸다. 폰테넷 중령도 가끔씩 악몽을 꿀 지경이었다. 그가 꾼 악몽의 내용은 13년 전에 겪었던 전차 화재사고의 연장선상에 있었다. 이라크 전장에서 자신의 대대가 이라크군의 공격을 받아 폭발한 전차의 포탑은 횃불처럼 불타오르고 자신이 지휘하는 중대는 호출에 누구도 대답하지 않았다. 주위를 둘러보면 생존자는 자신뿐이고 부하들은 새까만 숯덩이가 되어 있었다. 악몽에 시달리다 식은땀을 흘리며 잠에서 깬 폰테넷 중령은 그 꿈이 생애 최악의 악몽이었다고 회상했다.

결국 폰테넷 중령은 예일 대학과 옥스포드 대학에서 역사·윤리학의 박사 학위를 취득한 일류 군목 존 프린스필드를 초청해 전투를 앞둔 지휘관들에게 전쟁의 윤리와 합법성에 대한 강연을 요청했다. 강연의 목적은 '살인에 대한 면죄부'를 부여해 지휘관들의 심리적 안정을 주는 것이었다. 강연 내용은 자세히 알려지지 않았지만, 강사는 토마스 아퀴나스를 인용해 심원한 명제에 대해 명쾌한 답을 주었고 청취자들은 깊은 감명을 받았다.

미군은 681명(기독교 560명, 카톨릭교 115명, 유대교 6명)의 종군성직자를 전장에 파견했고, 30만 권 이상의 성서와 15만 개의 종교 테이프를 병사들에게 지급했다.

삼중의 사담라인과 전차 장착 지뢰제거장비의 개발

이라크군은 쿠웨이트 침공 이후 반년에 걸쳐 쿠웨이트의 해안선에서 사우디아라비아-이라크 국경선까지 총연장 400km 이상의 장애물·진지 지대인 통칭 '사담 라인'을 건설했다. 사담 라인은 3중 장애물로 구성되었으며, 중요한 지역은 종심을 두텁게 강화했다. 첫 번째 장애물은 사막에 3~4m 높이로 쌓은 모래방벽이었다. 이 방벽은 이라크군이 아니라 사우디가 밀입국과 밀수를 막기 위해 국경선 대신 조성한 시설로, 단일 또는 이중벽이 만리장

제4기갑기병연대 1대대의 주요 장비와 전력

무기	형상	본부중대	A기병중대	B기병중대	합계
M3 기병전투차		2	20	20	42
M1A1 전차		-	3	6	9
M106 107mm 자주박격포		-	3	3	6
M577 지휘장갑차		-	1	1	2
M113 장갑차		-	1	1	2
M88A1 구난전차		-	1	1	2
M113 GRS 지상감시레이더		-	2	3	5
M113 공병장갑차		-	4	4	6
M981 FISTV 화력지원정찰장갑차		2	-	-	2
M9 ACE 장갑전투도저		12	0	3	15
합계		16	35	42	53

※M9 ACE는 공병대대에서 배속되었으므로 HHT소속의 M9 12대는 A기병중대에 배치되었다.

자료: Armor, July-August 1992, p7/Mar-June 1991, p20

걸프전 지상전의 제4기병연대 1대대의 각 부대별 전과 일람

파괴한 이라크군 장비	HHT	A중대	B중대	C중대	D중대	합계
트럭	3	21	39	3	0	66
엄폐호	0	70	21	0	0	91
장갑차	6	40	10	3	7	66
전차	5	35	18	0	7	65
야포	0	11	2	0	2	15
대공포	0	5	0	2	0	7

■ M106A2 107mm 자주박격포
전투중량 12t, 최대사거리 6,800m(M329A2 포탄 10kg), 최대발사속도 분당 18발

■ M981 FISTV
AN/TVQ-2 GLLD 레이저 목표지시장치야시장비 탑재. 화력유도임무 수행.

GSR팀
AN/PPS-5GSR 레이더
APC

■ M113 GSR(지상감시레이더차)
탐지거리 10km(대차량), 6km(대인), 탐색범위 120도

M113 장갑차 베이스의 지원차량 : M106 자주박격포 / M981 FISTV / M113 GSR

미 제1보병사단의 척후부대 제4기갑연대 1대대의 편제와 장비

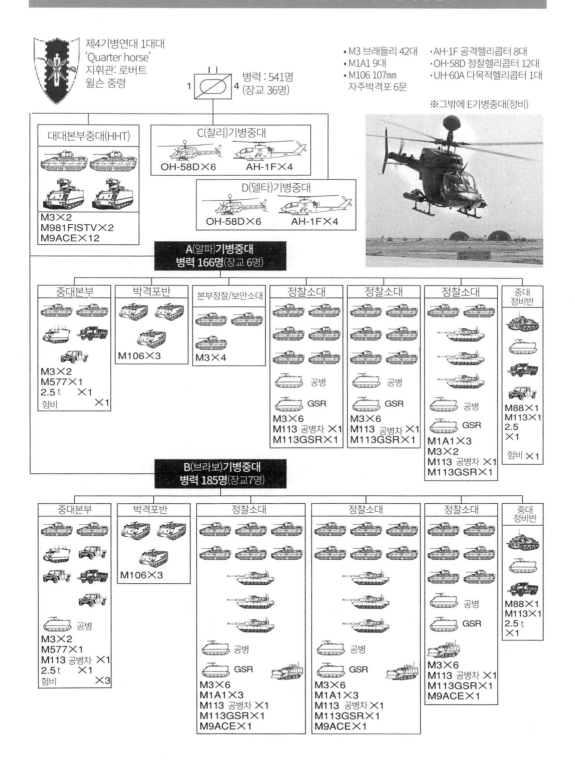

제4기병연대 1대대
'Quarter horse'
지휘관: 로버트 윌슨 중령

병력 : 541명 (장교 36명)
1 ... 4

- M3 브래들리 42대
- M1A1 9대
- M106 107mm 자주박격포 6문
- AH-1F 공격헬리콥터 8대
- OH-58D 정찰헬리콥터 12대
- UH-60A 다목적헬리콥터 1대

※그밖에 E기병중대(정비)

대대본부중대(HHT)
M3×2
M981FISTV×2
M9ACE×12

C(찰리)기병중대
OH-58D×6　AH-1F×4

D(델타)기병중대
OH-58D×6　AH-1F×4

A(알파)기병중대 병력 166명(장교 6명)

중대본부
M3×2
M577×1
2.5t ×1
험비 ×1

박격포반
M106×3

본부정찰/보안소대
M3×4

정찰소대
공병
GSR
M3×6
M113 공병차 ×1
M113GSR×1

정찰소대
공병
GSR
M3×6
M113 공병차 ×1
M113GSR×1

정찰소대
공병
GSR
M1A1×3
M3×2
M113 공병차 ×1
M113GSR×1

중대정비반
M88×1
M113×1
2.5 ×1
험비 ×1

B(브라보)기병중대 병력 185명(장교7명)

중대본부
공병
M3×2
M577×1
M113 공병차 ×1
2.5t ×1
험비 ×3

박격포반
M106×3

정찰소대
공병
GSR
M3×6
M1A1×3
M113 공병차 ×1
M113GSR×1
M9ACE×1

정찰소대
공병
GSR
M3×6
M1A1×3
M113 공병차 ×1
M113GSR×1
M9ACE×1

정찰소대
공병
GSR
M3×6
M113 공병차 ×1
M113GSR×1
M9ACE×1

중대정비반
M88×1
M113×1
2.5t ×1

성처럼 늘어서 있다. 두 번째 장애물은 지뢰지대와 장애물(화염 해자, 대전차 장애물, 철조망 등)로 구성된 장애물 지대였다. 그리고 세 번째 장애물은 장애물 지대 배후에 건설된 방어진지 지대로, 참호선, 보루, 병커(엄폐호), 화력거점, 야포진지, 사막의 엄폐호에 숨겨진 전차 등이 복잡하게 배치되었다.

사담라인을 돌파하기 위해서는 일단 모래방벽부터 넘어서야 했는데, 모래방벽의 경우 불도저로 밀어버리면 그다지 힘들지 않게 통과할 수 있다.* 하지만 다음 장애물인 지뢰지대는 위협적이었다. 이라크군이 사담 라인에 매설한 지뢰는 800만개 이상이고, 주요 지역에 매설된 지뢰만 해도 230만 개(180만 개의 대인지뢰 및 60만 개의 대전차지뢰)에 달했다. 특히 매설된 지뢰의 다양성이 지뢰 제거를 힘겹게 했다. 미국 육군 지뢰전 핸드북에 의하면 이라크군이 매설한 지뢰는 이탈리아제, 소련제 등 97종류에 달했다.(4)

그러나 제7군단 선봉인 제1보병사단은 무조건 지뢰지대를 개척해야 했고, 이를 위해서는 사전에 해결책을 찾아낼 필요가 있었다. 미군도 새로운 지뢰제거 기술 개발을 진행하지는 않았다. 따라서 주요 지뢰제거용 장비는 전차나 M728 전투공병전차(M60 전차의 개수형)의 전면에 장착하는 지뢰제거롤러, 지뢰제거갈퀴, 지뢰제거쟁기 등, 제2차 세계대전 시절과 큰 차이가 없는 장비들이었다. 기존의 지뢰제거장비들만 사용할 경우 돌파작전의 성패는 병사들의 출혈과 지뢰 제거를 담당한 부대의 숙련도에 달려 있었다.

제1보병사단은 적진에 돌격하는 4개 대대에 돌파작전전용 지뢰제거장비인 지뢰제거쟁기 12대, 지뢰제거롤러 4대를 중점 배치했다. 당초 계획은 훈련장에서 연습한 대로 지뢰제거롤러와 지뢰제거쟁기를 각각 한 대씩 조합해 지뢰지대를 개척할 예정

이었지만 사막에서는 지뢰제거롤러의 효율이 떨어져 지뢰제거쟁기를 주로 사용했다.

지뢰제거롤러와 지뢰제거쟁기의 지뢰제거법은 다음과 같다. 먼저 M728 전투공병전차의 지뢰제거롤러로 대전차지뢰를 제거한 다음, 후속하는 M1 전차의 지뢰제거쟁기로 잔류 지뢰를 제거한다. 지뢰제거쟁기를 장착한 전차는 시속 9.5㎞의 속력으로 지뢰를 제거할 수 있었고, 지휘관들의 평판도 좋아서 400세트 이상이 긴급배치되었다. 반면 지뢰제거롤러는 너무 무거워서 사막에서 움직이기 힘들었고, 대전차지뢰가 부드러운 모래에 빠져 터지지 않는 경우도 있었다. 미처 처리되지 않은 지뢰를 밟고 주저앉는 전차가 한 대라도 나오면 통로가 막히게 되므로, 지뢰제거롤러를 대신할 신무기인 지뢰제거갈퀴를 4개월 만에 개발해 59세트를 전장으로 전달했다. 지뢰제거갈퀴는 중량 1.6t, 폭 4.5m의 거대한 갈퀴로 모래땅에 숨어있는 지뢰를 긁어내는 방식으로 작동한다.** 지뢰를 제거한 통로는 야간에 찾기 쉽도록 입구에 선명한 붉은색 표시 패널을, 통로 주변에는 도로공사에 쓰이는 고깔 모양의 주황색 러버콘을 설치했다. 이는 사막의 훈련장에서 여러 시행착오를 거치며 고안한 방법이었다.

제1보병사단은 모의 이라크군 진지를 만들어 돌파작전 모의전을 실시했다. 모래방벽, 지뢰지대를 벗어나면 이라크군이 포진한 진지와 조우하게 되는데, 중부군은 진지지대를 최소한의 피해만으로 돌파·제압하기 위해 정찰(정찰기와 무인기의 항공사진, 지상정찰)을 통해 얻은 정보를 토대로 실제와 동일한 모의 이라크군 진지를 건설했다. 여기서 병사들은 적진 돌파기술을 몸과 마음에 새겼고, 지휘관과 참모들은 보다 효과적이고 실전적인 전술을 만들어 갔다. 이렇게 군단의 훈련장에 여러 개의 모의 진지가 조성되었다.

제82공수사단의 훈련장에는 삼각진지라 불리는

----

* 모래방벽은 폭파해 단숨에 제거할 수 없어서 통로 개척에 나름 시간이 걸렸다. 모래가 폭발 충격을 흡수해 폭약은 그다지 효과적이지 않았다.(역자 주)

** 지뢰제거 능력은 지뢰제거쟁기보다 좋고 지뢰가 터져도 파손율이 적었지만, 대신 개척 속도가 더 느렸다.(역자 주)

이라크군의 참호를 적병과 같이 묻어버린 M9 ACE 장갑전투도저

M9 ACE는 공병대용 도저로, 차체에 장갑이 설치되어 최전선에서 장애물의 돌파임무가 가능했다.

🚜 M9 ACE

전투중량	26t	엔진	커밍스 V903C 디젤 (295hp)
차체중량	17t	출력 대 중량비	17.4hp/t
전장	6.22m	최대속도	48km/h (노상)
전폭	2.79m	항속거리	322km
전고	2.99m	승무원	1명

M9 ACE는 노상 최대속도가 시속 48km로 일반적인 도저들보다 빨라 기갑부대와 함께 기동할 수 있다. 사진의 차량은 제24보병사단 소속 M9 ACE

M9 ACE는 전방에 약 9t의 토사를 담을 수 있는 스크래퍼 볼이 있다.

M9 ACE와 M2 브래들리 소대의 적 참호제압 작전

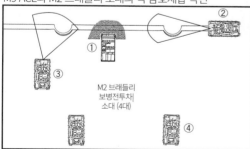

M2 브래들리
보병전투차
소대 (4대)

① M9 ACE가 참호에서 저항하는 적병을 토사와 함께 묻어버린다.
② 우익의 M2가 참호 위에서 기관포와 기관총으로 적병을 제압한다.
③ 좌익의 M2는 M9을 측면에서 엄호한다.
④ 참호를 메우면 후방의 M2가 전진해 하차보병으로 참호를 확인한다.

차체 전방 스크래퍼 볼의 용적은 약 6.7m²다.

M9의 자중은 17t이지만, 스크래퍼 볼에 토사를 채우면 26t이다.

이라크군 보병대대(약 700명)의 거점을 재현해 두었다. 실물은 길이 2km, 높이 4m의 모래방벽으로 둘러싸여 있는 삼각형의 진지였다. 중심부에 전차소대가 배치되어 있고, 모래방벽 둘레에는 전차의 침입을 저지하는 대전차호까지 있었다. 제101공수사단은 무인지대가 된 사우디의 마을을 사용해 시가전 훈련을 실시했다. 사마와, 나시리아, 혹은 바스라 점령 작전에 대비한 훈련이었다.

한편, 제7군단은 제1보병사단의 돌파작전에 만전을 기하기 위해 여러 종류의 적진지 모의시설을 조성했다. 그 가운데 하나가 이라크군 중대가 수비하는 방어거점을 본따 제작한, 9명 단위 분대부터 대대규모의 부대까지 함께 이용하는 사방 450m의 모의진지였다.(후술할 3K진지다) 훈련은 이동대형 연습부터 시작해, 공격준비포격, 적진을 향한 돌격, 참호 점령, 부상자의 후송, 보급 같은 여러 요소를 더하는 형식으로 진행되었다. 다른 하나는 폭 5km, 길이 1.5km의 대형 모의시설로, 여단 또는 사단의 공격연습용 시설이었다. 제1보병사단이 적진지지대에 개설하는 돌파구를 통해 영국군 제1기갑사단을 통과시키는 계획을 사전에 연습하기 위한 시설일 확률이 높다. (영국군의 임무는 이라크군 제7군단의 예비대인 52기갑사단 격파와 52기갑사단 격파 후 쿠웨이트 방면 진격이었다) 모의시설은 매일같이 들어오는 정찰정보에 맞춰 수정되면서 실제 요새를 닮아갔다.

제1보병사단이 돌파구 작전에서 교두보를 형성할 지점은 사담라인의 서쪽 끝이었다. 이라크군 제26보병사단의 제110여단이 90년 11월부터 진지를 구축하기 시작한 곳으로, 미군은 적에게 탐지당하지 않도록 하늘에서 신중하게 적진의 정보를 수집했다. 적의 상황을 자세히 파악할수록 아군의 희생이 줄어들기 때문이다. 그 덕분에 지상전을 일주일 앞둔 1991년 2월 17일에 제1보병사단의 제1여단정보팀 S2는 이라크군 여단의 자세한 진지 배치도를 작성해 배포할 수 있었다.[5]

배치도에는 부대 명칭과 병력의 수까지 기재되지는 않았지만, 참호, 거점, 연결로, 120mm 박격포 진지, 포병중대(D30 122mm 곡사포) 진지, M1939 37mm 대공기관포진지, SA9 지대공미사일 진지, 중대 지휘소, 전차중대 등의 배치가 자세히 표시되어 있었다. 그리고 전술적으로 중요한 정보인 적 부대의 배치는 소대, 중대 단위로 구분해 각각 주둔 위치의 해발 고도까지 표시했다. 또한 개별 방어진지는 중대 단위로 나누어 공격목표를 정하고 목표 3K, 4K, 12K와 같이 코드번호를 붙여 구분했다. 코드번호는 공격부대에 대한 포병대의 엄호사격 효율을 고려해 포병대의 사격제원과 통일했다.

당시 미군이 만든 이라크군 진지 배치도는 이후 포로가 된 이라크군 제110여단장이 소지하고 있던 배치도보다 정밀했다.

사단사령부는 공병대를 동원해 정찰정보를 바탕으로 적 진지의 실물크기 모형을 훈련장에 건설했다. 실물크기로 제작된 훈련장은 돌파작전의 예행연습을 통해서 실전에 가장 적합한 부대 편제, 전법, 장비 등의 사용법을 파악하는 데 동원되었다. 모델이 된 이라크군 진지는 제110여단의 3K 진지로, 전방에 2중의 참호선, 후방에 3개소의 사격거점으로 구성되어 있다. 병력은 1개 보병중대(100~200명)규모로, 진지 전방에 장애물이 설치된 경우를 상정해 모의 장애물도 설치했다. 지뢰를 전방 250m 구간에 설치하고, 지뢰지대 후방에 3중으로 철조망을 세웠다.

이 3K 진지를 포함한 진지지대 전체를 자세히 분석한 결과 이라크군 여단은 사막지형의 이점을 살려 진지를 건설했음을 알 수 있었다. 진지가 설치된 사막지형은 결코 평탄한 지형이 아니었다. 서쪽에서 동쪽으로 높이 50m, 길이 1km 의 모래언덕 지대가 있어 이라크군은 전망이 좋은 모래언덕에 진지를 건설했다. 진지 전방에는 대전차호, 철조망, 지뢰 등의 장애물이 설치되었고, 진지지대의 참호선과 엄폐호에는 13개 보병중대가 주둔했으며, 중박격포반과 전차소대의 엄호를 받았다. 그리고 후

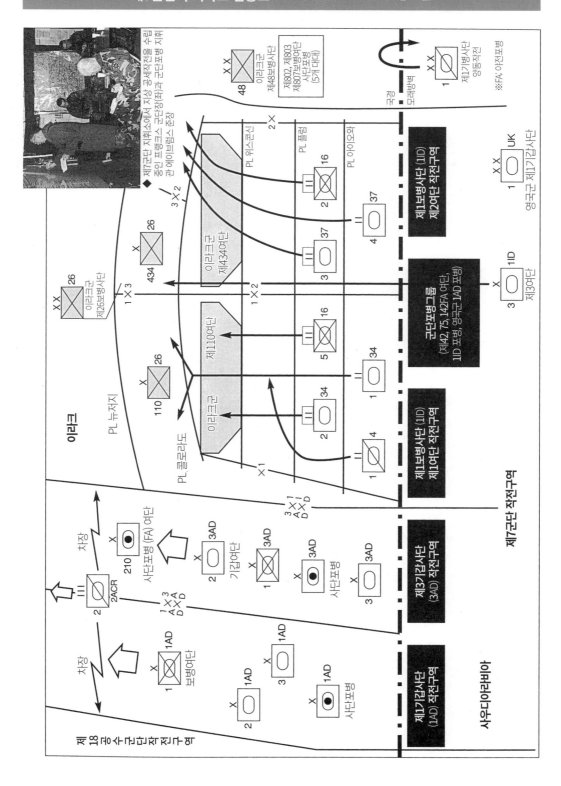

방에는 3개 포병중대(122㎜ 곡사포 6문)가 공격해 오는 미군에 십자포화를 가할 수 있는 위치에 배치되었다.

모의진지의 모델인 3K 진지 공격을 맡은 부대는 폰테넷 중령의 제34기갑기병연대 2대대, TF 드레드노트(Dreadnought)였다. 폰테넷 중령은 91년 1월 18일부터 모의진지를 사용해 훈련을 시작했다. 모의진지를 활용해 신속한 장애물의 돌파와 참호 점령전술을 연구하는 동시에 부대를 단련시켰다. 본토에서 하던 카드 연습 내용은 현지에서 실제 훈련으로 복습했다.

M2/M9 의 참호 공략법

단단한 진지에 숨어있는 적에 대한 정면공격은 공격 측의 출혈을 강요하는 위험한 작전이다. 아무리 튼튼한 M1A1 전차라도 아무 대책 없이 진지를 향해 돌격한다면 대전차 지뢰나 대전차 화기의 사냥감에 불과하다.

과거부터 진지 공략은 보병의 역할이었지만, 모의진지를 이용한 예행연습에서 M2 브래들리 보병전투차와 보병분대로 참호를 공격해 본 결과, 완전무장한 보병은 참호에 기어 올라가는 것만으로도 숨이 찼다. 당시 미군 보병은 40kg 이상의 장비를 착용하고 있어서 움직임이 둔했고, 이런 상황에서는 참호에 설치된 기관총의 표적이 될 것이 분명했다. 즉, 보병의 느린 발로는 아군의 희생만 커질 가능성이 높았다. 희생을 줄이기 위해서는 공격 속도의 향상과 소요 시간의 단축이 관건이었다. 결국 미군은 참호 공략전에 한해 M2 브래들리 보병전투차의 보병(7명)을 하차시키지 않기로 했다. 그리고 보병 대신에 참호를 공략할 방법을 찾기 위해 시행착오를 거듭한 결과 새로운 전법을 고안해냈다.

새로운 전술은 M2 보병전투차 소대(4대)와 공병대의 M9 장갑전투도저(ACE: Armored Combat Earthmover) 1대를 전투조로 구성해 M2 소대가 엄호하는 동안 M9 장갑전투도저로 적병을 참호와 함께 묻어버리고 전진하는 것이었다.

M9 장갑전투도저는 민간의 불도저와 유사하지만, 사격을 견딜 수 있는 장갑과 기갑부대와 함께 기동이 가능한 속도(노상 48㎞/h, 사막 32㎞/h)를 겸비한 장비였다. 생존성을 위해 방탄 알루미늄제 차체에 볼트 고정식 장갑판을 증설했고, 조종석 둘레를 케블라 적층 방탄소재로 강화해 소화기의 사격과 포탄 파편에 견딜 수 있었다. M9의 최대 특징은 도저 후부에 설치한 스크레퍼 볼이라 불리는 흙을 담을 수 있는 상자형 적재공간이었다. M9은 작업 전에 스크레퍼 볼에 흙을 채워 필요에 따라 차체 중량을 바꿀 수 있다. M9의 중량은 중형 불도저급인 17t 이지만, 스크레퍼에 흙을 채우면 26t으로 늘어난다. 걸프전에는 총 151대의 M9이, 대부분 제1보병사단의 돌파작전에 투입되었다.

전투조의 대참호전법은 무장이 없는 M9을 적의 사격으로부터 지키기 위해 M9 좌우에 M2 보병전투차를 배치해 엄호하고 후방에 나머지 두 대를 배치한 진형이 기본이다. 참호에 접근하면 M9이 참호를 하나씩 파묻어 나가며 소탕을 진행한다. 항복하지 않고 저항하는 참호의 경우 호위하는 M2 보병전투차의 25㎜ 기관포와 기관총으로 공격하는 동시에 M9의 도저로 적을 생매장해 버렸다. 그다음 M2 보병전투차의 하차보병이 참호를 확인하고 포로를 확보해 제압을 마무리했다. 말 그대로 현장에서만 떠올릴 수 있는 전법이었다. 참호를 그대로 밀어버리는 소탕반의 전법은 시간 낭비와 병사들의 희생을 최소한으로 줄일 수 있지만, 적병을 생매장하는 편이 효율적이라는 '합리론'은 전시 상황이 아니라면 허락될 수 없었다.[6]

돌파구 작전의 주력을 지휘하는 제1여단장 론 E. 마거트 대령은 진지공격의 기본 방침을 다음과 같이 정했다. 먼저 포병, 박격포, M1A1 전차, 보병전투차의 화력으로 진지지대의 적을 소대 단위로 분단해 각개격파한다. 다음으로 공격은 반드시 방어가 약한 측면이나 후방으로 우회해 실시하며, 1개 보병소대를 공격하더라도 최소 전차중대, 가능하면 대대의 전력을 투입한다. 공자는 방자의 3배수 전력을 투입해야 한다는 원칙에 충실하다 못해, 넘치는 전력으로 10배 이상의 전력 우위를 유지하여 철저한 승리를 노리는 방식이었다. 과도한 전력을 동원한 또다른 이유는 화학무기에 있었다. 미군은 돌파작전 도중에 이라크군이 화학무기를 사용할 경우, 투입전력의 40% 이상을 잃을 수 있다고 예측했다. 따라서 화학무기가 사용되더라도 돌파를 성사시킬 수 있는 전력을 준비해야 했다.

돌파작전을 포함한 사막 기동전에서는 각 차량, 각 부대의 정확한 위치 확인이 필수적이다. 미 국방지도국은 위성사진으로 1,350만 장(그중 1,000만 장이 5만분의 1 축척)의 지도를 제작해 보냈지만, 5만분의 1 축척의 지도로는 어느 정도 눈에 띄는 지형지물이 없으면 사막에서 제 역할을 하기 어려웠다. 병사들은 주변지형과 대조해 보면서 위치를 파악하는데, 광활한 사막에서는 자신의 위치를 파악하기 힘들었다. 그래서 군용, 민간용을 가리지 않고 도합 GPS 수신기 5,332대(군용은 842대)를 보급했고, 미군 외의 타국군도 2,500대의 GPS 수신기를 장비했다. 다만 당시에는 GPS를 구성하는 위성이 16대(최저 21대 필요)로, 페르시아만 일대에서는 하루 19시간(위도, 경도, 고도의 3차원 데이터의 경우)만 이용할 수 있었다.

이런 단점을 감안하더라도 GPS는 사막 지상전을 승리로 이끈 첨단장비들 가운데 하나였다. 제7군단은 전장에 도착한 후 3,400대의 GPS수신기를 수령했는데, 이 GPS수신기는 위치정보가 임무의 성패를 좌우하는 포병과 적진에 단독으로 진입하는 기병(정찰)부대에 집중 지급되었다. 물론 GPS수신기는 어느 부대든 필요한 물건이어서 지급받지 못한 부대는 민간용 GPS수신기를 구입해 사용했다. 오차범위가 50m에 달했지만, 민간용 GPS수신기 덕에 5만분의 1 축적의 지도를 제대로 활용할 수 있었다.

제2기갑기병연대 이글 중대의 맥마스터 대위는 군용 트림팩 GPS수신기 4대를 지급받았다. GPS수신기는 카스테레오 크기의 장비에 완충용 고무가 붙어있었다. 군용의 오차범위는 10m 이내로 정밀했고, 사막의 이동 경로를 사전에 입력할 수도 있었다.

슈워츠코프의 명령으로 시작된 30분간의 대포격, 「아이언 레인」

23일 오전 4시 00분, 날씨는 맑았고, 기온은 5도 전후였다. 기상한 프랭크스 중장은 군용 밴에서 참모들과 함께 B레이션과 커피로 아침 식사를 했다. 같은 시각 동쪽의 해병대와 서쪽의 공수부대는 이미 이라크 영토로 진입 중이었다. 제7군단의 진군은 다음 날 아침으로 예정되어 있었다.

하지만 오전 9시 30분, 중부군 육군사령관 존 요삭 중장으로부터 전화가 왔다. 해병대의 진격이 예상보다 순조로워서 슈워츠코프 사령관이 제7군단의 공격개시를 앞당기기로 했다는 내용이었다.

프랭크스 중장은 사단장들과 논의한 결과 위험한 야간작전을 피하기 위해 가능한 날이 밝은 시간대에 공격을 개시하기로 했다. 제1보병사단의 레임 소장은 정오에는 출격 가능하다고 대답했다. 주간이라면 진격속도도 빠르고, 오인사격의 위험도 줄어 위험한 돌파구 작전을 일몰 전에 끝낼 수 있다는 판단이었다. 하지만 이집트군이 공격준비를 정오까지 끝낼 수 없다고 통보하는 바람에, 동부합동군과 공조해 공세에 나서야 하는 입장 상 대기할 수밖에 없었다.

오후 1시 00분, 제7군단은 중부군으로부터 2시간 후 공격을 개시하라는 공격준비명령(Warning Order)을 수신하고, 명령대로 오후 3시 00분에 공격을 개시하기 위한 준비에 착수했다.

각 사단은 이미 준비가 끝난 상태여서 공격개시에 지장은 없었다. 하지만 군단포병과 사단포병의 공격 준비사격은 대폭 축소되었다. 당초 계획에 따르면 2시간 30분에 걸쳐 48,000발의 포탄을 이라

다국적군 포병대의 전력과 무기

무기/배치부대	제7군단 (4개 FA여단)	제18공수군단 (3개 FA여단)	사단/연대포병 (9개+2개)	해병대 (11개 대대)	합계
105mm 곡사포 M101, M102 ◆ 이라크군을 향해 포격중인 공수사단포병	0	0	108	20	128
M102 곡사포 중량 1,496kg, 전장 5.182m, 전폭 1.964m, 전고 1.594m, 부앙각 +75도~-5도, 최대발사속도 10발/분, 최대사거리 11.5km (M1 고폭탄: 21kg), 운용인원 8명					
155mm 곡사포 M198 (프랑스 TRF1)	0	72	18 (프랑스군)	222	312
M198 곡사포 중량 7,163kg, 전장 12.34m, 전폭 2.794m, 전고 2.9m, 부앙각 +72도~-5도, 최대발사속도 4발/분, 최대사거리 22km (M483 고폭탄: 46.5kg) /30km(RAP), 운용인원 11명					
155mm 자주포 M109A2/A3	114	54	42 (영국군 60)	24	612
M109 자주포 전투중량 24.9t, 전장 9.12m, 전폭 3.15m, 전고 2.8m, 속도 56km/h (405hp 디젤), 항속거리 349km, 부앙각 +75도~-3도, 최대발사속도 3발/분, 최대사거리 18.1km (M107 고폭탄: 42.9kg) /23.5km (RAP), 운용인원 6명					
203mm 자주포 M110A2	48	48	12 (영국군)	12	120
M110 자주포 전투중량 28.4t, 전장 10.73m, 전폭 3.149m, 전고 3.143m, 속도 54.7km/h (405hp 디젤), 항속거리 523km, 부앙각 +65도~-2도, 최대발사속도 2발/분, 최대사거리 22.9km (M106 고폭탄: 92.5kg) /30km (RAP), 운용인원 5명					
다연장 로켓 MLRS	90	45	66 (영국군 12)	0	201
MLRS 전투중량 24.8t, 전장 6.97m, 전폭 2.97m, 전고 2.57m, 속도 64km/h (500hp 디젤), 항속거리 480km, 최대발사속도 12발/분, 최대사거리 32km (M26 로켓: 306kg) /165km (ATACMS: 1.67t), 운용인원 3명 ※타이거 여단의 포병은 MLRS를 10대 장비					
합 계	252	219	624	278	1373

※ 타이거 여단의 포병은 사단포병에 포함. 연대포병은 제2/제3기갑기병연대의 포병(각 M109X24대)이다.
※ 아랍합동군 포병 야포 345문 보유

제1보병사단 1여단이 소탕한 이라크군 제26보병사단의 진지 배치도

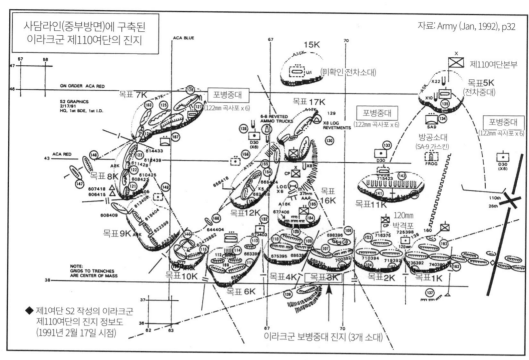

사담라인(중부방면)에 구축된
이라크군 제110여단의 진지

자료: Army (Jan, 1992), p32

◆ 제1여단 S2 작성의 이라크군
제110여단의 진지 정보도
(1991년 2월 17일 시점)

이라크군 보병중대 진지 (3개 소대)

이라크군 포병의 D30 122mm 곡사포
(사거리 15.3km)

이라크군의 장애물지대
(지뢰와 철조망)

이라크군의 대전차호를 돌파하는 제1보병사단의 M2 브래들리와
기계화보병

이라크군이 건설한 국경지대의 참호선

크군 진지지대에 집중포격할 예정이었으나, 실제 준비포격은 5분의 1인 30분으로 축소되었다. 각 사단이 공격개시 시간을 1분이라도 앞당기기 위해 서두르는 바람에 다음 날 아침 도착할 예정이었던 공격준비사격용 포탄이 전방집결지에 도착하지 못하면서 발생한 문제였다.

포병대는 G데이 전부터 하파르 알 바틴의 북쪽에 포진한 이라크군 부대를 포격하기 시작했다. 이 포격은 다국적군의 서방우회공격계획을 숨기기 위한 위장작전으로, 17개 포병대대(자주포), 3개 MLRS 대대, 6개 MLRS 중대가 포탄 14,000발과 로켓 4,900발을 발사했다.

지상전에 임박한 2월 20일부터 23일까지는 집중포격을 실시하여 포병 13개 대대가 9,208발의 포탄과 1,606발의 로켓을 발사했다.[7]

오후 2시 30분, 당초 계획보다 15시간이 앞당겨진 제7군단의 진격은 대대적인 포격으로 시작되었다. 군단포병의 제42, 제75, 제142 야전포병(FA)의 3개 포병여단과 제1보병사단의 영국군 제1기갑사단의 사단포병, 10개 MLRS 중대가 포문을 열었다. 30분간 발사된 포탄은 11,000발, 로켓은 414발(M26 로켓)로, 약 60만 발의 자탄이 20 x 40km 사방의 전장에 뿌려졌다. 155㎜ 포탄으로 환산한다면 $1km^2$ 당 22발의 포탄이 떨어진 셈이다.[8]

특히 돌파구작전을 실행하는 제1보병사단의 작전구역에는 M109 155㎜ 자주포 198대, M110A2 203㎜ 자주포 60대, MLRS 60대 등 포병그룹의 주력이 집결해 있었다. 발사된 포탄과 로켓은 포탄 6,136발, 로켓 414발(자탄 불발율 5%)이었다. 포탄의 약 45%는 광역제압용 확산탄인 이중목적고폭탄 (DPICM: Dual Purpose Improved Conventional Munition)이었고, M483 155㎜ 포탄(중량 46.5kg)의 경우 88발의 자탄이 들어있었다. 자탄 가운데 5%~16%은 불발탄으로, 포격이 끝난 뒤에 전장을 지나는 아군 차량과 병사들도 2차 피해를 입을 위험이 있었지만, 대량의 자탄을 살포하는 확산탄의 위력은 분명 대

단했다. 파이오니어 무인정찰기를 통해 확인한 결과 진지지대 북쪽에 포진한 13개소의 이라크군 포병진지가 모두 파괴되었다.

이라크군 포병의 주력은 제1보병사단의 북동쪽에 포진한 이라크군 제48보병사단의 포병단이었다. 이 포병단은 1개 155㎜ 중포대대, 1개 130㎜ 야포대대, 3개 122㎜ 곡사포대대로 구성되었으며, 미군의 공세에 대비해 총 100문의 야포를 남쪽을 향해 방열하고 있었다. 항공폭격이 39일간 이어졌지만, 폭격에 파괴된 포는 17문뿐이었다. 이라크군 포병들은 야포를 깊은 엄폐호에 숨기고 파이프와 폐자재로 만든 가짜 대포를 배치해 다국적군의 항공폭격에서 살아남았다. 하지만 24일 오후에 실시된 30분간의 대포격으로 남아있던 83문의 야포가 전부 파괴당했다. 이라크군 제48사단장 사헵 무함마드 알라우 준장은 대포격 당시를 '대지가 요동쳤다.'고 표현했다.

미군 MLRS 부대의 로켓 공격에 괴멸당한 이라크군 제48보병사단의 야포중대장 사이프 앗딘 중위의 증언은 다음과 같다.

앗딘 중위의 야포중대는 미군의 공격을 받는 이라크군 보병부대를 엄호하라는 명령을 받았다. 앗딘 중위는 부하들에게 포탄을 장전하라고 명령했고, 포의 방위와 앙각을 조정하는 동안 긴장감에 몸에서 아드레날린이 분비되는 것을 느꼈다. 중대의 6문의 야포 곁에 사격준비 완료를 뜻하는 6개의 손이 올라왔고, 발사를 명령하자 포성이 울리며 허리까지 흙먼지가 피어올랐다.[9]

그렇게 일제사격이 끝나고 2~3분 후, 지평선 너머에서 하얀 섬광이 곡선을 그리며 날아오는 모습이 보였다. 날아온 섬광은 머리 위에서 연속으로 폭발했고, 몇 초 간의 불길한 정적 이후 수천 개의 은색 구체가 우박처럼 쏟아져 내려 포좌, 연료탱크, 탄약고, 차량, 참호 위에서 폭발했다. 야포진지에는 한 편의 지옥도가 펼쳐졌고, 포병중대는 전멸했다. 살아남은 소수의 이라크 병사들은 너무나도 큰 충

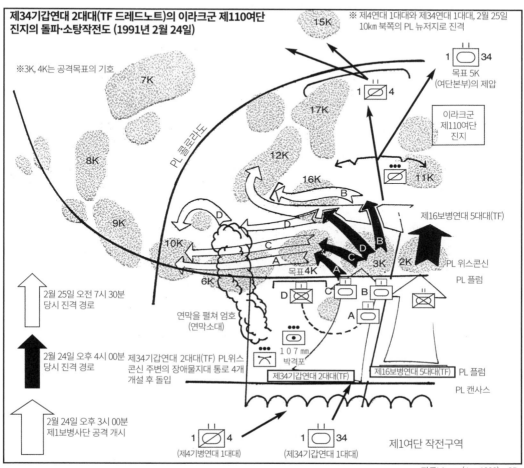

제34기갑연대 2대대(TF 드레드노트)의 이라크군 제110여단
진지의 돌파·소탕작전도 (1991년 2월 24일)

※3K, 4K는 공격목표의 기호

※ 제4연대 1대대와 제34연대 1대대, 2월 25일
10km 북쪽의 PL 뉴저지로 진격

목표 5K
(여단본부)의 제압

이라크군
제110여단
진지

PL 콜로라도

제16보병연대 5대대(TF)

목표4K

PL 위스콘신
PL 플럼

2월 25일 오전 7시 30분
당시 진격 경로

연막을 펼쳐 엄호
(연막소대)

2월 24일 오후 4시 00분 제34기갑연대 2대대(TF) PL위스
당시 진격 경로 콘신 주변의 장애물지대 통로로 4개
개설 후 돌입

107 mm
박격포

제34기갑연대 2대대(TF)

제16보병연대 5대대(TF) PL 플럼

PL 캔사스

2월 24일 오후 3시 00분
제1보병사단 공격 개시

1 4
(제4기병연대 1대대)

1 34
(제34기갑연대 1대대)

제1여단 작전구역

자료: Army (Jan 1992), p35

자료: Army (Jan 1992), p35

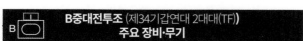

B중대전투조 (제34기갑연대 2대대(TF))
주요 장비·무기

M1A1 전차 x 10

M9 ACE 장갑전투도저 x 1

AVLM 지뢰제거전차 x 1

M2 브래들리 보병전투차 x 4

◆ 지뢰제거쟁기를 장착한 M1A1

M728 CEV 전투공병전차 (지뢰제거갈퀴 장착) x 1

격에 전의를 상실한 채 무작정 집을 향해 걸어가거나 미군의 포로가 되었다. 이렇게 미군의 대포병 레이더에 위치가 노출당해 MLRS의 반격(대포병사격)을 받은 이라크군 포병대는 전멸했다. 참고로 M26 로켓 한 발에는 M77 자탄이 644발씩 장전된다.

군단이 실시한 30분간의 대포격은 이라크군 포병의 조직적 반격을 완전히 봉쇄했고, 이라크군 수비병들의 사기를 꺾는 효과를 얻었다. 대포격을 당한 이라크병사들은 미군의 포격을 '아이언 레인(강철의 비)'이라 부르며 두려워했다.

포격이 끝난 후 군단포병은 예정대로 각각 담당한 작전구역으로 이동해 사단을 엄호했다. 제42야전포병여단은 제3기갑여단을, 제75야전포병여단은 제1기갑사단을, 제142야전포병여단은 영국군 제1기갑사단을 엄호했다.

제1여단 34기갑연대 2대대(TF)의 합리적인 적진지 유린작전

2월 24일 오전 5시 38분, 제1보병사단의 제1여단(좌익)과 제2여단(우익)이 전진을 개시했고, 제3여단은 예비대로 대기했다. 사담 라인 서쪽 끝, 6km 전방에는 M1 전차 241대, M2 브래들리 보병전투차 100대 이상이 집결해 국경선의 모래방벽에 뚫린 통로를 지나 북쪽 10km 지점의 PL(PL: Phase Line) 아이오와에 진출했다. PL이란 상급부대가 하급부대의 전진상황을 파악, 통제하기 위해 설정한 지도상의 선이다.

오전 10시 00분에는 적진지지대의 남쪽 3km에 설정한 PL 플럼에 도착한 제1, 제2여단은 군단으로부터 공격명령을 기다리고 있었다.[10]

이때 좌익의 제1 데빌 여단은 이라크군 제110여단의 진지지대를 공략하기 위해 대형을 짜고 있었다. 좌익에는 제34기갑연대 2대대(FT), 우익에는 제16보병연대 5대대(TF)가 돌파부대로, 배후에는 제34기갑연대 1대대와 제4기병연대 1대대가 통로개척 후 적진지를 소탕할 전력으로 배치되었다.

폰테넷 중령이 지휘하는 제34기갑연대 2대대(TF)는 본래 적 전차부대와 싸우기 위한 기갑대대였지만, 진지돌파작전을 위해 M2 보병전투차 부대와 공병부대를 지원받아 4개 중대전투조 구성의 TF로 개편되었다.

예를 들어 후안 토로 대위의 B중대전투조는 M1A1 전차 10대, M2 브래들리 보병전투차 4대의 전차중심 편제에 장애물과 참호를 돌파하기 위해 공병장비인 M9 장갑전투도저, 지뢰제거갈퀴 장착 M728 전투공병전차, AVLM 지뢰제거전차 1대(MICLIC 장착)를 보유했다. 밥 반즈 대위의 C전차중대 팀도 전차중심 편제에 공병장비를 보유했다.(M9 2대가 배속되었다) 제1여단의 가용 장비 중에는 지뢰제거롤러가 포함되었지만, 지뢰제거롤러는 너무 무겁고 처리속도가 느려 적의 공격을 받기 쉽다고 판단하여 돌파구 개척에 지뢰제거롤러를 쓰지 않기로 결정했다. 이 역시 실전에 가까운 훈련의 성과라 할 수 있다. 다만 제2여단의 경우 자의적 판단에 따라 지뢰제거롤러를 사용했다.

존 부시헤드 대위의 D보병중대전투조는 M2 보병전투차 9대, M1A1 전차 4대, M9 장갑전투도저 2대, AVLM 지뢰제거전차 1대로 구성된 보병중심 편제였다. 조니 워맥 대위의 A보병중대전투조도 보병중심 편제였지만, 공병장비는 없었다.

폰테넷 중령의 돌파작전은 다음과 같다. 먼저 포병이 진지지대의 양익에서 중앙을 향해 이동사격을 가해 각 진지를 고립시키고, 첫 번째 목표인 3K 진지에 M1A1 전차 20대를 장비한 B, C중대전투조가 돌입해 적진지를 전차포로 제압한 후, 지뢰제거쟁기 장착 전차로 4개의 통로를 개설한다. 이때 대대본부의 연막소대(M1059 연막차량)가 돌파구의 좌익(서쪽)에서 연막을 펼쳐 아군 돌파부대를 엄호하고, 대대본부의 박격포소대도 M106 107mm 자주박격포로 적진지에 포격을 가해 화력으로 엄호한다. 그리고 A, D중대전투조가 돌입해 좌익의 4K, 6K, 10K 진지를 소탕한다.

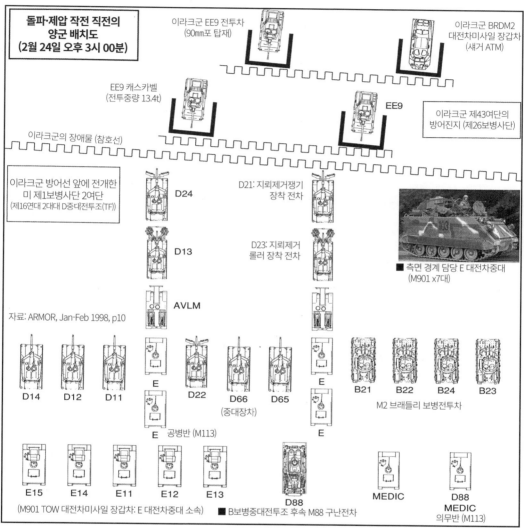

돌파·제압 작전 직전의 양군 배치도
(2월 24일 오후 3시 00분)

이라크군 EE9 전투차
(90mm포 탑재)

이라크군 BRDM2
대전차미사일 장갑차
(섀거 ATM)

EE9 캐스카벨
(전투중량 13.4t)

EE9

이라크군 제43여단의
방어진지 (제26보병사단)

이라크군의 장애물 (참호선)

이라크군 방어선 앞에 전개한
미 제1보병사단 2여단
(제16연대 2대대 D중대전투조(TF))

D24

D21: 지뢰제거쟁기
장착 전차

D13

D23: 지뢰제거
롤러 장착 전차

■ 측면 경계 담당 E 대전차중대
(M901 x7대)

AVLM

자료: ARMOR, Jan-Feb 1998, p10

D14 D12 D11

E

D22

D66
(중대장차)

D65

E

B21 B22 B24 B23

M2 브래들리 보병전투차

E 공병반 (M113)

E

E15 E14 E11 E12 E13

D88

MEDIC

D88
MEDIC
의무반 (M113)

(M901 TOW 대전차미사일 장갑차: E 대전차중대 소속) ■ B보병중대전투조 후속 M88 구난전차

M1A1 전차에 장착한 지뢰제거롤러(TWMR)
무거운 강철 롤러로 차체 전방의 지면에 압력을 가해
지뢰를 기폭시키는 장비로, 부드러운 모래 지형에서
사용할 경우, 압력이 분산되고 지면이 쉽게 가라앉아
지뢰 제거 효율이 떨어졌다.

MICLIC 지뢰지대 통로개척장비를 사용한 지뢰지대 돌파 훈련

오후 3시 00분, 공격준비사격이 끝나고 제1보병사단이 작전을 개시했다. 하지만 기갑대대는 전진과 동시에 이라크군의 포격에 노출되었다. 다국적군의 포격과 폭격에도 불구하고 엄폐호의 122mm 곡사포와 120mm 박격포가 살아남아 있었다. 적 진지에서 18발의 포탄이 발사되었고, 그중 12발이 우익의 D중대전투조와 폰테넷 중령이 탑승한 전차의 반경 300m 내에 떨어졌다.[11]

선두의 B, C중대전투조는 연습대로 이라크군 3K 진지를 공격해 들어갔다. 목표 3K 진지는 1개 소대(약 40명)가 수비하는 소규모 진지였다.(실제 병력은 16명) 시속 15km의 속도로 전진한 20대의 M1A1 전차와 8대의 M2 보병전투차(실내의 보병도 측면과 후방의 총안구로 사격을 준비했다)가 진지를 공격했다. 각 전차소대는 3K 진지의 거점과 엄폐호에 일제사격을 가했다. 사격목표를 흰색 연막탄으로 표시하고, 40발의 120mm 포탄(M830 다목적대전차고폭탄)을 발사했다.

적의 저항을 분쇄한 후 지뢰제거쟁기 장착 M1A1 전차 8대가 500m 전방부터 장애물(지뢰, 철조망 등) 제거에 돌입했다. 1개소의 통로를 개척하는 데 2대의 지뢰제거쟁기 장착 M1A1 전차가 필요했는데, 전차가 1차로 통로를 개척하면 지뢰제거갈퀴를 장착한 M728 전투공병전차가 따라가며 미처리 지뢰를 제거해 통로의 안전을 확보했다. 전진 도중 큰 장애물이나 기관총좌를 발견하면 전투공병전차가 자체무장인 165mm 파쇄포로 분쇄했다.

오후 3시 15분, 목표인 3K 진지를 소탕하고 4개의 통로도 개설했다. 진지의 이라크병사 16명 가운데 4명이 항복하고 나머지 12명은 교전 중 전차의 지뢰제거쟁기에 참호와 함께 생매장당했다. 각 부대는 전력의 우위를 과신하지 않고 정면이 아닌 방어가 약한 측면으로 우회해 돌입했다. 확실한 승리만을 추구하는 미군다운 전투방식이었다. 통로를 빠져나온 4개 중대전투조는 각자 다음 목표 소탕을 위해 움직였다.

오후 4시 00분, D중대전투조의 공격목표 16K

진지의 이라크군은 박격포소대를 중심으로 격렬히 저항했다. 이라크군은 지뢰지대로 보호받는 참호에 숨어있었다. 보병만으로 공격한다면 시간이 지나치게 소요되고 인명피해 역시 각오해야 했다. 미국 육군은 여기서 AVLM 지뢰제거전차를 투입하는 임기응변을 발휘했다. 지뢰제거전차의 MICLIC으로 지뢰와 참호를 동시에 폭파하려는 의도였다. 중량 926kg의 선형폭탄으로 지뢰와 참호를 폭파해 길을 내자 M2 보병전투차의 엄호를 받는 M9 장갑전투도저가 전진해 참호를 메워버렸다. 마지막으로 M2 보병전투차의 하차보병이 진지를 점령했다.(참호의 이라크병사들은 도저에 파묻히기 전에 선형폭탄이 터지면서 전원 즉사했다)

이렇게 이라크군의 진지지대는 제34기갑연대 2대대(TF)의 활약으로 4시간의 전투 끝에 소탕이 완료되었다. 대대에 5명의 사상자가 나왔지만, 전투 중 사상자는 포격에 전사한 병사 1명으로, 다른 4명은 지뢰와 불발탄에 죽거나 다쳤다. 이라크군의 피해는 전사 40명, 포로 250명이었다. 기타 전과로 제16보병연대 5대대(TF)가 2개 보병중대를 격파했고, 적병 20여 명을 사살하고 160명의 포로를 잡았다. 제4기병연대 1대대는 대전차포 3문, 전차 2대를 격파하고, 100명 이상의 포로를 잡았다.

제2여단 16기갑연대 2대대(TF) D중대의 참호선 돌파작전

토니 모레노 대령의 제2 대거 여단은 제1여단과 같은 TF 편제로 구성된 3개 대대로 편성되었다. 전체 전력은 M1 전차 116대, M2 보병전투차 76대였다. 하지만 여단에 소속된 전차는 105mm 강선포로 무장한 M1 전차였다.(여단의 M1A1 전차가 도착한 것은 지상전 개시 5일 전이었다) 모레노 대령은 적진 돌파부대로 좌익에 제37기갑연대 3대대(TF), 우익에 제16보병연대 2대대(TF)를 배치하고, 제37기갑연대 4대대를 예비대로 두었다. 다만 제1여단에 비해 제2여단의 돌파부대는 공병장비와 지원부대의 전력이 충실했

이라크군의 장애물지대를 돌파하는 D전차중대전투조 (2월 24일 오후 3시 15분)

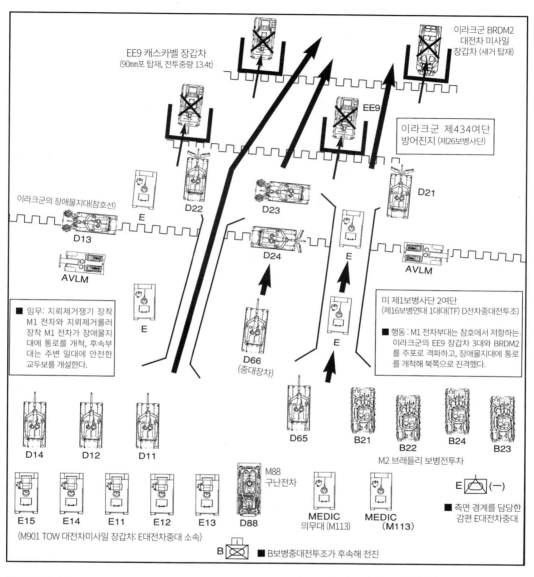

EE9 캐스카벨 장갑차
(90mm포 탑재, 전투중량 13.4t)

이라크군 BRDM2
대전차 미사일
장갑차 (새거 탑재)

EE9

이라크군 제434여단
방어진지 (제26보병사단)

이라크군의 장애물지대(참호선)

D22

D23

D21

E

D13

AVLM

E

D24

E

AVLM

미 제1보병사단 2여단
(제16보병연대 1대대(TF) D전차중대전투조)

■ 임무: 지뢰제거쟁기 장착
M1 전차와 지뢰제거롤러
장착 M1 전차가 장애물지
대에 통로를 개척, 후속부
대는 주변 일대에 안전한
교두보를 개설한다.

E

D66
(중대장차)

E

■ 행동 : M1 전차부대는 참호에서 저항하는
이라크군의 EE9 장갑차 3대와 BRDM2
를 주포로 격파하고, 장애물지대에 통로
를 개척해 북쪽으로 진격했다.

D14   D12   D11

D65

B21   B22   B24   B23

M2 브래들리 보병전투차

E15   E14   E11   E12   E13   D88

M88
구난전차

MEDIC
의무대 (M113)

MEDIC
(M113)

E ⊿ (一)

■ 측면 경계를 담당한
감편 E전차중대

(M901 TOW 대전차미사일 장갑차: E대전차중대 소속)

B ⊠ ■ B보병중대전투조가 후속해 전진

이라크군 보병사단에 화력지원용으로 배치한 6륜
차륜장갑차 EE9 캐스카벨. 사진은 D중대전투조의
M1 전차에 파괴된 EE9.

◀ 이라크군의 장
애물지대에 교두
보를 구축하고 진
격중인 제2여단
소속 M1 전차대대
(제37기갑연대 4
대대)

◀ 격파되어 불타고 있는 EE9 캐스카벨 90mm 직사포
탑재형 차륜장갑차 옆을 지나가는 제1보병사단 2여
단 16보병연대 1대대(TF) D전차중대전투조 선두 M1
전차 (D21호차)

다. 강력한 M1A1 전차를 보유하지 못한 만큼, 힘으로 밀어붙이는 돌파전술 대신 속력은 느려도 안전한 전술을 선택했다.[12]

제2여단이 공략할 진지는 이라크군 제434여단이 주둔하고 있었다.(개전 이전에 950명이 편성되었지만, 당시 500여 명만 남았다) 우익에 전개한 제임스 K. 모닝스타 대위의 D전차중대전투조(제16연대 2대대(TF))가 돌파할 진지는 4중의 참호선(참호 폭 1m, 깊이 1.8m)을 두르고, 2열과 3열의 참호선 앞 엄폐호에 4대의 보병전투차를 배치하고 있었다. 그 가운데 3대는 90㎜ 포 탑재형 브라질제 EE9 캐스카벨 차륜장갑차, 1대는 소련제 BRDM2 대전차미사일 장갑차였다. 특히 BRDM2는 이스라엘군 전차를 격파한 실적이 있는 AT-3 새거 대전차미사일(사거리 3km) 3연장 발사기를 탑재하고 있어 매우 위험했다.

모닝스타 대위는 1열의 참호선에 2개의 통로를 개설해 그곳으로 부대 주력을 돌입시켜 교두보를 확장해 나간다는 계획을 수립했다. 모닝스타 대위는 일단 2개의 통로에 돌입할 2개 조의 돌파반을 편성했다. 돌파반은 선두에 지뢰제거쟁기를 장착한 M1 전차, 그 뒤에 지뢰제거롤러 장착 M1 전차, AVLM 지뢰제거전차, 공병대(M113 장갑차 2대)의 순으로 배치하고, 양익에 M1 전차 6대와 M2 브래들리 보병전투차 4대를 배치해 돌파반을 엄호했다. 좌익 후방에는 M901 TOW 대전차미사일 장갑차 5대가 적의 반격에 대비했다. M901 대전차미사일 장갑차는 M1 전차의 화력 부족을 메우는 역할을 맡았다.

지뢰제거쟁기를 장착한 M1 전차가 돌입을 개시하자 적진에서도 소화기와 박격포 공격이 시작되었다. 캐스카벨 차륜장갑차도 90㎜포를 발사했지만, M1 전차의 반격탄에 연료탱크가 피격되자 순식간에 불덩어리가 되었다. 이라크군의 사격은 그리 정확하지 않아서 미군은 피해를 입지 않았고, 엄폐호에 숨었던 적의 장갑차 4대는 M1 전차의 공격을 받자 격파되었다.

돌격반이 참호에 접근해 보니 장애물지대에는 철조망도 없었고, 가장 심각한 위험인 대전차지뢰도 없었다. 따라서 선두의 M1전차(D24와 D21)는 AVLM 지뢰제거전차를 기다리지 않고 지뢰제거쟁기만으로 참호를 돌파했다. 그리고 지뢰제거롤러 장착 전차(D13)와 협력해 참호선을 메우고 통로를 확대했다. 같은 시간, 다른 지뢰제거쟁기 장착 전차(D22)가 후방에서 2열 참호선으로, 다른 전차들도 적진을 볼 수 있는 위치로 이동했다. 이어진 공격으로 적 참호선은 단시간에 붕괴되었고, D전차중대전투조는 350명의 포로를 잡았다.[13]

우익의 다니엘 페이크 중령의 제16보병연대 2대대(TF)도 순조롭게 돌파작전을 진행해 나갔다. 페이크 중령은 M2 중대의 기관포 사격으로 적을 제압하는 동안, 2개 전차중대가 지뢰제거쟁기 장착 전차, 지뢰제거롤러 장착 전차, M9 장갑전투도저를 사용해 장애물지대에 2개의 통로를 개척했다.

그렇게 참호지대에 개설된 통로가 8개로 늘어나자 모레노 대령은 예비대인 데이비드 멀린 중령의 제37기갑연대 4대대(M1 전차 46대, M3 브래들리 기병전투차 6대)를 전진시켰다. 토머스 벅 대위의 D전차중대는 시속 30km의 속도로 돌파구를 돌파했다. 그러자 미군이 뿌린 항복권고 전단지를 손에 든 이라크군 병사들이 쏟아져 나왔다. 이라크군 병사들이 손을 들고 항복해 왔지만, 갈 길이 바쁜 벅 대위는 포탑에 선 채로 후방을 향해 가라고 손가락으로 가리키고는 전차를 멈추지 않고 그대로 전진했다. 적진 깊숙이 들어온 대대는 각 중대를 다이아몬드 대형으로 전환한 후 계속해서 전진했다. 전진하던 벅 대위는 포병진지를 발견했고, 다른 전차들도 엄폐호와 기관총좌를 발견해 교전을 시작했다. 벅 대위의 M1 전차도 포수인 리차드 양키 병장이 적의 D30 122㎜ 곡사포를 발견하고 2,930m 거리에서 HEAT탄을 발사해 초탄으로 격파했다. 참고로 제2여단의 M1 전차는 이라크군 진지 공격에 대비해 탑재탄(55발)의 2/3을 대전차고폭탄으로 채우고 있었다.

이라크군 병사 생매장 사건과 군단의 야간진격 정지

제1보병사단의 2개 여단은 공격 개시 30분 만에 사담라인에 16개(이후 24개로 증가)의 돌파구를 개설했고, 2시간 만에(당초 계획은 18시간이었다) 진지지대를 돌파했다. 그리고 작전개시부터 3시간이 지난 오후 6시 00분에는 전진한계선으로 설정한 PL 콜로라도에 도착했고, 제1보병사단은 그곳에서 진격을 멈췄다. 이날 전투에서 제1보병사단 2개 여단의 공격을 받은 이라크군 제26보병사단은 전투불능 상태가 되었고, 미 제7군단은 사담 라인을 돌파해 교두보를 확보한다는 목적을 달성했다.

그러나 진격 과정에서 제1보병사단이 전투 중 이라크군 병사를 생매장했다는 점이 지적을 받았다. 레임 사단장은 '돌파구를 신속히 확보하고, 미군 병사들의 희생을 줄이기 위한 최선의 선택'이었다고 답했지만, 이 사안은 당시 뉴스데이에서 제1보병사단 여단장들의 발언을 인용해 수천 명을 생매장했다고 보도하는 바람에 전시 잔학행위로 큰 문제가 되었다.

하지만 수천 명은 제1보병사단이 상대한 이라크군 부대의 병력 전체보다 큰 비현실적인 규모였다. 현시점에서 판명된 돌파구 작전 중 생매장된 이라크군 병사도 결코 적지 않지만, 1991년 10월 이라크 정부가 실시한 조사결과 전장에서 발굴한 44구의 유체를 기준으로 역산할 경우, 전체 규모는 수백 명 단위로, 수천 명과는 거리가 멀다.[14]

G데이에는 제1보병사단 외에 제7군단 좌익의 기갑부대도 당초 계획보다 15시간 앞당겨 움직였다. 오후 2시 30분에 2개 기갑사단이 2개의 작전구역에 넓게 전개해 양익에 차장을 실시하고 진격했다. 계속해서 기병부대의 후미에 10㎞ 간격을 두고 후방 좌익에 포진한 제1기갑사단의 3개 기동여단도 오후 2시 34분에 쐐기대형으로 기동을 시작했다.

전진에 앞서 공병부대가 D7 불도저로 국경선의 모래방벽에 폭 8m의 통로를 250개소에 개설했다. 제3기갑사단이 담당한 작전구역의 폭은 제1기갑사단에 비해 10㎞ 가 좁은 15㎞였으므로, 우익의 제3기갑사단 소속 3개 기동여단은 종대대형으로 전진했다. 제1보병사단의 좌익에서 진격하는 기갑사단의 전력은 M1A1 전차 849대, 전투지원차량 약 15,000대로, 차량 행렬이 지평선 너머까지 이어질 정도로 길어서 한눈에 부대 전체를 볼 수 없었다. 적의 저항도 없어서 기갑사단은 이날 하루 동안 약 80㎞를 전진했다.

하지만 제1보병사단의 우익에 포진한 제1기병사단은 그다지 많이 북상하지 않았다. 제2여단과 항공여단은 와디 바틴의 서쪽 근처의 적진지지대에 대해 습격을 반복하는 우회작전을 기만하는 양동작전을 묵묵히 수행했다. 제1기병사단은 슈워츠코프 사령관에 의해 적의 반격에 대비하는 동시에 이집트군을 엄호할 예비전력으로 구분되어 함부로 움직일 수 없었다. 제7군단으로 재배속되기까지 여전히 이틀이 남아있었다.

이런 상황에서도 프랭크스 중장은 기세를 몰아 진격하는 방안을 검토했지만, 사단장들이 야간 돌파작전의 위험성과 연료부족을 이유로 반대하자 결국 다음날 아침부터 공격을 재개하기로 결정했다. 주력인 4개 중사단은 연료보급을 받으며 대기하고, 이라크군에 대한 야간공격은 포병과 공격헬리콥터부대의 임무가 되었다.[15]

참고서적

(1) Thomas D.Dinacks, Order of Battle: Alloed Ground Forces of Operation Desert Storm (Central Point, Oregon: Hellgate Press, 2000), 4A.

(2) Robert Wilson, "Tanks in the Division Cavalry Squadron", ARMOR (July-August 1992), P7.

(3) John Sack, COMPANY C: The Real War in Iraq (New York: William Morrow and Company, 1995), pp14-17.

(4) Donald Constantine, "Sappers Forward: Preparing Engineers for Desert Storm" Military Review (March 1992), pp22-27.

(5) Gregory Fontenot, "The Dresdnoughts Rip the Saddam Line", ARMY (January 1992), p32.

(6) Lawrence M. Stelner, "Rehearsal in War: Preparing to Breach", ARMOR (November-December 1992), pp6-11.

(7) Thomas Houlahan, Gulf War: The Complete History (New London, New Hampshire: Schrenker Military Publishing, 1999), pp287-288.

(8) Robert H.Scales Jr., Certain Victory: The U.S.Army in the Gulf War (New York: Macmillan, 1994), p226.

(9) Robert H.Scales Jr., Firepower in Limited War (Novato, CA: Presidio Press, 1994), pp235-237.

(10) Scales, Cerrain Victory, p229.

(11) Fontenot, "The Dreadnoughts", pp28-36.

(12) Scales, Cerrain Victory, pp229-232.

(13) James K.Morningstar, "Points od Attack: Lessons From the Breach", ARMOR (January-February 1998), pp7-13.

(14) Patrick J.Sloyan, "Buried Alive", Newsday (September 12, 1991)

(15) Peter S.Kindsvatter, "VII Corps in the Gulf War: Ground Offensive", Military Review (February 1992), pp16-27.

제11장
제18공수군단의 '서부의 벽 작전'

프랑스-아메리칸 연합부대 결성

24일, 다국적군 서부방면의 제18공수군단 예하 전투부대가 탭라인 도로 북쪽의 공격개시지점에 전개를 마쳤다. 좌익에 프랑스군 제6경장갑사단과 제82공수사단, 중앙에 제101공수사단, 우익에는 제24보병사단이 전개하고 제3기갑기병연대는 군단의 우측에 배치되었다. 가장 서쪽에 위치한 제6경장갑사단과 동부 끝에 위치한 해병대 간의 거리는 500㎞ 이상이었다.

공수군단의 임무는 국경선에서 북쪽으로 250㎞ 떨어진 유프라테스강을 향해 전속력으로 전진해 8번 고속도로를 봉쇄하고, 동시에 다국적군의 좌측면을 지키는 '서부의 벽'을 구축하는 것이었다. 벽이 완성되면 측면으로 공격해 오는 이라크군의 반격을 저지하면서 동시에 이라크군의 보급로(퇴로)를 봉쇄할 수 있었다. 공수군단의 주력인 제24보병사단이 공세의 방향을 북쪽에서 동쪽으로 변경한 이유는 서부의 방벽 구축이었지만, 이라크군의 행

동은 여전히 미지수였다. 따라서 이라크군의 행동에 따라 작전이 바뀔 수도 있었다. 그렇다 하더라도 사단의 최종임무가 바스라 북쪽 봉쇄와 이를 통한 이라크군 포위라는 점은 변함이 없었다.

공수군단 병력은 11만 명에 달했지만, 보유 전차는 쉐리던 공수전차 56대를 포함해 478대로 제7군단의 3분의 1수준이었다. 하지만 공수군단의 임무를 완수하는 데 필요한 장비는 헤비급의 맷집과 강펀치를 가진 무거운 전차보다 재빨리 날카로운 잽을 날리는 기동성 있는 헬리콥터였다. 공수군단은 약 1,000대의 헬리콥터를 보유했는데, 300대는 하늘의 전차 역할을 하는 공격헬리콥터였고, 700대는 병력과 물자를 수송하는 지원헬리콥터였다.

공수군단은 헬리콥터 집단운용을 통한 종심타격(Deep Attack)이 가능했고, 적진을 돌파해 이동할 수 있는 거리는 1일당 100~200㎞에 달했다. 공격헬리콥터 대대는 적 기갑부대에 대한 습격을 반복했고, 헬리본 작전 부대는 100대 단위의 헬리콥터 집단을 투입해 전방작전기지(FOB: Forward Operation

제82공수사단의 UH-60 다목적헬리콥터 (82항공사단 2대대)가
105㎜ 경야포 M102(329포병 1대대)를 헬리콥터로 공수하는 모습.

이라크의 사막을 질주 중인 제6경장갑사단의 6륜정찰전투차
AMX10RC(사진 우측 하단)

Base)를 구축하거나 적의 교통로를 점령했다. 특히
공격헬리콥터 부대는 지상전 개시에 앞서 적진에
침투해 아군 지상부대의 진로 상에 있는 적을 미리
공격했다. 2월 20일에는 제101공수사단의 아파치
공격헬리콥터부대가 적진을 공격해 이라크군 대대
병력을 괴멸시키고 406명의 항복을 받아냈다.[1]

제101공수사단은 좌익의 작전구역에 같은 미군
공수부대인 제82공수사단 대신 외국군인 프랑스
군 제6경장갑사단을 배치했다. 이는 기갑전력의 필
요성을 고려한 배치였다. 다만 제6경장갑사단은 원
활한 의사소통이 어려운 외국군이므로, 군단에서
는 600페이지가 넘는 자세한 작전명령서를 프랑스
어로 번역해 준비했다. 임무의 요지는 크게 세 가
지로 구분되었으나, 그 가운데 가장 중요한 임무는
사우디의 국경 도시인 라파에서 이라크의 요충지
인 살만까지 이어지는 100㎞가량의 포장도로를 점
령해 주보급로(MSR) 텍사스를 확보하는 임무였다.

도로를 장악한다면 라파 근방의 군단보급기지 찰
리부터 최전선까지 2차선 도로를 유지할 수 있었
다. 다른 두 임무는 주보급로 텍사스 일대에서 북
부지역에 걸쳐 존재하는 이라크군을 격파하는 임
무와 사우디 국경에서 유프라테스강 근방의 사마
와까지 군단의 측면(서방의 벽)을 경계하는 임무였다.

제6경장갑사단의 진격로 상에는 이라크군 제45
보병사단이 포진해 있었다. 이라크군 사단은 징집
병이 대다수를 차지하는 보병부대로, 사기도 낮고
무장도 빈약해 위협적인 전력은 37대의 전차와 36
문의 야포 뿐이었다. 공수군단은 공격에 앞서 활발
한 정찰활동을 통해 2개의 공격목표와 개별목표들
을 사전에 지정할 수 있었다. 제1공격목표는 국경
북쪽 40㎞에 있는 코드네임 '로샹보', 제2공격목표
는 살만(공군기지가 있는 도시) 일대인 '화이트'였다. 이
라크군은 포장도로를 지키기 위해 목표 로샹보에
주력부대 2개 여단과 전차, 야포를 배치했고, 나머

프랑스군을 엄호한 제82공수사단의 편제와 전력

82nd Airborne Division "All American"
사단장: 제임스 존슨 소장

82 ✕✕

제82공수사단의 전력
병력: 16,300명
총 차량: 3,600대

- M551 쉐리던 x 56대
- 105mm 곡사포 M102 x 54문
- 험비 x 1,400대
- 헬리콥터 x 113대

사단사령부
제73기갑연대 3대대
M551 x 56 (A~D중대)

제4방공포병연대 3대대
M167 발칸 대공포 x 48, 스팅어

제307공병대대
제82통신대대
제313군사정보대대

기타 중대편제 사단직속부대로
제82헌병, 제21화학방호중대

제1 데빌 여단
제504공수보병연대 1대대
제504공수보병연대 2대대
제504공수보병연대 3대대
- 본부·본부중대
- 정찰소대
- 박격포소대
  (81mm 박격포 x 6)
- 대전차중대
  (TOW 험비 x 20)
- 공수보병중대 x 3
  (병력 132명)

사단지원단

제2 팔콘 여단
제325공수보병연대 1대대
제325공수보병연대 2대대
제325공수보병연대 4대대

제82항공여단
제82항공연대 1대대
AH-64 공격헬리콥터 x 20

제82항공연대 2대대
UH-60 다목적헬리콥터 x 41
EH-60 전자전헬리콥터 x 3

제17기병연대 1대대 (정찰)
OH-58 정찰헬리콥터
AH-1 공격헬리콥터
EH-60 전자전헬리콥터

제3 팬서 여단
제505공수보병연대 1대대
제505공수보병연대 2대대
제505공수보병연대 3대대

사단포병
제319공수야전포병연대 1대대
제319공수야전포병연대 2대대
제319공수야전포병연대 3대대
105mm 곡사포 x 18

제82공수사단을 지휘한 존슨 소장

제73기갑연대 3대대에는 해병대에게 대여한 LAV 경장갑차 15대가 배치되었다.

프랑스군을 지원하기 위해 G데이에 이라크군을 포격하는 제18야전포병여단의 155mm 곡사포 M198

▶ 페르시아만 연안에서 500km 이상 내륙에 위치한 사우디아라비아 라파의 시가지

◀ 제4방공포병연대 3대대에 배치된 험비 견인형 M167 20mm 발칸 대공포. 사정거리 1.6km, 발사속도 1,000발~3,000발/분

지 여단은 목표 화이트에 전개 중이었다.

'다게(숫사슴)'라는 애칭을 가진 프랑스군 제6경장갑사단은 해외파병을 위해 대대 규모인 2개 연대를 특별 편성한 사단이었다. 병력은 12,000명으로 미군 기갑사단에 비하면 절반 수준이었고, 보유 전차도 44대에 불과했다. 하지만 프랑스군은 미군 중사단에 비해서 기동성이 우수한 장비로 무장했다는 장점이 있었다. 프랑스군 사단의 주력은 차륜 장갑차 400대와 가젤을 포함한 헬리콥터 142대로, 전반적인 기동력이 우수했다. 단순히 속도가 빠른 것이 아니라, AMX-10RC 정찰장갑차는 105㎜포를, 가젤 공격헬리콥터는 HOT 대전차미사일과 같은 '하드펀치'를 가지고 있었다. 서부방면의 좌익은 다국적군의 작전영역 가운데 가장 넓은 곳으로, 프랑스군 제6경장갑사단의 배치는 최적의 선택이었다.

하지만 프랑스군은 희생자가 나오기 쉬운 위험한 지역에 배치된 것을 영국군처럼 기쁘게 받아들이지는 않았다. 프랑스군의 정식 배속은 개전 3일 후인 1991년 1월 20일로, 이전에는 아랍군 사령관 칼리드 중장의 지휘를 받으며 사우디군을 지원하다, 슈워츠코프 중부군 사령관이 다국적군의 좌익을 지키기 위해 제6경장갑사단이 필요하다고 칼리드 중장을 설득하면서 우회작전의 일익을 담당하게 되었다.

현장의 제18공수군단 사령부는 프랑스군의 실력을 의심하고 있었다. 제82공수사단의 제임스 존슨 소장은 럭 군단장에게 프랑스 사단이 사프완을 점령하는데 이틀 이상의 시간을 사용한다면 사단의 측면이 적의 역습을 받을 수 있다며 제82공수사단이라면 사프완을 24시간 내에 점령 가능하다고 자신했다. 존슨 소장의 반응은 엘리트 부대인 제82공수사단에게 프랑스군의 뒤를 쫓아 주보급로(MSR) 텍사스를 확보하는 단순한 임무만을 부여한데 대한 불만의 표시이기도 했다.[2]

현장의 불만에도 공수군단은 사단의 역할 분담을 변경하지는 않았다. 대신 이례적으로 제82공수사단 2여단과 군단직할 제18야전포병(FA)여단을 프랑스군 제6경장갑사단에 배속시켰다. 프랑스군에 대한 불신감 해소와 공수사단의 사기유지를 위한 조치였다.

90문의 야포와 18문의 MLRS를 보유한 강력한 포병여단의 배속은 야포가 18문뿐인 제6경장갑사단의 화력부족이라는 약점을 해소해주었다. 참고로 로샹보라는 작전명은 프랑스군과 미군의 합동작전을 기념해, 미국 독립전쟁 당시 조지 워싱턴과 함께 영국군과 싸운 프랑스 파견군 제독 로샹보 백작의 이름에서 따왔다.

그 와중에 작전을 앞두고 프랑스군 제6경장갑사단장 장 무스카르데스 준장이 병으로 쓰러져 본국으로 송환되었고, 새로운 사단장인 베르나르 자비에 준장이 지상전 개시 2주 전에 도착했다. 큰 코와 열정적인 성향이 특징적인 자비에 준장은 2년 전에 제6경장갑사단에 복무한 경험이 있어서 사단 장악에 자신감을 보였다.

갑작스러운 지휘관 교체 이상으로 제6경장갑사단을 괴롭힌 문제는 보급이었다. 프랑스군은 미군의 수송지원을 받을 수 있는 페르시아만에 면한 사우디 동부방면이 아닌 홍해의 항구 얀부에서 보급을 받았다. 홍해는 페르시아만에 비해 프랑스와 가까워 수송 거리가 짧아지므로 속력이 느린 수송선도 지중해를 통해 일주일이면 도착할 수 있었다. 프랑스군은 제6경장갑사단, 지원부대에 필요한 물자를 항공기 250대와 수송선 50척으로 수송했다. 그러나 수송할 물자의 양에 비해 수송선은 항상 모자랐고, 90년 9월의 툴롱항에서 출발한 민간 페리의 경우 완전무장한 프랑스 외인부대를 수송하기 위해 정원을 두 배나 초과해서 탑승시켜야 했다.[3]

육상수송의 문제는 더 심각했다. 사우디 서해안의 얀부에서 메마른 사막을 가로질러 하파르 알 바틴까지 이어지는 보급로는 1,500㎞ 이상으로, 트럭 수송에 소요되는 시간만 일주일에 달했다. 사단의 후방지원을 담당한 보급지원그룹은 병력 2,200명,

대형 트레일러인 르노 VLTR 250대, 유조차 55대, 전차수송차 등을 이용해 보급을 유지했는데, 이 정도 수송전력으로는 전투가 시작된 이후의 격렬한 물자 소모를 감당하기 어려웠다.

당시 프랑스군은 파견부대의 전투부대와 지원부대 간 비율이 5대1로, 미군의 1대1, 영국군의 5대4에 비해 분명히 부족했다. 제7군단에 배속된 영국군 제1기갑사단의 경우, 미군과 함께 보급물자를 주바일항의 물자집적소에서 전선보급기지 에코로 운반했다.

자비에 준장은 전임자의 계획대로 지상 진격부대를 우익에 동부전투단, 중앙에 미 제82공수사단 2여단, 좌익에 서부전투단 등 3개의 그룹으로 나눠 배치했다. 로샹보 공략의 주공은 제4용기병연대, 제3해병보병연대, 제1전투헬리콥터연대로 편성된 동부전투단이었다.

역사가 오래된 프랑스군은 과거의 부대명을 고수하는 경우가 많았는데, 제4용기병연대는 1667년 창설된 부대로, 갑옷을 입고 말을 탄 병사들과 같은 이름으로 불리지만 장비는 말과 창이 아니라 주력전차인 AMX-30B2 전차(44대)였다. 동부전투단은 용기병연대 외에도 VAB 차륜장갑차를 장비한 제3해병보병연대, 가젤 공격헬리콥터(HOT 대전차미사일 탑재기 30대와 20㎜ 기관포 탑재기 14대)를 보유한 제1전투헬리콥터연대, 포격지원을 담당한 제18야전포병여단으로 구성된 기계화부대였다.

중앙의 미군 제82공수사단 2여단은 90년 8월에 사막에 긴급전개했던 부대로, 약 3,000명의 공수부대원으로 구성된 제325공수보병연대가 주력이었다. 연대는 이 전투에서 공수작전 대신 보병으로 투입되었다.

서부전투단은 제1외인기병연대, 제1 스파히 연대, 제2외인보병연대, 제3전투헬리콥터연대, 제11해병포병연대로 구성되었다. 이 전투단의 특징은 우수한 고속기동능력이었다. 2개의 기병연대는 기동성이 우수한 6륜 구동 AMX-10RC 정찰장갑차

를 각각 36대 장비했고, 제2외인보병연대는 1,200명의 보병이 사륜구동 VAB 장갑차로 기동하는 기계화보병이었다. 장비가 차륜장갑차로 통일된 부대는 포장도로라면 시속 80㎞대의 평균속도로 이동할 수 있었다.

고속기동이라는 장점을 가진 제6경장갑사단의 공격계획은, 동부전투단이 우익에서 사막을 가로질러 목표 로샹보의 도로 근처에 배치된 적 주력 진지를 측면 공격하고, 중앙의 미군 제2공수여단은 좌익에서 2차선 도로를 따라 북상해 MSR(주보급로) 텍사스를 확보하여 동부전투단의 공격을 보조하며, 서부전투단은 로샹보 공격에는 가담하지 않고 서쪽으로 크게 우회하여 북진, 제2목표인 화이트(살만)를 공격하기로 했다. 또 2개 전투헬리콥터연대의 가젤 비행대가 공중에서 전투단을 엄호하는 역할을 맡았다.

2월 23일 밤, 한발 앞서 이라크 영내로 들어선 정찰부대를 제외한 제6경장갑사단은 공격개시선에서 날이 밝기를 기다렸다. 지휘관과 병사들은 따뜻한 커피와 크래커와 치즈를 먹거나 업무가 없는 사람은 짧게 수면을 취했다.[4]

사단장의 결단
"로샹보 점령은 내일로 미룬다."

24일 오전 4시, 약하게 비가 내리는 날씨에 사단 정찰부대가 공격개시선에서 출발했다. 포병대도 공격 준비포격을 시작했다. 주공인 동부전투단에서 제3해병보병연대는 베르나르 헤르테 대령의 "전 부대 앞으로!"라는 구령에 맞춰, 우익의 제4용기병연대는 미셸 브레 대령의 "제군들, 용기병이라면 명예롭게 돌격하라. 행운을 빈다."라는 명령과 함께 전진했다.

오전 7시 30분경, 부대는 국경을 넘었지만 전진속도는 묘하게 느렸다. 전진속도의 둔화는 주로 지형과 연관되어 있었다. 서부방면의 사막은 사우디 동부사막처럼 고운 모래가 아닌 암석이 들쑥날쑥

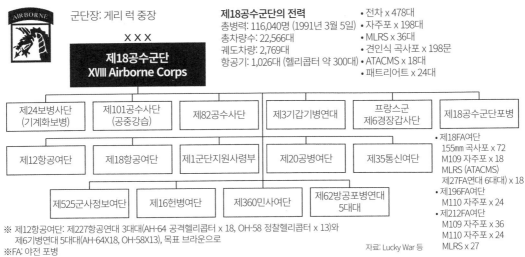

군단장: 게리 럭 중장

× × ×

제18공수군단
XVIII Airborne Corps

제18공수군단의 전력
총병력: 116,040명 (1991년 3월 5일)
총차량수: 22,566대
궤도차량: 2,769대
항공기: 1,026대 (헬리콥터 약 300대)

- 전차 x 478대
- 자주포 x 198대
- MLRS x 36대
- 견인식 곡사포 x 198문
- ATACMS x 18대
- 패트리어트 x 24대

| 제24보병사단 (기계화보병) | 제101공수사단 (공중강습) | 제82공수사단 | 제3기갑기병연대 | 프랑스군 제6경장갑사단 | 제18공수군단포병 |

| 제12항공여단 | 제18항공여단 | 제1군단지원사령부 | 제20공병여단 | 제35통신여단 |

| 제525군사정보여단 | 제16헌병여단 | 제360민사여단 | 제62방공포병연대 5대대 |

- 제18FA여단
  155mm 곡사포 x 72
  M109 자주포 x 18
  MLRS (ATACMS)
  제27FA연대 6대대) x 18
- 제196FA여단
  M110 자주포 x 24
- 제212FA여단
  M109 자주포 x 36
  M110 자주포 x 24
  MLRS x 27

※ 제12항공여단: 제227항공연대 3대대(AH-64 공격헬리콥터 x 18, OH-58 정찰헬리콥터 x 13)와
　제6기병연대 5대대(AH-64X18, OH-58X13), 목표 브라운으로
※FA: 야전 포병

자료: Lucky War 등

2월 24일(G데이): 제18공수군단의 이라크 진격로 『서부의 벽 작전』

※검은 화살표는 2월 25일의 진격로 표시　　자료: DOD 레포트

MSR 텍사스
사마와
목표 화이트 살만
AO 이글
8번고속도로
탈릴
49
나시리아
잘리바

공격 위치
45
목표 브라운
제1여단
목표 레드

FOB 코브라
목표 그레이
제197여단
제2여단
26

목표 로상보
1 101
제7군단작전영역

18
1 0 24 1
6 1 0 1
3 A C R 24
2 82
24
3
18
101 (一)
212
3 18
82 (一)
12 군단본부

| 프랑스군 제6경장갑사단 작전구역 ・제82공수사단 ・제18FA여단 | 제101공수사단 작전구역 ・제18공수여단 | 제24보병사단 작전구역 ・제212FA여단 | 제3기갑기병연대 작전구역 ・제18야전포병연대 3대대 |

튀어나온 기복이 심한 지형이었다. 때문에 아무리 튼튼한 장갑차의 타이어라도 버텨내지 못했고, 특히 견인식 야포의 타이어가 쉽게 터지곤 했다. 험지에서 발이 느려지는 차륜 차량의 약점에 발목을 잡힌 셈이다.

공격목표인 로샹보는 이라크군 보병이 산재해 있는 폭 25㎞, 길이 40㎞의 타원형 구역이었다. 첫 번째 표적은 북부의 방어진지로, 도로 주변에 교묘히 배치된 진지가 2차선 도로를 봉쇄하고 있었다. 로샹보를 관통하는 2차선 도로의 왼쪽에는 이라크군 제841여단, 오른쪽에는 제842여단의 보병이 배치되었고, 전차중대는 로샹보 남부의 도로가 내려다보이는 고지대에서 다국적군 기갑부대를 기다렸다. 이라크군 전차중대는 도로 우측에 8대, 좌측에 3대의 T-55를 배치하고, 폭격에 대비해 모든 전차를 엄폐호에 은닉한 채 포신만 드러냈다. 그리고 전차 엄폐호 주위의 참호에는 보병중대와 대전차소대를 배치했다. 참호의 후방에는 2개 포병대 152㎜ 곡사포 D20 9문과 122㎜ 곡사포 D30 9문이 도로 양측에 방열하고 있었다.

이라크군의 포진은 도로를 수비하기도 쉬웠고, 폭격에 대한 생존성도 우수했다. 제2공수여단이 이대로 도로를 따라 북상한다면 큰 피해를 입을 수도 있었다. 하지만 도로 수비에 치중된 포진이므로 다국적군이 우회해 측면이나 후면을 기습 공격할 경우 효과적인 반격을 할 수 없다는 단점도 있었다. 그럼에도 이라크군은 사막에 익숙치 않은 다국적군이 일부러 험지를 통해 오지 않을 것이라는 예상 하에 유연성이 부족한 포진을 선택했다. 그리고 다국적군에게 일방적인 폭격을 당하는 상황에서 소수의 병력으로 다방면을 수비할 여력이 없는 이라크군으로서는 어쩔 수 없는 선택이기도 했다.

오전 8시 30분, 사막을 우회하던 프랑스군 제3해병보병연대의 VAB 장갑차부대가 최초의 저항에 직면했다. 안일하게 접근할 경우 RPG 공격을 받을 위험이 있어서 소렛 대령은 일단 10㎞ 밖에서 120㎜ RT 중박격포로 공격을 가했는데, 싱겁게도 공격을 받은 이라크군이 곧바로 항복했다. 점령한 참호 안에서는 AK47 소총 17정, 기관총 3정, RPG 4문, 다수의 탄약 등을 노획했다. 무기는 1개 소대 분량이었지만, 포로의 숫자는 7명뿐이었다. 지상전이 시작되기도 전에 20명 이상의 탈주병이 발생했다는 증거였다.

첫 교전이 싱겁게 끝나자 제3해병보병연대는 적을 찾아 2차선 도로 방향으로 계속 전진해 9시경에 적 보병부대와 엄폐호에 숨은 전차를 발견했다. 이번에도 서두르지 않고 먼저 미군 제18야전포병여단에 포격을 요청했다. 곡사포와 MLRS가 동원된 포격에 이라크군의 T-55 전차 2대가 파괴되었다.

제4용기병연대의 전차부대는 일렬횡대로 전진해 정오 무렵에 이라크군의 보병중대와 엄폐호의 전차, 포병이 배치된 진지를 발견했다. 제4용기병연대는 전차부대로 단독공격에 나서지 않고, 먼저 포병여단의 공격 준비포격과 항공지원을 요청했다. 지나치게 신중한 행동이라 볼 수도 있지만, 태평양 전쟁 당시 일본군의 사례에서 알 수 있듯 공격을 서두르거나 적을 얕보다 큰 희생을 치르는 것보다는 나은 선택이다.

잠시 후 미 공군의 A-10 썬더볼트 2대가 날아와 벙커 5개를 파괴하고 돌아갔다. 그리고 포병여단이 15분가량 준비포격을 한 후, 제4용기병연대가 공병대와 함께 공격에 나섰다. 동부전투단에 배속된 제1전투헬리콥터연대의 가젤 공격헬리콥터도 공격에 나서 벙커 12개, 차량 10대 이상을 파괴하는 전과를 올렸다.[5]

한편 로샹보를 우회공격 할 예정이었던 서부전투단은 쉬지 않고 살만을 향해 전진하고 있었다. 하늘에서는 A-10 공격기와 제3전투헬리콥터연대의 가젤 헬리콥터 편대가 서부전투단을 엄호하고 있었는데, HOT 대전차미사일을 장비한 가젤 헬리콥터 편대는 로샹보 북쪽의 벙커 16개, 장갑차 7대, 트럭 9대를 파괴했다.

'서부의 벽'을 구축한 프랑스군 제6경장갑사단

6th Light Armored Division "Dauget"
사단장: 베르나르 자비에 준장

프랑스군 제6경장갑사단의 전력
병력: 12,000명 (군수지원 2,200명)
- VAB 차륜장갑차 x 약 280대
- AMX-30B2 전차 x 44대
- AMX10RC 정찰장갑차 x 96대
- ERC90 정찰장갑차 x 24대

- 155mm 곡사포 x 18문
- 대전차VAB(HOT) x 24대
- 가젤 공격헬리콥터 x 98대
- 퓨마 수송헬리콥터 x 44대
- 대형수송차량 x 300대

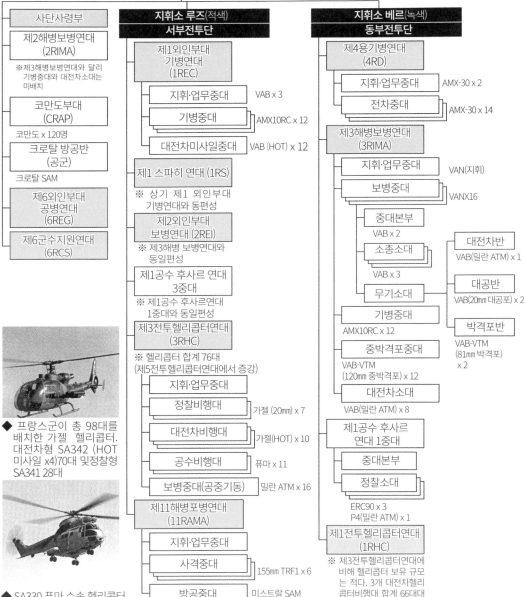

6 ○ FR XX

사단사령부

제2해병보병연대 (2RIMA)
※제3해병보병연대와 달리 기병중대와 대전차소대는 미배치

코만도부대 (CRAP)
코만도 x 120명

크로탈 방공반 (공군)
크로탈 SAM

제6외인부대 공병연대 (6REG)

제6군수지원연대 (6RCS)

지휘소 루즈(적색)
서부전투단

제1외인부대 기병연대 (1REC)
- 지휘·업무중대 — VAB x 3
- 기병중대 — AMX10RC x 12
- 대전차미사일중대 — VAB (HOT) x 12

제1 스파히 연대 (1RS)
※ 상기 제1 외인부대 기병연대와 동편성

제2외인부대 보병연대 (2REI)
※ 제3해병 보병연대와 동일편성

제1공수 후사르 연대 3중대
※ 제1공수 후사르연대 1중대와 동일편성

제3전투헬리콥터연대 (3RHC)
※ 헬리콥터 합계 76대 (제5전투헬리콥터연대에서 증강)
- 지휘·업무중대
- 정찰비행대 — 가젤 (20mm) x 7
- 대전차비행대 — 가젤(HOT) x 10
- 공수비행대 — 퓨마 x 11
- 보병중대(공중기동) — 밀란 ATM x 16

제11해병포병연대 (11RAMA)
- 지휘·업무중대
- 사격중대 — 155mm TRF1 x 6
- 방공중대 — 미스트랄 SAM

지휘소 베르(녹색)
동부전투단

제4용기병연대 (4RD)
- 지휘·업무중대 — AMX-30 x 2
- 전차중대 — AMX-30 x 14

제3해병보병연대 (3RIMA)
- 지휘·업무중대 — VAN(지휘)
- 보병중대 — VANX16
  - 중대본부 — VAB x 2
  - 소총소대 — VAB x 3
  - 무기소대
    - 대전차반 — VAB(밀란 ATM) x 1
    - 대공반 — VAB(20mm 대공포) x 2
    - 박격포반 — VAB-VTM (81mm 박격포) x 2
- 기병중대 — AMX10RC x 12
- 중박격포중대 — VAB-VTM (120mm 중박격포) x 12
- 대전차소대 — VAB(밀란 ATM) x 8

제1공수 후사르 연대 1중대
- 중대본부
- 정찰소대
ERC90 x 3
P4(밀란 ATM) x 1

제1전투헬리콥터연대 (1RHC)
※ 제3전투헬리콥터연대에 비해 헬리콥터 보유 규모는 적다. 3개 대전차헬리콥터비행대 합계 66대대를 운용했다.

◆ 프랑스군이 총 98대를 배치한 가젤 헬리콥터. 대전차형 SA342 (HOT 미사일 x4)70대 및정찰형 SA341 28대

◆ SA330 퓨마 수송 헬리콥터

다국적군의 측면을 지킨 '서방의 벽'을 맡은 프랑스군 제6경장갑사단

제6경장갑사단장 자비에 준장(우)

제6경장갑사단의 주력은 유명한 외인부대였다.

살만에 진출한 제4용기병연대의 AMX-30 전차부대와 베리에(Beriet) GBC 8KT(6 x 6) 4t 야전트럭

AMX-30B2	
전투중량	37.0t
전장	9.5m
자체길이	6.6m
전폭	3.1m
전고	2.9m
엔진	HS110 수냉디젤(700hp)
출력 대 중량비	18.9hp/t
최대속도	65km/h (노상)
항속거리	450km
무장	56구경장 105mm포 (47발) 20mm 기관포 (480발) 7.62mm 기관총 (2,070발)
승무원	4명

French DOD

▶ 목표 화이트에 위치한 살만 시에 돌입하는 제3해병보병연대

▶ 목표 로샹보에 주둔한 이라크군을 공격하는 제3해병보병연대

ERC-90 사게(sagaie: 투창) 정찰장갑차

ERC-90 (6X6)

전투중량	8.1t
전장	7.7m
전폭	2.5m
전고	2.25m
엔진	푸조 V6 가솔린 (155hp)
최대속도	95km/h
항속거리	700km
무장	90㎜ 저압포 (20발) 7.62㎜ 기관총X2 (2,000발)
승무원	3명

AMX-10RC 정찰장갑차

AMX-10RC(6X6)

전투중량	15.8t
전장	9.15m
전폭	2.95m
전고	2.66m
엔진	보두엥 V6 디젤 (280hp)
최대속도	85km/h
항속거리	1,000km
무장	105㎜ 48구경장 저압포 (38발) 7.62㎜ 기관총 (4,000발)
승무원	4명

◀ 대전차형 VAB는 사격통제장치가 통합된 HOT 대전차미사일용 4연장 발사기인 메피스토(Mephisto)를 탑재한다. HOT의 사거리는 4km 이며, 메피스토 장전탄을 합쳐 총12발의 HOT 대전차미사일을 적재한다.

VAB (4x4)

전투중량	13t
전장	5.98m
전폭	2.49m
전고	2.06m
지상고	0.4m
엔진	르노 MIDR 디젤 (300hp)
최대속도	92km/h
수상 최대속도	2.2m/s
항속거리	1,000km
무장	AA52 7.62㎜ 기관총 x 1
승무원	2명+10명

▶ VAB-VTM(Véhicule Tracteur de Mortier)은 120㎜ 중박격포인 MO-120의 운용차량이다. 이동시 박격포는 견인하고, 박격포반은 차내에 탑승하며, 발사시 정지한 차량 후방에 포를 신속히 방열한다. 70발의 탄, 장약은 차내에 적재한다.

서부전투단의 우익에서는 제2공수여단의 차량들이 도로를 따라 북상하고 있었다. 선두에는 쉐리던 전차가 있었고, 그 뒤로 TOW나 중기관총으로 무장한 험비, 견인식 20㎜ 발칸 대공포, 그리고 병력과 보급품을 실은 5t 트럭이 헬리콥터의 엄호를 받으며 전진했다.

선두에 선 쉐리던 전차의 임무는 수송대 호위 및 TTS(Tank Thermal Sight)를 활용한 적 벙커와 화기거점의 파괴였다. 제2공수여단의 쉐리던 전차는 담맘의 전차개수공장에서 열영상 야시장비를 신규 장착한 상태였다.

정오 무렵, 예상보다 빨리 로샹보에 도착한 제2공수여단은 도로 서쪽에 포진한 이라크군 제압에 나섰고, 동쪽에 포진한 프랑스군 제3해병보병연대도 공격을 진행 중이었다.

그런데 공격에 나선 제2공수여단을 맞이한 것은 이라크군의 반격이 아니라 다국적군이 뿌린 항복권고 전단을 들고 항복해오는 이라크군 병사들이었다. 항복권고 전단에는—

① 총에서 탄창을 빼시오.
② 총구를 내리고 총은 왼쪽 어깨에 메시오.
③ 양손을 머리 위로 드시오.
④ 이 전단지를 선두의 병사가 들고 다국적군을 향해 천천히 걸어오면 사살하지 않습니다.

—라는 항복 지시사항이 아랍어로 적혀 있었지만, 대부분의 이라크군 병사들은 비무장 상태로 항복했다. 동부방면의 해병대도 마찬가지 상황이었다. 늘어나는 포로와 노획한 무기 정리만으로도 시간이 걸려 의도대로 전진할 수 없었다. 포로 중에는 다국적군의 폭격이 시작된 날부터 항복할 날만 기다렸다는 병사도 있었다.[6]

이라크군은 다국적군의 폭격으로 보급이 끊기면서 식량이 부족해졌고 병사들의 사기도 크게 떨어졌다. 이라크군 병사들이 항복할 당시의 배급량은 일인당 하루 쌀 다섯 스푼 분량과 물 한 컵이었다.

제2공수여단의 로널드 로케시 대령은 베트남 전쟁 참전 경험자였지만, 몰려오는 포로들을 보고 놀랄 수밖에 없었다.

"내 생애 가장 믿기 힘든 일이 벌어지고 있었다. 눈에 띄는 이라크군 병사들은 전부 항복해 왔다. 이렇게 많은 포로만 아니었다면 훨씬 전방까지 진격했을 것이다."

이날 포획한 포로는 제2공수여단 약 600명, 제6경장갑사단 약 2,000명으로, 로샹보에 주둔 중이던 이라크군 제841여단과 제842여단의 일부는 사실상 소멸했다. 따라서 프랑스군 뒤에 대기하고 있던 제82공수사단의 본대(제1, 제3여단)도 2차선도로(MSR 텍사스)를 따라 북상하기 시작했다. 트럭으로 이동하는 본대는 제73기갑연대 3대대의 쉐리던 전차와 아파치 공격헬리콥터가 호위했다.

오후가 되면서 전선으로 향하는 프랑스군과 공수군단의 차량들이 2차선 도로로 몰려들자 극심한 정체가 시작되었다. 이 정체는 차량행렬이 도로를 벗어나 다섯 줄로 늘어설 정도로 극심했다. MSR 텍사스의 정체 현상은 자비에 사단장으로서는 묵과할 수 없는 중요한 문제였다. 다음 목표지점 화이트로 진군하기 위해서는 보급품을 끊임없이 전선부대에 보내야 했기 때문이다. 결국, 자비에 사단장은 럭 공수군단장에게 교통통제를 요청했다. 럭 군단장은 요청을 받아들여 도로통행의 우선권을 전선부대로 이동 중인 포병과 연료·탄약 수송대에 부여했다.

한편 자비에 사단장은 저녁 무렵, 로샹보에 마지막 남은 적 거점에 대한 공격을 중지하고 다음 날 24일에 로샹보를 점령하겠다고 미군 공수군단에 통보했다. 제2공수여단은 야간작전 속행을 제안했지만, 자비에 준장은 이 제안을 거절하고 부하들에게 방어진지를 구축하도록 명령했다. 제18공수군단의 게리 럭 중장도 로샹보 점령을 재촉했지만 역시 거절당했다.

사상최대의 헬리본 작전을 성공시킨 제101공수사단의 전력

101st Airborne Division
(Air Assault)
"Screaming Eagle"

101 X X

병력: 17,132명
차량: 4,029대
총 헬리콥터: 358대
• 105mm 곡사포 M102 x 54문
• 155mm 곡사포 M198 x 16문
  (군단포병 증원)
• AH-64 x 37대

• AH-1F x 36대
• UH-60 x 130대
• UH-1 x 36대
• EH-60 x 8대
• OH-58C/D x 63대
• CH-47D x 48대
※헬리콥터는 추정 포함

사단사령부
제44방공연대 2대대
제326공병대대
제501통신대대
제311군사정보대대
사단포병
제8야전포병연대 5대대
155mm 곡사포 x 16
(군단포병 제18야전포병여단)

사단지원단

◆ 제101공수사단장
J. H. 빈포드 페이 3세 소장

제1 여단 '바스토뉴'
제327공수보병연대 1대대
제327공수보병연대 2대대
제327공수보병연대 3대대
제502공수보병연대 1대대
제320공수야전포병연대 2대대
105mm 곡사포 x 18
C포대
(제8야전포병연대 5대대)
A방공중대
(제44방공포병연대 2대대)
M167 발칸 대공포/스팅어

제101항공연대 3대대
(공격)
AH-1 x 20
OH-58 x 13

제17기병연대 2대대
AH-1F x 16
OH-58 x 24
UH-60 x 13

제2여단 '스트라이크'
제502공수보병연대 3대대
제320공수야전포병연대 1대대
B방공중대
(제44방공포병연대 2대대)

제101항공여단
제101항공연대 1대대
(공격)
AH-64 x 19
OH-58 x 13
제22항공여단 2대대
(공격)
AH-64 x 18
OH-58C x 13
UH-60L x 3
제101항공연대 7대대
(수송)
CH-47D 대형헬리콥터 x 48
제101항공연대 9대대
(강습)
UH-1 다목적헬리콥터 x 36

제3여단 '락카산'
제187공수보병연대 1대대
제187공수보병연대 2대대
제187공수보병연대 3대대
제320공수야전포병연대 3대대
C방공중대
(제44방공포병연대 2대대)

제101항공연대 4대대
(강습)
UH-60 다목적헬리콥터 x 45

제101항공연대 5대대
(강습)
UH-60 다목적헬리콥터 x 45

제101항공연대 6대대
(지휘)
UH-60 다목적헬리콥터 x 24
EH-60 전자전헬리콥터 x 8

※ 도표는 지상전시의 혼성편제

▶ 제101항공여단의 항공대대가 전개한 사막의 응급 항공기지. 사진에 보이는 기체는 AH-64와 OH-58 헬리콥터.

◀ 사막에 급조된 101사단의 보급지점

◀▼ 공격개시일, FOB 코브라로 이동하기 위해 대기중인 제101공수사단 1여단 제2파 소속 공수부대원들

▲ 급유중인 AH-64A 아파치 공격헬리콥터. 이라크군 전차를 사냥하기 위해 16발의 헬파이어 대전차미사일을 탑재했다.

자비에 준장도 로샹보를 빨리 점령하고 싶은 마음은 굴뚝같았지만, 미군에 비해 프랑스군은 야시장비가 부족했다. AMX-30B2 전차의 야시장비는 LLLTV(Low Light Level Television: 저광량 TV)로, 달빛이나 별빛이 없으면 시야가 확보되지 않았고, 그날 밤은 기상이 악화하여 전장은 칠흑같이 어두웠다. 공격을 강행한다면 적의 공격뿐만 아니라 아군 간의 오인사격이 벌어질 가능성이 높은 상황이었다. 이 선택을 두고 자비에 준장은 참모들을 향해 "부하들을 희생시키기보다는 느리게 가는 길을 선택하겠다."고 말했다.

사상최대의 헬리본 강습작전
적진 150㎞ 후방의 전진작전기지 구축

이라크 국경선 남쪽 6㎞ 지점에 위치한 사막의 계곡에는 사상 최대 규모의 헬리본 부대가 집결해 있었다. 톰 힐 대령이 지휘하는 제101공수사단 제1여단 소속 공수부대원 6,000명과 차량 약 1,000대, 그리고 제101항공여단과 공수군단 직할 제18항공여단을 포함해 약 200대(공격헬리콥터 39대 포함)의 헬리콥터였다.

그들의 임무는 사우디 국경에서 250㎞ 떨어진 이라크의 지방 도시 사마와, 나시리아 사이에 위치한 8번 고속도로 제압이었다. 다만 대량의 헬리콥터를 동원하더라도 250㎞ 너머의 목표를 향해 한 번에 모든 병력을 보낼 수는 없어서, 중간지점에 전진기지를 세워 3개 공수여단을 순차적으로 수송한다는 계획을 수립했다.

작전 첫날 공수부대는 헬리본 작전으로 이라크 영내 150㎞ 지점에 전방작전기지(FOB) 코브라를 확보한 후, 탄약 및 연료 보급시설, 임시 정비시설, 헬리콥터 착륙장 등을 설치했다.

당연히 공중수송만으로 사단이 운용하는 358대의 헬리콥터가 소모하는 연료와 탄약 보급을 유지할 수 없었다. 따라서 별도의 무장수송대 'TF 시타델'이 육로로 항공연료와 무거운 물자를 FOB 코브라로 운반했다. TF 시타델은 공병대가 정비한 주보급로(MSR) 뉴마켓을 통해 작전 보급을 유지했다. FOB 코브라 확보 이후 작전의 목표는 다시 공중강습을 통한 8번 고속도로의 점령으로 돌아갔다.

24일 오전 3시, 딕 코디 중령이 지휘하는 아파치 공격헬리콥터 편대는 짙은 안개를 뚫고 집결지에서 날아올라 국경을 넘었다. 개전 첫날, TF 노르망디를 지휘해 이라크군의 조기경보 레이더를 격파했던 코디 중령의 이번 임무는 앞서 수행했던 작전의 경험을 살린 헬리본 부대의 유도였다. 안개가 짙어 시계가 제한되는 상황에서 실시하는 저공비행은 모든 항공기를 통틀어 가장 위험한 비행으로 꼽히며, 실제로 같은 날 OH-58 정찰헬리콥터 한 대가 시계 불량으로 추락했다. 코디 중령은 사단사령부에 긴급무전을 보냈다. "이대로 작전을 속행한다면 헬리콥터의 태반을 잃을지도 모릅니다."

사단장인 빈포드 페이 소장도 코디 중령의 말에 작전을 연기할 수밖에 없었다. 이날의 안개는 지난 한 달 가운데 가장 짙었다. 헬리본 부대 제1파의 출발 시각은 어둠에 몸을 숨길 수 있는 오전 5시 20분으로 예정되어 있었지만, 평소라면 해가 뜰 무렵 사라져야 할 안개가 사라지지 않고 있었다. 작전 개시 시간이 늦어져 헬리콥터부대가 밝은 낮에 적진 상공을 저공 비행하게 된다면 대공화기에 당할 확률이 높았다. 헬리본 작전이 연기된 동안 군단포병은 TF 시타델의 이동 경로에 있는 이라크군을 포격했다.

오전 7시 27분, 안개로 2시간이 지연되었지만, 헬리본 부대 제1파가 제1여단을 태우고 집결지 캠벨에서 출발해 FOB 코브라를 향해 날아갔다. 헬리본 부대는 UH-60 다목적헬리콥터 67대, 야포와 항공연료를 수송하는 CH-47 대형수송헬리콥터 30대, 연락용 UH-1 헬리콥터 10대로 구성된 대규모 공중기동부대로, 아파치와 코브라 공격헬리콥터가 호위했다. 제1파의 병력은 프랭크스 헨콕 중령의 제327공수보병연대 1대대와 M102 105㎜ 경

서쪽으로 기동포위작전을 실시한 제24보병사단의 혼성편제

24th Infantry Division
(Mechanized)
"Victory Division"

사단장: 베리 맥카프리 소장

제24보병사단의 전력
병력: 25,000명
차륜차량: 8,359대
궤도차량: 1,793대

※ 지상전 시작 단계에서 군단의 제212야전포병여단을 증원받은 이후의 규모

- M1A1 전차 x 249대
- M2/M3 전투차 x 218대
- M113 x 843대
- M901 TOW 장갑차 x 91대
- M110 자주포 x 24대
- M109 자주포 x 90대
- MLRS x 36대
- 헬리콥터 x 90대 (AH-64 x 19)

24 XX

제1 리버티 여단

제64기갑연대 4대대(TF)
- A 전차중대전투조
  (M1A1 x 10, M2 x 4)
- C 전차중대전투조
- A 보병중대전투조
  (제7보병연대 2대대(TF))
- C 보병중대전투조
  제7보병연대 3대대(TF)소속
  (M1A1 x 4, M2 x 9)

제7보병연대 2대대(TF)
- B 보병중대
  (M2 x 13)
- C 보병중대
- D 보병중대
- B 전차중대
  (제64기갑연대 4대대(TF))
- E 대전차중대

제7보병연대 3대대(TF)
- A 보병중대
- B 보병중대
- C 보병중대
- D 보병중대
  (제64기갑연대 4대대TF에서 배속)
- E 대전차중대

제41야전포병연대 1대대
M109 155mm 자주포 x 24
제5방공포병연대 1대대 A중대
(M163 발칸/스팅어)

제2 뱅가드 여단

제64기갑연대 1대대(TF)
(M1A1 x 30, M2A1 x 26, M3A1 x 6)
- C 전차중대
  (M1A1 x 14)
- D 전차중대
- A 보병중대
  (제15보병연대 3대대(TF)에서 배속)
- C보병중대
  (제15보병연대 3대대(TF)에서 배속)

제69기갑연대 3대대(TF)
- A전차중대
- B전차중대
- C전차중대
- E대전차중대
  (제15보병연대 3대대(TF)에서 배속)

제15보병연대 3대대(TF)
- B 보병중대
- D 보병중대
- A 전차중대전투조
  (제64기갑연대 1대대(TF)에서 배속)
- B전차중대전투조
  (제64기갑연대 1대대(TF)에서 배속)

제41야전포병연대 3대대
M109 155mm 자주포 x 24
제5방공포병연대 1대대 B중대
(M163 발칸/스팅어)

제197 슬렛지해머 보병여단

제69기갑연대 2대대(TF)
- 전차중대
- 전차중대
- A 보병중대
  (제18보병연대 1대대(TF)에서 배속)
  M113 장갑차 x 14, M901 x 2
- 보병중대
  (제18보병연대 2대대(TF)에서 배속)
  M113 장갑차 x 14, M901 x 2

제18보병연대 1대대(TF)
- B 보병중대
  (M113 장갑차 x 14, M901 x 2)
- C 보병중대
- D 보병중대
- B 전차중대
  (제69기갑연대 2대대(TF)에서 배속)
- E 대전차중대
  (M901 x 12)

제18보병연대 2대대(TF)
- 보병중대
- 보병중대
- 보병중대
- 보병중대
  (제69기갑연대 2대대TF에서 배속)
- E대전차중대
  (M901 x 12)

제41야전포병연대 4대대
M109 155mm 자주포 x 24
제5방공포병연대 1대대 C중대
(M163 발칸/스팅어)

사단사령부
- 제5방공포병연대 1대대
- 제3공병대대

사단포병
- 제13야전포병연대 A중대
  (MLRS x 9)
- 사단지원단

항공여단
- 제24항공연대 1대대 (공격)
  AH-64 x 19
- 제24항공연대 2대대
- 제4기병연대 2대대
  M1A1 x 14, M3 x 40, AH-1 x 8

곡사포 6문(1개 중대), TOW 대전차미사일 탑재 험비, 가와사키 KLR250 정찰오토바이 등이었다. 헬리콥터는 적이 발견하기 어렵도록 시속 213㎞, 고도 6m로 모래언덕 사이를 날아갔다.

제1파의 선두는 존 러셀 대위의 제327공수보병연대 1대대 A중대를 태운 UH-60 블랙호크였다. 헬리콥터의 정원은 14명이었지만, 완전무장한 보병 16명이 배낭 위나 식량상자 사이에 탑승했다. 러셀 대위를 포함한 부대원들은 작전 전날 밤 긴장과 공포에 잠을 이루지 못했고, 작전이 2시간 연기되자 긴장감은 극에 달했다.

41분 후, 최초의 UH-60 4대가 FOB 북부의 랜딩존(LZ)에 착륙했다. 러셀 대위와 59명의 부대원들은 드디어 긴장감과 좁은 헬리콥터 안에서 해방되었지만, 적지에서 여유를 부릴 수는 없었다. 예상과 달리 랜딩존에서는 전투가 일어나지 않았지만, 후속부대의 안전한 착륙을 위해 전투부대는 집결 후 FOB 지역 장악에 나섰다.

A중대가 착륙하고 20분 후, 보급수송부대가 25대의 CH-47 수송헬리콥터에 물자를 가득 싣고 도착했고, 부대는 도착한 물자로 30분만에 헬리콥터의 급유·정비시설을 설치해 헬리콥터 지원체제를 확보했다. 오전 8시 25분에는 제327공수보병연대 1대대(보병 약 600명, 차량 10대)가 FOB 코브라에 전개를 마쳤다. 44대의 UH-60과 14대의 CH-47이 1대대를 수송했다.[7]

오전 10시경, 러셀 대위는 코브라 공격헬리콥터가 북쪽 2㎞ 지점에 위치한 모래언덕의 적을 공격하는 모습을 확인했다. 이라크군의 진지는 엄폐호와 벙커로 동서를 횡단하는 도로(살만과 부사야를 연결하는 도로) 부근 모래언덕에 위치하고 있었다. 러셀 대위는 곧바로 코브라 공격헬리콥터의 지휘관에게 연락했고, 대대장, 공군 연락장교, 포병 화력지원장교에도 상황을 보고해 적진에 포격과 폭격을 개시했다. 진지의 이라크군은 50명 내외의 소대 규모로 추측되었다. 잠시 후, 공군의 A-10 지상공격기와

F-16 전투기 편대가 날아와 폭탄을 투하했다. 사단포병이 공수해온 105㎜ 곡사포로 언덕을 포격하고, 공격헬리콥터도 수시로 공격을 진행했다.

핸콕 대대장은 TOW 험비를 보유한 알렌 길 대위의 D중대에 언덕 제압을 명령했다. 상공에서 코브라 공격헬리콥터가 엄호하는 가운데, 러셀 대위의 A중대는 언덕 경사면에서 1.6㎞ 지점까지 접근했다. 잠시 후 코브라에서 백기가 보인다는 보고가 들어왔다. 하지만 가까이 접근하자 이라크군이 일제사격을 실시했고, D중대는 후퇴했다.

길 대위는 공포로 창백하게 질린 얼굴을 가리기 위해 헬멧을 깊게 눌러쓰고 고속도로 순찰대나 쓸법한 리볼버 권총을 홀스터에서 뽑아 든 채 하차했다. 동행한 통역에게 항복 권고를 하라며 확성기를 건네주었지만, 통역은 몸이 떨려 제대로 말을 하지 못했다. 잠시 후 코브라 공격헬리콥터가 재차 날아와 로켓 공격을 실시했다. 공격이 끝난 후 길 대위는 다시 통역을 대동하고 경사면을 올라갔다. 이번에는 이라크군 병사들도 속임수 없이 항복해 왔다. 포로 가운데 복장이 깨끗한 자를 발견했는데, 이라크군 중대장인 대위였다. 곧바로 길 대위는 확성기를 이라크군 대위에게 건네주며 나머지 이라크군 병사들에게 항복을 권고하게 했고, 이라크군 병사들은 순순히 손을 들고 나왔다.

제압 후 확인한 결과 이라크군은 사전정보와 달리 소대가 아닌 대대 규모였고, 포로는 339명에 달했다. 포로 중에는 이집트에서 군사교육을 받은 대대장 하산 타크리티 중령도 있었다. 타크리티 중령의 대대는 서쪽에서 프랑스군과 교전 중인 이라크군 제45보병사단의 예비대로 4~5일 후에 프랑스군을 상대로 투입될 예정이었다. 그러나 대기 중이던 타크리티 중령의 대대는 미군 공수부대의 기습을 받아 괴멸되었다.

오전 10시 39분, 힐 대령은 FOB 코브라 주변 지역의 제압과 아파치 공격헬리콥터 편대의 보급이 가능해졌다고 페이 사단장에게 보고했다. 그 사이

정찰용 M3 브래들리 기병전투차와 소대 대형

페르시아만에 전개한 제3기갑기병연대(3ACR)의 M3A1 브래들리 기병전투차. M3는 위력정찰이나 은밀정찰 임무를 수행하며, M2와 달리 정찰병 2명과 예비 TOW 대전차미사일 12발만을 탑재한다.

정찰소대(M3 기병전투차 x 6대)의 쐐기대형과 각 M3의 경계·감시범위

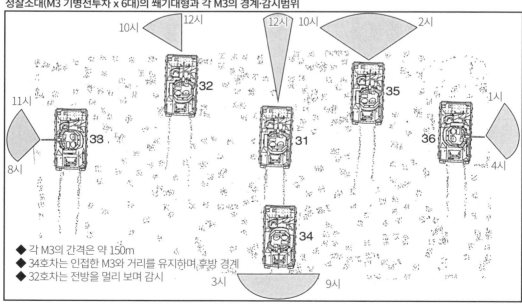

◆ 각 M3의 간격은 약 150m
◆ 34호차는 인접한 M3와 거리를 유지하며 후방 경계
◆ 32호차는 전방을 멀리 보며 감시

300대의 헬리콥터로 구성된 제2파가 도착해 보병 2,050명, TOW 험비 50대, 2개 포병중대 등을 운반했다. 적의 저항이 경미한 덕분에 15x12㎞에 달하는 광대한 면적의 작전기지를 3시간 만에 확보할 수 있었다. 물론 기지라고 해도 바위가 굴러다니는 황량한 사막 한가운데 개활지에 헬리콥터부대의 항공작전을 지원할 5개소의 FARP(전방 탄약·연료 보급소), 약 40개소의 급유소를 설치했을 뿐이다. 기지 주변에는 TOW 험비(7~10㎞ 구간당 1대)와 공수부대원이 방어선을 형성했다.

오후 3시 00분, 집결지인 캠프 벨에서 오전 11시 25분에 출발한 수송집단 TF 시타델의 첫 번째 수송차량부대(215대)가 TOW 험비와 코브라 공격헬리콥터(제101항공연대 3대대)의 호위를 받으며 150㎞를 달려 MSR 뉴마켓을 통해 FOB 코브라에 도착했다. 이어서 몇 시간 후, 후속 수송대가 도착해 최종적으로 632대의 수송차량과 2,000명의 병력이 기지에 도착했다.

CH-47 대형수송헬리콥터와 M978 유조차로 구성된 수송대가 운반한 항공연료는 약 20만 갤런(약 76만 ℓ)에 달했다. CH-47 치누크는 한 번에 2,000갤런(약 7,600ℓ)의 연료를 운반했고, M978 유조차는 2,500갤런(약 9,500ℓ)을 운반할 수 있었다. 20만 갤런의 연료는 아파치 공격헬리콥터 50대가 하루에 소모하는 양이다.

24일, 날이 저물 무렵 제1여단과 제2여단의 전력 대부분은 FOB 코브라에 집결할 수 있었다. 다만 제3여단은 사우디에서 대기하고 있었다. 제3여단은 8번 고속도로를 제압하기 위한 실행부대로 다음날 출격이 예정되어 있었다. 8번 고속도로 제압작전을 거리가 가까운 제2여단이 아닌 260㎞ 떨어진 후방의 제3여단이 맡게 된 이유는 기록이 공개되지 않아 자세한 사정을 알 수 없지만, 예정과는 별도로 당일 야간 기상이 악화되어 제2여단은 작전에 나설 수 없는 상황이었다.

테드 퍼텀 대령의 제2여단은 코브라 기지에 도착했지만 악천후로 움직일 수 없었다. 안개, 강풍, 비 등으로 인해 장비를 운반할 치누크 10대의 비행도 다음 날로 연기되었다. 부대는 기지 숙영지로 이동해 참호를 파려 했지만, 숙영지의 지면은 사막이라는 이름이 무색하게도 모래땅이 아닌, 바위가 많고 단단히 굳은 땅이었다. 겨우겨우 참호를 판 뒤에도 갑자기 내린 겨울비에 물이 무릎까지 차오르는 바람에 어려움을 겪었다. 퍼텀 대령은 "몹시 추웠지만 부대원들은 잘 견뎌주었다."고 회상했다.[8]

다음날 시작될 헬리본 작전은 역대 최대 규모의 헬리콥터 강습작전이었다. 370대의 헬리콥터가 동원되어 총 1046회를 출격했다. 특히 수송헬리콥터는 왕복 290㎞를 저공비행으로 3회씩 비행해 공수부대를 적지에 강습 전개하는 데 중추적 역할을 담당했다. 이라크군의 대공포화가 산발적으로 날아왔지만, 아파치 1대가 대공포에 맞아 손상된 것 외에 전투 중 격추된 기체는 없었다. 그러나 첫날에 8번 고속도로를 점령하지는 못했고, 차선책으로 사단과 군단 소속의 아파치 공격헬리콥터를 동원해 연료가 허락하는 한 FOB 코브라에서 8번 고속도로를 왕복하며 이라크군을 공격하기로 했다.

맹장 맥카프리의 빅토리 사단 "우리들은 성조기 아래에서 싸운다."

서쪽에서 대규모 헬리콥터 부대가 심야의 정적을 깨고 날아오는 동안, 공수군단의 동쪽에서는 제24보병사단(기계화보병)과 제3기갑기병연대의 M1A1 전차 378대가 이라크 국경 남쪽 10㎞ 지점의 집결지에서 공격을 준비하고 있었다. 전투를 앞둔 전날 밤, 제24보병사단장 배리 맥카프리 소장은 전 부대에 다음과 같은 메시지를 전했다.

"빅토리 사단의 제군들, 우리는 이제 침략자를 물리쳐 100만 쿠웨이트 시민들을 해방하기 위한 위대한 전투를 시작한다. 우리는 성조기와 국제연합의 권위 아래서 싸운다. 이라크군이 점령한 나라를 우리 힘으로 되찾자. 우리의 임무는 이라크 영

제24보병사단의 기갑대대(TF)의 대형(Formation)

제24보병사단의 제64기갑기병연대 1대대(TF)의 다이아몬드 대형(Diamond Formation)

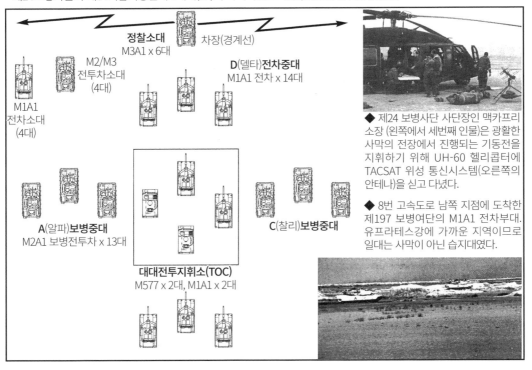

정찰소대
M3A1 x 6대 차장(경계선)

M2/M3 전투차소대 (4대)

M1A1 전차소대 (4대)

D(델타)전차중대
M1A1 전차 x 14대

◆ 제24 보병사단 사단장인 맥카프리 소장 (왼쪽에서 세번째 인물)은 광활한 사막의 전장에서 진행되는 기동전을 지휘하기 위해 UH-60 헬리콥터에 TACSAT 위성 통신시스템(오른쪽의 안테나)을 싣고 다녔다.

◆ 8번 고속도로 남쪽 지점에 도착한 제197 보병여단의 M1A1 전차부대. 유프라테스강에 가까운 지역이므로 일대는 사막이 아닌 습지대였다.

A(알파)보병중대
M2A1 보병전투차 x 13대

C(찰리)보병중대

대대전투지휘소(TOC)
M577 x 2대, M1A1 x 2대

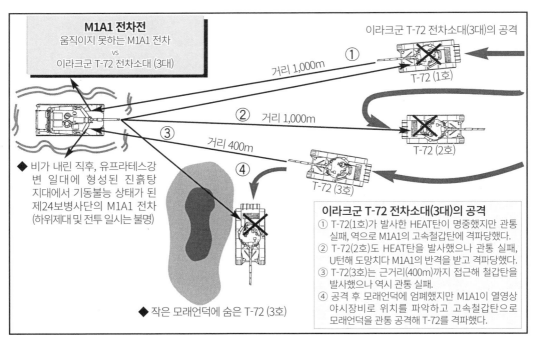

M1A1 전차전
움직이지 못하는 M1A1 전차
vs
이라크군 T-72 전차소대 (3대)

이라크군 T-72 전차소대(3대)의 공격

① 거리 1,000m   T-72 (1호)

② 거리 1,000m   T-72 (2호)

③

거리 400m

④   T-72 (3호)

◆ 비가 내린 직후, 유프라테스강변 일대에 형성된 진흙탕 지대에서 기동불능 상태가 된 제24보병사단의 M1A1 전차 (하위제대 및 전투 일시는 불명)

◆ 작은 모래언덕에 숨은 T-72 (3호)

이라크군 T-72 전차소대(3대)의 공격
① T-72(1호)가 발사한 HEAT탄이 명중했지만 관통 실패, 역으로 M1A1의 고속철갑탄에 격파당했다.
② T-72(2호)도 HEAT탄을 발사했으나 관통 실패, U턴해 도망치다 M1A1의 반격을 받고 격파당했다.
③ T-72(3호)는 근거리(400m)까지 접근해 철갑탄을 발사했으나 역시 관통 실패.
④ 공격 후 모래언덕에 엄폐했지만 M1A1이 열영상 야시장비로 위치를 파악하고 고속철갑탄으로 모래언덕을 관통 공격해 T-72를 격파했다.

토로 300㎞를 진군해 유프라테스 계곡을 봉쇄하고 쿠웨이트에 주둔한 50만 이라크군의 퇴로를 차단하는 것이다!"

제24보병사단은 90년 9월에 사막에 급파된 이후로 다국적군 가운데 가장 많은 사막전 훈련을 받아 온 사단으로, 맥카프리 소장의 연설에도 부대에 대한 자부심이 실려 있었다. 실제 전력도 꾸준히 보강되어서, 제24보병사단의 총병력은 평시보다 7,000명이 늘어난 25,000명(34개 대대 편제)에 달했다. 하지만 증편된 10개 대대 규모의 병력은 주로 군단에서 파견된 야전포병여단과 후방지원부대로, 주력인 기갑부대의 전력은 보강 전과 큰 차이가 없는 M1A1 전차 249대, M2/M3 전투차 218대였다.

특히 사단 휘하 포병여단의 전력은 제212야전포병여단(4개 대대)이 배속되면서 자주포 114대(보강 전 72대), MLRS 36대(9대)로 늘어났다. 전력 증강은 양보다 질을 우선시하는 형식으로 진행되어, 야전포병여단은 기존의 사단 포병이 보유하지 않았던 M110 203㎜ 자주포대대(24대)와 MLRS 대대(27대)를 보유하게 되었다. 증강된 포병전력 덕분에 제24보병사단은 이라크군의 장사정포에 대항할 수단을 손에 넣었다.

또한 후방지원능력도 확대증편되었다. 사단이 보유한 험비와 트럭 등 전술차량은 3,500대에서 6,566대로 늘었다. 우회작전용 연료보급을 위해 특별히 약 100대의 M978 유조차가 추가지원되었는데, 이는 M1A1 전차를 기준으로 환산하면 500대분에 달했다.

이른 아침의 전장은 남쪽에서 불어오는 모래바람에 하늘과 사막이 교차하는 지평선이 갈색으로 물들고 있었다. 국경의 모래방벽에는 이미 통로가 개설되었고, 국경 부근의 이라크군도 정찰대가 일소한 상태였다. 사단사령부의 맥카프리 소장은 초조해져 있었다. 아들이 복무 중인 제82공수사단과 다른 부대들은 이미 전투를 시작했고, 자신의 사단도 다음 날 아침에 공격을 시작할 예정이었다. 그

와중에 군단으로부터 공격개시를 15시간 앞당기라는 명령이 내려오면서 가라앉았던 사령부의 분위기가 다시 달아올랐다.

맥카프리 소장은 사단 전방의 세 지점에 늘어선 첫 공격목표들에 대응해 사단의 3개 기동여단을 국경 근처의 시골 마을인 니사브 동쪽에 횡대로 배치했다. 좌측에 제197보병여단, 중앙에는 제1여단, 우측에는 제2여단이 있었다. 사단 작전구역은 국경에서 유프라테스강 변까지 폭 70㎞, 종심 300㎞의 영역에 설정되었다. 목표까지의 거리는 140~200㎞로, 각각의 목표지점은 브라운, 레드, 그레이라는 코드를 붙였다.

당초 제24보병사단은 세 번째 여단으로 예비역 부대인 조지아주 방위군 제48보병여단(약 4,200명)을 제3여단으로 편성하는 토탈아미 체제를 활용할 계획이었지만, 도중에 48여단의 파병이 취소되고 대신 제197여단이 배속되었다.

제48보병여단은 90년 11월 소집 후 국립훈련센터에서 사막전 훈련과 신무기 적응훈련을 받아왔지만, 시간제 근무를 하는 주방위군의 숙련도 문제를 지적한 체니 국방장관은 결국 부대 파견 자체를 취소했다. 체니 국방장관의 파견기준은 '현역 일선 사단'과 대등한 수준이었다.

실제로 국립훈련센터에서 실시한 전력평가 과정에서 주방위군의 평가는 좋지 않았다. 제48보병여단장마저 불합격 판정을 받고 해임당했다. 소집된 주방위군 가운데 제1기병사단에 편입될 예정이었던 제155기갑여단과 제256보병여단도 파견이 취소되었다. 특히 제256여단은 8명의 중대장이 부적격 판정을 받아 해임당했고, 67명의 병사가 훈련장을 무단이탈한 데다, 집단탈영계획을 공모하는 사건까지 일어났다. 무단이탈 병사들의 변명도 훈련이 힘들어서, 집에 가고 싶어서, 식사가 맛이 없어서, 자유 시간이 적어서 등 한심한 이유였다. 군인이 되기 위해서는 총 쏘는 법을 배우기 전에 올바른 정신자세가 필요했다.[9]

오후 3시 00분, 제2여단의 제15보병연대 3대대의 레이먼드 바렛 중령은 공격개시선에서 900명의 부하들에게 진격 명령을 내렸다.

"좋아! 이놈들아 진격이다. 엔진 시동! 정신 차리고 가자."

3개 기동여단은 선봉인 제4기병연대 2대대(M3 브래들리 기병전투차)를 전방에 넓게 배치하고, 여섯 갈래로 나뉘어 사막을 가로질렀다. 기동여단은 중간에 연료보급시간을 제외하면 36시간 동안 멈추지 않고 전진했다.

각 여단은 적의 기습에 대처하기 쉽도록 V자 대형으로 시속 40~50km의 속도를 유지하며 북진을 계속했다. 진격로 상의 지면이 단단해서 낼 수 있는 속도였다. 맥카프리 소장은 먼저 아파치 공격헬리콥터(제24항공연대 1대대)를 보내 진격로 상의 적을 찾는 종심정찰을 실시했다. 헬리콥터 조종사인 톰 마더스 중위로부터 "아무것도 없다. 여기는 보이는 것이 전혀 없다."라는 보고가 들어왔고, 적의 저항도 거의 없었다. 국경지대에 이라크군이 없었기 때문에 맥카프리 소장은 (독단으로) 사단을 전진시켰다. 오후 3시 00분 바렛 중령은 이라크 영내 30km 지점으로 설정된 공격개시선을 넘어섰다.[10]

각 여단의 3개 대대(전차/보병)는 다양한 상황에 대처하기 쉬운 다이아몬드 대형으로 진격했다. 대형의 전방 8~16km에는 정찰소대를 배치해 경계태세를 유지했고, 본대의 4개 중대는 각각 동서남북 방향의 모서리에 배치했다.

그리고 전방과 후방에는 적과의 충돌이나 기습에 대비해 M1A1 전차중대를 배치했다. 각 전차중대는 3개 소대가 쐐기대형을 이루어 전진했다. 또한, 수송차량부대는 대대가 적어도 65km 전진하는 데 필요한 분량의 연료, 탄약, 물 등의 보급품을 싣고 뒤따랐다.

한편 오전 3시 00분에 진격을 시작한 공수군단의 우익인 제3기갑기병연대는 인접한 제7군단과의 연계를 유지하며 전진했다.

더글러스 스탈 대령의 제3기갑기병연대는 3개 기병대대를 중심으로 병력 4,272명, M1A1 전차 129대, M3 기병전투차 108대를 보유한 기갑부대였다. 제3기병연대는 기갑사단에 비해 기동성 면에서 이점이 있었지만, 제24보병사단과 제7군단 사이의 좁은 작전구역에서는 제 실력을 발휘하기 힘들었다. 그래서 제3기병연대는 우측에 제1대대, 좌측에 제2대대, 후방에 제3대대를 배치한 V자 대형으로 경계하며 전진했다. 하지만 G데이 당일에는 교전이 없었다.

제24보병사단은 일몰까지 이라크 영내 80km 지점에 진출했지만, 맥카프리 소장은 밤에도 멈추지 않고 진군을 계속했다. 다만 안전상의 문제로 전진속도를 시속 25km로 낮추고 기존의 횡대대형을 제197여단과 제2여단을 전방에, 제1여단을 후방에 두는 V자 대형으로 변경했다.

국경에서 80km 지점까지는 평탄한 사막지형이었지만, 앞으로 가야 할 길은 파도에 침식된 듯한 언덕과 험악한 절벽, 가파른 계곡이 이어지는 지형이었다. 게다가 날씨까지 헬리콥터가 뜰 수 없을 정도로 나빠졌다. 비나 모래바람에 시계가 1m까지 떨어졌지만, 전진은 계속되었다. 이런 악조건에서도 전진을 계속할 수 있었던 것은 장거리 전자항법장치, GPS, 야시장비(열영상조준장치)와 야시고글 등의 최신 장비들 덕분이었다. M1A1 전차의 열영상 야시장비는 악천후 환경에서도 1,200m까지 감시할 수 있었다.

와디에 들어선 제4기병연대 2대대의 M3 기병전투차들은 지나가면서 본 광경에 몸이 움츠러들었다. 계곡 사이로 이라크군의 전차와 차량이 추락해 있는 모습이 보였다. 이곳의 지형에 익숙한 이라크군도 야간행군 도중 추락한 듯했다. 와디를 빠져나오자 지금까지 내린 비로 폭이 넓어진 습지대가 나왔다. 기병대의 역할은 본대가 지나갈 수 있는 안전한 길을 찾는 것이었지만, 수렁에 빠지는 차량이 속출하는 바람에 제24보병사단은 습지대에서 몇

대의 차량을 잃었다. 병사들은 이곳을 'The great dismal bog'라 불렀다.[11]

습지대에서 강변으로 향하는 경사는 고저차가 290m에 달했다. 제24보병사단은 오전 0시에 와디와 습지대를 벗어나 120㎞를 전진했다. 여기서 맥카프리 소장은 진격의 고삐를 풀지 않고 계속 전진했다. 사단의 8,300대나 되는 차량집단은 험한 사막지대를 야간에, 악천후를 뚫고 전진했다.

이렇게 위험한 진군을 성공적으로 시도할 수 있었던 것은 발명자인 헨리 '버드' 크롤리(육군물자사령부 소속)의 이름을 딴 버드 라이트 덕분이었다. 버드 라이트는 주변 차량에 자신의 위치를 알려주는 소형 적외선 발광장치였다. 육안으로는 보이지 않고, 야시고글로 보면 적색으로 점멸하는 불빛을 2km 밖에서도 확인할 수 있었다. 약 1만 개의 적외선 발광장치가 사단에 배포되어 사단의 야간이동에 큰 도움이 되었다. 버드 라이트는 아군 간 오인사격 방지대책으로도 쓰였지만, 항공기에서 식별하기는 어려웠다. 그리고 지상에서도 3km 이상의 거리에서는 M1A1 전차의 고성능 조준장치조차 식별이 불가능했다.

제24보병사단은 쾌속 진격을 유지하고 있었지만, 맥카프리 소장은 보급문제를 생각하지 않을 수 없었다. 사단 보급장교의 계산에 따르면, 제24보병사단이 하루 소비하는 보급물자는 연료 40만 갤런, 물 2.3만 갤런, 탄약 2,200t 이상이었고, 운반해야 하는 연료는 FOB 코브라에 비축한 물량의 2배에 달했다.

유프라테스강 변에서 발생한 무적 M1A1의 전차 간 전투[12]

중사단이 전진을 계속하기 위해서는 매일 막대한 양의 연료 보급이 필요했다. 연비가 나쁜 가스터빈 엔진을 사용하는 M1A1 전차를 대량으로 운용하는 이상 피할 수 없는 문제였다. 다행히 공수군단이 전진하던 작전구역에는 적 전차부대가 배치되지 않아 G데이 당일에 전차전은 발생하지 않았다. 다만 제24보병사단 소속의 M1A1 전차가 정확한 위치와 시간을 알 수 없는 상황에서 전투를 벌였다. 톰 클랜시의 「기갑기병(Armored Cav)」에 기재된 내용으로 공식적으로 확인되지는 않았지만 27일 제197보병여단이 탈릴 공군기지를 공격하던 중 전차전이 발생했다.(동 여단은 이날 진흙에 빠진 2대의 M1A1 전차를 아군 전차포로 처분했다)

전투는 유프라테스강 변을 향해 진격하던 M1A1 전차 가운데 한 대가 진흙탕에 빠져 아군 구난전차를 기다리던 와중에 갑자기 나타난 이라크군 전차소대가 낙오된 전차를 공격하면서 시작되었다.(낙오된 전차의 소속부대는 그 전차를 남겨두고 그대로 진격하고 있었다) 상대는 T-72 전차 3대로, 전력비는 3대 1이었다. 게다가 M1A1 전차는 움직일 수도 없는 고정표적 상태였다.

먼저 T-72 전차가 포격을 시작했다. 1,000m에서 발사된 125㎜ 활강포의 대전차고폭탄(HEAT)이 M1A1 전차의 포탑에 명중했다. 포탑이 불꽃에 휩싸였지만, 잠시 후 모습을 드러낸 M1A1 전차는 별 이상이 없었다. 다음 순간, M1A1의 120㎜ 포가 발사한 M829A1 날개안정분리철갑탄(APFSDS)이 T-72 전차를 관통했다. 피격된 전차의 탄약이 유폭을 일으키면서 T-72 전차의 포탑이 날아갔다.

T-72 전차가 파괴되는 순간 M1A1 전차에 두 번째 포탄이 명중했지만, 이번에도 무사했다. 간담이 서늘해진 이라크군의 T-72 전차가 도주하기 시작했지만, M1A1이 쏜 포탄이 엔진부에 맞아 폭발해 엔진이 날아가며 대파되었다. 마지막 남은 T-72 전차(소대장차)는 도주를 포기하고 과감히 돌진해 400m의 지근거리까지 육박하며 철갑탄을 발사했다. 이번에는 M1A1의 전차병들도 죽음을 각오했지만, M1A1 전차의 장갑판에 흠집을 냈을 뿐이다. 아마도 이라크군은 텅스텐 철갑탄이 아닌 저렴한 강철 철갑탄을 사용했을 것이다. 회심의 일격이 무위로 돌아간 T-72는 주저 없이 모래언덕 사

이로 도망쳐 숨었다. 어설프게 회피한다면 M1A1의 포격에 당할 가능성이 높으므로 T-72는 모래언덕을 방패 삼아 숨었다. T-72의 조종수의 기량도 좋은 편이어서 도주에 성공하는 듯했지만, M1A1의 고성능 열영상 야시장비의 눈을 피할 수는 없었다. 모래언덕 너머로 열원을 감지한 M1A1의 포수는 세 번째 고속철갑탄을 발사했고, 포탄은 모래언덕을 뚫고 T-72를 파괴했다. 전투는 적 전차소대를 전멸시킨 M1A1의 완승이었다.

이 전투에서 M1A1의 전차포는 '무적의 창', 장갑은 '무적의 방패'에 걸맞는 위력을 보여주었다. 하지만 '모순'이라는 단어가 있듯이 '창과 방패' 어느 쪽이 더 강한지 비교해 보고 싶은 것이 사람의 심리인 법이다. 그리고 이 전투의 후일담에서 그 답이 나왔다.

진흙탕에 빠져 기동불능 상태가 된 M1A1이 적 전차소대를 격파한 후, 구조대가 도착했다. 2대의 M88 구난전차로 견인을 시도했지만, 60t이 넘는 강철덩어리는 꿈쩍도 하지 않았다. 별수 없이 적에게 노획되지 않도록 차량을 파괴하기로 했고, 아군의 M1A1 전차소대가 포격을 가했다. 하지만 정면 장갑에 쏜 두 발은 튕겨 나갔고, 다시 방향을 바꿔 후부를 노려 쏜 세 번째 탄에 폭발이 일어났지만, 포탑 탄약고의 상부 패널이 날아가면서 폭발이 차내까지 전파되지 않았다. 그나마 자동소화장치가 작동해 폭발로 발생한 화재도 금방 진화되었다. 결국, 세 대째 구난전차를 불러 견인한 후 내부를 조사한 결과, 손상은 조준장치 일부를 제외하면 주포 발사도 가능할 정도로 경미했다. 그래서 회수된 M1A1은 포탑만 신품으로 교체해 전선에 복귀했다. 이렇게 M1A1 전차의 '창과 방패'의 대결은 '방패'의 승리로 끝났다.

참고문헌

(1) Robert H.Scales Jr., Certain Victory: The U.S.Army in the Gulf War (New York: Macmillan, 1994), p199.

(2) Rick Atkinson, The Crusade: The Untold Story of the Persian Gulf War (Boston: HoughtonMifflin, 1993), pp382-384.

(3) Military Technology (August 1991), pp28-35.

(4) James J.Cooks, 100miles from Bagdad: with the French in the Desert Storm (Westport, Commecticut: Praeger Publishers, 1993), p95.

(5) Ibid, pp98-109.

(6) Dominic J.Caraccilo, The Ready Brigade of the 82nd Airborn in Desert Storm (Jefferson, North Carolina: Mcfarland&company, 1993), pp144-147.

(7) Thomas taylor, Lightning in the Storm: the 101st Air Assault in the Gulf War (New York: Hippocrene books, 1994), pp169-174, pp301-309. And INFANTRY (Sep-Oct 1994), p9.

(8) Taylor, Lightming, p175.

(9) Frank N.Schubert and Theresa L.Kraus, The Whirlwind War: The U.S.Army in Operations Desert Shield and Desert Storm (Wachington, D.C: CMH U.S.Army, 1995), pp122-125.

(10) U.S.News & World Report, Triumph without Victory: the history of the Persian Gulf War (New York: Random House, 1992), p306.

(11) James Kitfield, Prodigal Soldiers (New York: Simon&Shuster, 1995), pp398-399.

(12) Tom Clancy, Armored Cav (New York: Berkley books, 1994), pp57-58. And James F.Dunnigan and Austin Bay, From Shield to Storm (New York: William Morrow and Company, 1992), pp294-295.

제12장
2일째, '기상나팔 전투'와 사막의 쥐

미 제7군단에 맞서 『전차의 벽』을 구축한 알라위 사령관 [1]

대폭격에 이어 2월 24일 다국적군 지상부대의 진격이 시작되었다. 이라크군의 지휘계통은 폭격에도 불구하고 여전히 살아남아 있었는데, 이는 바그다드의 이라크군 총사령부(GHQ)가 지상전 첫날 저녁부터 일선 지휘관들에게 내린 지시를 통해 짐작할 수 있다. 쿠웨이트 방위를 담당한 이라크군 제3군단의 무함마드 중장은 미국 해병대가 군단의 퇴로를 차단하기 전에 쿠웨이트시에서 퇴각하라는 명령을 내린 상태였다.

보다 중요한 지령은 전역 전체의 작전지휘관인 알라위 공화국 수비대 사령관으로부터 하달되었다. 이라크군 총사령부는 와디 바틴 부근에서 쿠웨이트로 북상해 오는 다국적군을 상정해 남쪽으로 편향된 종래의 방위체제를 남서쪽으로 변경해 부대를 재배치했다. 다만 이 시점에서 이라크군 총사령부는 서쪽에서 오는 적이 다국적군의 주공인 제7

군단이라는 사실을 파악하지 못한 상태였다. 이라크군 정보부는 서부 방면의 주된 위협을 프랑스군 경장갑사단으로 추측했다. 하지만 이라크군의 입장에서 쿠웨이트 서쪽은 사단급 기갑부대를 배치하지 않은 무방비상태로 다국적군이 공격을 실시할 경우 약점을 노출할 가능성이 있었다. 측면 공격의 위험은 적의 규모와 별개로 위협적이라는 점은 군사적 상식이었으므로 이라크군 총사령부는 서둘러 대책을 수립했다.

이라크군 총사령부는 서부 사막지대에서 공격을 실시할 다국적군의 전력을 최대 사단 규모로 추측했다. 이들은 부대의 소요 보급량을 고려할 때, 사막에서 군단 규모의 장거리 기동은 불가능하다고 판단했다. 물론 이라크군의 관점에 국한된 판단이었다.

명령을 받은 알라위 중장은 휘하의 공화국 수비대가 아닌 육군 소속의 작전 예비대인 지하드 군단의 제12기갑사단을 저지부대로 지정하여 임무를 하달했다. 지하드 군단의 기존 임무는 와디 바틴(계

이라크군 기갑사단을 격파하고 쿠웨이트 영내로 진군하는 영국군 제1기갑사단 근위용기병연대의 챌린저 전차부대

곡) 부근으로 북상하는 다국적군에 대한 방어로, 이 전까지는 와디 인근에 진지지대를 구축하고 있었다. 제12사단의 제50전차여단은 경험이 풍부한 아사드 대령의 지휘 하에 진지를 구축하고 위장을 한 덕분에 다국적군의 폭격에도 약 90대(기존 108대)의 T-55 전차를 유지하던 부대로, 명령이 하달되자 기존에 구축한 진지를 떠나 이동하게 되었다.

24일 오후 9시 30분, 아사드 대령의 여단본부 야전 전화가 울렸다. 사단장의 연락이었다. 아사드 대령은 아랍 예절을 무시한 사단장의 직접 연락에 불안을 느끼며 전화를 받았다.

"우리들이 2주일 전에 정찰했던 장소를 기억하고 있나?" 아사드 대령은 그렇다고 대답했다. 그 장소는 군단 작전지역 남서부로, 만에 하나 다국적군이 서쪽에서 진격할 경우에 대비해 저지지점으로 설정한 곳이었다. 그곳에는 공병대가 구축한 전차용 엄폐호와 화기거점, 보병용 참호가 준비되어 있었다. 사단장은 아사드 대령에게 새로운 저지선으로 이동하라는 명령을 내렸다.

오후 11시 30분, 아사드 대령은 내키지 않았지만 명령대로 부대 이동을 시작했다. 제50전차여단은 어두운 사막을 서쪽으로 크게 우회해 공화국 수비대 타와칼나 기계화보병사단 전방에 설치된 응급 저지선으로 향했다. 아사드 대령이 탄 MT-LB 장갑차는 예정대로 날이 밝기 전에 저지선에 도착했다. 하지만 구식 T-55 전차(중국제 59/69식)는 속도가 느려서 해가 뜬 뒤에도 저지선에 도착하지 못했다. 이렇게 제50여단은 제7군단과 최초로 충돌하는 부대가 되었다.

지하드 군단의 제10기갑사단은 쿠웨이트의 북부 와디 부근에 포진했다. 제10기갑사단은 구식 T-55 전차로 무장한 제12사단과 달리 공격력이 우수한 T-62와 T-72 전차를 보유한, 이라크 육군에서 가장 잘 무장된 사단이었다.

알라위 중장의 구상은 주력부대인 타와칼나 기계화보병사단에 제12기갑사단 등 기갑전력을 증원해 '전차의 벽'으로 다국적군의 바스라 침공을 저지하거나, 적어도 진격을 지연시켜 이라크군 보급로

제7군단에 맞선 알라위 사령관의 '전차의 벽'

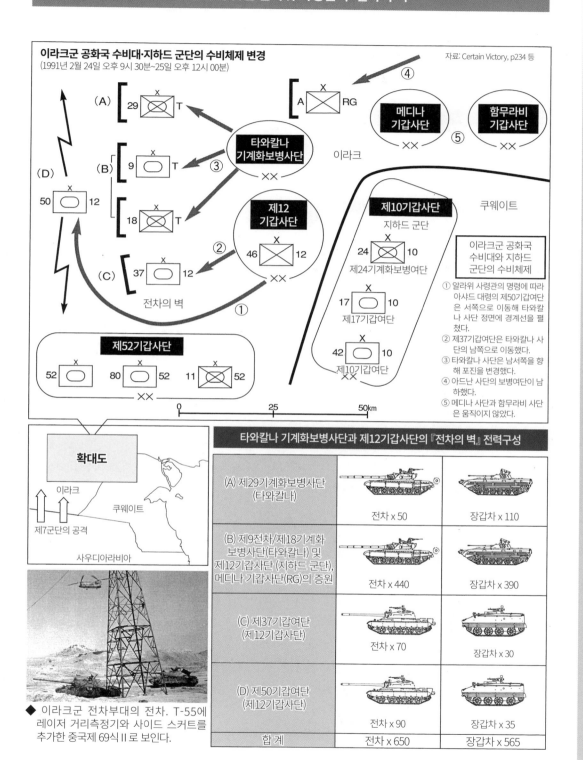

이라크군 공화국 수비대·지하드 군단의 수비체제 변경
(1991년 2월 24일 오후 9시 30분~25일 오후 12시 00분)

자료: Certain Victory, p234 등

(A) 29 T
(D)
(B) 9 T
50 12
③
18 T
(C) 37 12
전차의 벽
타와칼나
기계화보병사단
②
46 12
①
제52기갑사단
52   80 52   11 52

A RG
④
이라크
메디나
기갑사단
함무라비
기갑사단
⑤

제12
기갑사단

제10기갑사단
지하드 군단
24 10
제24기계화보병여단
17 10
제17기갑여단
42 10
제10기갑여단

쿠웨이트

이라크군 공화국
수비대와 지하드
군단의 수비체제

① 알라위 사령관의 명령에 따라
아샤드 대령의 제50기갑여단
은 서쪽으로 이동해 타와칼
나 사단 정면에 경계선을 펼
쳤다.
② 제37기갑여단은 타와칼나 사
단의 남쪽으로 이동했다.
③ 타와칼나 사단은 남서쪽을 향
해 포진을 변경했다.
④ 아드난 사단의 보병여단이 남
하했다.
⑤ 메디나 사단과 함무라비 사단
은 움직이지 않았다.

0   25   50km

확대도

이라크
쿠웨이트
제7군단의 공격
사우디아라비아

◆ 이라크군 전차부대의 전차. T-55에
레이저 거리측정기와 사이드 스커트를
추가한 중국제 69식 II로 보인다.

타와칼나 기계화보병사단과 제12기갑사단의 『전차의 벽』 전력구성

부대	전차	장갑차
(A) 제29기계화보병사단 (타와칼나)	전차 x 50	장갑차 x 110
(B) 제9전차/제18기계화 보병사단(타와칼나) 및 제12기갑사단 (지하드 군단), 메디나 기갑사단(RG)의 증원	전차 x 440	장갑차 x 390
(C) 제37기갑여단 (제12기갑사단)	전차 x 70	장갑차 x 30
(D) 제50기갑여단 (제12기갑사단)	전차 x 90	장갑차 x 35
합계	전차 x 650	장갑차 x 565

인 동쪽의 IPSA(송유관) 파이프라인 도로를 사수하려는 의도였다.

알라위 중장의 구상에 따라 타와칼나 기계화보병사단은 3개 여단을 북에서 남으로 제29기계화보병여단, 제9전차여단, 제18기계화보병여단 순으로 전개해 남서쪽을 향한 방위태세를 갖췄다. 여기에 타와칼나 사단의 북쪽(우익)을 지키기 위해 아드난 보병사단의 1개 보병여단(차량화)이 남하했고, 제12기갑사단의 제37전차여단도 후방에서 남서쪽(좌익)으로 전진했다. 그리고 제50전차여단이 이 벽의 전방에 폭넓게 배치되어 경계선을 형성했다. 또한 각 사단은 적의 접근을 조기에 탐지하기 위해 서쪽으로 정찰부대를 파견했다.(다만 정찰부대는 규모가 작아 제 역할을 하지 못했다)

이렇게 알라위 사령관은 다국적군이 제공권을 장악한 상황에서도 하룻밤 만에 전차 650대와 장갑차 565대를 배치해 '전차의 벽'을 구축하는 데 성공했다.

지상전 2일차(2월 25일)의 전황
격노한 슈워츠코프
"왜 프랭크스는 야간진군을 하지 않나?"

25일 이른 아침, 리야드 지상사령부의 작전실에 들어온 슈워츠코프 사령관은 지상군의 진군상황을 표시한 작전지도를 보고 격노했다.

슈워츠코프는 프랭크스 중장의 상관인 중부군 육군사령관 요삭 중장에게 전화를 걸었다.

"도대체 제7군단은 뭘 하고 있나? 적과 교전하지도 않으면서 밤에 느긋하게 쉬고 있다니!"

슈워츠코프 대장의 호통에 요삭 중장은 알아보겠다고 대답했다. 잠시 후 요삭 중장은 프랭크스가 원래 작전대로 일단 군단의 태세를 정비한 다음, 다음날 26일(G+2)에는 공화국 수비대를 공격할 예정이라고 보고했다.

보고를 받은 슈워츠코프는 상황이 만족스럽지 않았지만, 공화국 수비대가 쿠웨이트 북부 국경 부근에서 포진한 채 철수할 기미를 보이지 않자 프랭크스의 행동을 용인했다.[2]

한편 전장의 한가운데 있던 제7군단의 프랭크스 중장도 육군사령관 요삭 중장으로부터 슈워츠코프 사령관이 제7군단의 진격속도에 만족하지 않고 있다는 말을 전해들었다.

"나는 불만이 없네. 하지만 슈워츠코프 사령관은 제7군단이 좀 더 빨리 진격해야 한다고 노발대발하고 있네."

이 말은 들은 프랭크스는 격분했다.

"현장 상황이 어떤지 모르는 건가? 내일 7군단은 공화국 수비대를 향해서 동쪽으로 90도 급선회해 적의 3개 사단과 전투를 벌여야 하네. 전장의 좁은 틈바구니 사이로 군단의 차량과 부대를 이동시키는 일이 쉬운 줄 아나!" 프랭크스 중장은 요삭 육군사령관에게 내일 슈워츠코프 사령관과 직접 대화하겠다 말했다.[3]

프랭크스와 슈워츠코프 간에 존재하는 갈등의 원인은 분명 리야드의 지하사령부에 있는 사령관과 전장에서 악전고투를 치르는 현장 지휘관이라는 입장차이에 있었다. 하지만 가장 중요한 작전을 앞두고 지휘관 간의 갈등을 풀기 위해서는 요삭 중장을 중간에 세우기보다는 서로 직접 대화를 나눠야 했고, 이는 슈워츠코프 사령관의 역할과 책임이었다.

서부에서는 지상전 2일차(G+1) 이른 아침부터 제18공수군단의 프랑스군 제6경장갑사단이 목표 로샹보 일대의 잔존 이라크군 소탕에 돌입했다. 우회기동한 서부전투단은 목표 화이트를 공격해 이라크군 제45보병사단 주력을 격파하고 국경 기준 120km 영역을 장악했다. 하지만 거점 살만의 점령은 악천후로 시계가 악화되면서 명일로 연기되었다.

우익의 제101공수사단은 한시라도 빨리 이라크군의 후방을 제압하기 위해 대담한 작전을 감행하기로 했다. 24일에 확보한 작전기지 코브라와 국

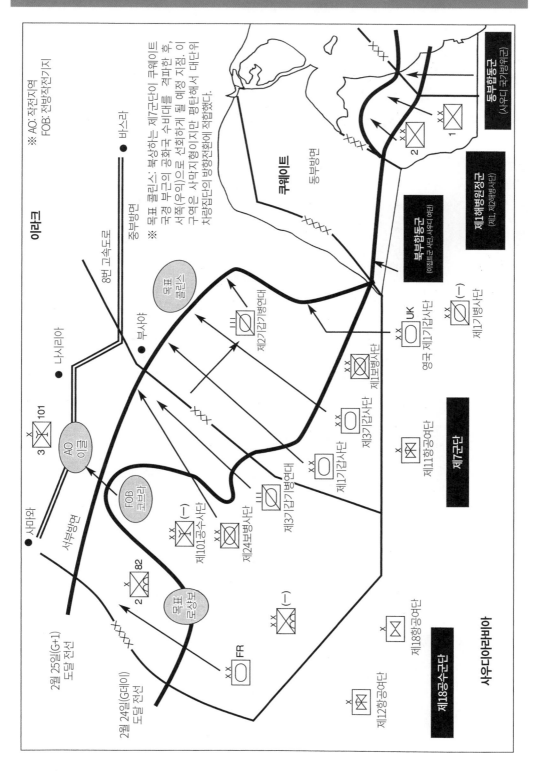

'사막의 기병도 작전' 2월 24일~25일의 전황

경 부근의 집결지에서 제3공수여단 락카산*이 헬리콥터로 유프라테스강 변의 8번 고속도로 부근에 설정한 작전지역(Area of Operations) 이글에 공중강습을 실시하는 작전이었다. 완전무장한 공수부대원 16명을 태운 UH-60 블랙호크 헬리콥터 125대는 100km 이상의 거리를 저공비행으로(이동시간 1시간 17분) 날아간 끝에 사상 최장거리 강습작전에 성공했다.

한편 군단의 우익에서는 제24보병사단 소속 3개 기동여단이 비에 젖은 습지대와 진흙탕을 뚫고 시속 25km로 전진했다. 각 여단은 각각의 공격목표를 압도적인 화력으로 제압하며 이라크 영내로 140km 이상 진출했다. 여단장 가운데 한명은 이 쾌속 진격을 "그야말로 식은죽 먹기나 다름없었다."고 평했다.

중부방면의 제7군단은 진격 과정에서 공화국 수비대와 산발적으로 전투를 벌였다. 3개 기동여단이 쐐기대형으로 북쪽으로 진격하며 군단 좌익의 제1기갑사단과 공지합동 전술로 전투를 진행해 나갔다.

최초로 조우한 적은 이라크군 제26보병사단 제806여단의 1개 대대가 포진한 방어진지였다. 방어진지는 제1기갑사단과 55~65km가량 떨어져 있었다. 제7군단은 먼저 공군지원을 요청했고, 공군의 A-10 지상공격기 편대가 클러스터 폭탄을 투하하면서 공격이 시작되었다. 이어서 사단 제4항공여단 3연대 1대대 C중대의 AH-64 아파치 공격헬리콥터 6대와 OH-58 정찰헬리콥터 4대가 도착했다. 아파치는 30mm 기관포와 헬파이어 대전차미사일 8발 또는 70mm 로켓 38발로 무장했다. 헬리콥터 편대가 저공에서 적진지를 공격하는 동안 제3여단 불독이 적진에 접근했다. 불독 여단의 돌입에 앞서 제1포병여단 3대대의 M109 자주포 24대가 공격 준비포격으로 155mm 포탄 756발을 발사했다. 이 준비

....
* 낙하산의 일본어 발음이 부대명이다. (역자 주)

포격에 많은 이라크군 병사들이 죽고, 더 많은 병사들이 전의를 상실했다.

항공폭격과 포병의 준비포격이 끝나자 M1A1 전차부대가 적진을 향해 제압사격을 시작했다. 전차들은 악천후 속에서도 2~3km 거리에서 열영상 야시장비로 포착한 적을 120mm 활강포로 정확히 조준 사격할 수 있었다. 포격을 시작하기 전에 이라크군 병사들에게 항복 권고 방송을 했는데, 인도주의적 이유보다는 작전 시간을 단축하고 아군 희생을 줄이기 위한 선택이었다. 항복 권고 방송 후 약 120대의 M1A1 전차와 50대의 M2 보병전투차로 구성된 기갑부대가 장애물 돌파용 도저전차를 선두에 세우고 적진으로 돌격했다. 500여 명의 보병이 주둔한 이라크군 진지지대는 단 10분 만에 제압되었다.

전투 결과 이라크군의 전차 2대, 장갑차 25대, 야포 9문, 대공화기 14문, 트럭 48대를 격파했고, 314명의 포로를 잡았다. 전장에는 폭격과 포격으로 사망한 병사, M1A1 전차의 고폭탄에 맞아 참호 안에서 폭사한 병사, 미군에 맞서 싸우다 전사한 병사 등 이라크군 병사들의 시체들이 즐비하게 흩어져 있었다. 진격을 계속한 제1기갑사단은 해가 질 무렵에는 이라크군의 보급기지가 있는 부사야 전방 약 10km 지점에 도착했다.

군단의 전위부대인 제2기갑기병연대는 진격하는 제1기갑사단에 진격로를 열어주기 위해 동쪽으로 이동하여 제3기갑사단의 정면으로 전진했다. 오후 12시 30분, 제2기갑기병연대가 아사드 대령의 이라크군 제50전차여단의 진지지대와 조우했다. 기병연대는 오후 2시경까지 전투를 실시하여 이라크군 진지를 돌파했고, 아사드 대령을 포로로 잡았다. 종대대형으로 이동하던 제3기갑사단은 전장이 넓어지자 2개 기동여단을 선행시키며 V자 대형으로 변경했다.

제7군단 우익 선봉인 제1보병사단은 오전 6시부터 전날 확보한 교두보를 확장하는 데 전력을 다했

고, 정오까지 이라크군 제26보병사단을 몰아내고 PL 뉴저지에 도착했다. 제1보병사단은 이곳에 잠시 정지하고, 후방의 영국군 제1기갑사단이 이라크 영내를 향해 초월전진했다. 영국군 제1기갑사단의 임무는 진군 경로에 위치한 이라크군 제7군단 예비대인 제52기갑사단을 격파해 군단의 우측면을 보호하는 것이었다.

동부방면에서는 좌익의 북부합동군 주력인 이집트군이 오전 4시부터 방어선에 돌파구를 형성하고 교두보를 확보한 후 국경 부근을 제압했다. 우익의 동부합동군도 페르시아만 부근에서 진격했지만, 너무 많은 포로가 발생하는 바람에 진격이 지체되고 있었다.

한편 미 해병대의 쾌속 진격은 이날도 계속되었다. 다만 우익인 제1해병사단은 이른 아침부터 부르간 유전 근처에서 이라크군의 강한 반격에 직면했다. 불타는 유전의 매연에 몸을 숨긴 이라크군 제5기계화보병사단이 최후의 공격에 나섰다. 시계가 불량한 전장은 1시간 가량 혼전 양상을 보였지만, 곧 해병항공단의 AV-8B 해리어 공격기와 AH-1W 공격헬리콥터, 그리고 포병의 지원을 받은 TF 리퍼와 TF 셰퍼드가 이라크군의 반격을 물리쳤다. 격렬한 전투 끝에 이라크군은 전차 80대, 차량 100대를 잃고, 포로 2,000명을 남긴 채 후퇴했다. 이 전투는 후일 '부르간 유전 전투'라 불리게 된다.

이날 제1해병사단은 자베르 공군기지를 제압했고, 선봉대는 쿠웨이트 시 남쪽 16km 지점까지 접근했다. 중앙 우익의 제2해병사단은 타이거 여단, 제6해병연대, 제8해병연대를 횡대대형으로 전개한 채 진격해 이라크군 제3군단의 기갑부대(제3기갑사단과 제1기계화보병사단)가 방어중인 지역을 제압하고, 오후 10시에는 아이스 트레이(얼음틀) 지구까지 제압했다. 이 과정에서 약 5,000명의 포로를 잡는 전과를 올렸다.

지상전 2일째의 최대의 전과는 첫날에 이어 전투를 치른 제2해병사단 8해병연대 브라보 중대가

치른 전차전인 '레벌리(기상나팔) 전투'였다.

같은 날 전투에 참가한 영국군 제1기갑사단도 이라크군 기갑사단과 정면충돌해 챌린저 전차의 압도적인 파괴력을 과시했다.

'기상나팔 전투' 브라보 전차중대, 매복공격으로 T-72 전차대대 격파 [4]

오전 5시 45분, 지상전 2일차의 개막을 알리는 기상나팔이 브라보 전차중대에 울려 퍼졌다. 전장에서 첫날밤을 보낸 부중대장인 엘런 하트 대위(28세, 농부)는 기상나팔이 울리기 15분 전에 일어났다. 당시 페르시아 만의 일출시각은 6시로, 주변은 아직 어두웠다. 하트 대위는 6시 30분에 개시될 공격에 관해 회의를 하기 위해 M1A1 전차 뒤에서 자고 있는 중대장 퍼킨슨 대위를 찾아갔다.

브라보 중대는 휴식 중에도 견고한 방어태세를 유지하기 위해 전차를 원진으로 배치해 사방을 경계하며 밤을 보냈다. 하트와 퍼킨슨이 대화를 시작할 무렵, 전차의 열영상 야시장비를 보고 있던 브래드 브리스코 상병(23세, 전기공)은 지평선상에서 북쪽으로 이동하는 장갑차량을 발견해 곧바로 중대장에게 보고했지만 지휘관들은 보고를 대수롭지 않게 여겼다.

"아마도 아군의 암트랙(해병대의 AAV7 상륙장갑차의 별명)이 이동중일 거야. 걱정 할 필요 없어."

브리스코 상병은 그냥 돌아갈 수밖에 없었다. 하지만 브리스코 상병은 자신의 판단에 자신이 있었다. 게다가 건성으로 상대하는 하트 대위의 태도가 불만스러워서 그대로 자신의 전차로 돌아가지 않고, 일부러 하트 대위의 M1A1 전차 '크루세이더'에 가서 포수인 리 포블 상병(23세)에게 자신이 장갑차량을 발견한 방향을 알려주고 확인을 부탁했다.

사실 중대장들은 브리스코 상병의 보고가 있기 전에 소련제 차량의 엔진음을 들었다는 보고를 받았다. 하지만 어처구니없게도 두 명의 중대장은

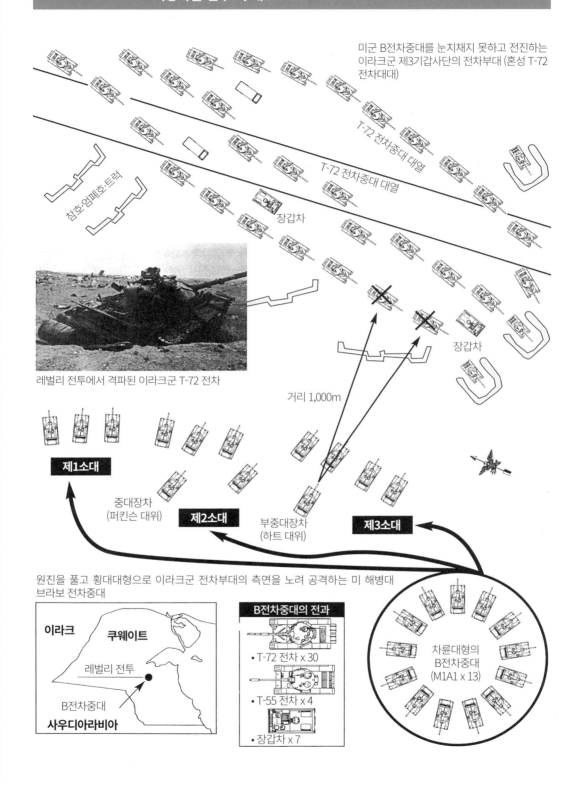

미군 B전차중대를 눈치채지 못하고 전진하는
이라크군 제3기갑사단의 전차부대 (혼성 T-72
전차대대)

T-72 전차중대 대열

T-72 전차중대 대열

참호·엄폐호·트럭

장갑차

레벌리 전투에서 격파된 이라크군 T-72 전차

장갑차

거리 1,000m

제1소대

중대장차
(퍼킨슨 대위)

제2소대

부중대장차
(하트 대위)

제3소대

원진을 풀고 횡대대형으로 이라크군 전차부대의 측면을 노려 공격하는 미 해병대
브라보 전차중대

이라크   쿠웨이트

레벌리 전투

B전차중대

사우디아라비아

B전차중대의 전과

• T-72 전차 x 30

• T-55 전차 x 4

• 장갑차 x 7

차륜대형의
B전차중대
(M1A1 x 13)

부하들의 보고를 믿지 않았고, 사실 여부를 확인하지도 않았다. 만약 보고가 사실이라면 적에게 기습공격을 당할 위기 상황이었지만, 두 사람은 한 시간 후의 공격임무에 대해서만 의논했다.

잠시 후 하트와 퍼킨슨의 귀에도 디젤엔진 특유의 소리가 미세하게 들리기 시작했다. 두 사람은 대화를 중단하고 귀를 기울였다.

"암트랙의 소리가 아니다!"

해병대의 암트랙에 탑재된 커민스제 V형 디젤엔진 소리와는 확연히 다른 적 전차의 엔진음이었다.

하트 대위는 전투태세를 외치며 자신의 전차로 뛰어갔다.

오전 5시 50분, 자신의 전차 '크루세이더'에 탑승한 하트 대위는 어째서인지 이미 작동하고 있는 열영상 야시장비를 확인했다. 아침 안개, 먼지, 매연 등 방해요소가 많았지만 적의 모습이 잡혔다. 화면에는 적어도 12대의 이라크군 T-72 전차가 보였다. 적은 종대대형으로 남북으로 이어지는 포장도로 부근의 경사면을 좌에서 우로, 브라보 중대의 정면을 횡단하듯이 이동하고 있었다. 거리는 가장 가까운 하트 대위의 전차에서 동쪽 방향으로 약 1,800m 거리였다. 이 거리는 T-72 전차의 125mm 주포의 표준 유효사거리였다.

포장도로는 사막에 이어진 낮은 능선 같은 지반 위에 있었다. 하트 대위의 위치에서 볼 수 있는 것은 도로의 한쪽 면뿐이었고, 도로 너머 정면의 지형이 낮은 곳의 상황을 알 수 없었다. 게다가 도로 부근에는 적의 참호와 벙커가 여러 개 있었다.

하지만 운은 브라보 중대에게 있었다. 이라크 전차부대는 전방(남쪽)을 향해 주포를 고정한 상태로, 아직 어두운 시간대여서 가까운 주변만을 주시하며 천천히 전진하고 있었다. 때문에 이라크군은 진행방향의 우측(서쪽)에 있는 미 해병대 전차부대를 눈치채지 못했다. 하트 대위는 이라크군의 T-72 전차부대를 역습부대로 판단했다. 당장 보이는 숫자는 중대 규모였다.

적을 발견한 중대에는 경보가 발령되었다. 다들 '캔디 케인 전투'와 같이 훈련받은 대로 재빨리 움직였다. 3개 전차소대는 온라인(일렬횡대)으로 대형을 전환한 후 포탑을 일제히 선회해 최대 화력을 집중해 적의 측면을 공격하려 했다. 하지만 브라보 중대는 원진대형을 풀고 공격에 나서지 못하고 있었다. 이제 가동을 시작한 M1A1 전차가 아직 잠에서 깨지 못했기 때문이다. 1,500hp의 가스터빈 엔진을 예열하는데 필요한 시간은 최저 40초정도로 짧았지만, 야간전투에 필수적인 열영상 야시장비의 적외선 감지기를 작동시키기 위해서는 센서를 −200도까지 냉각시켜야 했고, 여기에 2분의 시간이 필요했다.

적을 코앞에 두고 2분이나 눈이 보이지 않는 상황은 영원에 가깝게 길게 느껴졌다. 하지만 우습게도 날이 밝기 시작했고, 전장에 해가 떠오르며 야시장비의 우위는 사라졌다.

하트 대위의 제3소대는 이미 원진을 풀고 적을 향해 온라인(일렬횡대) 대형을 구성했다. 각 전차의 차장은 전장의 상황과 공기를 직접 느끼기 위해 큐폴라에서 몸을 내놓고 주변을 살피며 사선 상에 아군의 해병이나 전차가 없는지 재차 확인했다.

하트 대위의 전차 '크루세이더'의 전투준비는 완벽했다. 전차장석에 서서 하트 대위는 중대장답게 부하들에게 무선으로 소리쳤다.

"전차! 적 전차! 정면이다!"

원래 말이 빠른 하트 대위였지만, 이번에는 다급함에 말이 빨라졌다.

"프레데터6,(퍼킨슨의 콜사인) 여기는 호크1.(하트) 지금 당장 온라인(일렬횡대)으로. 여기는 호크1 온라인이다."

제3소대의 좌측에 와야 할 퍼킨슨 대위의 제2소대(중앙)와 제1소대(좌익)는 전차의 엔진 예열 문제로 여전히 대열에 진입하지 못하고 있었다. 그러나 부하들의 보고를 무시한 대가를 치르던 하트 대위에게는 부대원을 꾸짖을 자격이 없었다. 자신이 누구보다 빨리 적 전차를 발견할 수 있었던 것도 브리스코 상병이 포수에게 열영상 야시장비로 적 전차 확인을 부탁하며 미리 스위치를 켜 둔 덕분이었다.

"중대장님, 쏘겠습니다. 놈들이 이동하고 있습니다!"

포수인 포블 상병이 소리쳤다. 하트 대위는 다시 열영상 야시장비를 확인했다. 그러자 오싹한 영상이 눈앞에 나타났다. 적 전차부대의 선두 T-72 전차의 포탑이 브라보 중대 방향으로 선회하고 있었다.

하트 대위는 위기를 느끼고 곧바로 레이저 거리측정기의 버튼을 눌러 적과의 거리를 계측했다. 조준장치에 표시된 거리는 1,000m 였다. 초기 대처에 실수하는 바람에 적 전차의 유효사거리 안에 들어와 있었다. 게다가 지금 포탄 장전 명령을 내린다 해도 이미 늦었다. 적 T-72 전차가 먼저 사격할 가능성이 훨씬 높았다. 하지만 포블 상병이 하트 대위의 명령이 내려지기 전에 이미 M829A1(전차병들은 '사보'라 부른다)을 장전하고 사격준비를 끝마친 상태였다. 부하의 임기응변 덕분에 하트 대위는 적 전차가 조준선에 들어오자마자 발사를 명령할 수 있었다. 포구를 떠난 열화우라늄 관통자는 0.6초 후 목표 전차에 명중했고, T-72는 폭발을 일으키며 불덩어리가 되었다. 전차병들은 환호할 틈도 없이 포탑을 왼쪽으로 돌려 두 번째 적 전차를 향해 사격을 실시했다. M1A1 전차의 조준장치의 성능을 생각하면 빗나갈 수 없는 거리였다.

응전하는 이라크군 T-72 전차의 포탄이 '크루세이더'와 옆의 길버트 중사의 전차 '웬즈 차우' 근처에 착탄했다. 이 때 브라보 중대의 나머지 전차소대가 대열에 들어와 진형을 갖추기 시작했다. 중대에서 두 번째로 발포한 전차는 하트 대위 우측의 '웬즈 차우'였지만, 조준선을 높이 잡았는지 두 발이 연속으로 빗나갔다.

3,000m 거리에서 M1A1 전차의 초탄 명중률이 90%임을 고려하면 1,000m의 근거리에서 연속으로 두 발이 빗나간 원인은 실전상황으로 인한 당황일 가능성이 높다.

하트 대위는 침착하게 포블 상병에게 포탑을 오른쪽으로 돌리라고 명령했다. 세 발째 열화우라늄탄이 발사되었고 전장에는 세 번째 불덩어리가 생겼다.

첫 발포 후, 90초가 지나자 드디어 각 전차들의 열영상 야시장비가 가동되었고, 13대의 M1A1 전차가 정렬해 적 전차와 본격적인 교전에 돌입했다.

교전 초기 하트 대위가 확인한 이라크군 전차부대의 규모는 12대였지만, 이후에도 계속해서 적 전차들이 나타났다. 하트 대위가 본 중대규모의 전차부대는 실제로는 2열종대로 1개 중대가 더 있었고, 도로 너머에도 세 번째 전차중대가 있었다.

브라보 중대가 조우한 적은 전차 35대와 중국제 TW531 장갑차로 구성된 혼성 전차대대였다. 게다가 전차의 대부분은 신형 T-72 전차였다.

이 전차전은 어둠속에서 도로가 차폐물이 되어 양군 전차부대가 우연히 충돌해 발생한 전투로, 교전거리가 1,000m 대에 불과한 근거리 난타전 양상으로 전개되었다. 하지만 고성능 야시장비가 없는 이라크군 전차부대는 어둠 속에서 M1 전차를 정확히 조준하지 못했다. 해가 뜨면 전장이 밝아지고 이라크군도 반격할 수 있었다. 하지만 그때까지 이라크군 전차가 얼마나 남아있을지 알 수 없었다.

아군이 차례차례 폭발해 불덩어리가 되는 모습을 보고 있던 이라크군 T-72 전차부대는 도로의 경사면 너머 번쩍이는 발사광을 보고 해병대 전차부대 방향으로 돌진해 왔다. 하트 대위의 '크루세이더'는 네번째 적 전차를 격파했다. 이때부터 브라보 중대의 다른 전차들도 적 전차를 격파하기 시작했다.

제2소대의 전차 4대와 퍼킨슨 대위의 중대장차가 중대의 대열 중앙에 자리를 잡았다. 퍼킨슨 대위는 적이 대대규모임을 확인하고 중대 전원의 무운을 기도하며 다음 표적을 찾았다.

정찰·전투지원용 스콜피온 정찰장갑차

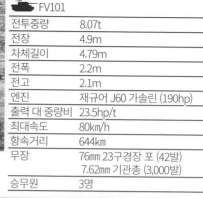

FV101	
전투중량	8.07t
전장	4.9m
차체길이	4.79m
전폭	2.2m
전고	2.1m
엔진	재규어 J60 가솔린 (190hp)
출력 대 중량비	23.5hp/t
최대속도	80km/h
항속거리	644km
무장	76mm 23구경장 포 (42발)
	7.62mm 기관총 (3,000발)
승무원	3명

제5 퀸즈 로열 창기병연대 16대대에 배치된 FV101 스콜피온.
76mm포의 화력과 80km/h의 빠른 속도가 무기인 정찰장갑차.
차체 후부에 보이는 유니온잭은 오인사격 방지용이다.

FV102 스트라이커 대전차미사일 장갑차
스윙파이어 대전차미사일 5연장 발사기 탑재, 사거리 4km,
예비탄 5발.

FV105 술탄 지휘장갑차
승무원 6명, 후부가 스파르탄보다 0.3m 높으며, 실내에
무전기, 지도판 등을 설치했다.

FV103 스파르탄 장갑차
승무원 2명+보병 5명

FV106 삼손 회수차
승무원 3명, 윈치, 스페이드 장비

FV104 사마리탄 구급장갑차
승무원 2명+구급침상 4개

FV107 시미터 정찰장갑차
승무원 3명, 30mm 라덴 기관포(165발)

5,100m 에서 T-55를 격파한 영국군 주력전차 챌린저1

2월 25일에 돌파구를 초월전진한 영국 육군 제7기갑여단 근위용기병연대 소속 챌린저1 전차. 차체 전면과 양 측면에는 대형 증가장갑이 추가되었음을 확인할 수 있다.

용기병연대의 챌린저1 전차가 발사한 HESH(점착고폭탄)에 격파된 이라크군 제52기갑사단의 T-55 전차

챌린저1의 포탑부 경사장갑에는 유명한 초범아머(복합장갑)이 적용되었다. 포탑 전방 우측에는 TOGS 열영상야시장비가 장착된다.

🚀 챌린저1

전투중량	62.0t	출력 대 중량비	19.4hp/t
전장	11.56m	최대속도	56km/h
차체길이	8.33m	항속거리	450km
전폭	3.5m	무장	120mm 강선포(64발)
전고	2.95m		7.62mm 기관총(4,000발)
엔진	콘도르 CV12 디젤 (1,200hp)	승무원	4명

제2소대의 제프리 데커스 중사(37세, 역사교사)의 전차 '록킹 리퍼(사신)'는 중대에서 세 번째로 많은 전차를 격파했다. 데커스 중사가 본격적으로 교전에 돌입했을 때 이미 날이 밝아지고 있었다. 이제 야시장비의 우위는 사라졌고 이라크군 전차부대도 해병대 전차부대를 정확히 조준 공격할 수 있었다.

데커스 중사가 전장을 살펴보자 적 전차 8대가 불타오르고, 살아남은 7대가 접근중이었다. 데커스 중사는 훈련받은 대로 부하들에게 지시를 내렸다. 잠시 후 9대째 적 전차가 불타올랐다. 전투에 가세한 퍼킨슨 대위도 적 전차 3대를 잡았다.

하트 대위의 제3소대가 적과 가장 가까웠고, 먼저 포격준비를 완료해 전투에서 가장 활약했다. 제3소대의 알폰스 피네더 중사(36세, 이민자, 중개업자)의 전차는 하트 대위의 전차와 함께 있었지만 레이저 거리측정기가 고장나 정확한 포격을 할 수 없었고, 아쉽지만 후퇴해야 했다.

동료를 남겨두고 물러나는 피네더 중사는 큐폴라에서 포탑 안으로 내려가 전차장석에 앉아 적의 정보를 알려주는 감시역할을 수행했다. 전차의 열영상 야시장비로 전장을 보고 있던 피네더 중사는 몇 개월 전에 본 전쟁영화 '발지 전투'의 한 장면을 감상하는 느낌이었다고 증언했다. 영화에서는 독일군의 티거 전차가 미군 셔먼 전차를 일방적으로 격파했지만, 이번에는 미군의 M1 에이브럼스 전차가 이라크군의 T-72 전차를 일방적으로 격파하고 있었다.

교전시작 90초 만에 20여대의 이라크군 전차가 파괴되었고, 이후 5분 30초 동안 브라보 중대의 M1A1 전차는 혼란에 빠진 이라크군 전차부대를 차례차례 격파했다. 그리고 7분 후에는 불타는 동료 전차들의 잔해를 남기고 이라크군 혼성전차대대가 도주하기 시작했다.

이때 원군인 제8해병연대의 TOW 험비가 전투에 가세했다. 데커스 중사의 목격담에 의하면 하트 대위의 M1A1 전차와 TOW 험비가 동시에 적 전차를 공격했는데, 험비의 TOW 대전차미사일이 먼저 발사되었지만, M1A1의 포탄도 거의 동시에 적 전차에 착탄했다. 미사일보다 6배 가량 빠른 철갑탄이 일으킨 우연이었다. 물론 명중한 적 전차는 확실히 격파되었다.

기상나팔 소리와 함께 시작된 전차전은 오전 6시 30분에 대미를 장식했다. 마지막에 발포한 전차는 레이저 거리측정기 수리를 마치고 전선에 복귀한 피네더 중사의 전차로, 이라크군 전차를 1,170m에서 철갑탄을 발사해 격파했다. 피네더 중사는 자신이 격파한 적 전차가 불타오르는 모습을 두려운 시선으로 바라보고 있었다.

브라보 중대의 지휘관 퍼킨슨 대위는 무선으로 다음과 같이 외쳤다.

"정말 멋진 아침 기상이군!"

해병 전차부대 측은 전혀 피해를 입지 않은, 완벽한 승리였다.

포성이 멈추고 초연이 낮게 깔린 전장에는 격파된 적 전차의 불타는 잔해가 여기저기 흩어져서 마치 이라크군 전차부대의 무덤처럼 보였다. 묘비에 새겨진 이름은 T-72 전차 30대, T-55 전차 4대, 장갑차 7대였다.

살아남은 이라크군 병사들은 망연자실한 얼굴로 참호에서 기어나왔다. 포로는 72명이었고, 중상자 12명은 브라보 중대 위생병의 치료를 받았다. 중상자 중에는 동료의 부축을 받으며 나오다 그대로 전장에 쓰러져 숨을 거두는 병사도 있었다.

차후 밝혀진 정보에 따르면 브라보 중대와 격돌한 부대는 이라크 육군 쿠웨이트 방위부대의 주력인 제3기갑사단 소속 제8기계화보병여단의 혼성전차대로 이란-이라크 전쟁에서 활약했던 정예 부대였다. 이라크군 전차대대는 해가 뜨는 것과 동시에 미 해병대에 역습을 가하기 위해 남쪽으로 진격하던 중 제8해병연대의 보급부대를 발견했다. 그리고 절호의 표적을 발견하고 공격을 위해 도로를 넘어서 전진하던 혼성전차대대는 브라보 중대의 측

야간전투에서 이라크군 소탕 임무의 주력으로 활약한 FV510 워리어 보병전투차

FV510	
전투중량	25.7t
전장	6.34m
전폭	3.03m
전고	2.79m
엔진	퍼킨스 CV-8 디젤(550hp)
출력대 중량비	21.4hp/t
최대속도	75km/h
항속거리	660km
무장	30mm 라덴 기관포(250발) 7.62mm 기관총(2,000발)
승무원	3명+7명

▲ 영국은 324대의 워리어 보병전투차를 배치했다. SA80 소총으로 무장한 보병이 차체 내부 우측에 4명, 좌측에 3명 탑승한다.

▲ 스태퍼드셔 연대 제1대대 화력지원중대의 FV510 워리어. 알루미늄 방탄장갑의 차체에 증가장갑을 추가했다. 포탑 오른쪽 위로 밀란 대전차미사일을 탑재한다.

크레인과 윈치를 장비한 FV512 워리어 MRVR 구난장갑차

진격중 홍차를 마시며 휴식을 취하는 영국군 기계화보병부대. 포탑에 걸린 깃발은 오폭방지용이다.

면 기습공격을 받고 말았다. 전방의 해병대의 보급부대를 노리고 있었으므로 T-72 전차의 주포는 전부 전진방향으로 지향되어 있었다.

결과적으로 이라크군을 역습한 전투였으므로 해병대는 이 전투를 『기상나팔의 반격(counter attack)』이라 불렀다.

이라크군 전차대대 35대 중 34대의 전차가 13대의 에이브럼스 전차에 일방적으로 격파당한 이유는 무엇일까? 어둠 속에서 기습을 당한 점도 작용했지만, 교전거리는 T-72 전차의 주포가 위력을 발휘하는 1,000m 내외였고, 본격적인 전투가 벌어진 시점에는 전장에 해가 떠올라 주간용 조준기로 충분히 목표를 조준 사격할 수 있었다. 그러나 수적으로 우세한 T-72 전차부대는 한 발의 포탄도 M1A1 전차에 명중시키지 못했다.

퍼거슨 대위는 T-72 전차의 사격정밀도가 좋지 않았던 원인으로 자동장전장치의 구조적 결함을 지적했다. T-72의 카세트형 자동장전장치는 포격 후 일단 수평위치로 주포를 되돌려야 자동장전을 할 수 있는 구조여서 주포의 조준을 표적에 유지할 수 없었다. 일반적으로 전차포 사격 시 초탄이 빗나가도 차탄은 주포를 미세조정해 명중시키게 되는데, 이 과정이 복잡해진 것이다.

그리고 재장전에 12초나 걸리는 점도 급작스런 조우전에서 불리하게 작용했다. 탄약수가 수동 장전하는 에이브럼스 전차의 경우 12초면 최소한 2발 이상을 발사할 수 있었다. 하지만 명중률이 크게 떨어진 근본적 원인은 이라크군 전차병의 포격 훈련 부족이었다.

차분히 기상나팔 전투의 전차전을 살펴보면 에이브럼스 전차부대는 하트 대위가 첫 포격을 한 후 90초 만에 이라크군 전차부대의 6할에 달하는 약 20대의 전차를 격파했음을 확인할 수 있다. 잠시 후 전장에 해가 떴고, 이라크군 T-72 전차의 주간용 조준기를 쓸 수 있게 되었지만, 이미 살아남은 이라크군 전차는 전체의 4할에 지나지 않았다. 이

라크군은 반격할 틈도 없이 전차대대로서 조직적 전투력을 상실했다. 그리고 허둥지둥 도망치던 적 전차도 에이브럼스 전차의 장거리사격 능력에 격파당했다.

이렇게 브라보 중대 13대의 M1A1 전차들은 긁힌 상처도 없이 이라크군 전차대대를 섬멸했다. 브라보 중대가 겪은 두 번의 전차전은 사격 중 에이브럼스 전차가 정지한 상태에서 정확히 조준 사격을 실시한 전투였다. 하지만 브라보 중대의 후속 전투인 조우전에서는 데커스 중사의 전차 '록킹 리퍼'가 시속 32㎞의 속도로 주행하면서 2,000m 앞의 T-62 전차를 격파했다.

최종적으로 브라보 중대는 M1A1 전차의 우수한 능력을 활용해 이라크군 전차 59대, 장갑차 26대를 격파했고, 중대 손실 제로라는 전과를 올렸다.

'사막의 쥐'의 후예 - 독자적인 무기체계의 영국군 제1기갑사단[5]

당초 미 중부군 사령부는 영국군 제1기갑사단을 동부방면에 배속해 아랍합동군과 해병대를 지원하는 역할을 맡기려 했다. 하지만 영국군의 사령관인 중장 피터 드 라 빌레르 경은 보조적인 역할에 난색을 표했다. 빌레르 중장은 영국군의 주공부대 배속을 강력히 요청했고, 결국 중부군은 제1기병사단의 타이거 여단을 해병대에 파견하는 대신 영국군 사단을 제7군단에 배속하기로 결정했다.

미군은 영국군 사단을 미군 사단보다 한 단계 아래 전력으로 여겼고, 제7군단 배속도 마지못해 받아들인다는 분위기가 역력했다.

하지만 걸프전을 위해 일선부대 전력을 엄선해 편성된 영국군 제1기갑사단 '화이트 라이노(흰코뿔소)'는 제7기갑여단과 제4기갑여단을 주력으로 하는 일류 기갑부대였다. 이 2개 기동여단은 제2차 세계대전에서 북아프리카 전선의 사막에서 활약한 제7기갑사단 '사막의 쥐(Desert Rat)'의 후예들이었고, 명성에 어울리는 역량을 가지고 있었다.

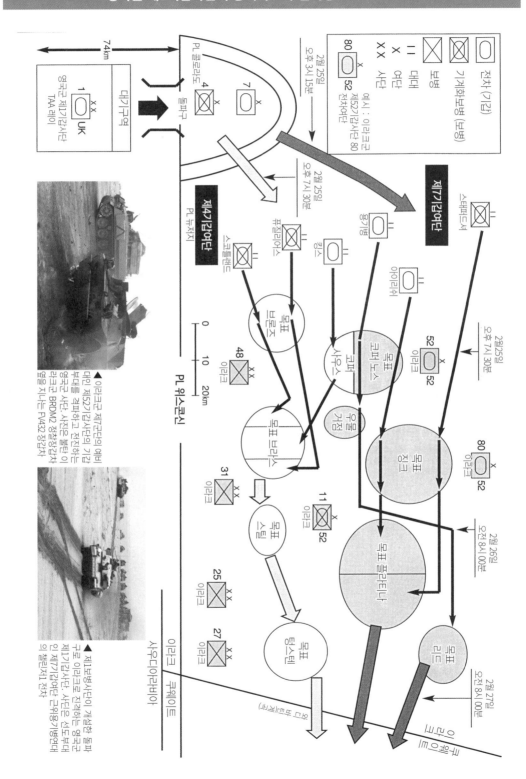

영국군 제1기갑사단의 공격목표와 진격경로 (2월 25일~26일)

범례
- 전차 (기갑)
- 기계화보병 (보병)
- 보병
- 대대
- 여단
- 사단
- 예시 : 이라크군 제152기갑사단 80 전차여단

74km
대기구역
영국군 제1기갑사단 TAA 레이
1 UK

PL 콜롬비아

2월 25일 오후 3시 15분

PL 뉴저지

제4기갑여단
PL 뉴저지

돌파구
4
7

2월 25일 오후 7시 30분

제7기갑여단

스테퍼드셔

스코틀랜드
퀸즈로얄
킹스
아일랜시
용기병

목표 브론즈

48 이라크

목표 코퍼
사우스

목표 코퍼
노스

목표
카퍼 거점

52 이라크 52

2월 25일 오후 7시 30분

목표 브라스

목표 정철

80 이라크 52

2월 26일 오전 8시 00분

31 이라크

목표 스틸

111 이라크 52

목표 플래티나

25 이라크

PL 위스콘신

목표 텅스텐

27 이라크

목표 리드

2월 27일 오전 1시 00분

이라크 쿠웨이트

쿠웨이트 이라크

사우디아라비아

쿠웨이트시(쿠웨이트)

▲ 이라크군 제7군단의 예비 대인 제52기갑사단의 기갑 부대를 격파하고 전진하는 영국군 사단. 사진은 불타는 이라크군 BRDM2 정찰장갑차 옆을 지나는 FV432 장갑차

▲ 제1보병사단이 개설한 돌파구로 이라크로 진격하는 영국군 제1기갑사단. 사단은 선두부대인 제7기갑여단 근위용기병연대의 첼린저1 전차

제7기갑여단은 2개 전차대대(챌린저 전차 57대)와 1개 보병대대(워리어 보병전투차 45대), 포병대대(M109 자주포), 공병대대, 정찰대대(시미터 정찰장갑차), 방공중대 등으로 구성된, 현대 기갑전에 필수적인 제병연합편제로 그 전력은 미군 여단과 비교해도 손색이 없었다. 제4기갑여단도 비슷한 규모의 제병연합편제였지만, 이쪽은 보병 중심 편제로 2개 보병대대와 1개 전차대대로 전력을 구성했다. 여기에서 약간 주의할 점은 영국군 대대가 왕립 스코틀랜드 근위 용기병연대(이하, 용기병대)같이 전통적인 호칭을 사용할 경우 프랑스군의 연대명과 같이 명칭은 '연대'지만 실질 부대 규모는 대대라는 점이다.

그밖에도 영국군 사단의 특징은 강력한 포병연대(대대 규모)와 헬리콥터 전력의 배치를 들 수 있다. 포병은 사거리 30km의 M110 자주포와 MLRS를 각 12대, 헬리콥터는 TOW 대전차미사일로 무장한 링스 공격헬리콥터 33대를 포함한 각종 헬리콥터 88대를 보유하고 있었다.

정찰부대는 미군 사단에는 존재하지 않는 형태의 장갑차량인 스콜피온 계열의 정찰장갑차를 장비하여 사막의 기동작전을 수행하는데 있어 충분한 정찰능력을 가지고 있었다.

스콜피온은 중량 8t급 소형차체에 76mm포를 탑재하고 우수한 야지 주행성능을 발휘하는 궤도식 정찰장갑차다.(영국군은 경전차로 구분한다) 사막에서는 노상 시속 80km의 속도와 화력을 활용한 위력정찰과 경계임무에 적합하다. 스콜피온은 같은 차체를 공유하는 파생형이 7종이나 배치되어 기갑사단의 잡다한 전투지원임무를 맡았다. 전투형은 30mm 라덴 기관포를 탑재한 시미터, 스윙파이어 대전차미사일(ATM)을 탑재한 스트라이커가 있고, 지원형은 수송형 스파르탄, 의무형 사마리탄, 지휘형 술탄, 구난형 삼손이 있다. 스트라이커의 경우 스윙파이어 대전차미사일을 4,090m 거리에서 발사해 T-55 전차를 격파한 전적이 있다.

영국군의 주력인 챌린저1 전차는 3개 대대에 배치되었다. 배치 규모는 171대로 예비차량을 포함해 221대(총 생산대수 420대)가 페르시아만에 파견되었다. 챌린저1은 영국제 L11A1 120mm 강선포와 초범아머, 1,200hp 디젤엔진을 탑재한 3세대 주력전차(MBT)다.

챌린저1의 전투중량은 62t으로 M1A1보다 무거워서 사막지형 운용시 기동성에 일말의 불안이 있었지만, 실전에서는 큰 문제가 되지 않았다.

특히 챌린저 전차는 생존성을 중시한 설계로 포탑과 차체 전면부에 초범아머 외에도 페르시아 만에 전개된 후 두 종류의 증가장갑을 추가했다. 당시의 사진을 보면 알 수 있듯이 차체 정면 하부에는 폭발반응장갑(ERA)이, 차체 측면에는 초범 장갑 계열의 사이드 스커트(차체 측면 장갑)가 장착되었다. 덕분에 챌린저의 전투중량은 65t 가까이 늘어났다. 또한 챌린저는 64발의 포탄과 별도의 분리장약이 적재되었는데, 장약의 경우 피탄 시 유폭될 가능성이 높았다. 그래서 장약은 별도의 방화 컨테이너에 적재한 후 피탄 위험도가 낮은 포탑 아래 수납했다. 정면 방어력만큼은 M1A1보다 우수했다.

또 다른 주역 워리어 보병전투차는 FV432 장갑차를 대체하기 위해 324대가 배치되었다. 미군의 브래들리 보병전투차와 달리 TOW 같은 대전차미사일(ATM)을 고정 장착하지 않았지만, 강력한 30mm 라덴 기관포를 탑재했다. 그리고 일부 차량에 밀란 대전차미사일이 함께 설치되었다. 워리어는 기동력(550hp 디젤엔진)과 방어력(26t의 방탄 알루미늄장갑 차체)면에서 브래들리와 동급이었고, 현장에서 챌린저와 동일한 계통의 증가장갑을 추가로 장착해 방어력을 향상시켰다. 차체 전면부에 폭발반응장갑과 측면에 복합장갑 사이드 스커트가 추가되었지만 늘어난 무게는 1t 정도로 기동성 저하는 미미했다. 워리어 보병전투차의 방탄성능은 상당히 우수해서, 전투 중 챌린저 전차가 쏜 HESH(점착고폭탄)포탄에 차체 측면이 피격되었지만, 증가장갑 덕분에 관통을 면했고 승무원들도 무사했다.

HESH(High Explosive Squash Head)란 장갑판에 명중하면 작약이 장갑판에 점착해 폭발하면서 발생한 폭발충격파로 장갑 뒷면을 깨트려 차체 내부에 피해를 주는(홉킨스 효과) 고폭탄이다.

제7기갑여단의 목표 코퍼 노스 공략 챌린저 전차 배틀그룹의 전투 (6)

25일 오전 11시 00분, 제1보병사단이 이라크를 향한 공격개시선인 PL 뉴저지를 제압했다. 오후 12시 00분, 영국군 제1기갑사단은 선두에 제7여단을 세우고 제4여단을 후방에 둔 종대대형으로 돌파구에 개설된 24개의 통로를 지나고 있었다. 정지한 제1보병사단과 교대해 영국군 사단이 전진하는 초월전진(Passage of line)이었다.

영국군의 이동은 병력 23,000명, 차량 7,000대에 달하는 대규모였으므로 다음날 26일의 오전 2시 00분이 되어서야 돌파구를 통과했다. 영국군이 지나간 후 화력지원 담당인 미군 제142야전포병여단이 뒤를 따랐다.

이때 이라크군 제7군단의 예비대인 제52기갑사단은 돌파구 부근에 포진한 제48보병사단에 2개 대대를 파견하는 한편, 3개의 기동여단을 서쪽으로 재배치해 수비체제를 갖췄다. 다국적군이 목표 코퍼(구리)라 이름 붙인 지역에는 제52전차여단이, 목표 징크(아연)에는 제80전차여단이, 징크에서 목표 플라티나(백금) 사이에는 제11기계화보병여단이 배치되었다. 제52여단은 사전에 집중폭격을 당해 전력이 크게 손상되었지만, 제80과 제11여단을 합쳐 3개 전차대대전차 35대)와 3개 기계화보병대대(장갑차 39대)의 전력을 보유했다.

영국군 제1기갑사단장 루퍼트 스미스 소장(47세)은 PL 뉴저지에서 공격준비를 하고 있었다. 전차 중심 편제의 제7기갑여단을 좌익(북쪽)에, 보병 중심 편제의 제4기갑여단을 우익(남쪽)에 배치했다. 그리고 제7기갑여단은 다른 여단보다 4시간 먼저 공격하기로 했다. 그리고 북쪽 방향에 적 주력이 포진했

을 가능성이 높다는 추측 하에 제7여단을 좌익에 위치시켰다.

오후 3시 15분, 패트릭 코딩리 준장의 제7기갑여단은 공격개시선에서 북동쪽으로 전진을 시작했다. 대형은 아서 데나로 중령의 아이리쉬 연대(퀸즈 로열 아이리쉬 경기병연대)를 전방에, 우익 후방에 찰스 로저스 중령의 스태퍼드셔 연대(스태퍼드셔 연대 제1대대), 우익 후방에 존 샤플스 중령의 용기병연대를 배치한 역V자 대형이었다. 그 후방에는 포병지원을 하는 로리 클레이튼 중령의 제40야전포병연대가 뒤따랐다.

각 연대는 상호간에 전차중대와 보병중대를 교환해 미군의 TF와 같은 배틀 그룹(전투단)을 편성했다. 용기병연대는 A, C, D의 3개 전차중대(챌린저 전차 각 14대)와 A보병중대(워리어 14대, 스태퍼드셔 연대에서)의 4개 혼성중대로 편성된 전투단을 구성했고, 스태퍼드셔 연대는 B, C의 2개 보병중대와 C전차중대(아이리쉬 연대에서), B전차중대(용기병연대에서)의 4개 혼성중대 전투단, 나머지 아이리쉬 연대는 A, B, D의 3개 전차중대만으로 편성했다.

코딩리 준장은 우익(남쪽)의 용기병연대가 목표 코퍼 노스(목표 코퍼 북쪽, 남쪽은 제4여단이 담당)를 공격하고, 좌익(북쪽)의 스태퍼드셔 연대와 중앙의 아이리쉬 연대는 보다 앞쪽의 목표 징크를 공략하는 공격계획을 수립했다.

첫 번째 목표인 코퍼 노스의 제압을 맡은 연대장 샤플스 중령은 3개 전차중대는 횡대대형으로 전방에, A보병중대와 정찰소대(스콜피온 8대)는 후방에 배치하고 전진했다. 전장은 어두운데다 비와 모래바람까지 겹쳐 시계가 극히 나빴다. 전차의 야시장비로도 1km 이내가 한계였다.

오후 7시 30분, 우익(남쪽)에서 전진하던 재코 페이지 소령의 D전차중대는 챌린저 전차의 열영상 야시조준장치 TOGS(Thermal Observation and Gunnery System)로 전방에 위치한 이라크군의 통신거점을 발견했다. 통신거점은 이라크군 사단사령부의 일

부로 추측되었다. 샤플스 중령은 공격에 앞서 페이지 소령에게 A보병중대를 배속해 전차와 보병 혼성편제의 D전차중대전투조를 구성했다.

코딩리 여단장은 샤플스 연대장에게 "뭔가 필요한 것이 있나?"라고 무전을 보냈다. 샤플스 중령은 전장이 어두웠기 때문에 "포격지원 바람. 조명탄 사격을 요청함."이라고 응답했다. 코딩리 준장은 제40보병연대의 클레이튼 중령에게 포격지원 가능 여부를 물었다.

"가능합니다만 조명탄 사격은 하지 않는 게 좋겠습니다, 준장님."

"이제 첫 공격인데 어째서 안 된다는 건가?"

"조명탄을 쏘다가는 아군 포병의 위치가 적에게 발각됩니다. 아직 적 포병의 전력과 대포병 능력을 모르는 상태에서 포격은 좋은 선택이 아닙니다."

코딩리 준장은 클레이튼 중령의 의견을 받아들여 샤플스 중령에게 "미안하네. 포병지원은 없네. 자체 보유한 조명탄을 쓰도록 하게."라고 대답했다. 정찰소대 스콜피온의 76㎜포로도 조명탄을 발사할 수 있었고, 포병보다 정확하게 목표지점에 발사가 가능했다.

페이지 중령의 D전차중대는 적을 포착하기 쉽도록 3개의 전차소대(챌린저 3대)를 남북으로 일렬로 세워(남은 1개 소대는 북쪽에서 대기해 엄호하게 했다) 조명탄을 쏘아 올린 후 전진했다. 최초로 중앙에 전진한 리처드 텔퍼 소위의 전차소대가 적진지를 발견했다. 텔퍼 소위는 A보병중대의 워리어 14대를 선두에 세우고 돌진했다.

한편 소대의 전차 1대가 고장을 일으켜 적진에 고립되었다. 텔퍼 소위는 고장난 전차를 엄호하기 위해 두 번째 전차를 그 자리에 멈추도록 명령했다. 결과적으로 챌린저 1대만이 보병중대를 엄호하게 되었다. 텔퍼 소위는 45분간 적진의 정면으로 전진해 챌린저 전차의 열영상야간조준경으로 포착한 적의 차량과 거점을 파괴해 나가면서 보병부대에 공격 지시를 내렸다. 텔퍼 소위의 전차가 전진하는 동안 이라크군 참호에서 날아온 기관총탄이 전차의 장갑판을 두들겼다.

A보병중대장 사이먼 네퍼 소령은 3개 소대(워리어 4대)에 각각의 공격목표를 할당했다. 좌익의 소대는 참호지대, 중앙의 소대에는 통신탑 구역, 우익의 소대에는 벙커지대를 맡겼다. 워리어 보병전투차의 차내에는 7명의 보병이 긴장 속에 대기하고 있었다. 인터콤을 통해 전황을 알 수 있었지만, 대기하는 시간은 길게만 느껴졌다.

분대장이 소리쳤다. "300m… 200m… 100m…" 워리어가 급정거 하면서 27t의 차체가 미끄러지다 멈췄다. "하차! 하차!" 분대장의 고함과 함께 후부 도어가 열렸고 SA80 소총을 든 완전무장한 보병들이 어두운 전장 속으로 뛰어들었다. 앞으로 달려나간 보병들은 지면에 엎드려 목표를 찾았다. 하지만 사막의 밤은 칠흑같이 어두웠고, 방향도 알 수 없었다. 그래서 워리어 보병전투차가 공축기관총으로 목표를 향해 점사해 전진 방향을 지시했다. 전장을 밝히는 불빛은 챌린저 전차에 격파된 적 전차들 위로 솟아오르는 화염 뿐이었다. 부대는 벙커와 참호를 포격이나 기관총의 직접공격으로 파괴해 나갔고, 나머지 진지는 보병들이 백린, 파편수류탄을 투척해 파괴했다. 비가 내리는 가운데 진지 제압 작전은 1시간 30분간 계속되었고, 2선의 적진까지 함락했다. 영국군 부상자는 5명이었고, 포로는 60명을 잡았다.

오후 11시 24분, 좌익(북)을 경계하면서 진격하던 존 베이런 소령의 C전차중대가 작은 언덕을 넘어섰을 때, 적 부대와 조우했다. 이라크군 전차와 장갑차였다. 거리는 대략 720m, 베이런 소령은 무전으로 "사격!"이라고 외쳤다. 14대의 챌린저 전차가 일제사격을 했고, 적 기갑부대는 괴멸되었다.

샤플스 연대장은 여단장에게 "T-55 전차 5대와 장갑차 6대 격파, 포로 50명과 동수의 적병을 사살, 아군 피해는 없습니다."라고 전투보고를 했다. 용기병연대의 공격에 목표 코퍼 노스는 함락되었고,

UK 1st Armoured
Division
"White Rhino".

사단장: 루퍼트 스미스 소장

1 | RG

제7기갑여단
(전차 중심 편제)

여단장: 패트릭 코딩리 준장

사단사령부

레드 자보아

로열 스코틀랜드 근위용기병연대 (670명)
• 챌린저 전차 x 57

퀸즈 로열 아이리쉬 경장갑연대 (650명)
• 챌린저 전차 x 57

스태퍼드셔 연대 제1대대 (840명)
• 워리어 보병전투차 x 45

연대본부
• 챌린저 x 1
정찰소대 (스콜피온 x 8)

전차중대
• 챌린저 x 14
본부 (x 2), 4개 소대 (각 x 3)

제1 퀸즈 근위용기병연대 1대대
• 시미터 정찰장갑차 x 16

제40야전포병연대 (800명)
• M109 자주포 (155mm) x 24

제21공병연대 (600명)
◆ CET 전투공병차: 중량 17t, 전장 7.54m, 속도 56km/h (320hp), 항속거리 480km

제101방공중대 (100명)
• 자벨린 휴대용 SAM x 36
• 스파르탄 장갑차 x 40

◆ 사막의 전장을 진군하는 영국 제1기갑사단의 지원 차량집단. 선두차량은 주력 야전트럭인 베드포드 TM4-4 (4x4: 총중량 17t, 적재량 8t, 전장 6.6m, 출력 206hp, 최대속도 93km/h, 항속거리 500km)와 주력 다목적차량 랜드로버 (4x4)

전투지휘로 고뇌하던
코딩리 준장

🚂 영국군 제1기갑사단의 전력

병력	23,000명	M109 자주포	60대
총차량	7,000대	M110 자주포	12대
기갑차량	2,600대	MLRS 다연장 로켓	12대
챌린저1 전차	221대	링스 공격헬리콥터	33대
워리어 보병전투차	324대	가젤 무장정찰헬리콥터	16대
스콜피온 정찰장갑차	40대	수송헬리콥터	39대

블랙 자보아(날쥐)

제4기갑여단
(보병 중심 편제)

여단장: 크리스토퍼 해머백 준장

로열 스코틀랜드 연대 1대대 (850명)
- 워리어 보병전투차 x 45

로열 퓨질리어스 연대 3대대 (850명)
- 워리어 보병전투차 x 45

제20 킹스 경기병연대 14대대 (670명)
- 챌린저 전차 x 57

본부·본부중대
- 워리어 x 1

보병소대
- 워리어 x 14
본부(x 2)
3개 소대(각 x 4)

화력지원중대
- 워리어 x 1
- 정찰소대 (시미터 x 8)
- 대전차소대
(밀란 ATM x 20)
- 박격포소대
(81mm 박격포 x 8)

제2야전포병연대 (850명)
- M109 자주포 x 24

제23공병연대 (600명)

제46방공중대 (170명)
- 자벨린 휴대용 SAM x 36

제26야전포병연대 (420명)
M109 자주포 x12

사단 TF 헬리콥터 항공단
(각종 헬리콥터 x 39)

제32중포연대 (780명)
- M110A2 자주포 (203mm) x 12

제39중포연대 (680명)
- MLRS x 12

제12방공연대 (600명)
- 레이피어 자주 SAM x 24

제5 퀸즈 로열 창기병연대 16대대 (680명)
- 스콜피온 정찰장갑차 x 24

※ 시미터 장갑차 x 24
스트라이커 자주 ATM x 16

제32기갑공병연대 (1,050명)
◆ 스카멜 커맨더(6 x 4) 전차수송차에 적재 중인 치프텐 AVLB 교량전차 (27대 배치)

육군 항공군단 제4연대
- 링스 공격헬리콥터 (TOW) x 33

※ 추가로 가젤 무장정찰헬리콥터X16

우익에서 진격한 근위용기병연대 D전차중대전투조의 이라크군 통신거점 제압작전

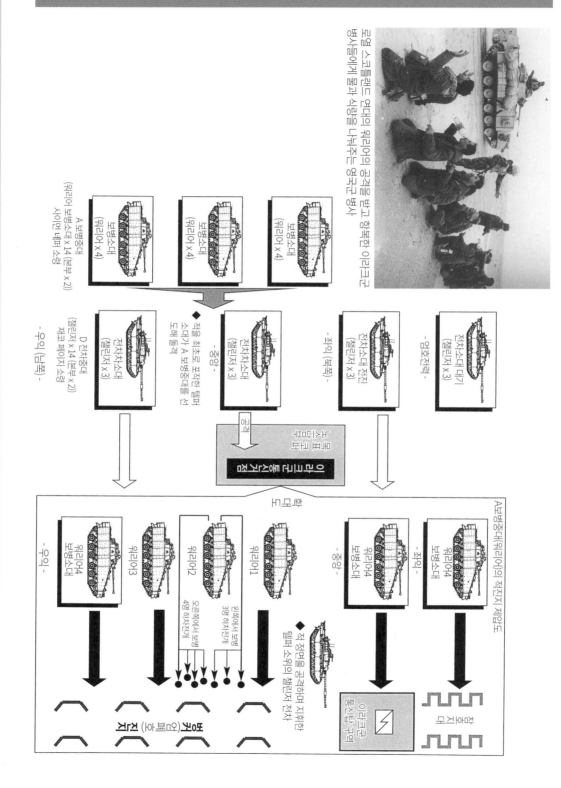

포로 스크톨랜드 연대의 위리의 공격을 받고 항복한 이라크군
병사들에게 물과 식량을 나눠주는 육군근 용사

A 보병중대
(위리어 보병소대 x14 (분무 x2)
사이먼 내파 소렴)

보병소대
(위리어 x 4)

보병소대
(위리어 x 4)

보병소대
(위리어 x 4)

◆ 적 최초로 포착한 탱퍼
소대가 A 보병중대를
도해 돌력

- 중앙 -

전차소대
(챌린저 x 3)

전차소대
(챌린저 x 3)

- 좌익 (북쪽) -

전차소대 전차
(챌린저 x 3)

- 엄호전력 -

전차소대 대기
(챌린저 x 3)

D 전차중대
(챌린저 x14 (분무 x 2)
재즈 베이지 소렴)

- 우익 (남쪽) -

공격

오루디스앤후

표적 확보

으이미크 베이스캠프

D모배크

- 우익 -

위리어4
보병소대

위리어3

위리어2

위리어1

오른쪽에서 보병
4명 하차전개

오른쪽에 보병
3명 하차전개

◆ 적 정면을 공격하며 지휘한
탱퍼 소위의 챌린저 전차

A 보병중대(위리어)의 직진지 제압도

- 중앙 -

위리어4
보병소대

- 좌익 -

위리어4
보병소대

지지 (아 포오오) 쪼아

이라크군
통신부구

이라크군
통신부구

D모배크

이라크군은 전차 10대, 장갑차 9대를 잃었으며, 약 100명이 전사하고 약 150명이 포로가 되었다. 여단장은 연대를 여기서 정지시킨 후, 날이 밝으면 근처의 목표 우물거점(의료시설로 추측)의 제압을 재개하기로 하고 미군심리전팀을 파견해 적병에게 항복을 권고하도록 지시했다. 우물거점은 병원이 아니라 보급거점으로 판명되어 그대로 공격했다. 저항은 미약했고 포로 500명 이상을 잡았다.

2개 연대의 목표 징크 공략. 여단장의 고뇌

코딩리 준장은 다음 목표 징크의 공략을 주저하고 있었다. 당초 3개 연대로 공격할 예정이었지만, 용기병연대가 목표를 앞두고 정지한 상태여서 현재 전력은 아이리쉬와 스태퍼드셔 2개 연대뿐이었다. 이 전력으로도 야간공격을 실시해 목표를 공략하는데 문제는 없었지만, 아군의 희생도 커질 위험이 있었다. 그리고 목표 징크에는 100대 이상의 전차를 보유한 이라크군 제80전차여단이 전개중일 가능성이 높다고 예상했다. (실제로는 전차 35대와 장갑차 20대뿐이었다) 코딩리 준장은 두 명의 연대장과 의논했고, 연대장들은 포격지원이 있다면 야간공격도 문제없다고 답했다. 코딩리 준장이 챌린저 전차의 큐폴라로 나와 땅에 내려서자 조종수인 스티브리 하사가 해치에서 머리를 내밀며 말을 걸었다.

"준장님, 무슨 일 있으십니까?"

"괜찮다. 다만 다음 단계가 진짜 문제지."

"저는 준장님의 지휘를 믿습니다."

하사의 격려를 받았지만, 코딩리 준장은 여전히 결정을 못 내렸고, 포병연대의 클레이튼 중령에게 조언을 구했다. 클레이튼 중령은 '엘 알라메인 전투'의 몽고메리 장군보다 확실한 포격지원이 가능하다고 호언장담했다. 그래도 결단을 내리지 못한 코딩리 준장은 스미스 사단장에게 무전으로 날이 밝으면 공격을 재개하는 것이 좋겠다고 보고했다. 잠시 여유를 두고 스미스 사단장이 대답했다.

"이거 실망이군."

이 한마디에 코딩리 준장은 야간전투를 하기로 결단했다.

26일 오전 1시 00분, 포병부대(영국군 5개 포병연대와 미 제142야전포병여단)가 공격 준비포격을 개시했다. 포격은 26분간 계속되었고, 포성이 멈추자 코딩리 준장은 전부대에 전진 명령을 내렸다. 우익의 아이리쉬 연대는 목표 징크의 남쪽에 공격해 들어갔고, 수시간 후 우회기동한 스태퍼드셔 연대가 목표의 북쪽에 돌입했다. 악천후로 각 연대의 전진 속도는 느려졌다. 오전 3시 00분, 전장의 시계가 피아 식별이 곤란할 정도로 나빠져서 코딩리 준장은 날이 밝을 때까지 진군을 멈추도록 명령했다.

오전 3시 30분, 아이리쉬 연대의 챌린저 전차는 50개에 달하는 열원(hot spots – 적 전차)이 북동쪽에서 접근하는 모습을 발견했다. 데나로 연대장은 토비 매디슨 소령의 D전차중대에 800m 정도 전진해 요격하라고 명령했다. 이라크군은 포병의 엄호를 받으며 접근하는 50대 정도의 장갑차량으로 구성된 반격부대였다. D전차중대는 적 차량이 2,500m의 사거리 내에 들어오자 포격이 시작되고, 그로부터 90분간 격렬한 전투가 벌어졌다.[7]

악천후로 시계가 좋지 않은 상황의 전투는 목표의 확인이 곤란해 오인사격 위험이 높았고, 같은 목표를 복수의 아군 전차가 공격하는 비효율적인 전투를 하기 십상이다. 하지만 중대의 스콧 중사가 침착하게 각 전차에 목표를 지시해준 덕분에 D전차중대는 적 전차를 최소 14대 이상 격파하는 전과를 올렸다. 이라크군 전차들에는 야전용의 열영상 야시장비가 없었기 때문에 챌린저 전차의 발사광만을 쫓아 사격을 했고, 당연히 상대가 되지 않았다. 일방적으로 공격당하던 이라크군은 동쪽의 목표 플라티나(백금) 방면으로 전속력으로 도망쳤다.[8]

북쪽에서는 스태퍼드셔 연대 소속 워리어부대의 보병이 전차의 엄호를 받으며 진지지대를 공격했다. 이라크군 진지의 각 거점은 바로 위를 지나가도

이라크군 반격부대를 섬멸한 용기병 연대의 챌린저 전차부대

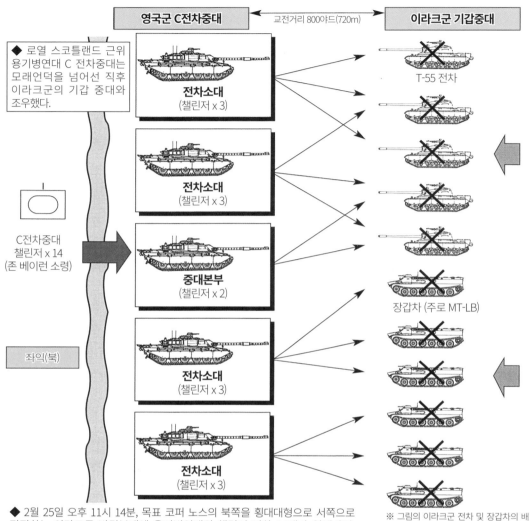

영국군 C전차중대 ←— 교전거리 800야드(720m) —→ **이라크군 기갑중대**

◆ 로열 스코틀랜드 근위 용기병연대 C 전차중대는 모래언덕을 넘어선 직후 이라크군의 기갑 중대와 조우했다.

전차소대
(챌린저 x 3)

전차소대
(챌린저 x 3)

C전차중대
챌린저 x 14
(존 베이런 소령)

중대본부
(챌린저 x 2)

좌익(북)

전차소대
(챌린저 x 3)

전차소대
(챌린저 x 3)

T-55 전차

장갑차 (주로 MT-LB)

◆ 2월 25일 오후 11시 14분, 목표 코퍼 노스의 북쪽을 횡대대형으로 서쪽으로 전진하는 이라크군 반격부대에 용기병연대의 챌린저 전차 14대가 일제사격. 적어도 T-55 전차 5대, 장갑차 6대를 격파하고, 50명의 포로를 잡고, 동수의 적병을 사살했다.

※ 그림의 이라크군 전차 및 장갑차의 배치와 피탄 상황은 실제 상황과는 차이가 있다.

자료: In the Eye of the Storm 등

제7기갑여단(용기병)의 코퍼 노스 공격대형

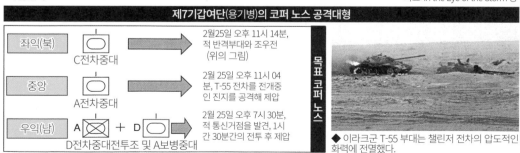

좌익(북) — C전차중대 → 2월25일 오후 11시 14분, 적 반격부대와 조우전 (위의 그림)

중앙 — A전차중대 → 2월 25일 오후 11시 04분, T-55 전차를 전개중인 진지를 공격해 제압

우익(남) — A + D D전차중대전투조 및 A보병중대 → 2월 25일 오후 7시 30분, 적 통신거점을 발견, 1시간 30분간의 전투 후 제압

목표 코퍼 노스

◆ 이라크군 T-55 부대는 챌린저 전차의 압도적인 화력에 전멸했다.

알아채지 못할 정도로 교묘하게 숨겨져 있었다. 하지만 대부분이 버려져 있었고, 숨어 있던 이라크군 병사들도 항복했다. 또 연대의 대전차소대(밀란 대전차미사일 탑재 스파르탄 장갑차 20대)는 모래방벽에서 나오는 T-55 전차부대를 향해 13발의 대전차미사일을 발사해, 12발을 명중시켰다. 밀란 대전차미사일은 소형이었지만 T-55 전차를 파괴하기에는 충분한 위력을 발휘했다. 포탑에 대전차미사일을 피격당한 T-55 전차가 폭발하면서 전차장이 해치 밖으로 12m나 솟아오르기도 했다. 26일 오전 11시경, 목표 징크는 제압되었고, 주변에는 이라크군의 전차, 장갑차 약 50대가 불타고 있었다.

한편 크리스토퍼 해머백 준장의 제4기갑여단은 25일 오후 7시 30분, PL 뉴저지에서 공격을 개시했다. 해머백 준장은 목표 브론즈(청동)를 2개 연대(퓨질리어스와 스코틀랜드)로, 목표 코퍼 사우스를 1개 연대(킹스)로 공격한다는 계획을 수립했다.

오후 10시 30분, 준비포격 후 2개 연대가 목표 브론즈로 공격해 들어가 제압을 완료했다. 이 코퍼 사우스에서 30대 이상의 장갑차량을 발견했지만,

대부분 버려지거나 고장 등으로 움직이지 못하는 상황이었다. 가동불능상태의 이라크군 전차 가운데 상당수는 전차병들이 야영 텐트의 조명과 난방용으로 베터리를 가져가는 바람에 시동을 걸수 없었다.

여단은 동쪽으로 더 전진해 26일 오전 10시 00분, 3개 연대가 목표 브라스(황동)의 북쪽에서 공세에 돌입했다. 목표 내에는 적의 2개 대대가 포진해 있었지만, 오후 3시를 전후해 제압을 완료했다. 특히 목표의 중앙을 공격한 킹스 연대(챌린지 전차 57대)는 적 전차 21대와 장갑차 16대를 격파하며 맹활약했다.

하지만 이날은 아군 오인사격의 비극도 발생했다. 미군 A-10 지상공격기가 퓨질리어스 연대의 워리어 2대를 오폭해 승무원 20명 중 9명이 사망하고 11명이 부상을 입었다.

영국군 제1기계화보병사단은 26일 낮 무렵에는 이라크군 제48보병사단과 제52기갑사단 주력 2개 여단을 섬멸해 군단 우익 측면의 위협을 대부분 해소했다.

참고문헌

(1) Robert H.Scales Jr., Certain Victory: The U.S.Army in the Gulf War (New York: Macmillan, 1994), pp232-236.

(2) H.Norman Schwarzkopf Jr. and Peter Peter, It Doesn't Take a hero (New York: Bantam Book, 1992), pp455-456.

(3) Tom Clancy and Fred Franks Jr.(Ret.), Into the Storm: A Study in Command (New York: G.P.Putnam's Sons, 1997), pp322-323.

(4) J.G.Zumwalt, "Tanks! Tanks! Direct Front!" Proceedings (July 1992), pp79-80. And Jeffrey R.Dacus, "Bravo Company Goes to War", Armor (September-October 1991), pp9-15.

(5) Thomas D.Dinacks, Order of Battle: Allied Ground Forces of Operation Desert Storm (Central Point, Oregon: Hellgate Press, 2000), 27.8-10.and collinsj.tripod.com/coalition-organisations.

(6) Patrick cordingley, In the Eye of the Storm: Commanding the Desert Rats in the Gulf War (London: Hodder&Stoughton, 1996), pp215-233. And Thomas Houlahan, Gulf War: The Complete History (New London, New Hampshire: Schrenker Military Publishing, 1999), pp301-318.

(7) General Sir Peter de la Billiere, Storm Command: A Personal Account of the Gulf War (London: Harper Collins Publishers, 1992), p287.

(8) Nigel Pearce, The Shield and the Saber: The Desert Rats in the Gulf 1990-91 (London: HMSO, 1992), pp101-102.F.Dunnigan and Austin Bay, From Shield to Storm (New York: William Morrow and Company, 1992), pp294-295.